"十三五"高等学校数字媒体类专业规划教材

数字媒体技术概论

杨　磊　主编

中国铁道出版社有限公司

CHINA RAILWAY PUBLISHING HOUSE CO., LTD.

内 容 简 介

数字媒体技术涉及文字、声音、图形、图像、视频、动画、游戏等诸多媒体在采集、编辑、分发、传播、存储、管理、分析、检索、交互、版权认证以及内容安全等诸多方面的技术。基于上述内容，本书分 15 章全面而概括性地介绍了图像、视频、计算机视觉、语音、图形动画、游戏、媒体压缩、Web 集成、大数据挖掘、信息可视化、媒体网络传输、人机交互、媒体内容安全、媒体存储、互动业务设计等的原理及最新技术等内容。

本书适合作为数字媒体技术/艺术、网络工程、通信工程、电子信息工程、广播电视工程、自动化等专业本科生的专业基础教材，也可供其他相近专业的高年级本科生和硕士生参考，还可供相关行业的技术人员进行继续教育和岗位培训时参考。

图书在版编目（CIP）数据

数字媒体技术概论/杨磊主编. —北京：中国铁道出版社，2017.9（2024.1重印）
"十三五"高等学校数字媒体类专业规划教材
ISBN 978-7-113-23530-7

Ⅰ．①数… Ⅱ．①杨… Ⅲ．①数字技术-多媒体技术-高等学校-教材 Ⅳ．①TP37

中国版本图书馆 CIP 数据核字（2017）第 200601 号

书　　　名：数字媒体技术概论
作　　　者：杨　磊

策　　　划：祝和谊　　　　　　　　　　编辑部电话：（010）63549508
责任编辑：吴　楠　冯彩茹
封面设计：刘　颖
责任校对：张玉华
责任印制：樊启鹏

出版发行：中国铁道出版社有限公司（100054，北京市西城区右安门西街 8 号）
网　　址：http://www.tdpress.com/51eds/
印　　刷：三河市国英印务有限公司
版　　次：2017 年 9 月第 1 版　2024 年 1 月第 9 次印刷
开　　本：787 mm×1 092 mm　1/16　印张：18.5　字数：505 千
书　　号：ISBN 978-7-113-23530-7
定　　价：50.00 元

"十三五" 高等学校数字媒体类专业规划教材

编 委 会

主　任：曹三省

副主任：吴和俊

委　员：（按姓氏汉语拼音音序排列）

秘　书：吴　楠

FOREWORD 序言

　　自 20 世纪后期，数字技术迅速与以音/视频为代表的多媒体信息领域结合以来，数字媒体经历了诞生、成长与渗透性普及的发展阶段，时至今日，数字媒体已经在技术、应用、创意、传播等诸多不同层面，成为互联网时代的重要基础与载体，成为人类未来信息社会不可或缺也无可替代的柱石之一。

　　从简单意义上的借助数字技术、提升音/视频多媒体信息的通信效率和传输效果出发，数字媒体技术在今天的内涵与范畴均发生了翻天覆地的变化。毋庸置疑，数字图像处理、数字视频压缩等具有基础性的数字媒体技术领域，在今天仍然是这一技术体系的重要基石。而近年来随着宽带通信网络和移动互联网的迅速发展，流媒体、移动多媒体、大数据、智能媒体、虚拟现实等技术领域正在实现着与传统意义上的数字媒体技术领域的实质性融合，使得数字媒体成为当前信息技术领域内最具成长活力的体系之一。

　　在数字化前期由数字信息技术所奠定的高速化、标准化、互动化的技术特性基础之上，数字媒体技术一直在经历着边界的扩展和性能的提升。持续演进的数字信息编码与信息处理技术，为越来越高清化、高品质化的数字音/视频内容的存储、处理、传输和应用创造着越来越高的效率。同时，逐渐延伸，最终将遍布全球，渗透到人们生活的各个角落的互联网、宽带互联网、移动互联网乃至实现万物互联的智慧物联网络，为数字媒体搭建了越来越广阔的舞台，且使得数字媒体在互动性、智能性和以人为本的属性与特质上实现着越来越迅速的提升。数字技术对于人类的信息传播方式而言，已不再是最初的为提升信息传播效果与效率、应对模拟技术劣势而被采用的一种技术途径，其所缔造的大写的"数字媒体"，已成为人类信息传播创新，亦即新媒体发展历史进程中的一个壮阔时代的本名。在数字媒体前行的轨道之上，不同学科领域、不同知识架构的融合，正在无可避免地发生，而这种融合也将使得数字媒体较以往的诸多信息传播方式创新而言，具有更加显著而可持续的活力，也更将引发数字媒体在未来的更多奇迹的发生。今天的和未来的数字媒体，均将以一种不可扭转的趋势，实现科学、技术、艺术、人文、产业等不同层面之间的融合，灵感即理性，创意即创新，演进即永恒。

本丛书作为"十三五"期间面向我国诸多院校所开设的数字媒体相关专业的教科书与参考书，在梳理和详述当前数字媒体技术、艺术和产业等领域内的关键知识体系的同时，也将以启发式的知识传播为己任，在"互联网＋"与大众创新、万众创业的宏大时代背景之下，为为数众多的相关行业和领域在培养具有数字媒体知识基础和创新素养的优秀人才的工作中，尽一份绵薄之力。

曹三省

2016 年 3 月于北京

PREFACE 前言

　　数字媒体技术在全球范围内持续、快速地发展，应用领域遍及各行各业，应用形式各具特色：既有精深的技术实现，也有精美的艺术呈现，而究其实质，则不外乎都是采用数字方式对广义的媒体信息进行特定目的的处理或进行涉及多学科领域交叉融合的综合处理。虽然数字媒体艺术常常在表象上给人们留下深刻的印象，然而本质上说，数字媒体艺术的表现离不开数字媒体技术的支撑，而数字媒体技术处理的目的则绝不仅仅用于艺术表现。

　　为适应数字媒体行业飞速发展的形势，满足全社会特别是广播影视行业对数字媒体技术人才的巨大需求，我校从2005年中旬开始启动数字媒体技术专业申报程序，于2006年获得教育部批准，从2007年开始招生，先后与全国近20所高校就数字媒体技术专业的学科建设、人才培养等相关问题进行了广泛的交流互访，并与多家相关企业进行了不同形式的合作共建。这期间，我校的"数字媒体技术概论"课程则从早期面向单一的数字媒体技术专业开设，扩展为面向信息工程学院电气信息类学科的全部6个不同的专业开设，而课程的讲授则是由数字媒体技术系十几名从事数字媒体技术各方向研究的教师来承担。这些教师结合自己的研究内容和研究成果轮流进行讲解，最大限度地从宏观角度将数字媒体技术的各个环节涉及的原理及其应用展示给学生，较好地诠释了数字媒体技术的内涵。

　　经过多年的教学实践，我们组织所有讲授"数字媒体技术概论"课程的教师基于各自讲授的内容编写了本书，旨在尽可能全面地将数字媒体技术各环节的内容整体呈现给读者，同时弥补多年来学生上课没有合适教材的遗憾。

　　在内容方面，本书按照同名课程的讲授顺序进行内容的编排，首先以数字媒体技术概述一章进行全部内容的导引，随后依次介绍了视音频及动画、游戏、编码的有关内容，最后介绍了数据分析、传输、管理、交互技术以及互动业务的有关内容。具体编写分工如下：第1章和第2章由杨磊编写，第3章由吕朝辉编写，第4章和第6章由张岳编写，第 5 章由沈萦华编写，第 7 章由蓝善祯编写，第 8 章由宋金宝编写，第 9 章由殷复莲编写，第 10 章由王鑫编写，第 11 章由李传珍编写，第 12 章由吴晓雨编写，第 13 章由田佳音编写，第 14 章由徐品编写，第 15 章由杨成编写。

本书由杨磊主编并统稿。中国传媒大学理工学部（http：//www.cuc.edu.cn）对本书的编写提供了大力的支持，数字媒体技术系全体教师在承担繁重教学、科研任务的同时，为本书的编写付出了大量宝贵的时间、精力，在此一并表示衷心感谢。

由于编者水平有限，加之时间仓促，书中难免存在疏漏和不足之处，恳请读者批评指正。

编　者

2017 年 6 月于中国传媒大学

CONTENTS 目录

第1章　数字媒体技术概述　………… 1

1.1　媒体　…………………………… 2
1.2　数字媒体技术的提出及发展　… 4
1.3　数字媒体技术的研究领域　…… 7
1.4　数字媒体技术的特点　………… 13
1.5　数字媒体技术的应用　………… 14
本章小结　……………………………… 16
本章习题　……………………………… 16

第2章　图像与视频技术及应用　……… 17

2.1　图像　…………………………… 18
2.2　数字图像处理技术　…………… 19
2.3　视频　…………………………… 34
2.4　图像与视频技术的具体
　　　应用　…………………………… 40
本章小结　……………………………… 44
本章习题　……………………………… 44

第3章　计算机视觉技术与应用　……… 45

3.1　人类视觉通路和信息处理
　　　过程　…………………………… 46
3.2　计算机视觉概述　……………… 46
3.3　Marr 的视觉计算理论　………… 47
3.4　计算机视觉的研究内容　……… 48
3.5　立体视觉　……………………… 50
3.6　计算机视觉应用　……………… 52
本章小结　……………………………… 53
本章习题　……………………………… 53

**第4章　语音信号处理技术及
　　　　 应用**　………………………… 54

4.1　语音信号处理技术的基本
　　　概念　…………………………… 55
4.2　语音信号处理的简要发展
　　　历程　…………………………… 55
4.3　语音信号处理的主要发展

方向　………………………… 56
4.4　语音处理技术的主要研究
　　　机构　…………………………… 66
4.5　深度学习技术对语音信号
　　　处理领域带来的巨大变革　…… 66
本章小结　……………………………… 67
本章习题　……………………………… 67

**第5章　计算机图形与动画技术及
　　　　 应用**　………………………… 68

5.1　概述　…………………………… 69
5.2　传统动画与计算机动画　……… 70
5.3　动画的制作　…………………… 73
5.4　计算机动画的制作方法　……… 74
5.5　舞蹈动画的制作实例　………… 75
本章小结　……………………………… 78
本章习题　……………………………… 78

**第6章　游戏产业及游戏开发
　　　　 概论**　………………………… 79

6.1　引言　…………………………… 80
6.2　对游戏本质的探讨　…………… 80
6.3　游戏的主要类别　……………… 81
6.4　对游戏设计理论应有的
　　　认识　…………………………… 84
6.5　游戏开发团队的基本组成　…… 84
6.6　游戏程序开发包含的技术
　　　模块　…………………………… 85
6.7　游戏引擎技术　………………… 87
6.8　游戏业的重要发展趋势　……… 89
本章小结　……………………………… 90
本章习题　……………………………… 90

第7章　数字媒体压缩技术　………… 91

7.1　数字媒体压缩技术理论
　　　基础　…………………………… 92
7.2　图像压缩编码与 JPEG 标准

简介 ·············· 94

7.3 视频编码及相关标准简介 ····· 96

本章小结 ············· 98

本章习题 ············· 98

第 8 章 数字媒体的 Web 集成及应用 ········ 99

8.1 Web 服务 ············· 100

8.2 Web 开发环境 ·········· 115

8.3 MVC 模式 ············· 125

8.4 SSH ············· 126

8.5 用户体验技术 ·········· 138

8.6 互联网 + ············· 146

8.7 媒体融合 ············· 147

本章小结 ············· 148

本章习题 ············· 148

第 9 章 数据和大数据 ········ 149

9.1 数据和大数据 ·········· 150

9.2 数据分析和数据挖掘 ······· 153

9.3 数据挖掘的基本概念 ······· 158

9.4 数据挖掘技术 ·········· 160

本章小结 ············· 168

本章习题 ············· 168

第 10 章 信息可视化技术 ······ 169

10.1 信息可视化设计的分类 ····· 170

10.2 信息可视化设计的方法 ····· 175

10.3 信息可视化的案例分析 ····· 179

本章小结 ············· 181

本章习题 ············· 181

第 11 章 媒体网络传输技术 ····· 182

11.1 多媒体通信基础 ········· 183

11.2 通信网络及其相关概念 ····· 188

11.3 多媒体通信网络 ········· 199

11.4 常用的多媒体传输技术 ····· 202

11.5 多媒体网络传输的典型应用 ············· 212

本章小结 ············· 214

本章习题 ············· 215

第 12 章 人机交互技术及应用 ····· 216

12.1 人机交互概述 ·········· 217

12.2 交互设计 ············· 219

12.3 基于视觉的自然人机交互技术与应用 ··········· 236

本章小结 ············· 240

本章习题 ············· 240

第 13 章 媒体与网络安全技术及应用 ··········· 241

13.1 密码学的历史 ·········· 242

13.2 古典加密算法 ·········· 242

13.3 现代加密算法 ·········· 244

13.4 信息隐藏与数字水印 ······ 247

13.5 网络安全相关技术 ······· 250

本章小结 ············· 252

本章习题 ············· 252

第 14 章 数字媒体存储技术及其应用 ·········· 253

14.1 数字媒体存储技术概述 ····· 254

14.2 大容量数据存储技术 ······ 255

14.3 网络存储技术 ·········· 264

14.4 存储技术的应用 ········· 268

本章小结 ············· 271

本章习题 ············· 271

第 15 章 互动业务系统设计 ····· 272

15.1 互动业务系统的定义 ······ 273

15.2 互动业务系统举例 ······· 275

15.3 互动业务系统设计问题 ····· 278

15.4 互动业务系统设计方法 ····· 279

15.5 互动业务系统设计举例 ····· 281

15.6 互动业务系统设计课程安排 ············· 284

本章小结 ············· 285

本章习题 ············· 285

参考文献 ············· 286

第1章
数字媒体技术概述

　　数字媒体技术是以信息科学和数字技术为主导,以大众传播理论为依据,以现代艺术为指导,将信息传播技术应用到文化、艺术、商业、教育和管理领域的科学与艺术高度融合的综合交叉学科。顾名思义,数字媒体技术就是有关"数字媒体"的技术,也即采用数字方式对媒体进行特定目的的处理或进行综合处理的技术;它不是艺术,但却是数字媒体艺术的重要支撑,因为只有通过对数字媒体进行一定的技术处理才可能使其呈现出绚丽、奇妙,甚至是以假乱真的艺术效果;然而,数字媒体技术处理的目的绝不仅仅是用于艺术表现,在媒体的采集、编辑、分发、传播、存储、管理、分析、检索、交互、版权认证以及内容安全等诸多方面均离不开数字媒体技术的支撑。

1.1 媒体

什么是媒体？简单地说，媒体（也称媒介、媒质）是用于信息表示及传播的载体，如数字、文字、声音、图形、图像、视频等；或者用于存储信息的实体，如磁带、磁盘、光盘和半导体存储器等；有时也直接指操纵与管理媒体的机构，如新闻、出版、广播、电影、电视以及互联网管理与运营机构。比如，对于某个人们关注的事件，一定会有诸多有关该事件的"媒体报道"，而这里提到的"媒体"既可能是某个新闻出版广电机构及其掌控的载体（如报纸、广播、电视），也可能是某个网站及其网络传播渠道（如互联网或移动媒体平台）。由此可见，媒体的含义具有非常丰富的内容。而数字媒体显然更关注媒体自身的物理属性，强调该媒体是以二进制数字形式存在的信息载体[①]，包括数字化的文字、声音、图形、图像、视频、动画、游戏等，或是以数字形式对各类媒体信息进行了采集、编辑、分发、传播、存储、管理、分析、检索、交互、版权认证以及内容安全保护等处理。

1.1.1 媒体分类

按照媒体出现的顺序来分类，媒体主要包括报纸、杂志、广播、电影、电视、互联网、移动网络7类，其中前5类通常被称为传统媒体，而后2类则称为新媒体。然而传统媒体通过自身的不断发展，却也不断衍生出了不同形式的新媒体，如传统报刊杂志同步推出的电子版（可在计算机或手机等电子显示设备上呈现）、安装在城市繁华地带的超大屏幕户外电视（城市电视）和安装在楼宇电梯或其他公共区域的楼宇电视等。特别是，随着广告业的发展，除了传统媒体广告外，各类户外灯箱广告看板、LED显示屏甚至各类商品包装袋、公交车身等具有一定流动性的载体也形成了另类新媒体——广告媒体。

基于描述空间中的时间维进行分类，将媒体分为时间独立型媒体（也称离散媒体，如文本、图形）和时间依赖型媒体（也称连续媒体，如语音、音乐、视频、动画）。

基于描述空间中的空间维进行分类，将媒体分为1D媒体（如单声道语音、音乐）；2D媒体（如双声道立体声音乐、平面图形、图像）；3D媒体（如3D环绕立体声音乐、3D图形、3D全景图像）。

从媒体自身性质来分类，国际电信联盟下属的电信标准化部[②]（International Telecommunication Union-Telecommunication Sector, ITU-T）在其1993年3月发布的ITU-T I.374标准[③]（Framework Recommendation on "network capabilities to support multimedia services"，有关"支持多媒体业务的网络能力"的框架建议）中把媒体分成6类：

①感觉媒体（Perception Medium）：能直接作用于人的感官，使人直接产生感觉的媒体（如可引起听觉反应的语言、音乐，可引起视觉反应的图形、图像、文字，可引起触觉反应的盲文等）。

②表示媒体（Representation Medium）：为了加工、处理和传输感觉媒体而人为研究构造出来的一种媒体，也称中介媒体，通常用于数据交换的编码（如用于图像编码的JPEG，用于视频编码的MPEG或H.264/H.265，用于声音编码的MP3，用于文字编码的ASCII或GB 2312等）。

---

①在维基百科（英文版）中对数字媒体是这样描述的：Digital media is any media that is encoded in a machine-readable format. Digital media can be created, viewed, distributed, modified and preserved on digital electronics devices. Computer programs and software; digital imagery, digital video; video games; web pages and websites, including social media; data and databases; digital audio, such as mp3s; and e-books are examples of digital media. Digital media are frequently contrasted with print media, such as printed books, newspapers and magazines, and other traditional or analog media, such as pictures, film or audio tape. https://en.wikipedia.org/wiki/Digital_media.

②其前身为国际电话电报咨询委员会（CCITT，法语：Comité Consultatif International Téléphonique et Télégraphique，英语：International Telegraph and Telephone Consultative Committee），1993年更名为ITU-T。

③I.374标准后来被1998年6月发布的I.375.1和I.375.2代替。

③表现媒体(Presentation Medium):感觉媒体和用于通信的电信号之间转换的媒体,用于信息的输入/输出(如键盘、鼠标、扫描仪、话筒等输入媒体,显示器、打印机、音箱等输出媒体等)。

④存储媒体(Storage Medium):用于存放表示媒体,以便计算机随时加工处理的媒体,属于物理介质(如硬盘、光盘、电子盘、U盘等)。

⑤传输媒体(Transmission Medium):用于将媒体从一处传到另一处的处理载体,属于物理介质(如电缆、光纤、无线电波、激光等)。

⑥交换媒体(Interchanging Medium):表示不同媒体数据格式之间的转换手段(如软硬件接口、网关等)。

1.1.2　自媒体

自媒体①(We Media)又称公民媒体或个人媒体,是指私人化、平民化、普泛化、自主化的传播者,以现代化、电子化的手段,向不特定的大多数或者特定的单个人传递规范性及非规范性信息的新媒体的总称。自媒体平台包括博客、播客、微博、微信、百度官方贴吧、论坛/BBS(电子布告栏系统)等网络社区。

自媒体的定义:"自媒体是普通大众经由数字科技强化、与全球知识体系相连之后,一种开始理解普通大众如何提供与分享他们自身的事实、新闻的途径。"

自媒体的优点是平民化、个性化、门槛低、运作简单、交互性强、传播迅速,但也存在良莠不齐、可信度低、相关法律不规范等不足。

1.1.3　媒体感知

在现实生活中,各类信息通过不同的媒体形式被人感知,而感知信息的过程不外乎是将媒体信息通过不同的处理方式并借助不同的传递介质、承载介质等最终送达人类,并通过人的视觉、听觉、嗅觉、味觉、触觉而完成。有时,同样的信息(媒体内容)可通过不同的感知方式而获得,如一幅图像,正常视力的人通过自己的视觉即可直接地感知;盲人通过听觉(其他人或声音播放设备对该图像的声音解说)也可以间接地感知;即使是聋哑的盲人,通过触觉(触摸图像下面的盲文解释)也可以间接地感知。显然,上述的声音解说或盲文解释均可认为是图像媒体的同义补充,是通过激发人类的不同感知方式而达到媒体传播的目的,使人最终了解图像的内容。

虽然人类感知外界信息的方式有上述5种,但其中视觉感知占相当大的比例(一般认为人类感知信息总量的80%左右是通过视觉来获得的)。我国的"耳听为虚,眼见为实""百闻不如一见""窥一斑而知全豹"以及国外的"seeing is believing"等民谚都说明了视觉感知的重要性。当然,专门以欺骗人类视觉为目的的艺术表现形式——魔术则另当别论,因为对于诸如"穿墙而过""隔瓶取物"甚至"头体切割分离再还原"之类的魔术来说,人眼见到的过程并不为实(许多魔术其实是在"迅雷不及掩耳"的时间内采用了"偷梁换柱""移花接木"等技法)。值得一提的是,随着技术的进步,越来越多的采用虚拟现实(Virtual Reality,VR)、增强现实(Augment Reality,AR)等技术制作的影视节目在播放时也达到了欺骗人类视觉而以假乱真的效果,其中VR、AR技术都是数字媒体技术的具体表现;绝大多数的电视台或电视节目公司都引入了虚拟演播室以及虚拟植入技术。

那么人类是否还有第六感?虽然有时有人在某种场合声称感知到了常人看不见、听不到、闻不到、尝不到、摸不着事物,并自称是以第六感的形式而获得,但这多是某种猜测、推测,也有人称之为预感。然而真正的"第六感"其实是在一定的先验知识储备及心里分析基础上产生的一种猜

---

①参见 360 百科 http://baike.so.com/doc/5013890-5239245.html.

想,是科学的。例如,著名科学家爱因斯坦于1915年基于其广义相对论预言了天体黑洞合并之类的宇宙强引力场事件可产生一种时空干扰波——引力波,但直到100年后才由科学家进行了验证(2016年2月11日由美国麻省理工学院、加州理工学院以及美国国家科学基金会在华盛顿特区联合发布了"人类首次直接探测到引力波")。如此来说,那些完全凭空预感的"第六感"其实是不存在的。早些年前社会上关于"耳朵听字"之类的所谓特异功能均已在实际验证时不攻自破。

然而对于第六感的研究也并非空穴来风,例如,美国麻省理工学院(Massachusetts Institute of Technology,MIT)媒体实验室(Media Lab)早在2008年就开始了第六感(The Sixth Sense)的研究,并于2009年2月在TED(Technology,Entertainment,Design,即"技术、娱乐、设计")公开演讲上由Pattie Maes教授介绍了其博士后Pranav Mistry所做的第六感装置及技术内容。但是看其具体内容,该成果其实并不是人体生理上的第六感,而是基于虚拟现实技术的数字媒体技术的一种组合应用。在展示过程中,Pranav Mistry将市场上随处可见的摄像机穿戴在身上,用于采集现场图像(包括手的交互动作),经过衣兜内的智能手机中的软件进行分析及实时处理(可通过互联网进行通信),再将分析结果以文字或视频方式通过头戴式的微型投影机投射到任何对象上(如手掌或手臂、白墙、超市商品、纸张,甚至别人的身上)。其基本的应用场景是:用右手在左手手腕上画个圆圈,即可在手腕上显示出一个虚拟的手表,可读取时间;在书店拿起一本书,即可在书的封面上看到亚马逊书店对这本书的评价;看到报纸的一条新闻,可在报纸的纸面上显示出有关该新闻事件的活动视频;而对于看到的美丽风景,只需用两只手的拇指和食指比画出一个取景框就可以拍照;……因此,Pranav Mistry的第六感其实是一套便携式的数字媒体设备及其软件系统,通过对媒体对象的采集、分析、处理(包括移动互联网通信),再将处理结果以投影图像的形式进行呈现,最终仍然

图1-1　Pattie Maes在TED上介绍 Pranav Mistry的第六感研究成果

是通过人的视觉来感知。图1-1是Pranav Mistry的导师Pattie Maes教授在TED演讲的视频截图。

1.2 数字媒体技术的提出及发展

从本质上说,数字媒体就是以"数字"形式来表示的媒体,而该"数字"的最小单元是可由计算机进行各种形式处理的信息基本单元——比特,也即"0"或"1"。

1.2.1 数字媒体技术的提出

早在1967年,美国的Nicholas Negroponte即创立了麻省理工学院的联合实验室——体系结构机器组(Architecture Machine Group),作为MIT的智囊团,专门研究人机接口(human-computer interface)。1985年,Nicholas Negroponte进一步与MIT前校长Jerome B. Wiesner联合成立了大名鼎鼎的媒体实验室①,开始了更广泛的数字媒体技术的研究。

1987年,美国RCA公司的戴维德·萨尔诺夫实验室(David Sarnoff Labs)推出了数字视频交互技术(Digital Video Interactive),开创了多媒体信息检索的先河。同年,Apple公司CEO John

---

①http://www.media.mit.edu/people/nicholas,https://en.wikipedia.org/wiki/MIT_Media_Lab.

Sculley 则提出了可以访问大型网络超文本数据库的"知识导航者"（Knowledge Navigator）的构想，通过软件代理即可实现对各种形式的信息进行搜索与媒体访问。

1989 年，美国 IBM 公司推出可以对音频媒体进行可视化编辑的 AVC 系统（Audio Visual Connection）。特别是 2001 年 3 月 11 日，IBM 公司在北京发布了一种全新的解决方案——数字媒体工厂（Digital Media Factory，DMF），用来帮助各个行业企业管理、存储、保护和分发数字视频、音频和图像等多种数字内容。DMF 是一个将 IBM 公司全盘技术统一起来的开放式框架，包含了 IBM 的硬件、软件和服务。它有助于企业改进数字媒体的工作流程、削减成本和拥有新的、强大的、高级的数字媒体功能，这就意味着 DMF 能够进行娱乐业务和商业流程的改造，并帮助公司利用自己的知识资产创造新的商业机会。

2003 年 5 月 29 日，IBM 进一步宣布与美国思科、MPI 等公司合作提供新的数字媒体解决方案——数字媒体传输解决方案（Digital Media Delivery Solution，DMDS），该方案在业务过程的任何阶段都能够充分利用数字媒体的流式技术，迅速而高效地向多处发送视频流等富媒体。并且，DMDS 也是上述 DMF 架构的组成要素之一，使用了现有网络以及 ERP、CRM、内容管理、企业门户、流式媒体等许多需要带宽的应用程序，另外还具有保存、检索、显示、协作、购买、下载、发送、视频点播（VOD）等多项数字媒体基本功能。

2005 年 12 月 26 日，由我国国家科技部牵头制定的《2005 中国数字媒体技术发展白皮书》正式发布，该白皮书具体定义了"数字媒体"这一概念：数字媒体是数字化的内容作品，以现代网络为主要传播载体，通过完善的服务体系，分发到终端和用户进行消费的全过程。这一定义强调数字媒体的传播方式是通过网络，而将光盘等媒介内容排除在数字媒体的范畴之外①，这也是国家 863 计划计算机软硬件技术主题专家组本着"文化为体，科技为媒"这一精髓对数字媒体本质的概括。专家组组长怀进鹏教授表示，数字媒体产业链长，规模巨大，白皮书从整体上理清数字媒体产业发展的现状与趋势，将能指导整个数字媒体产业的发展。

▌1.2.2　数字媒体技术的发展

计算机技术的发展促进了数字媒体技术的发展，而因此连带的数字媒体产业的发展在某种程度上体现了一个国家在信息服务、传统产业升级换代及前沿信息技术研究和集成创新方面的实力和产业水平，因此数字媒体技术在世界各地得到了高度重视，各主要国家和地区纷纷制定了支持数字媒体技术和产业发展的相关政策和发展规划。美、日等国都把大力推进数字媒体技术和产业作为经济持续发展的重要战略。

其实早在 2001 年 3 月的北京媒体发布会上，IBM 公司全球数字媒体部（Global Digital Media Group）副总裁 Jorgen Roqvist 在介绍数字媒体发展趋势时就说过："随着宽带网络的普及，企业在自己的日常业务处理过程中，正面对着越来越丰富的网上媒体和内容，也就是数字媒体。根据行内分析家的看法，基于信息技术的数字媒体市场在全球范围内的年均增长将达到 50%，2004 年的市场价值将达到 300 亿美元。为此，IBM 的工作重点是与我们的业务合作伙伴一道，通过'数字媒体工厂'帮助企业迎接数字媒体所带来的机遇和挑战，使企业充分利用的媒体资源获得商业回报。"IBM 工商企业部总经理郑小聪先生也进一步强调"数字媒体的应用已经不仅仅局限于媒体行业。它可应用于零售业的市场推广、一对一销售；医药行业的诊断图像管理；制造业的资料管理；政府机构的视频监督管理；教育行业的多媒体远程教学；电信行业中无线内容的分发；金融行

---

①这样定义主要是因为网络是数字媒体传播过程中最显著和最关键的特征，也是将来必然的趋势，而光盘等方式本质上仍然是传统的渠道。然而广义地来看，这个定义属于数字媒体的狭义定义，因为只要内容格式是数字形式的，不管媒介形式是什么，都可被称为数字媒体。

业的客户服务等多个领域。目前,全球财富500强公司在广告和企业协同工作管理中已不同程度地应用到了数字媒体技术。"

为了迎合数字媒体技术的发展趋势,满足市场对数字媒体技术人才的需求,浙江大学于2004年在全国首先开设了4年制的数字媒体技术专业(工学学科)。随后,全国数十所高校陆续开设了数字媒体技术专业或数字媒体艺术专业①。至2016年,仅开设数字媒体技术专业的高校就达136所②。然而,无论是数字媒体技术专业还是数字媒体艺术专业,不同的高校在专业课程体系上对于"技术"或"艺术"的偏重程度有较大的不同(传统工科院校的课程体系似乎更偏向于更多艺术类相关课程)。

2005年5月13日,国家科技部发布了《关于同意组建"国家数字媒体技术产业化基地"的批复》,正式同意在北京、上海、成都、长沙组建"国家数字媒体技术产业化基地",旨在对数字媒体产业积聚效应的形成和数字媒体技术的发展起到重要的示范和引领作用。

2005年9月8日,云南省昆明市成立了我国第一个数字媒体技术实验室——"云南省电子计算中心数字媒体技术重点实验室"。该实验室瞄准了新兴的数字媒体技术领域,立足电视和网络媒体行业,结合广播电视工程技术学科发展方向,紧密跟踪国内外最新发展动态,在数字媒体网络、数字媒体处理、数字媒体内容等领域开展应用基础研究、应用技术开发和层次人才培养。实验室由数字电视、嵌入式网络音视频、媒体数字化和遥控数字航拍4个研究室组成,分别承担有线数字电视、无线数字电视、移动数字电视、网络电视、高效音视频编解码、复杂媒体网络、多媒体通信协议、无线音视频通信、数字内容创作、数字内容管理、音视频检索以及数字化航拍航视等领域的实验任务,通过自主创新科研成果,在重点领域形成技术特色和优势,带动了云南省数字媒体产业及相关产业的发展。

2006年4月4日,上海"国家863数字媒体技术产业化基地"举行揭牌仪式,国家科技部领导明确指出:在"十一五"期间将进一步通过863计划和"现代服务业科技专项"加大对数字媒体技术及其产业化的投入,实现我国数字媒体技术从支撑到引领的跨越。

2006年12月10日,以"创意、科技、文化"为主题的首届中国北京国际文化创意产业博览会(简称文博会)在北京开幕,为联合国教科文组织、国际视觉艺术协会、美国国际知识产权联盟、世界动漫协会、经合组织等国际组织和美国、英国、德国、法国、加拿大、意大利、瑞典、比利时、俄罗斯等国家和地区与中国政府和业界进行广泛交流,探讨文化创意产业的国际合作搭建了平台,而其"点亮创意智慧,融入科技力量,焕发文化魅力,创造财富价值"的宗旨间接折射出数字媒体技术对文化创意产业的支撑作用。截至2015年的第十届文博会,仅在文博会期间达成的合作意向、协议及交易总金额就达6 902亿元人民币。

其实早在我国的《2005中国数字媒体技术发展白皮书》中,就已经明确了在"十五"期间,国家863计划已率先支持了通用网络游戏引擎、协同式动画制作、三维动画捕捉、人机交互等关键技术的研发,以及动漫网游公共服务平台的建设。国家863计划计算机软硬件技术主题专家徐波研究员表示,数字媒体技术的研究将以虚拟现实、数字版权等前瞻性技术为中心,并会采用国际通

---

①在教育部1998年版的《普通高等学校专业目录》中,数字媒体技术专业(专业代码080628S)和数字媒体艺术专业(专业代码080623W)同属于"经教育部批准同意设置的目录外专业",都列在工学学科的电气信息类。然而,在修订后的新目录《普通高等学校专业目录(2012年)》中,新的数字媒体技术专业(新专业代码080906)是将1998年版的数字媒体技术专业与影视艺术技术专业(原专业代码080612W)合并,归属在了工学学科的计算机类;而新的数字媒体艺术专业(新专业代码130508)是将1998年版的数字媒体艺术专业与数字游戏设计专业(原专业代码050431S)合并,归属在了艺术学学科的设计学类。如此来说,数字媒体技术与数字媒体艺术的学科属性还是有明显差异的。

②数据来源于中国科教评价网《2016—2017年数字媒体技术专业排名》,http://www.gaokao.com/e/20160324/56f358c72ba32.shtml。

用的专利池管理模式。仅 2004 年,中国数字媒体的产业规模就达到了 537 亿元,并一直处于快速增长中。

　　值得一提的是,在举世瞩目的 2008 年北京奥林匹克运动会的开幕式上,也曾大量使用了数字媒体技术来实现炫目的艺术表现,其独特的设计以及如此高的技术含量令世人震惊。比如,鸟巢体育场场地中央面积达 147 m×22 m 的地幕(异形 LED 显示屏构造的"画轴")就是由 LED 灯条拼接而成的,但在此基础上配合巨大画轴转动而使影像以书画卷的形式徐徐展开则是其技术与艺术结合的亮点,如图 1-2 所示。另外,体育场顶部高 14 m、周长达 492 m 的碗边环幕则是由 63 台大型数码投影机以 3 机重叠形式组成的 21 组互相连接的画面构成。画面边缘自然融接、毫无痕迹,可谓天衣无缝,如图 1-3 所示。本次开幕式的全部数字影像内容都是由国内知名的数字媒体技术公司和多国艺术家精诚合作而共同完成的,配合不同的展现形式,使影像内容起到了烘托创意主题、恰当配合现场表演的作用。

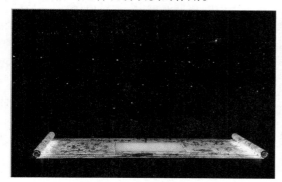

图 1-2　2008 年北京奥运开幕式中的"画轴"

图 1-3　鸟巢体育场顶部碗边环幕①

　　如今,文化科技融合业态发展势头强劲,基于数字媒体技术的产业化发展势头迅猛,虚拟现实(VR)、增强现实(AR)、混合现实(MR)技术已融入几乎所有的应用领域。

1.3　数字媒体技术的研究领域

　　由于数字媒体技术涉及媒体的采集、编辑、分发、传播、存储、管理、分析、检索、交互、版权认证以及内容安全等诸多方面的内容,并具有与艺术结合而实现艺术展现的特点,因此其研究领域必然非常宽泛,除了技术本身外,在某些应用领域还必须考虑技术与艺术的结合(为呈现艺术效果而在技术上进行有针对性的处理)。另一方面,随着互联网与数字技术的快速发展,人们获取信息、浏览信息以及对信息反馈的方式与手段等也都发生了相当大的变化,因此数字媒体内容的产业化发展也是数字媒体技术研究中必须考虑的。

1.3.1　核心关键技术

　　数字媒体技术的核心关键技术主要涉及媒体信息的处理、传输和内容管理等几个方面。

1.媒体信息处理技术

　　媒体信息数据通常是非常庞大的,特别是视音频数据,如果直接进行传输或存储,势必占用极宽的传输带宽或巨大的存储空间,造成资源的极大浪费。根据 IDC 的"The Digital Universe in 2020"统计,2012 年全球有分析价值的数据中有一半是监控视频数据,这个比例在 2015 年上升到 65%,速度是每两年翻一番。我国现有 3 000 万台监控摄像机,每月生成的视频数据高达 60 EB。因此,研究高效的视音频压缩编码等媒体信息处理技术十分重要。

①图片来源于《每周电脑报》2008 年 26 期。

　　随着技术的不断进步,新一代压缩编码算法的效率不断提高,例如视频压缩编码的 H. 265 标准就比 H. 264 标准的效率提高一倍左右,这就意味着在不改变传输带宽的情况下可使网络视频流传输能力提高一倍,或是在不改变存储容量的情况下使系统存储能力提高一倍。然而需要说明的是,由于视频图像的分辨率不断提高,由标清,到高清,再到超高清(4K 格式),使得视频源的数据量也相应成倍增长,对视频信息的传输、存储也同样带来了巨大的压力。因此,实际数字媒体应用系统其实是对全系统的各个环节都提出了更高的要求,都需要通过不断地深入研究而加大处理力度、提高处理效率。

　　Google 于 2017 年初发布的 RASIR(Rapid and Accurate Super Image Resolution,快速且精确的超级图像分辨率)技术采用了机器学习算法,通过低分辨率与高分辨率图像的比对和超分辨率重建技术,可以在不牺牲图像质量的前提下节省 75% 的传输带宽。紧接着,一家名为 Gamalon 的初创公司发布了一项通过 Bayesian Program Synthesis(贝叶斯程序合成)技术处理概率问题的新算法,用最优的方法解释收集到的数据,因而系统仅通过很少的数据就可以获得与完全训练后的神经网络相当的识别水平。据该公司称,其新技术相比 Google 的深度学习框架 TensorFlow 的效率高出 100 倍。

　　虽然提高编码效率往往意味着算法复杂度也相应提高,但这一代价可因硬件设备性能的提高而抵消掉。

　　另外,面对海量的媒体信息数据,如何有效地查找、使用信息也是十分值得关注的问题,因此如何通过对媒体信息内容的分析实现高效的内容检索、对象识别就显得非常重要了。

　　近年来,随着大数据、深度学习等概念的提出,图像/视频内容分析、语音识别等媒体信息处理技术不断取得新的进展。

2. 媒体传输技术

　　报纸、杂志等传统媒体属于有形媒体,只能通过物流形式进行传输;广播、电视等无形传统媒体则是通过有线、无线载体以电信号(电波)形式进行传输。如今,数字化的传统媒体及新媒体绝大多数都是通过媒体网络进行传输,且呈爆炸性增长之势,而媒体网络的服务端接入带宽、客户端接入带宽以及从服务器端到客户端之间的传输带宽成为影响媒体传输质量的瓶颈。因此,为了保证媒体传输的服务质量(Quality of Service,QoS),研究高效的媒体传输技术也是十分重要的。并且,为了保证视音频等媒体内容传输的实时性以及流畅性,还进一步诞生了流媒体传输技术。

　　事实上,数字化媒体文件的传输随着网络的诞生就已经实现了,但是通过网络传输的媒体文件是不能实时播放的,必须先将其完整地下载到本地计算机,然后才能打开文件再进行播放。然而对于大的媒体文件,其下载过程通常会花费很长时间,严重影响了媒体资源传输的实时性。流媒体技术的出现使得人们无需再等待媒体文件的完全下载,而是可以边下载、边播放,极大地提高了媒体传输的实时性和效率。

　　流媒体传输的基本原理是在用户端计算机上创建一个适当大小的缓冲区,在媒体播放前预先下载一小段数据作为缓冲,随即经几秒或十几秒的启动延时即可开始播放。这样,在网络传输出现波动(瞬时带宽不足致使媒体数据"供不应求")时,播放程序就会取用一小段缓冲区内的数据,从而避免了播放中断,保证了媒体播放的流畅性。

　　流媒体传输需要遵循一定的网络协议,如提供时间信息和实现流同步的实时传输协议(Real-time Transport Protocol,RTP)、提供流量控制和拥塞控制服务的实时传输控制协议(Real-time Transport Control Protocol,RTCP)、应用程序如何有效地通过 IP 网络传送多媒体数据的实时流协议(Real-time Transport Streaming Protocol,RTSP)以及能为流媒体传输提供 QoS 保证的资源预定协议(Resource Reserve Protocol,RSVP)等。

　　在无线媒体传输方面,作为第四代移动通信技术(4G)延伸的第五代移动通信技术(5G)已经出现。相对于 4G 技术来说,5G 网络的峰值速率将增长数十倍,从 4G 的 100 Mbit/s 提高到几十吉比特每秒,这就意味着用户在 1 s 内就可以下载十几部高清电影,而可支持的用户连接数量也将增长到 100 万用户/km²,可以更好地满足海量数字媒体资源的接入。而媒体传输的端到端延时则从 4G 的十几毫秒减少到 5G 的几毫秒。

另外,除了个人通信效能的提升外,5G 技术的出现还把 4G 时代仅是停留在构想阶段的车联网、物联网、智慧城市、无人机网络等概念变为现实,并进一步应用到工业、医疗、交通、安全等领域,从而极大地促进这些领域的生产效率,创造出新的生产方式。

3. 媒体内容管理技术

随着数字媒体种类、数量的不断增长,如何对海量的数字媒体资源进行有效的管理也是十分重要的。这就涉及媒体资源的存储、检索、内容挖掘以及集成分发等诸多环节,涉及多媒体数据库的合理构建。一个好的数字媒体内容管理平台,最基本的要求就是对各种媒体格式及其相关业务流程的支持,例如广播电视领域的媒体资产管理系统,就应尽可能支持所有的视音频媒体格式以及多种途径的节目收录、节目编辑、节目处理、节目发布、媒体资源的存储管理、系统管理等广播电视业务流程。

另外,随着数字媒体资源(如数字图书、数字视音频节目等)在互联网等媒体网络上的广泛传播,盗版、盗链、盗播等现象变得日益严重,因此,研究数字媒体内容的版权保护问题也是十分重要的,并因此诞生了数字版权管理(Digital Rights Management,DRM)技术,通过多级的加密、授权,可以从技术层面防止数字媒体资源的非法使用或复制。

1.3.2　关联支持技术

1. 媒体信息获取与输出技术

在数字媒体时代能否能够高质量、高效地获取媒体信息是十分重要的,业界在此方面一直进行着不懈的努力。以图像与视频信息获取为例,20 世纪 90 年代末数码照相机刚刚问世时,主流图像传感器的分辨率仅为 130 万像素左右,数字摄像机的视频格式只支持到标清(720×576 像素),图像的幅面、清晰度都不尽如人意;如今数码照相机传感器的分辨率已达到几千万像素,且所有智能手机都具备了千万像素级的数码照相机的功能,而数字摄像机的视频格式在经过了高清(1 920×1 080像素)的普及后已发展到 4K(3 840×2 160 像素)阶段,甚至 8K(7 680×4 320 像素)格式的数字摄像机也已进入实用阶段,高清、大幅面、全色域的图像为人们带来了极大的视觉享受。图 1-4 给出了 2016 年 8 月巴西里约奥运会开幕式采用 8K 摄像机进行电视转播的画面。

图 1-4　巴西里约奥运会开幕式采用 8K 摄像机进行电视转播①

值得一提的是,由中国京东方公司生产的 98 英寸 8K 超高清电视机也同时亮相里约奥运会,

---

①图片来源于凤凰科技网,http://tech.ifeng.com/a/20160806/44433241_0.shtml。

该电视机不仅仅是分辨率提高到 8K,还同时采用了 10 bit 颜色深度,可以呈现 10.7 亿种颜色,使图像色彩更加丰富艳丽,最大限度地还原了现场真实色彩;而其 178°的可视角度使观众即使站在电视机侧面也能获得很好的观看效果,特别是,由于像素颗粒极为细腻,即使在距离屏幕 1.1 m 的位置观看时,也不会因可见像素颗粒而影响视觉效果,而人眼 100°的直视覆盖角完全被包括在屏幕范围内,可使观众充分体验沉浸式的观看效果,如图 1-5 所示。

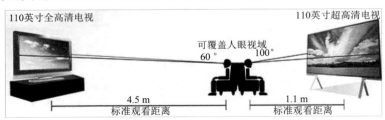

图 1-5　8K 超高清电视可使人具有沉浸式的观看效果

在媒体信息的输出技术方面,除了超高清大屏幕(包括 LED 阵列)显示技术外,三维显示、虚拟显示技术与设备也取得了巨大的进步。另外,除了平面显示技术外,曲面显示技术在 2016 年也取得了实质的进展,无论是曲面手机、曲面电视,还是曲面显示器,一经面世即受到广大用户的青睐。特别是在大屏幕显示时,曲面显示效果以其独特的视觉优势和良好的用户体验成为数字媒体显示终端的一大亮点,市场趋之若鹜。然而,曲面显示技术还不是显示技术发展的终极,更新一代的可随意弯曲的柔性显示屏技术也已初露头角,预示了显示行业发展的未来趋势。

柔性屏与传统液晶显示屏的区别在于它采用了 OLED① 技术代替液晶背光发光,并用塑料基板代替了传统的玻璃基板,从而达到“柔性”效果。另外,柔性屏还具有功耗低、轻便、可变形、可折叠、易于携带等优势,成为虚拟现实(VR)以及便携、可穿戴智能设备的首选显示方式,以致业内有人预测:“现实的未来看 OLED,OLED 的未来还看柔性显示”。

2. 媒体存储技术

以视频为代表的数字媒体需要很宽的传输带宽,而在多个视频文件码流并发转送的情况下会使得单一存储端口速率受到极大的挑战,也就是说,存储系统必须具有非常快速的数据读写检索响应和非常短的数据读写输入/输出延时。

为了保证海量媒体数据能够及时有效地存储,人们提出了基于分布式系统结构和文件存储虚拟化技术的云存储解决方案,将 Web 2.0 相关技术与存储技术完美地结合起来。新的存储系统允许用户随时随地利用任何网络设备登录到自己的存储空间,实现对文件的存储、灵活共享和快速搜索。通过基于 Windows 和手机的备份客户端软件,用户还可以快速部署个人数据备份策略,获得安全、高效、智能的个人数据备份服务;而基于 Windows 的复制客户端软件,还可以轻松实现多机数据同步,满足异地、多机办公需求。

目前,基于云存储的广播电视节目编辑系统已经以全新的概念应用于广播电视业务系统中②,电视节目编辑制作人员不再局限于台内工作环境,可以在任何时间、任何地点通过便携设备完成节目编辑制作任务,并通过台内设备实现节目播出,大大提高了节目编辑制作效率,尤其是提高了新闻类节目制播的时效性。

---

①OLED:Organic Light-Emitting Diode(有机电致发光二极管),是以有机半导体为主要功能应用的新型显示材料,具有柔性特征,可用于曲面或其他柔性显示应用,还可以单个像素独立控制主动发光,区别于传统液晶显示依靠背光系统发光,使得屏幕更加轻薄。

②朱婕,王希华. 全媒体时代“云”编辑助广电编辑系统转型. 人民网,2014 年 8 月 5 日,http://media. people. com. cn/n/2014/0805/c387273-25403143. html.

1.3.3　扩展应用技术

1. 计算机图形技术

计算机可以方便地生成各种各样的图形,比如要生成一条直线,只需要根据式(1-1)所示的直线方程,在给定的区间内依次取 x 的所有整数值并计算出所有对应的 y 值并取整,就可以得到一个关于 (x,y) 的整数坐标点集。以设定的颜色显示这些点,就会在屏幕上显示出对应的直线;给定不同的 a、b 值,直线的显示效果也不同。

$$y = ax + b \tag{1-1}$$

式中,a 是直线的斜率;b 是直线在 y 轴上的截距。

因此不难想象,如果将式(1-1)换为圆、椭圆或任意多项式方程,求出相应的 (x,y) 整数坐标点集,就可以显示出圆、椭圆或任意对应的曲线;将多段直线或曲线首尾相连,就可以显示封闭的图形;而如果用指定的颜色或图案来填充圆、椭圆或封闭图形的内部(也即改变区域内像素的属性),就可以显示出比线条图更为直观的实心图形。

然而在实际应用中,计算机图形与动画技术远非上述描述的那样简单。因为,如果直接根据式(1-1)生成直线段,计算机程序就必须进行乘除法的运算,并且每生成一个点都要重复这个过程;再有,所有的运算都涉及非整数值,还需用到浮点小数,因此直接根据式(1-1)来生成直线的算法效率极低。另外,对于式(1-1)来说,如果斜率 a 小于1,那么根据多个变量 x 求出的 y 取整后的值可能都一样(相当于重复计算);而如果斜率 a 大于1,那么对于以单位间隔连续增加(坐标值 $+1$)的 x 来说,y 的增加间隔将变得很大,直线在显示时就会不连续、不平滑,都是断点,这时就需要以 y 为自变量来反求 x 并取整。因此,实际的直线生成算法并不是直接根据式(1-1)进行编程,而是巧妙地运用基于整形变量的增量方法,并且使斜率的计算仅在程序循环体外一次性完成,因而可极大地提高程序运算效率,提高图形生成的速度。

以上例子仅仅是计算机图形学的最最基本问题,在实际应用中还有很多复杂的技术难题需要深入研究。

(1)图形输入技术

这里所说的图形不是根据式(1-1)之类的方程通过求点以"无中生有"方式得到的图形,而是根据实际输入的图像进行特征抽取而得到的图形,比如根据输入的真实人脸图像进行边缘轮廓特征提取、形态学处理、笔画风格化处理等,得到由线条勾画的该特定人脸的头像漫画(可以设定不同的漫画风格)。该技术显然是图像与图形技术的融合。

(2)图形建模技术

图形建模是构建三维实体图形的基础,图形生成算法的优劣直接影响图形建模的质量与效率。以桌子的建模为例,就需要有一定厚度的桌面和桌腿等三维图形元素,这些三维图形元素又需要由基本的二维图形元素通过厚度拉伸(Extrude)等方法来实现,而二维图形元素则包括节点(Vertex)、线段(Segment)和样条曲线(Spline)等基本图形元素。

简单地说,对于长方形的桌面,可由4条线段首尾相连构成平面,再在平面的法线方向进行拉伸后即可形成有一定厚度的长方体桌面。然而这样的桌面是见棱见角的,只有对棱角进行倒角(Bevel)处理,才能使桌面的棱角变得平滑,使其看上去更符合实际,而倒角可通过基于控制点拟合的样条曲线技术,如贝塞尔曲线、β-样条曲线等。对于桌腿,是与桌面结构一样的长方体,仅长宽高的尺寸及倒角方式不同罢了。将所有的图形元素按需求进行组合,即可形成基本实体模型库,可在此基础上进一步构建复杂的三维实体模型。

(3)真实感光照模型技术

基本的三维图形都是在理想环境下生成的,也即所绘制的三维物体在其外部和内部各个方向上感受到的光强度都完全相同。然而在真实的环境下,理想光照的情况几乎是不可能实现的,因而要想使计算机生成的三维图形具有真实的光感与质感,必须研究光源照射在物体表面时的基本特性,通过建立光照明模型(Illumination Model)来完成对物体表面某点处的光强度的计算,进而根据计算结果由计算机生成具有真实光照明效果的逼真的物体光照明模型。

要使计算机生成具有连续色调的真实感图形,必须完成4项基本任务:①用数学方法建立所需三维场景的几何描述;②将三维几何描述转换为二维透视图;③确定场景中的所有可见面,并通过隐藏面消除算法将视场之外的或被其他物体遮挡的不可见面消去;④计算场景中可见面的颜色或明暗效果。这一步骤实际上是根据基于光学物理的光照明模型计算投射到观察者眼中的光亮度大小和色彩分量,并将它转换成适合图形显示设备的颜色值,从而确定投影面上每一像素的颜色,最终生成图形。可想而知,要做出金属的光泽、玻璃的透澈、水滴的晶莹剔透等真实感效果具有相当的难度。

2. 计算机动画技术

动画是一种创造出运动幻觉的技术,它是把一系列关联的画面进行连续播放(比如每秒25～30帧)而使人在观看时产生运动的幻觉。

计算机图形是计算机动画的基础,使计算机按照一定的规律连续地生成(渲染、显示)设计好的图形序列,就形成了计算机动画。

为了使计算机生成的三维图形(实体)在运动(动画)时的运动规律自然流畅,需要精确设定并调整其运动轨迹,但是最真实的运动轨迹显然需要根据真实目标的运动过程来采集。这种运动数据采集技术即是运动捕捉(Motion Capture)传感技术,简称 Mocap。它是将传感单元固定到运动目标的关键部位(通常是运动关节处),当目标运动时,这些传感单元即会相应产生位移,传感系统(红外、磁或机械传感)即会分析并记录下传感单元的运动轨迹。当将该轨迹数据赋予设计好的计算机三维图形(实体)时,即形成了计算机三维动画。比如,将对芭蕾舞演员采集的运动轨迹数据赋予计算机建模生成的大灰熊,人们就可看到蠢笨的大灰熊其实可以跳起优美的芭蕾舞。图1-6给出了用于运动数据采集的"替身演员"穿戴传感器进行表演的剧照,其中左上图为红外式面部表情传感系统,右上图为机械式肢体动作传感系统,下图为红外式肢体动作传感系统。

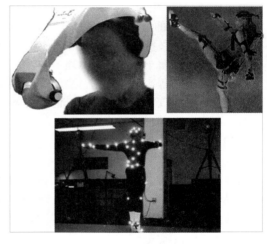

图1-6　"替身演员"穿戴传感器进行表演的剧照

3. 虚拟现实技术

虚拟现实(Virtual Reality)也称虚拟环境(Virtual Environment),是用计算机技术来生成一个逼真的三维视觉、听觉、触觉或嗅觉等感觉世界,让用户可以从自己的视点出发,利用自然的技能和某些设备对这一生成的虚拟世界客体进行浏览和交互考察,产生身临其境的感觉。

虚拟现实技术主要有以下3个突出特征:

(1)沉浸感

沉浸感是指参与者借助交互设备和自身的感知体验,可以全身心地沉浸于计算机所生成的三维虚拟环境,并产生身临其境的感觉。参与者可以通过视觉、听觉、嗅觉、触觉等人类感知系统,多维地感受虚拟世界发生的但感觉上和真的一样的任何事物。这就要求虚拟现实系统能够实时地生成高质量的、逼真的虚拟场景。而在虚拟场景的创建过程中,生成场景画面的质量和速度是衡量这个虚拟场景优劣的两项关键性指标:低速度将使虚拟场景出现不连续和跳动;低质量则使虚拟场景产生景象失真,降低这两项指标中的任何一项,都会严重地影响虚拟场景的真实性效果,使参与者无法产生"沉浸感"。

(2)交互性

交互性是指参与者借助交互设备及人类各种感官功能、自然技能,与虚拟环境进行交互考察与操作。比如"眼球追踪"交互就是 VR 系统通过对人眼视频图像的分析,获取人眼的真实注视点,从而得到虚拟物体视点位置的景深,当眼球转动时,使场景图像发生相应变化;"手势跟踪"交互就是利用具有震动、压力传感的"数据手套"或直接通过对手势图像的识别获取人手的控制(操作)参数,使场景图像及设备产生随动;"运动捕捉"交互就是通过前述 Mocap 装置采集参与者的肢体运动;而"触觉反馈"交互就是通过 VR 手柄实现 6 个自由度空间数据输入,常用于高沉浸式交互游戏系统,等等。

以模拟汽车驾驶系统为例,参与者坐在模拟驾驶室内,就可看到由虚拟视觉系统(VR 头盔或环绕式拼接屏幕)显示的近乎真实的道路场景,当参与者操作方向盘、制动器等部件时,视觉系统则会显示出相应的车辆转向或制动的视觉效果,而机械随动系统甚至还可使人产生人体受力的感觉。

(3)构想性

构想性是指参与者借助 VR 系统给出的逼真视听及触觉信号而产生的对虚拟空间的想象,反映了使抽象概念具体化的程度,可有效拓宽人类的认知范围。比如要建造一座现代化的大厦,首先要对其结构做细致的构思,常规的做法只是产生大量的设计图纸,然而这些图纸只有极少数内行人才能看懂,并在其脑海中形成图纸所描述的建筑结构及外观(有些可形成结构及外观示意图)。而采用虚拟现实技术,则可以用别样方式直观地反映出设计者的构思,使人们以 VR 的方式全方位看到大厦的近乎真实的"实景"及其任意内部结构。因此某些国外学者甚至称虚拟现实为放大人们心灵的工具。

虚拟现实技术实际上是多种技术的综合,比如动态虚拟环境建模技术、实时三维图形生成技术、立体显示与真实感立体声合成技术、传感器及交互式接口技术、自然人机交互技术以及系统集成技术等。

1.4 数字媒体技术的特点

数字媒体技术主要有以下几个特点:

(1)数字化

数字媒体的主要特点是数字化,所有的媒体信息都是以比特(bit)的形式通过计算机进行存储、处理和传播。这里,比特只是一种存在的状态:开或关、真或假、高或低、黑或白、……,最终都可以简记为"0"或"1"。比特易于复制,可以快速传播和重复使用,不同媒体之间可以相互混合。

(2)多样性

数字媒体涉及文字、图形、图像、动画、影视、语音及音乐等各种媒体信息,因此数字媒体技术通常需要对多种媒体信息进行综合处理,使得计算机处理的信息空间扩展并放大。

(3)集成性

数字媒体技术是结合文字、图形、图像、动画、影视、语音及音乐等多种媒体资源的一种应用,并且是建立在数字化处理的基础上。因此其涉及的技术也非常广,往往需要多种技术及相关设备的集成。

(4)交互性

数字媒体技术需要为用户提供有效的控制和使用信息的交互手段,从而有效增加用户对信息的注意和理解,延长信息的保留时间。交互性能的实现,特别是自然人机交互技术以及面向不同应用的互动业务模式,这在模拟域中是相当困难的,而在数字域中却容易得多。

(5)实时性

数字媒体技术强调了数字化的媒体信息以现代网络为主要传播载体,必须保证媒体传输的实时性。流媒体技术的出现,使得基于网络传输的媒体新闻发布、电子商务、电子政务、远程教育、远程医疗、视频监控、视频直播/点播、视频会议等应用系统的实时性得到了保证。

(6)趣味性

互联网、IPTV、数字游戏、数字电视、移动流媒体等为人们提供了宽广的娱乐空间,也使得媒体的趣味性能够真正体现出来。比如观众实时参与的电视互动节目、观看体育赛事时可以自主选择多个不同视角、从浩瀚的数字内容库中搜索并观看感兴趣的影视节目、分享图片和家庭录像、浏览感兴趣的媒体信息内容等。而基于计算机、平板电脑、手机等的各类游戏显然在交互过程中为用户带来了更多的趣味性。

(7)艺术性

数字媒体技术可以使某些艺术作品呈现出令人震撼的艺术效果,比如 2008 年北京奥运会开幕式的巨幅"卷轴"画册、2010 年上海世博会中国馆的动画版"清明上河图"等。

虽然信息技术与人文艺术、左脑与右脑之间都有着明显差异,但数字媒体传播则是在这些不同的领域之间架起了桥梁。也就是说,某些数字媒体传播涉及信息技术与人文艺术的融合。

(8)主动性

数字媒体的多样化表现使得广大受众对于媒体信息变被动接受为主动参与,媒体资源可以定制,可以自行编辑修改,可以自行发布(自媒体)。

(9)交叉性

数字媒体技术涉及诸多学科领域的交叉融合,如计算机软件、硬件和体系结构,编码学与数值处理方法,图形、图像处理,视频分析,计算机视觉,光存储技术,数字通信与计算机网络,仿生学与人工智能等。

1.5 数字媒体技术的应用

随着信息网络的高速发展与普及,数字媒体技术已广泛应用于各行各业的各个应用领域。从 2003 年到 2008 年,仅上海数字媒体产业产值就从 200 亿元增加到 600 亿元左右①,年均增长 27.1%;2010 年我国的数字媒体内容产业规模达 2 874 亿元。

在中国产业信息网发布的《2013—2017 年中国数字新媒体行业竞争格局及未来发展趋势报告》中,根据数字媒体技术的应用产业链,分析了其中各个环节的产业化开发及应用的巨大潜力。图 1-7 给出了数字媒体技术产业链的构成。

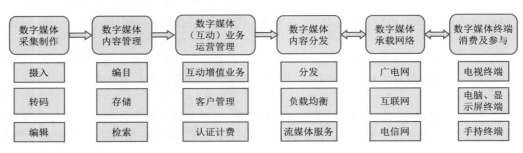

图 1-7 数字媒体技术产业链的构成

---

①数据出自中国产业信息网(www.chyxx.com)《2013—2017 年中国数字新媒体行业竞争格局及未来发展趋势报告》。

▌1.5.1　数字媒体技术应用服务

数字媒体技术应用服务是指运用数字媒体技术并结合应用行业的特点，以信息网络(广电网络、互联网、电信网等)为主要传播载体，构建数字媒体采集、制作、管理、传播与互动平台，满足行业用户对数字媒体交流互动的广泛需求；通过充分挖掘数字媒体的最大价值，高效地服务于广电系统、电信运营商、政府机关及企事业单位、科研院校、广告展示等领域；随着信息网络的快速发展，通过数字媒体技术手段将文化、信息传播到每个角落。

▌1.5.2　数字媒体技术应用领域

1. 政府部门应用

政府部门对于数字媒体技术的应用主要体现在智慧城市建设的方方面面，涉及智慧公共服务、智慧社会管理、智慧安居服务、智慧教育文化服务、智慧健康保障体系、智慧交通、智慧安全防控系统建设等多个环节。

以智慧安全防控系统建设为例，就涉及充分利用信息技术，完善和深化"平安城市"工程，深化对社会治安监控动态视频系统的智能化建设和数据的挖掘利用，整合公安监控和社会监控资源，建立基层社会治安综合治理管理信息平台；积极推进市级应急指挥系统、突发公共事件预警信息发布系统、自然灾害和防汛指挥系统、安全生产重点领域防控体系等智慧安防系统建设；完善公共安全应急处置机制，实现多个部门协同应对的综合指挥调度，提高对各类事故、灾害、疫情、案件和突发事件防范和应急处理能力。

事实上，随着"天网工程""雪亮工程"建设的不断推进，数以千万计的安防、监控摄像机已遍布于全国各级城市、乡镇的各个点位，并采集了海量的视频数据，可谓"天网恢恢，疏而不漏"。然而，如此巨大的视频资源完全靠警力人力 24 小时监控显然是不现实的，因此基于数字媒体技术对海量视频资源进行智能分析是非常必要的。利用视频大数据智能分析，可以大大降低公安干警的人力投入，还可以避免因人力疲劳造成的漏判误判，提高办案效率。另外，用于交通监控的电子警察系统则是通过对过往车辆的车型、车标、车身颜色、车身痕迹、车贴、车内饰物以及车牌照等信息的自动识别，就可以快速筛查并锁定各类违法车辆。然而如何在强光照、大侧角、模糊等成像不良的极难条件下准确识别出上述车辆信息则对视频与图像处理技术提出了很高的要求。

2. 金融行业应用

金融领域的应用主要体现在两点，一方面是银行监控，需要计算机主动提前识别网点的异样信息，这与政府领域的安防监控应用类似；另一方面是人脸识别在银行、证券远程开户上的应用。在远程开户时，金融机构可以通过智能终端在线上进行身份鉴权验证，使用人脸识别技术开户可以极大提升业务办理的安全性、时效性，并节省大量人力。

3. 商业领域应用

零售门店：在零售门店里，视频大数据技术可用于客流统计、消费者心理和行为分析。通过客流统计数据，分析不同区域、通道的客流和顾客滞留时间，与销售业绩报表结合，可以分析顾客购买行为，顾客性别年龄组成。同时，通过对顾客的面部表情分析，还可以大致了解客户的喜好特征，使得商家能够制定对应的营销策略。

广告营销：视频大数据分析技术可以实现广告与客户需求更加精准的匹配。目前庞大的视频大数据资源已经吸引了国内外众多视频网站的关注。通过大数据挖掘，自动分析视频中的画面内容，并自动在视频中产生信息、标签、商品等内容，从而实现更精确的广告精准匹配，增加广告投放，实现将流量转换成营收的目标。同时还可以进行广告效果的监测，获得视频中品牌曝光的次数、时长等。

4. 互联网视频数据筛查

视频大数据分析技术在网络黄暴盗版信息监测方面的应用也是非常有意义的。目前在云存储平台上,视频图像数据的存储量巨大,通过人工审核黄暴盗版等信息显然是非常耗时耗力的。通过视频大数据分析研判,可以精准识别出这些平台的色情、暴恐、小广告等违规图片或视频,能帮助开发者团队降低运营风险和法律风险,节省大量审核人力。例如,迅雷通过图像识别云平台,超过98%的色情视频被机器过滤,复审量低于总量的2%,节省了超过98%的人力成本。

5. 机器人等新兴行业应用

在机器人、无人机、无人驾驶汽车等新兴领域,智能视频分析技术已成为必备技术之一,得到了广泛应用。

家用机器人:家用机器人在密布的家居中实现自动清扫等功能,需要依赖对周围目标的检测,避开障碍物,获取行动路径,完成系列动作。在更高级阶段,通过相关算法,还可以识别家庭成员的身份、面部表情、情绪变化,以此实现自主互动和情感交流。

超市机器人:超市智能跟随机器人不仅可以根据用户的年龄和性别,进行精准的商品推荐,广告推送,优惠券推送,打折信息推送,其跟随功能还可以彻底解放人们的双手。

无人机:普通无人机仅仅实现高空视频拍摄,一旦和视频大数据分析相结合,就可以作为一个数据采集和数据重构平台,将在高空中采集的丰富的图像信息(包括地理信息、光谱信息等)进行综合信息研判,实现对采集数据的重构、识别等。比如,用于真实地理目标构建和地图搭建以及复杂场景高精度三维重建等,可以用于建筑古迹修复、大型建筑物 3D 数字模型建构,甚至是电影特殊场景的呈现。另外,视频分析技术可以帮助无人机确定周围环境的基本属性和大致情况,避开障碍物,避免在高速情况下同其他无人机或飞机发生碰撞。

无人驾驶汽车:在无人驾驶汽车领域,结合红外激光与毫米波雷达信息的视频大数据分析技术可以帮助汽车感知并识别行驶的车道及周边的物体,自动辨别车道标识与交通信号,检测出车辆、行人、树木等运动目标,防止交通事故的发生。

本章小结

本章首先介绍了媒体的概念,强调了数字媒体是以二进制形式存在的信息载体,接着对媒体的分类、自媒体以及媒体感知等内容做了具体介绍;随后介绍了数字媒体技术的提出、发展及其研究领域,从核心关键技术到关联支撑技术再到扩展应用技术,全面展示了数字媒体技术的全貌;最后总结了数字媒体技术的特点,并在数字媒体技术产业链的基础上举例列出了数字媒体技术的各种应用。

本章习题

1. 国际电信联盟将媒体分成了哪 6 类?
2. 什么是自媒体?
3. 如何最大限度地拓展媒体感知的形式?
4. 数字媒体技术的研究领域有哪些?
5. 数字媒体技术有哪些特点?
6. 设想一种数字媒体技术的新的应用。

第 2 章
图像与视频技术及应用

　　由于人类感知信息总量的 80% 左右是通过视觉来获得的,因此基于视觉感知的图像与视频成为数字媒体技术领域研究的主要内容。

　　本章将主要介绍图像的基本属性、基于集合论的图像分类方法、视频与图像的关系以及面向不同应用目的的各种数字图像处理技术、视频处理技术,介绍图像及视频技术的具体应用。

2.1 图像

在几种韦伯斯特（Webster）大辞典中，图像大概是这样定义的："物件或事物的一种表示、写真或临摹，……""一个生动的或图形化的描述，……""用以表示其他事物的东西。"因此一幅图像就是另一个东西的一个表示①。总结起来说，图像就是以视觉可以感知的形式对客观存在的物体的某种属性的描述。

一幅图像只是原物体的一个浓缩或概括。比如，对于一张用高档照相机在良好光照条件下拍摄的风景秀丽的河山照片，我们虽然可以品析照片的构图、用光、色彩、……，特别是欣赏照片中山的峻美，但却无法看清山的植被、土壤、岩石等的纹理细节，更不知道山的背面是缓坡还是陡壁，有没有植被，……。因此，图像其实只是某个原物体的不完全、不精确，但在某种意义上（某个角度）最恰当的表示。

2.1.1 图像分类

可以引入集合论对图像进行广义的分类，将图像看成是东西（物体）的一个子集，并且该子集中的每一幅图像都与其所表示的物体有对应关系，如图 2-1 所示。

由图 2-1 可见，图像集合中的一个非常重要的子集就是人眼可见的图像（Visible Image），该子集中进一步包含由几种不同方法产生的子集，即图片（Picture）子集和光图像（Optical Images）子集。在图片子集中，包括由摄影器材拍摄的照片（Photograph）、由线条构成的图（Drawings）、由画笔绘出的画

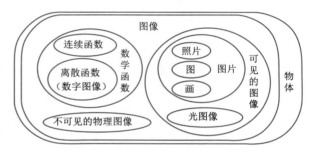

图 2-1　基于集合论的图像分类

（Paintings）；而在光图像子集中则包括用透镜、光栅和全息技术产生的各种不同形式的图像。

1. 可见的图像

可见图像是指可被人类视觉直接感知的图像，其中图片是颜色在二维空间的分布，通常是将人、物、场景等实景或绘制的内容以某种形式在平面介质上形成硬拷贝；而光学图像则是光强度在二维空间的分布，它反映人、物、场景的内容，但依赖于光而存在。

2. 数学函数对应的图像

数学函数是抽象的，由连续函数和离散函数组成，其性质（如极值点、周期性、单调性、曲率等）可以通过与函数对应的图像表现出来，是数学函数值在特定坐标空间的一种分布。对于连续函数，可以在坐标纸上绘出函数对应的图像，比如：一次函数对应直线，二次函数对应抛物线；对于离散函数，则可以给出函数对应的离散点阵（数学矩阵），这也恰恰是计算机可以处理的数字图像。

3. 不可见的物理图像

物理图像是物质或能量的某种分布，但是对于温度、压力、磁场、引力场等物理量，不能被人类视觉直接感知，而距离、高度等度量参数或人口密度等统计参数也不是人类视觉直接感知的物理量，因此都属于不可见图像，但其分布情况仍然可以用图像的形式表现出来。比如气象温度的

---

①CASTLEMAN K R. 数字图像处理［M］. 朱志刚，等，译. 北京：电子工业出版社，1998.

分布情况,通常在地图上用红色表示高温地区,用蓝色表示低温地区;对于高度分布,在中国地形图上通常是用深褐色表示青藏高原、用棕黄色表示黄土高原、用青绿色表示长江中下游平原、用蓝色表示海洋(其中深海区域用深蓝色)等。

2.1.2　数字图像及其性质

数字图像指的是以数字形式表示的图像,它实际上是一个被采样和量化后的二维函数 $f(x,y)$,该二维函数由光学方法产生,通常采用等距离的矩形网格对二维空间的光强度分布情况进行采样,并对采样值(幅度)进行等间隔量化。因此,一幅数字图像就是一个被量化了采样数值的二维矩阵。图 2-2 示出了物理图像与数字图像的对应关系。

由图 2-2 可知,构成数字图像的每一个元素(像素)都具有特定的位置和幅值,其中位置相当于函数 $f(x,y)$ 的空间坐标,幅值则代表该位置所对应像素的灰度值。由于采样和量化的原因,(x,y) 坐标须为整数坐标,f 值也须为整数值,因此,一幅数字图像所包含的原物体的信息进一步减少。

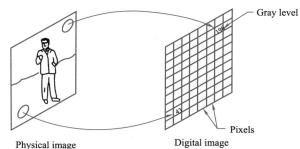

图 2-2　物理图像与数字图像的对应关系

不难想象,相对于表现原物体的原始图像来说,数字图像的像素数越多,越容易反映原始图像的细节(分辨率高),图像画面越清晰;每一个像素使用的比特数越多,该像素所对应的灰度值范围越宽,图像的灰度层次越丰富。当单个像素的面积一定时,构成一幅数字图像的像素数越多,其对应的图像幅面越大。当整幅图像的幅面一定时,若要求图像画面更清晰,所需的像素数就应更多,同时单个像素的面积就会越小。由于单个像素的面积受半导体感光器件技术的限制不能太小,因此高分辨率特别是超高分辨率成像设备的图像传感器感光靶面尺寸一般都比较大。

2.2　数字图像处理技术

数字媒体技术涉及大量的数字图像处理技术,而处理的目的不外乎是使处理后的图像更便于观看、便于提取特征、便于分析理解,或是达到某种预期的艺术表现效果。

事实上,数字图像处理的实质就是通过计算机对代表图像的二维函数 $f(x,y)$ 进行处理,比如,按照某种规律或预期要求去改变 (x,y) 坐标以及该坐标处函数的幅值。需要注意的是,对于不同的应用目的,对函数 $f(x,y)$ 的处理算法显然是不一样的。

2.2.1　图像增强

图像增强的主要目的是提高图像质量,改善图像的视觉效果;或者突出图像特征,以便通过计算机处理使图像更适合某个特定的应用。

图像增强的处理过程可以在空间域(简称空域)进行,也即直接对图像进行处理;也可以在频域(也称变换域)进行,也即先对图像进行变换,再在变换域中对变换系数进行处理,最后再通过反变换回到空域,获得图像增强的效果。

1. 空域增强处理

空域增强处理主要是指基于像素点的运算,也即按某种规律改变像素点的灰度值,即可以实现图像灰度层次(灰度级)的改变,比如改变图像的亮度,提高图像的对比度。当然,如果改变像素点的坐标,还可以实现图像形状的改变,比如将人脸图像中左嘴角坐标向左移动、右嘴角坐标向右移动，就可能使人的嘴巴变大①。

式(2-1)可以很好地解释图像的点运算：

$$B(x,y) = f[A(x,y)] \tag{2-1}$$

式中，$A(x,y)$为处理前的输入图像；$B(x,y)$为处理后的输出图像；而f即是某种预定的处理方式，可以改变输入图像的灰度分布，称为灰度变换函数。

式(2-2)为最基本的灰度变换公式：

$$D_B = f(D_A) = aD_A + b \tag{2-2}$$

式中，D_A是输入图像中某像素的灰度；D_B是输出图像中对应像素的灰度。

式(2-2)显然是一个线性方程（斜截式直线方程，a为直线的斜率，b为直线在纵轴上的截距）。对输入图像的所有像素进行式(2-2)所示的处理，当$a > 1$时，可以使输出图像的对比度增大，当$0 < a < 1$时，可以使输出图像的对比度减小；而当$b > 0$时，可以使输出图像的整体亮度提高，当$b < 0$时，可以使输出图像的整体亮度变低。特别注意的是，当$a < 0$时，式(2-2)所示的直线具有负斜率，这样的灰度变换函数可以使输出图像的灰度发生反转，也即使输出图像变为负像（图像中原来亮区域像素变暗，暗区域像素变亮，相当于照相胶片的底片）。图2-3给出了对比度拉伸变换的几种情况，其中左上图为由3段直线组成的折线型灰度变换函数，低段与高段的斜率均小于1而中段斜率大于1；右上图为原始低对比度图像；左下图为对比度拉伸后的效果；右下图为极限

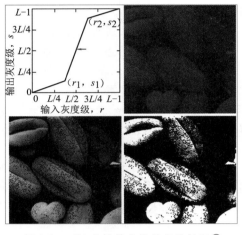

图 2-3　对比度拉伸变换的几种情况②

拉伸的情况（设定某阈值使低段与高段的斜率均变为0而中段斜率变为无穷大）。

在实际应用中，灰度变换函数还有多种非线性表示，只要该函数为单调非减函数（曲线上处处斜率均不小于零），就可以使输出图像保留原来的基本灰度分布外貌，但图像的局部对比度会发生变化；否则，输出图像的灰度分布将变得混乱。图2-4为一种与图2-3左上图趋势类似的"S"型非线性灰度变换函数的情况，其中间段的斜率大于1，意味着该变换函数可以提高输入图像中灰度级别处于中间段的图像区域的对比度（提高中灰层次可辨），压低暗区与亮区的对比度。

点运算的最基本应用是直方图均衡。这里，直方图是指通过对图像中所有像素的灰度级进行分析，计算各个不同灰度级的像素数量，并以灰度分布图的形式呈现出来。因此，直方图是灰度级的函数，其横坐标是灰度级，纵坐标是具有

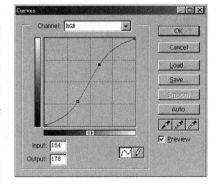

图 2-4　一种"S"型非线性
灰度变换函数

该灰度的像素所出现的频率（该灰度级所对应的像素的个数，归一化后即是图像中具有该灰度级像素的概率密度）。不难想象，如果某幅图像的亮区不够亮、暗区不够暗，其所有像素的灰度就都集中在中灰度附近，图像就因亮暗层次不分明而没有层次感。因此，直方图均衡就是希望将输入图像转换为在每一灰度级上都有相同的像素数的输出图像，使输出直方图变得平直，从而图像的

---

①此过程实际上还涉及像素位置及灰度值的内插运算，可归到后面介绍的几何运算中。

②图片取自 RAFAEL C. GONZALEZ, RICHARD E. WOODS. Digital Image Processing. 2nd. Prentice Hall, 2002.

亮暗层次变得分明。

　　事实上,由于数字图像的灰度级数量有限,对一幅数字图像进行直方图均衡后,不能保证输出直方图一定变平,但却可使其具有变平的效果,并因此改变图像的对比度(图像的亮暗层次更分明)。图 2-5 给出了一幅原始图像(左图,图像比较暗)及其直方图(右图,像素集中在低灰度区域);图 2-6 为对图 2-5 进行直方图均衡后的情况,图像的亮暗层次变得分明,直方图也相对变平。

图 2-5　一幅原始图像及其直方图

图 2-6　对图 2-5 图像进行直方图均衡后的情况

2. 频域增强处理

　　频域增强处理涉及待处理图像的所有像素,具有全局性,可更好地体现图像的整体特性,如整体对比度和平均灰度值等。特别是对于某些空域处理表述困难的图像(如叠加有周期性干扰条纹的图像),在频域进行处理则非常方便。

　　频域处理首先要对图像进行变换,常见的变换包括傅里叶变换(Fourier Transform)、离散余弦变换(Discrete Cosine Transform)、沃尔什-哈达玛变换(Walsh-Hadamard Transform)、小波变换(Wavelet Transform)等。图像变换后,其很多外表特征都可在变换域进行解释,如图像中的平坦区域对应于频域的低频成分,图像中的细节(边缘、纹理结构)对应于频域的高频成分,而图像的平均亮度(灰度)则对应于频域的平均分量(有时也称直流分量)。

　　在变换域对图像的不同频率成分进行处理,本质上就是修改变换后各频率分量的系数(其数量与原图像的像素数相等),然后再对其实施反变换(逆变换)即实现了图像增强,这个过程也称为变换域滤波。

　　对图像进行低通滤波可滤除图像的高频成分,图像中以高频成分呈现的边缘细节会被拟制而大面积的平坦区域不受影响,因此图像的边缘、纹理等高频细节的可辨性变差。不过,由于图像中的高频混叠[①]部分以及高频干扰噪点也会被拟制掉,因此图像看上去会变得干净、平滑。

---

　　①混叠:对连续信号进行采样时,如果不满足采样定理(采样频率必须大于等于信号最高频率的 2 倍),采样后信号的频谱就会有部分重叠,由此重建的信号就会产生失真。比如对于穿着细碎格图案衣服的人像来说,细碎格图案的衣服会呈现一片杂乱的干扰纹。

对图像进行高通滤波可滤除图像的低频成分（包括直流分量），因此图像会因失去直流分量而变得灰暗，只有高频边缘会呈现一定的亮度，因此图像看上去会变得尖锐（sharp）。如果在原图像的基础上叠加上高通滤波后的图像，即可在不改变图像基本亮度的前提下提高图像的清晰度（分辨率），其本质是图像的高频成分得到了加强。

对图像进行带通滤波或带阻滤波就是保留或去掉图像中某个频率区间的频率成分，达到特定的图像增强目的。带阻滤波器的阻带很窄时又称为陷波器，常用于对于有规律的（周期性的）干扰图案的消除。

图 2-7 为不同宽窄（不同频率）的竖条图像经过不同性能滤波器处理后的示意效果。图 2-8 为分别用二维低通滤波器（左上图和右上图）及高通滤波器（左下图和右下图）对图像滤波后的效果。

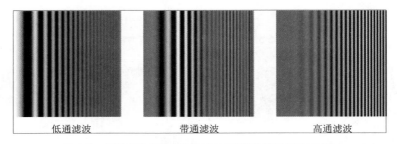

低通滤波　　　　　带通滤波　　　　　高通滤波

图 2-7　图像经过不同性能滤波器处理后的示意效果

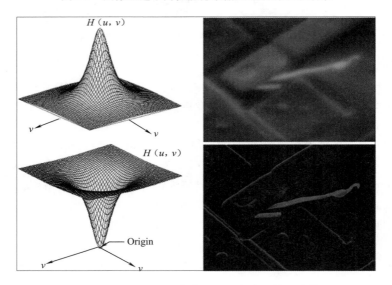

图 2-8　经二维低通滤波及高通滤波后的图像[1]

▌2.2.2　图像复原

图像复原的目的是尽量去除在获取图像过程中因设备自身因素（传感器固有缺陷、器件本底噪声、镜头调焦不准等）以及光学系统的像差、大气湍流效应、目标对象与成像设备之间的相对运

---

①图片取自 RAFAEL C. GONZALEZ & RICHARD E. WOODS. Digital Image Processing. 2nd. Prentice Hall，2002.

动等因素而发生的图像质量下降（如图像模糊、图像有干扰等），从而最大限度地恢复图像的原始面貌。通常将图像退化分为 4 种类型，如随机噪声的叠加、规则图案的变形、边缘模糊（因光学系统中的孔径衍生而产生的类似光晕的现象）、运动模糊（相机与物体发生相对运动）等。图 2-9 示出了运动模糊及其复原（去模糊）后的效果。

图 2-9　运动模糊及其复原后的效果

　　由于引起图像退化的因素多而复杂，性质也各不相同，因此并没有统一的复原方法，在实际应用中多是根据不同的应用物理环境，采用不同的退化模型、处理技巧和估计准则，得到不同的复原方法。显然，如果知道了图像退化的类型、机制和过程，就可以用一个与其相反的过程来恢复它，因此图像复原的首要过程是根据先验知识建立图像退化模型，然后就可沿着使图像退化的逆过程来恢复图像的本来面貌。

　　图像复原过程相当于设计一个滤波器，退化（降质）图像 $g(x,y)$ 经过该滤波器处理后可输出复原图像 $f'(x,y)$，并且，根据预先规定的误差准则，该复原图像可最大程度地接近真实图像 $f(x,y)$。从结果看，这个过程就如同将一个被污染的脏物件放到洗涤机器中洗涤，洗掉污染物后，物件就可变得干净。

　　在实际应用中，图像的退化过程并不一定完全知晓，并且还可能引入了一定的随机噪声，因此复原也有不确定性（非唯一性），通常需要根据先验知识以及对逆过程的解的附加约束条件（正则化方法[①]）得到最佳的复原图像。同样用上面的例子，针对不同的污染情况，选择不同的洗涤剂及洗涤程序，对脏物件的洗涤效果当然会不同。因此，具体实施图像复原时，有些方法适于在空域设计滤波器进行复原，也有些则适合于在频域进行。

　　对于叠加有噪声的图像，似乎简单地减去噪声即可，然而由于噪声项是随机的、未知的，不可能完全地减除，虽然采用前述图像增强中的低通滤波技术可减小噪声的明显程度，却也会使图像的高频细节同时受到影响（去噪声使图像变模糊）。因此，好的图像复原方法是要结合噪声模型建立有针对性的特殊的滤波器，其去噪效果优于简单的低通滤波。

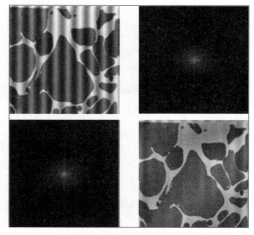

　　常见的噪声模型有高斯噪声、瑞利噪声、伽马噪声（爱尔兰噪声）、指数分布噪声、均匀分布噪声、脉冲噪声（椒盐噪声）等，针对不同的噪声干扰模型，采用合适的算数均值、几何均值、谐波均值、逆谐波均值等均值滤波技术以及中值滤波、最大值滤波、最小值滤波、中点滤波、修正的阿尔法均值滤波等顺序统计滤波技术，可能会得到较好的图像去噪复原效果。

图 2-10　被周期性图案干扰的图像、
频谱图及其复原效果

　　对于图 2-10 被周期性图案（明暗相间的竖条

_____

　　①正则化方法：线性代数理论中用一组近似解去逼近原问题解的方法。

纹)干扰的图像(左上图),直接在空域进行处理显然不易,然而对其进行傅里叶变换后,可发现在频域图像(右上图,原图像的频谱图)中有两个明显的亮点,这刚好对应于原图像中的干扰条纹(周期性正弦信号的频谱即是对称于原点的冲激对)。因此,用水平方向的带阻滤波器(陷波器)对原图像进行滤波,就可以消除这两个亮点(左下图),再进行傅里叶反变换后,明暗相间的竖条纹干扰不见了(右下图)。

需要说明的是,与前述的图像增强不同,图像复原是一个客观的过程,是从造成图像质量下降的客观原因出发,找到恢复图像原始面貌的最优估值;而前述的图像增强是一个主观的过程,它是根据主观视觉的满意程度来调整图像参数,从而主观地改善图像质量。

2.2.3　图像分割

图像分割就是把图像分成若干个特定的、具有独特性质的区域并提取出感兴趣目标的技术和过程。这些区域通常是互不交叉的,每一个区域都满足特定区域的一致性。区域的特性可以是灰度、颜色、纹理、形状等。目标可以对应单个区域,也可以对应多个区域。

图像分割是图像分析、图像识别的前提,也是必经的关键步骤,比如汽车牌照识别,必须先从车辆的图像中找到车牌照,再将车牌照的各个字符分割出来,才能对其识别。从某种意义上说,只有彻底理解图像内容,才可能产生完美的分割,但是光照的不均匀性、物体的遮挡与阴影、特别是物体的镜面反射成像等因素都可能导致分割错误。如图 2-11 所示,由于车体高光洁部分的镜面反射成像与背景特征完全一样,要想将车体从背景中完美分割出来极为困难甚至不可能。

图 2-11　镜面反射成像现象使图像分割极为困难

图像分割的基本策略是基于图像灰度值的不连续性和相似性:区域之间图像的灰度值有陡峭的变化(不连续,如图像的边缘);区域内部的灰度无变化或缓慢变化(灰度值相似)。因此,利用这两个性质,就可实现基本的图像分割。

常用的图像分割方法包括基于阈值的分割、基于区域的分割以及基于边缘的分割,还可以基于特定理论进行分割。

1. 基于阈值分割

如果目标对象的灰度与背景的灰度有较大差别,比如目标对象较亮而背景较暗,则当设定某合适的阈值后,灰度值大于阈值的像素属于目标对象,而灰度值小于阈值的像素属于背景区域,反之亦然。

举个具体的例子:绿色的草坪上有一个黑白皮瓣相间的足球,将该场景照片转换为灰度图像后,绿色的草坪呈现为中灰色,而属于足球的像素要么趋于黑色,要么趋于白色。因此设定阈值 T_1 和 T_2 使区间 $[T_1, T_2]$ 对应于草坪的灰度,则所有不属于灰度区间 $[T_1, T_2]$ 的像素(无论灰度值小于 T_1 还是大于 T_2)就都归属于足球,从而可将足球从草坪背景上分割出来。同样,对于一幅斯诺克台球的彩色图像,将其转换为灰度图像后,可以设定多个对应于不同颜色台球及绿色桌面的阈值,并给出各阈值的误差范围,就可以将不同颜色的台球从绿色的桌面上分割出来(绿色的台球与绿色的桌面颜色相近,但仍有一定色调差别,转换为灰度图后有一定的灰度差别)。

阈值分割的优点是计算简单、运算效率高、速度快,多用于重视运算效率的应用场合,其缺点是只适合于目标对象与背景有明显对比的图像,而且对噪声很敏感。在实际应用中,由于光照的均匀程度特别是遮挡及阴影等的存在,使得目标对象和背景的对比度在图像中的各处并不完全一样,很难用某个固定的阈值将所有的目标对象与背景分开,因此更实用的方法是根据图像的局部特征分别采用不同的阈值进行分割,也即根据实际情况,将图像分成若干子区域并分别选择阈值,或者动态地根据一定的邻域范围选择每点处的阈值,进行图像分割。这种分割称为自适应阈值分割。

2. 基于区域分割

图像中的特定区域有着区别于其他区域的特殊性,因而根据其内部像素的共性即可圈定区域,实现图像分割。常见的区域分割方法有区域生长和区域分裂合并两类。

(1)区域生长

区域生长的基本思想是将具有相似性质的像素集合起来构成区域。其实现方法是先对每个需要分割的区域找一个种子像素作为生长的起点,然后将种子像素周围邻域中与种子像素有相同或相似性质(如灰度级或颜色相似)的像素合并到种子像素所在的区域中,而具体如何合并需根据某种事先确定的生长或相似准则来判定。将这些新像素当作新的种子像素继续进行上面的过程,直到再没有满足条件的像素可被包括进来,这样一个完整的区域就生长完成,可用于目标提取。

需要注意的是,区域生长需要首先选择一个或一组能正确代表所选区域的种子像素,还要确定在生长过程中的相似性准则,并制定让生长停止的条件或准则。

区域生长算法的优点是计算简单,对于较均匀的连通目标有较好的分割效果;缺点是需要人为确定种子点,对噪声敏感,可能导致区域内有空洞。另外,由于它是从种子开始逐渐生长的串行算法,当目标较大时,分割速度较慢。

(2)区域分裂与合并

与区域生长相对,分裂与合并是从整个图像出发,不断分裂图像得到各个子区域,然后再把属于前景的区域合并起来,实现目标提取。分裂与合并的假设是对于一幅图像,前景区域由一些相互连通的像素组成的,因此,如果把一幅图像分裂到像素级,那么就可以判定该像素是否为前景像素。当所有像素点或者子区域完成判断以后,把前景区域或者像素合并起来就可得到前景目标。

3. 基于边缘分割

图像中在像素的灰度级或者区域结构上产生突变的地方表现为明显的不连续性,意味着一个区域在此处终结,另一个区域从此处开始。这种灰度或结构不连续的地方称为边缘,闭合的边缘构成边界,因此利用边缘/边界特征就可以分割图像。

图 2-12 示出了 3 种不同形式的边缘图像,从左到右分别为阶跃边缘(灰度跳变)、斜坡边缘(灰度渐变)和屋顶边缘(灰度由低到高再变回到低),其中阶跃边缘是斜坡边缘的理想情况(相当于斜坡的陡度达到 90°),屋顶边缘等效于两个背靠背的斜坡边缘(实际图像对应于穿越区域的一条线)。

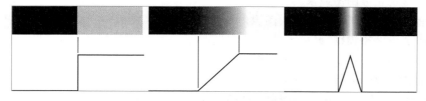

图 2-12　3 种不同形式的边缘图像

事实上,由于光学系统、采样和其他图像采集过程的不完善性,实际得到的边缘图像大都是模糊的,都可归属于斜坡边缘,仅斜坡的陡度不同罢了。图 2-13 即示出了一个貌似阶跃边缘的图像(图像由黑到灰发生跳变形成边缘),但将其边缘附近放大后实际为斜坡边缘的情况。

考虑到图像中处于边缘附近的像素灰度值的不连续性(灰度值变化很大),对图像函数求导数就可以检测到灰度的跳变。如图 2-13 所示,对于原始图像求一阶导数和二阶导数,都可检测到边缘的存在,其灰度变化区域在求一阶导数后表现为台阶(台阶的宽度对应于灰度变化区域的宽度,其中点可确定为边缘点),在求二阶导数后则表现为双线条(双线条端点连线的过零点也称零交叉点,可确定为边缘点)。

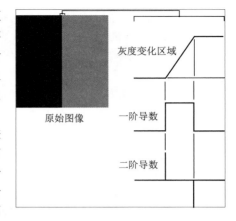

在数字图像处理中,用小尺寸的微分算子与图像进行卷积即可实现边缘检测。常用的一阶微分算子有 Roberts 算子、Prewitt 算子和 Sobel 算子,二阶微分算子有 Laplace 算子等。不过这些算子对噪声敏感,只适合于图像噪声较小的情况,而对于噪声较大的图像,在用微分算子检测边缘前要先对图像进行平滑滤波。LoG 算子和 Canny 算子就是具有平滑功能的二阶和一阶微分算子,边缘检测效果较好。图 2-14 给出了用 Sobel 算子检测图像边缘的效果。

图 2-13　貌似阶跃边缘的图像实为斜坡边缘

由于实际检测边缘的不连续性,在进行图像分割前,还需要对离散的边缘进行连接,以构成完整的边界,当然,为了避免过渡分割,只有边缘强度和走向相近的线段端点才进行连接,对明显孤立的线段则予以删除。

边缘连接算法可以基于启发式的搜索,即通过比较邻域像素点的梯度响应强度和梯度向量方向的相似性来实现。还可以基于曲

图 2-14　用 Sobel 算子检测图像边缘的效果

线拟合的思路,利用点 - 线的对偶性用参数方程来描绘,这就是 Hough 变换方法,该方法的抗噪声性能强,能容易地将断开的边缘连接起来。

图像分割后提取出的目标可用于图像语义识别、图像搜索等领域,可找出图像中的感兴趣目标。

2.2.4　图像分析

图像分析的目的是从图像中提取出有用信息,比如,对于一幅城市街区图像,经分析可给出场景中有街道、楼房、树木、车辆、行人等信息,甚至给出几辆车、几个人等数据,再进一步,还可能分别给出大小客车、大小货车的分类统计数据或是男人、女人的分类统计数据,更甚者,直接分析出车的属性(车型、车标、颜色、车牌照号码、车内饰物、碰撞痕迹等)、识别出人是谁。因此,图像分析也称为景物分析或图像理解。

根据图像分析的结果即可实现对图像内容的识别,比如,指纹/掌纹识别、虹膜识别、人脸识别、表情识别、光学字符识别、手写体识别、花木识别等,还可以实现基于内容的图像检索。另外,通过医学图像分析还可以实现病理辅助诊断。

图像分析涉及复杂的智能化技术,在医学、安全、遥感等应用领域还不能完全取代人工分析,相对地,对于一维条码、二维码之类的识别已属于最简单的图像分析。

1. 图像分析过程

图像分析过程主要包括如下几个步骤:

(1)图像采集

通过不同形式的传感器(图像传感器、电子显微镜、各类医学扫描传感器等),把实际景物转换为适合计算机处理的表现形式(二维平面数字图像)。

（2）目标分割

从二维平面图像中分割出各个独立的物体（目标），有时需要进一步分割出由图像基元构成的物体的各个组成部分。

（3）目标识别

对从图像中分割出来的物体（目标）给以相应的名称，如自然场景中的道路、桥梁、建筑物或工业自动化装配线上的各种机器零件等。

（4）图像内容解释

用启发式方法或人机交互技术结合识别方法建立场景的分级构造，说明场景中有些什么物体，物体之间存在什么关系。

（5）三维建模（可选）

利用二维平面图像的各种已知信息及场景中各个对象相互间的制约关系（如二维图像中的灰度阴影、纹理变化、表面轮廓线形状等），可以进一步推断出三维景物的表面走向；也可根据测距资料，或基于几幅不同角度的二维图像进行景物的景深计算，得出三维景物的描述数据，并依此建立景物三维模型。

2. 图像分析的应用

针对具体对象的图像分析技术已广泛应用于工业、检测、遥感、军事、医学等诸多领域。

（1）在工业自动化方面

识别传送带上的物体并控制机械手实现自动抓取；识别印制电路板焊盘并控制机械手实现元器件插接并控制线焊机实现自动焊接；识别印制品标记符号并控制四色胶印机各墨辊位置以实现彩色印制基色的精确匹配等。

（2）在检测方面

检查印制电路板上的尖角、短路和联接不良情况；检查铸件中的杂质和裂缝；检查生产线上瓶装液体灌装的饱满程度（见图 2-15）；筛选有问题的医学图像和断层图像等。

（3）在遥感方面

通过遥感图像分析实现农作物生长情况、道路交通拥堵情况、自然灾害分布情况等的宏观监测。

（4）在军事方面

通过图像分析实现目标搜索、目标跟踪、自动导航、测距等，另外，通过对于射击靶面的弹孔识别还可以实现军事射击训练的弹着点分布情况的研判。

（5）在医学方面

医学图像分析是综合医学影像、数学建模、数字图像处理与分析、人工智能和数值算法等学科技术的交叉应用，比如，借助计算机辅助诊断（Computer Aided Diagnosis，CAD）技术自动分析病人的数字化 X 光照片、CT（计算机断层扫描）图像或 MRI（核磁共振）图像等所反映的解剖结构和病/生理信息等，如图 2-16 所示。

图 2-15　检查生产线上瓶装液体
灌装的饱满程度

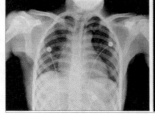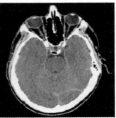

图 2-16　胸部 X 光照片（左）和头部 CT 图像（右）

　　理论上,所有可被人眼观看并识别的图像都可以借助计算机数字图像分析技术实现图像内容的识别与分析(判断),并已经在相关应用领域取得了丰富的成果,然而对于图像分析在建立共同的理论基础方面还存在一定的问题,比如图像的精确表示形式、在不同分辨率水平上表示表面信息、建立表示的分级构造方法、利用和确定表面颜色和状态信息、对运动状态的感知过程、从光学流中获取信息的方法以及在视觉感知中应用有关专门信息的方法等,均有待进一步解决。

2.2.5　图像代数运算及几何运算

　　图像代数运算是指对两幅以上的图像进行点对点的加、减、乘、除运算,输出一幅结果图像。图像几何运算则是针对一幅图像去改变图像的形状与几何尺寸,或者改变图像中各物体间的空间关系,相当于物体在图像中发生位置的移动。

1. 代数运算

　　设两幅图像分别为 $A(x,y)$ 和 $B(x,y)$,若对它们分别进行点对点的加、减、乘、除运算,则输出结果图像 $C(x,y)$ 可由式(2-3)、式(2-4)、式(2-5)和式(2-6)表示:

$$C(x,y) = A(x,y) + B(x,y) \tag{2-3}$$
$$C(x,y) = A(x,y) - B(x,y) \tag{2-4}$$
$$C(x,y) = A(x,y) \times B(x,y) \tag{2-5}$$
$$C(x,y) = A(x,y) \div B(x,y) \tag{2-6}$$

　　对于相加运算,一个基本的应用是将一幅图像的内容叠加到另一幅图像上,相当于早期胶片照相机的二次曝光。不过需要注意的是,这种情况要求被叠加图像内容均一(如灰度均为零),如果图像 $A(x,y)$ 和 $B(x,y)$ 的内容都很丰富,采用式(2-3)相加后的图像 $C(x,y)$ 反而会变乱。真正有意义的图像叠加是将一幅小的图像覆盖到另一幅大图像的某个局部(相当于用小图像完全遮盖或替换掉该局部区域的内容,可以通过逻辑运算来实现),比如,在一幅山水背景的单人图像(照片)中加入另一个无背景或透明背景的干净的人像,则输出图像变为在山水背景下两个人的合影照。图 2-17 则示出了将一个人的头像叠加到不同背景图像上的效果。

　　相加运算还可以通过对同一场景的多幅图像求平均值来实现降噪。

　　理论上,在恒定光照条件下固定地对同一场景拍摄多幅图像,则这些图像都是完全一样的,将它们相加再求平均就等同于其中任一幅图像。然而,如果

图 2-17　将头像叠加到不同背景图像上的效果

成像过程引入了随机噪声干扰,那么每一幅图像的噪声情况(随机噪点的位置)就会不一样,那么对多幅图像相加求平均就等于弱化了噪点的影响(比如在第一幅图像上某坐标处的噪点在第二幅图像的同样位置并没有出现,那么两幅图像相加求平均后,该噪点的明显程度就减半),却可以保证原始图像不产生变化。

　　减运算的最基本应用是检测同一场景的两幅图像之间的变化。不难想象,如果两幅图像完全一样,相减的结果必为零。若两幅图像背景不变,但图像中的物体产生了位移,则相减结果必然产生物体的轮廓。此项技术被广泛应用于基于视频的运动目标检测。

　　乘除运算主要用于纠正数字化器对图像各点敏感不一的现象。另外,乘运算还可以通过乘以由 1 和 0 构成的掩模(像素值乘 1 可保留原值,像素值乘 0 的结果是该像素置零)来遮盖图像的某些部分,比如视频监控图像的隐私区域;除运算则可产生对颜色和多光谱图像分析有用的比率图像。

2. 几何运算

代数运算使得输出图像像素的灰度值发生改变,而几何运算则使输出图像像素的坐标值发生改变,相当于由这些像素表示的物体在图像中移动了位置。

与基本的点运算以及代数运算不同,几何运算涉及像素的空间变换,如式(2-7)所示。

$$g(x,y) = f(x',y') = f[a(x,y),b(x,y)] \qquad (2-7)$$

式中,$f(x,y)$为输入图像;$g(x,y)$为输出图像。函数$a(x,y)$和$b(x,y)$唯一描述了空间变换,若它们是连续的,则空间变换后图像中各目标对象的连通关系仍会得到保持,否则,变换后的图像会变得"支离破碎"。

由于空间变换涉及像素位置的移动,而图像中的目标对象不能出现"撕裂"现象(像素移动后该像素原坐标位置不能为空),因此必须补上这些值,也即需要根据原像素及其周边像素的原值来计算出这些空缺的值,这就是灰度级插值。事实上,对于数字图像,$f(x,y)$的灰度值仅在整数坐标位置(x,y)被定义,但变换后的$g(x,y)$可能对应于非整数坐标。这就意味着$g(x,y)$的灰度值通常会由处于非整数坐标点上的$f(x,y)$的值来决定。因此,如果把f映射为g,则f中的一个像素可能会映射到g中几个像素之间的位置;反之亦然。

为了实现灰度级插值,可以想象将输入图像的灰度一个一个像素地转移到输出图像中,若一个像素被映射到4个输出像素之间的位置,则其灰度值就要按照插值算法,在4个输出像素之间进行分配。这便是像素移交映射,如图2-18所示。还可以有另一种与上述相反的映射过程,即:将输出图像的灰度一个一个像素地反向映射到输入图像中,因此一个输出像素可能会被映射到4个输入像素之间的位置,输出像素的灰度值就要按照插值算法,由4个输入像素的某种组合来决定。这便是像素填充映射,如图2-19所示。

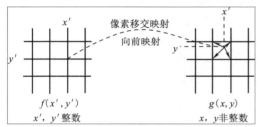

图 2-18　像素移交映射　　　　　图 2-19　像素填充映射

确定输出像素灰度值的简单的插值算法最近邻插值(零阶插值),也即用离它所映射到的位置最近的输入像素的灰度值来代替,但是精度不高。

基本的灰度级插值算法是采用双线性插值(一阶插值),也即函数$f(x,y)$在单位正方形4个顶点的值,令由双线性方程$f(x,y)=ax+by+cxy+d$来定义的一个双曲抛物面与已知灰度值的4个顶点拟合,即可根据这4个顶点的灰度值求出a、b、c、d这4个系数,从而得到用于计算灰度级插值的双线性方程。在绝大多数情况下,由此计算出的$f(x,y)$值与4个整数坐标顶点值是不一样的。

简单的空间变换可实现图像中目标对象(像素群)的平移、缩放和旋转,例如,当式(2-7)中的$a(x,y)=x+x_0,b(x,y)=y+y_0$时,就可实现目标对象的平移(目标对象在水平和垂直方向分别平移x_0和y_0);若令$a(x,y)=x/c,b(x,y)=y/d$,则目标对象在x轴向和y轴向相对于坐标原点分别放大c和d倍,其中若令$c=-1$,则$a(x,y)=-x$,产生关于y轴的镜像,若令$d=-1$,则$b(x,y)=-y$,产生关于x轴的镜像;若令$a(x,y)=x\cos(\theta)-y\sin(\theta),b(x,y)=x\sin(\theta)+y\cos(\theta)$,则目标对象绕原点逆时针转$\theta$角。需要注意的是,如果让目标对象绕图像中的任意点$(x_0,y_0)$旋转,可以先将对象平移到原点,实施旋转变换后,再移回到(x_0,y_0)位置。

在实际应用中,图像处理所需的空间变换往往都相当复杂,式(2-7)中的 $a(x,y)$ 和 $b(x,y)$ 无法用简便数学表达式来表示。另外,所需的空间变换经常要从对实际图像的测量中获得,因此更希望用这些测量结果而不是函数形式来描述几何变换。

实现任意几何变换的方法之一是指定图像的一系列控制点进行空间变换,其他非控制点的位移则可由插值来决定,具体来说,就是将图像分成许多多边形区域,并对每个多边形区域使用双线性映射,从而实现对目标对象的变换。

如果能够找到式(2-7)中 $a(x,y)$ 和 $b(x,y)$ 的函数表达式(如某个 N 阶多项式),则选择合理的参数就能使多项式与控制点及其位移量相吻合。

采用控制栅格插值的方法是将由输入控制点形成的栅格映射为输出图像中连通的、水平放置的矩形栅格,输入控制点对应于矩形栅格的顶点,则输入多边形内的点就可对应于矩形栅格内的各点,其实现方法就是采用双线性插值,即令式(2-7)中 $a(x,y) = ax + by + cxy + d$,$b(x,y) = ex + fy + gxy + h$,只要保证输入四边形的 4 个顶点对应输出四边形的 4 个顶点,就可从 x' 到 x 的映射得到 4 个含 a、b、c、d 的方程,同时从 y' 到 y 的映射得到 4 个含 e、f、g、h 的方程,从而联立求解出这 8 个系数,得到描述二次线性空间变换算法,并依此确定所有落入矩形栅格内的输出点。更高效的算法可将式(2-7)中 $a(x,y)$ 和 $b(x,y)$ 写成增量的形式,通过增量计算得到栅格内各像素的位移量。

2.2.6 图像变形

图像变形是指对图像进行艺术加工处理,其本质仍属于几何运算,有些变形效果同时结合了代数运算。例如在影视作品中,常见到一幅画面中的某人或物连续并平滑地变形为另一幅画面中的某人或物。由于在变形过程中,人或物的特征点(比如人的五官)会从一幅画面的起始位置平滑地移向另一幅画面的终止位置,因此可产生生动的视觉效果。图 2-20 示出了猫变虎变形动画制作过程中猫的五官特征点与虎的五官特征点的对位情况(中间图像为变形执行到一半时的实时渲染效果),图 2-21 给出了猫变虎变形动画的各帧图像。

图像变形不同于影视制作技术中的"淡入淡出"技术。因为在"淡入淡出"过程中,第一幅画面是渐渐地隐去,第二幅画面是淡淡地显现,两幅画面只有过渡过程,或者说只有像素点在固定坐标位置的叠加转换过程,却没有像素点随目标特征点对应位置的迁移融合过程,因而不会产生逼真的视觉转换效果。

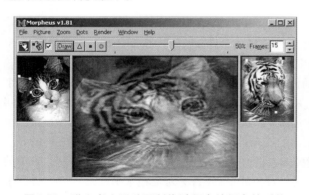

图 2-20　猫变虎变形动画制作过程中特征点的对位

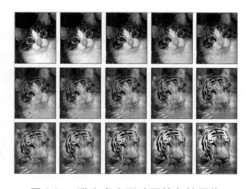

图 2-21　猫变虎变形动画的各帧图像

在实际应用中,变形动画并不一定都是由一幅图像变形到另一幅图像的过程,根据单一图像也可以实现变形动画,其原理是对该图像的某些特征点进行某种连续的扭曲映射,并因此导出该图像的多幅变形图像,从而形成变形动画的各后续帧,但并不进行像素的渐隐操作。因此,这种变形又称作扭曲变形(Warp Morphing 或 Transition Morph)。图 2-22 给出了基于单一图像形成变形动画的示意,由图可见,将图像特征点(人物的嘴角)扯动到预期位置后,变形过程中的各中间画面可通过像素插值运算来实现,中间画面的数量决定了变形动画时间的长短(我国电视标准规定每秒 25 帧图像)。

图 2-22　基于单一图像形成变形动画的示意

2.2.7　图像拼接

图像拼接是指将多幅在不同时刻、从不同视角或者由不同传感器获得的图像经过特征点的坐标匹配以及相应的几何运算、灰度拉伸、颜色校正等图像增强处理后无缝地拼合为一幅高分辨率的大视场(全景)图像的处理过程。

图 2-23 示出了 2007 年 11 月我国首次月球探测工程将"嫦娥一号"传回来的图片信号进行第一幅月面图像拼接时的初始情况,其中左图为原始 CCD 正视图像数据简单拼接示意图,右图为单轨处理得到的正射影像图简单拼接示意图。图 2-24 为月面图像拼接完成并进行局部三维呈现的效果。

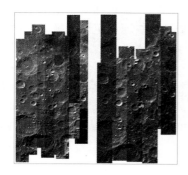

图 2-23　我国首次月球探测工程进行
第一幅月面图像拼接时的初始情况

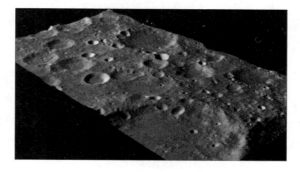

图 2-24　月面图像拼接完成并进行局部
三维呈现的效果

图 2-25 为 Google 实景地图取景车在英国街道上拍摄实景照片的场景。可见该车的取景装置由装在立杆上的 8 个数码照相机组成,它们分别对准不同的方向,同步地对周边场景进行连续拍照,并在后台进行 360° 全景拼接,这样,人们在浏览 Google 地图时,在任何一个地理位置上,都可以从任意角度看到当地的实景图像,并可实现虚拟漫游的效果。图 2-26 显示了 Google 实景地图取景车拍摄并拼接合成后的英国伦敦大本钟附近街景(视角超过 180° 的多幅图像拼接效果图)。

图像拼接的过程通常可分为 3 个步骤,即图像预处理、图像配准、图像融合。

1. 图像预处理

图像预处理主要是指对图像进行几何失真校正和噪声点的拟制(去噪)等,其目的是为了降低图像配准的难度,提高图像配准的精度。

在多幅图像的拍摄过程中,由于摄像机/照相机拍摄角度的变化以及镜头自身参数的影响,多幅图像中的景物会出现不同程度的几何形变(失真),因此需要通过几何变换将失真图像予以校正。而图像中噪声(噪点)的存在会增加图像的高频成分、伪角点,对图像配准形成干扰,因此需在预处理阶段予以消除。

图 2-25 Google 实景地图取景车在英国街道上　　图 2-26 Google 实景地图取景车拍摄并拼接合成后的英国伦敦大本钟附近街景

2. 图像配准

图像配准是指对参考图像和待拼接图像中的匹配信息(如两幅图像中同一建筑物的同一角点等)进行提取,并在提取出的信息中寻找最佳的匹配,完成图像间的对齐。

由于待拼接的图像之间可能存在平移、旋转、缩放等多种变换或者大面积的同色区域等很难匹配的情况,因此,能否在各种情况下准确找到图像间的匹配信息并使两幅图像对齐是衡量图像配准算法优劣的准则。

常用的图像配准算法包括如下 4 类:

(1)基于区域的算法

利用两幅图像间灰度的关系来确定图像间坐标变化的参数,其中包括基于空间的像素配准算法(如块匹配、网格匹配、比值匹配)和基于频域的算法(如基于快速傅里叶变换 FFT 的相位相关拼接)等。

(2)基于特征拼接的算法

利用图像中的明显特征(如点、线、边缘、轮廓、角点)来计算图像之间的变换,而不是利用图像中全部的信息,常用的包括 Harris 角点检测算法、尺度不变特征变换(Scale-Invariant Feature Transform,SIFT)算法以及在 SIFT 基础上改进的快速鲁棒特征算法(Speed Up Robust Feature,SURF)算法。

(3)基于最大互信息的算法

基于最大互信息的图像配准是把互信息作为配准模型,其原理是当两幅基于共同解剖结构的图像达到最佳配准时,它们对应的像素特征的灰度互信息达到最大,因为这时两幅图像的不确定性已经很小,此时的配准使得图像联合像素信息分布有所确定。因此该算法把整幅图像的灰度作为配准的依据,互信息作为相似性测度,通过最大化该相似性测度来得到一个最优变换,配准精度高。

(4)基于小波的算法

这种算法是将拼接工作由空间域转向小域波,即先对要拼接的图像进行二进小波变换,得到图像的低频、水平、垂直 3 个分量,然后对这 3 个分量进行基于区域的拼接,分别得到 3 个分量的拼接结果,最后进行小波重构即可获得完整的图像。

3. 图像融合

图像融合指在完成图像匹配以后,对图像进行缝合,并对缝合的边界进行平滑处理,让缝合自然过渡。由于任何两幅相邻图像在采集条件上都不可能做到理论上的完全相同,因此,对于一些本应该相同的图像特性,如图像的光照特性等,在两幅图像中就可能会有细微的差异。图像拼接缝隙就是从一幅图像过渡到另一幅图像时,由于图像中的某些相关特性发生了跃变而产生的。图像融合则可以使图像间的拼接缝隙不明显,拼接更自然。

2.2.8　图像压缩编码

数字图像的数据量很大,例如,对于高清晰度电视的一帧图像,其像素数就为 $1\ 920 \times 1\ 080 = 2\ 073\ 600$ 个,若每个像素由 R、G、B 三个基色构成,每个基色占用 8 bit,则一帧图像的总数据量为 $1\ 920 \times 1\ 080 \times 3 \times 8 = 49\ 766\ 400$ bit = 6 MB。市面上主流数码照相机一幅图像的像素数为 $1\ 500 \sim 3\ 000$ 万像素,是高清晰度电视一帧图像的 $7.25 \sim 14.5$ 倍,则一幅数码照相机非压缩图像的数据量高达 80 MB 以上。图像压缩编码的目的就是减少图像数据的冗余,从而减小数字图像的数据量。

事实上,绝大多数图像都有着很大的空间冗余,也即相邻像素的属性大都是非常相似的。如图 2-27 所示,该图为一幅 $180 \times 160 = 28\ 800$ 像素的图像,可见人物的帽子、衣、裤、脸、手及皮卡丘身体等局部区域的像素是非常相似的,对比其中第 47 行像素和第 49 行像素,可见该两行内容也是非常相似的。通过一定的编码算法,就可以最大限度地削减数字图像的空间冗余,而不会引起明显的图像质量损伤。图像数据的冗余度越高,对图像的压缩程度就可以越甚。

为了规范图像压缩编码的方法,前国际电报电话咨询委员会(CCITT)和国际标准化组织(ISO)共同组建了联合图片专家组(Joint Photographic Expert Group,JPEG),并制定了对于静止图像压缩编码的国际标准——连续色调静止图像数字压缩和编码(Digital Compression and Coding of Continuous-tone Still Images,代号 ISO/IEC 10918-1|ITU-T Rec. T. 81),简称 JPEG 标准。目前市面上所有的数码照相机/智能手机几乎无一例外地采用了该标准对拍摄的数字照片进行压缩存储,照片文件的存储格式为 ＊. jpg。

图 2-27　一幅图像具有很大的空间冗余

实用中有多类去除图像数据冗余的编码方法,如预测编码、统计编码(熵编码)和变换编码等,而每一类编码方法又有多种实现方式,仅以变换编码为例,就有离散傅里叶变换、离散正弦变换、离散余弦变换、哈特利变换、哈达码变换、沃尔什变换、斜变换、K-L 变换、哈尔变换、特征向量变换以及各种小波变换等。

JPEG 编码标准的基本系统的基于离散余弦变换(DCT)和可变长编码(Variable Length Coding,VLC)技术,其解码还原图像虽不能精确地再现原始图像,但在绝大多数情况下与原始图像并无本质上的差别。解码还原图像的失真程度与压缩比有关,如表 2-1 所示,其中"比特/像素"值表示在统计意义上折算的每个像素所需要的比特数。如果在非压缩情况下,每个原始像素是由 3 个基色各 8 bit 表示,相当于 24 bit/pel,那么由表 2-1 可见,在几十倍压缩的情况下,解码还原图像仍可能具有极好的图像质量(关于 JPEG 编码的具体内容请参见第 7 章)。

表 2-1　JPEG 基本系统的典型压缩情况

比特/像素(bit/pel)	解码还原图像质量
0.25 ~ 0.50	中等 ~ 好
0.50 ~ 0.75	好 ~ 很好
0.75 ~ 1.5	极好
1.5 ~ 2.0	与原始图像几乎一样

2.3 视频

视频（Video）是一系列运动关联的静态影像的表现形式，将其连续播放就可使人眼看到连贯的动态影像，又泛指以电信号的形式对一系列运动关联的静态影像加以捕捉、纪录、处理、存储、传送与重现的各种技术。由于"频"字本身并无可视的"像"的含义，却具有频率的概念，因此曾有学者试图纠正"视频"的说法为"视像"，但"视频"作为术语已约定俗成。

2.3.1 视频技术起源

视频技术源于电视的发明，早在 1884 年，出生于俄国的德国科学家保尔·尼普科夫（Paul Nipkow）发明了可以将场景图像转换为适合异地传输的电信号的工作器件——机械式扫描装置，如图 2-28 所示。该装置由一个放置在光电池前的旋转圆盘组成，圆盘上还有一些按螺旋状排列的小圆孔。当圆盘旋转时，这些透光的小圆孔即可形成自上而下排列的 N 条平行的扫描光线（N =小圆孔数量），且从上到下依次扫过场景图像。重建图像时，用一个发光强度受控的光源通过另一个与拾取图像端同样且同步转动的圆盘将透过小圆孔的光投射到屏幕上，呈现出与发送端完全一样的图像（分辨率有所降低）。1905 年，尼普科夫圆盘进行了公开演示。

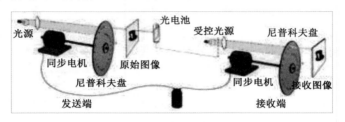

图 2-28 尼普科夫机械电视传输示意图

尼普科夫圆盘扫描系统是对场景图像进行机械扫描处理并以电信号进行传输再根据电信号重建图像的系统，这种电视扫描方法至今仍在采用。

第一次世界大战后出现了纯"电子"方式的电视，俄裔的美国科学家弗拉基米尔·兹沃里金（Vladimir Zworykin）于 1923 年先后发明了电视摄像管（Iconoscope）和电视显像管（Kinescope），俄、美、英、德、法、日等多国科学家亦在同一时期对电视扫描格式以及电视画面的刷新频率等进行了锲而不舍的研究与实验，先后提出了十余种不同的黑白电视制式（涉及不同的扫描格式、每帧行数、行频、场频、帧频、视频带宽、频道宽度、图像和伴音载频差及其调制方式等）。至 20 世纪 40 年代，前国际无线电咨询委员会（CCIR）对各种黑白电视制式进行归纳总结，在其建议书中向世界各国推荐了 525 行/60 Hz 和 625 行/50 Hz 两大黑白电视制式①，并规定采用隔行扫描方式，也即将每帧图像（一幅完整的电视画面）分为奇场和偶场分两次进行扫描（详见 2.3.2 小节）。

彩色电视采用了与黑白电视兼容的原则，因此彩色电视的扫描格式、每帧行数、视频带宽、频道宽度、图像和伴音载频差及其调制方式等参数必须与黑白电视完全一样。不过，由于彩色电视涉及到红、绿、蓝 3 个基色信号，信息量是黑白电视的 3 倍，因此需要先将 3 个基色信号变换为与黑白电视一样的亮度信号及 2 个色差信号，再将这 2 个增加的色差信号以频谱交错、频分复用的方式合并到亮度信号中，形成全彩色电视信号。1953 年，美国首先提出了对 2 个色差信号进行正

———————————

①625 行/50 Hz 标准的具体解释：电视信号的每帧由 625 行扫描构成，并分为奇、偶两场，每场各由 312.5 行扫描构成，场频为 50Hz。

交平衡调幅的 NTSC 制式;1959 年,法国针对 NTSC 制式在电视信号传输过程中易出现色调失真的缺点,提出了对 2 个色差信号分别进行调频的 SECAM 制式,代价是彩色信号处理的复杂度提高;到 1964 年,联邦德国针对前两种制式的缺点,提出了在 NTSC 基础上对色差信号之一进行逐行倒相的 PAL 制式,至此,NTSC、SECAM 和 PAL 成为国际上公认的三大彩色电视制式。

我国于 20 世纪 60 年代中后期对彩色电视技术进行了充分研究,最终选定了 PAL 制式,于 1973 年开始彩色电视广播。

除了广播电视应用外,视频技术还用到许多非广播电视领域,如工业电视、医学电视、会议电视以及公共安全视频监控等领域。

2.3.2　电视扫描格式

所谓电视扫描,就是将空间景物分解为许许多多小单元并将其按一定的规律进行光电转换,这些小单元即称为像素。因此,电视扫描过程就是在摄像机端将拍摄的景物图像一行一行地分解成与像素对应的时间信号,完成"光—电"转换;同样,在电视接收机或电视监视器端以与摄像机端完全相同的电子扫描方式(亦称为同步),就可以将以电信号形式传来的电视图像在屏幕上重现出来,完成"电—光"转换。

图 2-29 为一帧电视图像及其对应的亮度曲线以及形成视频信号的示意,其中图 2-29(a)为亮度按正弦分布的竖条纹电视图像、图 2-29(b)为沿某一水平扫描线对应的亮度分布(即亮度曲线)、图 2-29(c)为电压按时间分布的图像信号(或称为视频信号)。

在显示端,虽然扫描过程的某一瞬间只是对应一个亮点,但人眼在生理上具有 0.05 ~ 0.2 s 的视觉惰性,会感觉之前若干位置的亮点、亮线依然存在,因此只要亮点的刷新间隔足够短(小于 0.05 s)也即刷新频率足够高(大于 20 Hz),随着亮点扫描的进程,人眼就会感觉整幅画面的存在,并且随着扫描进程的不断持续,人眼还会感觉到各相继帧画面的关联性,产生动态图像的感觉。

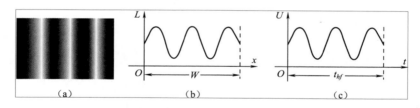

图 2-29　电视图像及其对应的亮度曲线以及形成的视频信号

在实际应用中,人眼对亮度作脉冲性重复的光线,除了有视觉暂留特性外,还有闪烁感觉,也即当光脉冲的重复频率不够高时,人眼会感到一明一暗交替变化的闪烁,很不舒服。根据大量实验数据并进行数学模拟,人们发现只有电视图像的换幅频率高于 45.8 Hz 时,人眼观看电视时才不会有闪烁感,这个频率也被定为临界闪烁频率。

1. 逐行扫描

逐行扫描是自上而下一行一行地连续扫描,重现图像质量好,清晰度高。然而,如果要实现大于 45.8 Hz 的画面刷新率(两大黑白电视标准实际上分别采用了 60 Hz 和 50 Hz 的刷新率),对于每帧 525 行或 625 行的扫描来说,电视信号在进行传输时就会占用很宽的频带。因此,实际电视系统采用了将一帧图像分为两场进行扫描的隔行扫描方式。

2. 隔行扫描

隔行扫描也是自上而下但每隔一行进行下一行的扫描,这样,相对于一帧图像,一场图像的扫描线仅是前者的一半,因此电视信号的传输带宽也减半,图像的垂直分辨率在理论上也减半。然而,考虑到人眼的视觉惰性,当下一场图像到来时,人眼不仅可看到该场图像,还会在印象中感觉到上一场图像的存在,因此在时间上分时出现的奇、偶两场图像在空间上由人眼的视觉特性融合在一起,感觉看到的仍然是一帧完整图像,如图 2-30所示。

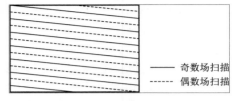

需要说明的是,由于隔行扫描毕竟比逐行扫描减少了一半的扫描线,图像的垂直分辨率确实低于逐行扫描电视(根据统计,逐行扫描垂直分辨率是理想情况的90% 左右,而隔行扫描的垂直分辨率是理想情况的 70%左右,此现象也称为凯尔效应)。

图 2-30　隔行扫描方式一帧图像的构成示意图

▍2.3.3　视频信号的分量表示

如 2.3.1 小节所述,彩色电视涉及红(R)、绿(G)、蓝(B)3 个基色信号,它们具有与黑白视频信号相同的频带宽度。以我国采用的 PAL 制为例,实际应用中是将 3 个基色信号按式(2-8)那样变换为与黑白视频信号一样的亮度信号 Y,再用 R 和 B 分别与 Y 相减,就可分别得到两个色差信号(R－Y)和(B－Y),而第三个色差信号(G－Y)可由 Y 和另外两个色差信号导出。

$$Y = 0.299R + 0.587G + 0.114B \tag{2-8}$$
$$R - Y = 0.701R - 0.587G - 0.114B \tag{2-9}$$
$$B - Y = -0.299R - 0.587G + 0.886B \tag{2-10}$$

式(2-8)也称作亮度方程,它说明了产生 1 个单位白光所需的三基色的近似值。由该式可知,当 R＝G＝B＝1 时,Y＝1,说明当 3 个基色都达到最大值时,亮度也达到最大。

在实际应用中,通常对(R－Y)和(B－Y)的幅度进行进一步压缩,并加上色度信号最大幅度(700 mV)一半的偏置量,得到

$$C_R = 0.713(R - Y) + 350 \text{ mV} \tag{2-11}$$
$$C_B = 0.564(B - Y) + 350 \text{ mV} \tag{2-12}$$

通常将 Y、C_B、C_R 用作彩色视频信号的分量表示。

▍2.3.4　视频信号的数字化

视频信号的数字化研究始于 20 世纪 60 年代末,到 70 年代初,欧美各国相继在电视演播中心数字化方面取得了一定的进展,主要体现在各独立电视设备的数字化处理方面:它们在设备内部采用全数字处理技术,但具有模拟的输入/输出接口,可以在演播中心内与模拟电视设备混合使用。

为了统一全世界数字电视标准,前国际无线电咨询委员会(CCIR)于 1982 年提出了全数字演播室标准——CCIR 601 建议书(后成为数字视频领域最著名的 ITU-R BT. 601 标准)。该标准规定对亮度信号采用 13.5 MHz 取样,对两个色差信号分别采用 6.75 MHz 取样。并且,无论哪一种电视制式,每一行的亮度样值都为 720 个,两个色差信号的样值则各为 360 个,由此形成了720∶360∶360 的取样结构,简记作 4∶2∶2 格式。这样,同一格式的数字录像机便可以记录 3 种不同制式的信号,并通过信号接口规范(ITU-R BT. 656 标准[①])使整个数字演播室的各种设备能以4∶2∶2 格式连接在一起,形成真正意义上的全数字演播室。

由于人眼对彩色细节的分辨率远低于对黑白细节的分辨率,因此 ITU-R BT. 601 标准规定了对色差信号的取样频率仅为亮度取样频率的一半。然而,为了进一步压缩色差分量的开销,还可

[①]标准全称:Interfaces for digital component video signal in 525-line and 625-line television systems operating at the 4∶2∶2 level of recommendation ITU-R BT. 601。

以在电视画面的垂直方向再减少一半的色差样点数(隔一行取一行),简记为 4:2:0 格式;或者,在电视画面的水平方向再减少一半的色差样点数(色差取样频率降低为亮度取样频率的 1/4),简记为 4:1:1 格式。更进一步,对于面向公共安全视频监控的视频信号来说,因有许多视频是夜晚在红外灯辅助照明下得到的黑白视频,不涉及彩色分量,因此在针对公共安全视频监控的视频压缩编码标准[①]中还规定了针对黑白视频的 4:0:0 格式。

2.3.5　视频压缩编码

相对于静止图像压缩编码来说,视频压缩编码不仅考虑了单帧图像的冗余,还考虑了视频序列相邻帧间的冗余,这是因为相邻帧图像的间隔时间很短(我国 PAL 制电视的帧频为 25 Hz,对应帧间隔时间 40 ms;在隔行扫描情况下的场频为 50 Hz,对应场间隔时间只有 20 ms),因此相继帧/场图像中除了快速运动的目标外基本上没什么变化,而运动目标的运动情况还可以通过运动估计进行预测。因此,视频压缩编码的效率更高。

关于视频压缩编码及相关标准的具体内容请参见第 7 章。

2.3.6　视频文件格式

对数字视频(以及音频)按一定的标准进行压缩编码后,还需要将压缩后的视频与音频数据按一定的规则排列并封装存储,形成数据文件。因此,根据不同编码标准以及不同数据封装规则构成的数据文件即形成了不同的视频文件格式。

1. 3GP 格式

3GP 是为"第三代合作伙伴项目"(3GPP)配合 3G 网络高传输速度而制定的流媒体视频格式,采用了简化的 MPEG-4 编码算法、高级音频编码(AAC)以及自适应多速率(AMR)技术,对存储空间和传输带宽的要求都很低,因此用户用手机以及 PSP 等移动设备即可享受相对高质量的视频、音频等多媒体内容,该格式视频可在 3G 以上的移动电话网络流畅地传输,但是在 PC 上兼容性差、支持软件少,画面质量及帧率逊于 AVI 等视频格式。

2. ASF 格式

ASF(Advanced Streaming Format)即高级流格式,是美国微软公司为了和 Real Player 竞争而推出的一种视频格式,采用了 MPEG-4 压缩算法,将视频、音频以及控制命令脚本封装为一体,可用 Windows 自带的 Windows Media Player 直接播放。

3. AVI 格式

AVI(Audio Video Interleaved)即音频视频交错格式,1992 年由美国微软公司随 Windows 3.1 一起推出。该格式是将视频和音频交织在一起进行同步播放,图像质量好,可以跨多个平台使用,但缺点是文件体积过于庞大,且压缩标准不统一,导致不同版本 AVI 格式视频文件不兼容。

4. DivX 格式

DivX 格式是由 MPEG-4 衍生的视频格式(也称 DVDrip 格式),它综合了 MPEG-4 与 MP3 各方面的技术,将视频与音频合成并加上相应的外挂字幕文件,图像质量与 DVD 相当,而其文件大小只有 DVD 的几分之一。

5. DV-AVI 格式

DV 是 Digital Video 的简称,是由索尼、松下、JVC 等多家厂商联合提出的一种家用数字视频格式。很多数码摄像机采用了这种格式记录视频数据,并可通过计算机的 IEEE 1394 端口传输视

---

①标准全称:公共安全视频监控数字视音频编解码技术要求(GB/T 25724)。

频数据到计算机,也可以将计算机中编辑好的视频数据回录到数码摄像机中。这种视频格式的文件扩展名一般是. avi,所以也称 DV-AVI 格式。

6. DVD 格式

DVD 格式是面向 DVD 存储介质的媒体记录格式。该格式封装了采用 MPEG-2 标准压缩的视频与音频数据(VIDEO_TS. vob 文件),并且还有供菜单和按钮用的画面以及多种字幕的子画面流,DVD 上还会同时存储用于控制 VOB 文件播放的 IFO 文件及其副本 BUP 文件。当光盘插入到光驱中时,播放器会首先显示供用户交互的菜单,可让用户指定场景、选择语言字幕等。

7. FLV 格式

FLV 是 Flash Video 的简称,是主流的网络流媒体视频文件格式,该格式形成的文件极小、加载速度极快,特别适合于网络环境下视频文件的播放,为绝大多数在线视频网站的首选文件格式。

8. MKV 格式

MKV 是以视频数据为主的多媒体文件封装格式,可以将多种不同编码格式的视频、音频及不同语言的字幕流封装在一起(同系列的 MKA 格式仅封装音频、MKS 格式仅封装字幕),甚至包括用于错误检测的 EDC 代码。MKV 格式还支持可变帧率,对于动态画面使用较大的帧率,而对于静态画面则使用较小的帧率,有效减少了视频文件的体积,封装结构更加高效,封装后的视频文件比 AVI 源文件还要小,可用任何基于 DirectShow 技术的播放器进行播放。

9. MOV 格式

美国 Apple 公司开发的视频文件格式,具有较高的压缩比率和较完美的视频清晰度,适合跨平台应用(同时支持 Mac 以及 Windows 操作系统),其默认播放器是 Quick Time Player。

10. MP4 格式

MP4 是基于 MPEG-4 视频压缩编码标准的高质量流式视频文件格式,采用了可变比特率的编码技术,带宽需求窄、回放图像质量高,还具有交互性以及版权保护等特殊功能。该格式文件的扩展名包括. asf、. mov 和. DivX、. AVI 等。

11. nAVI 格式

nAVI(new AVI)是由名为 Shadow Realm 的组织推出的视频格式,它通过修改 Microsoft ASF 压缩算法而成,牺牲了原有 ASF 视频文件的"流"式特性,但增加了视频的帧率。

12. RM 格式

RM 是 Real Media 的简称,是由 Real Networks 公司制定的视、音频文件格式。该格式的特点是可以根据不同的网络传输速率设置不同的压缩比,当使用 RealPlayer 或 RealOne Player 播放器时,即使不下载视、音频文件的内容也可在低速率网络上实现视频图像的实时在线播放。

13. RMVB

RMVB 格式是由 RM 视频格式派生的新格式,它采用了动态码率技术进行编码,也即对视频序列中场景静止及缓变的帧采用较低码率,而对场景快速运动的帧则采用较高码率,从而在保证静止及缓变图像画面质量的前提下,大幅提高了运动图像的画面质量,而封装文件的大小则远小于 DVDrip 格式,另外该视频格式还具有内置字幕和无需外挂插件支持等独特优点。

14. VCD 格式

VCD 是早期基于光盘存储介质的媒体记录格式,它采用 MPEG-1 压缩标准对视频与音频数据进行压缩。VCD 中视频文件采用. dat 的扩展名。

15. WMV 格式

WMV(Windows Media Video)是微软公司推出的采用独立编码方式并可直接在网上实时观看视频节目的流媒体文件压缩格式

2.3.7　视频拼接

与前述的静止图像拼接一样,视频也可以拼接,并且根据视频源端及宿端(终端)的不同应用目的,拼接本身又有不同的含义。

对于源端来说,意味着多个摄像机共同工作,通过视频拼接技术可实现超大幅面视频输出;对于宿端来说,通常是指用多个显示屏拼接为一幅超大的组合显示屏,此时对视频源图像来说其实是一种画面的拆分(每个显示屏分别显示原始图像的一部分)。

1. 视频源端拼接

多个独立的摄像机可输出多个独立的视频信号,但是将多个摄像机按一定的角度进行布置,并将它们输出的多个视频源进行拼接整合,即可形成一路大幅面(大视场)视频。虽然视频是由连续的多帧图像构成,但拼接时只需要对各个视频的起始帧(同步的关键帧)进行配准,并给出配准参数,则所有后续帧图像按照同样的参数即可进行配准。

例如,由 4 个(或更多)视场大于 90°的摄像机构成的全景摄像机即可输出 360°全景视频,配合宿端由多台投影机构成的环幕投影系统,人们还可沿着环幕欣赏到 360°的全景视频图像。图 2-31 为一种用于视频监控的全景摄像机的外观。

图 2-31　一种用于视频监控的全景摄像机

还有一种应用是将多个摄像机按直线方式并排布置,并由拼接合成器输出超宽幅面的视频,多用于对广场、街道、飞机滑行道等场合的全景监控。

"复眼"技术也是一种视频拼接技术,其实现方式是直接在前端对构成阵列的多个摄像机的视频进行拼接,输出无缝拼接合成的大幅面视频图像。例如,用 16 个分辨率为 1 920 ×1 080 像素的高清摄像机以 4 ×4 排列组成的"复眼"摄像机,即可输出 7 680 ×4 320 像素的二代超高清图像(8K 超高清)。

在实际应用中,构成"复眼"的各摄像机可以任意排列,比如从 $M \times 1$ 至 $M \times N$,摄像机数量可以多至数十个,从而可以合成输出总计数千万像素甚至上亿像素的大幅面视频图像,其中任意区域均可保持原始像素分辨率。在 2015 年 8 月举行的北京世界田径锦标赛的现场电视监控中,就使用了此类"复眼"摄像机,如图 2-32 所示。

图 2-32　在北京世界田径锦标赛现场中的"复眼"摄像机

2. 视频宿端拼接

视频宿端(终端)拼接的具体应用是大屏幕拼接电视墙,通常采用窄边的 DLP 投影监视器、液晶监视器或等离子监视器进行物理拼接,并且在拼接控制器的管理下,将所有的监视器屏幕整合为一个超大屏幕整体,可使图形、图像、视频等各类显示元素在屏幕上以任意的尺寸组合显示,如图 2-33 所示。

理论上,对于采用屏幕拼接技术的电视墙来说,其整体像素分辨率相当于各单体监视器像素分辨率之和。例如,将 4 个 1 920 ×1 080 的高清监视器以 2 ×2 方式进行拼接,其整体像素分辨率就可达到 3 840 ×2 160,相当于 1 个大屏幕的超高清 4K 监视器。因此在 $M \times N$ 的大屏幕拼接屏上,就可以理论上显示出水平和垂直分辨率分别增加到 M 倍和 N 倍的超高清图像。

需要说明的是,在实现了宿端拼接的情况下,如果源端的视频幅面不足,就要对源端传来的视频进行内插放大,比如,要将 1 路 1 920 ×1 080 的高清视频图像在 3 840 ×2 160 的拼接屏幕上满屏显示,其实是先将该视频源拆分成 4 个 960×540 的部分,再分别送往构成拼接屏的 4 个监视器,并以内插放大的方式进行满屏显示,此时,虽然像素数增加,但图像的清晰度(分辨率)并没有增加。

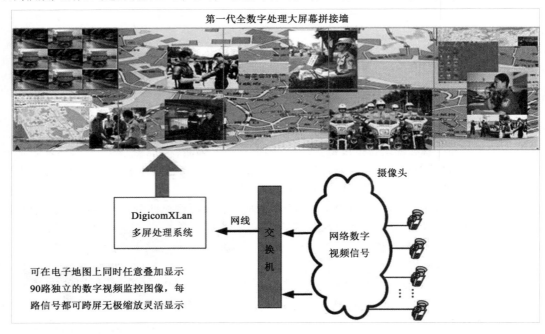

图 2-33　大屏幕拼接电视墙①

2.4 图像与视频技术的具体应用

图像处理作为一种技术手段被广泛应用于各个涉及可视图像的行业领域。同时,图像处理还被广泛应用于各种目的的视频分析中。

2.4.1　图像与神经科学

2007 年 7 月 7 日,英国媒体的一则报道引起了人们的关注:美国麻省理工学院的神经科学家和英国格拉斯哥大学的专家们利用大脑对清晰和模糊画面的反应差异,制作出神奇的"玛丽莲·爱因斯坦"混合画,如图 2-34 所示。

据科学家称,该混合画之所以能够产生这种离奇的效果,是利用了清晰和粗糙的线条"欺骗"了人类的大脑。由于人类大脑分析清晰图像的速度,要比分析模糊图像的速度更快,科学家们将这幅画中的爱因斯坦头像用计算机进行修改,只有鼻子皱纹等一部分面貌仍然保持其原始的清晰状态,但远距离观看时,这些部分将变得模糊;另外对照片的整体轮廓进行了模糊处理,远远望去则会显示出玛丽莲·梦露的头像。因为玛丽莲的头像全都采用了粗糙的特征,而本属于爱因斯坦

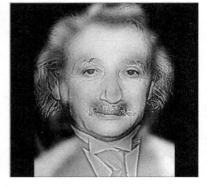

图 2-34　"玛丽莲·爱因斯坦"
混合画

---

①本图引自广东威创视讯科技股份有限公司 2010 年《VTRON 新一代全数字高性能 DLP 大屏幕投影墙技术建议书》。

的胡子,在远看时则变成了玛丽莲张口微笑的艳唇。

不难想象,如果将该技术用于广告业,设计根据距离远近而发生改变的广告画面,就会给人带来奇妙的艺术享受,这也意味着给广告技术带来新的革命。

2.4.2 图像与心理学

清华大学电子工程系的老师们在图像与心理学方面也做了一定的研究,2013 年 3 月在清华大学举行的"图像认知与心理学"学术研讨会上,马慧敏副教授即做了题为"基于图像认知的心理测试系统"的精彩报告,将人们观看风景、鲜花、宠物等正性图像与观看垃圾、灾害、凶案现场等负性图像时的脑电图、心电图等进行了对比分析,找出了图像内容与心理反应的对应关系;来自企业的学者则从实际应用的角度,介绍了微表情图像处理和行为识别分析技术在司法等领域的应用。与会专家充分肯定了图像认知心理学的发展及其带来的社会和经济效益。

2.4.3 视频内容监控

视频内容监控就是对不适合传播的视频内容进行自动识别,并给予屏蔽或内容置换,同时发出报警信息。例如,对于反动、恐怖、色情、暴力等视频内容,无论通过何种途径进行传播,都是不允许的。

1. 广播电视安全播出

在广播电视技术系统中,播出环节是至关重要的,因为电视节目一旦被播出就"一发不可收拾",就会被广大受众所收视,而如果节目内容有问题,势必造成不良影响,甚至引起社会动荡。另外,对于画面丢失、色彩缺失、台标丢失、噪声干扰等视频图像质量问题(通称为"异态"),也需要及时发现并予以处理。因此,广电系统的播出线上无小事,必须遵守"双人值班、人不离岗、眼不离屏、手不离键"的 16 字要求。

然而,靠人眼死盯屏幕来监视不适合传播的视频内容显然是低效的,特别是人眼还有疲劳的时候,因此,由计算机来自动监控视频内容的意义不言而喻。

需要说明的是,计算机的智力还难以达到人类的水平,虽然对于画面丢失、色彩缺失等图像质量问题监测的准确率可以达到100%,但是对于反动、恐怖等内容的甄别,单纯地通过对视频图像的分析处理通常是难以得出准确结论的,即使是色情、暴力等貌似容易甄别的内容,也可能难于与健美、游泳或是对抗性强的体育比赛相区别,因此实际应用中还需要同时考虑声音、文字等更多其他内容,通过多特征的吻合程度进行甄别。

2. 演出场所视频监控

各级文化部门开始在全国推广演出场所技术监管系统,通过远程视频监控的形式对演出场所的演出内容进行监控,并通过智能视频分析技术来及时发现演出场所的不良(色情)表演内容,发出报警信息并同时录像取证。

3. 网络视频监控

关于网络视频,网络上有多种不同的解释,例如,①是指由网络视频服务商提供的、以流媒体为播放格式的、可以在线直播或点播的声像文件,这里,网络视频一般需要独立的播放器,文件格式可能是 WMV、RM、RMVB、FLV 以及 MOV 等,但更主要的是基于 P2P 技术且占用客户端资源较少的 FLV 流媒体格式;②是指视频网站提供的在线视频播放服务,既可能是流媒体格式的视频文件,也可以是异地现场采集的实时视频;③是指以计算机或者移动设备为终端,利用 QQ、微信、Skype、MSN 等 IM(Internet Message)工具,进行可视化聊天的一项技术或应用;④另有学者认为,网络视频就是在网上传播的各类视频资源,狭义的指网络电影、电视剧、新闻、综艺节目、广告、Flash动画等视频节目,如 IPTV、OTT TV 节目等,广义的还包括自拍 DV 短片、视频聊天、视频游戏等行为。

就目前的技术来说,完全实现对网络不良视频内容的自动监控还具有相当的难度,比如对具有反动宣传内容的视频以及详解毒品或炸药制作过程的视频内容进行自动判定就远比对具有大面积肉体裸露情节的色情视频内容进行自动判定要复杂,因为前者画面中的行为人与普通人无异,可能仅仅是其语言内容不良或反动。因此从技术层面实现对网络视频不良内容的自动监控是一个具有相当难度的课题。

2.4.4 公共安全视频监控

公共安全视频监控的概念源于安全防范视频监控,是指以安全防范为目的,通过摄像机对现场场景或重点目标进行拍摄取证,并将视频信号传输至监控中心供相关人员进行监视(必要时可对摄像机进行远程操作控制)。

安全防范的内容既有工业生产过程中的不安全因素(如水电厂水轮机运转不正常、火电厂输煤传送履带运转不正常、油田采油机工作不正常、矿井挖掘机工作不正常、工业窑炉燃烧不正常、工厂生产线局部滞积),又有影响社会治安的不安全因素(如抢劫、盗窃、聚众斗殴),还有可能造成交通安全事故的不安全因素(如车辆超速、闯红灯、逆行、违法停车、航道拥塞、船舶违规停泊)等,甚至进一步包括其他更多领域的不安全因素(如食品生产与加工环节的违规操作、商贩在闹市区域随意摆摊、旅游景点的危险地段或水域)以及森林火灾监控、环保监测、病房监护、教学监管、非现场监考等。

1. 安防视频监控

近十几年来,国内安全防范视频监控市场持续火爆地发展,特别是随着计算机技术、网络技术、数字视频处理技术以及超大规模集成电路技术的飞速发展,现代视频监控系统在图像信息的采集、处理、传输、存储和显示等各个环节几乎无一例外地采用了数字处理以及智能分析技术,为天网工程、平安城市以及智慧城市建设提供了重要保证。

以平安城市视频监控为例,在对道路、广场等大范围场景的监控系统中即采用了多摄像机协同工作的智能监控模式,一旦在某个摄像机画面中发现可疑目标(通过人工选定或通过系统自带的异常行为检测而自动锁定的人、车等目标),就可对该可疑目标进行全程跟踪,即使该目标从某摄像机的视野中移出,其周边摄像机也可根据该可疑目标的特征进行关联匹配,重新发现该目标,从而实现多摄像机的接力跟踪。当因雾霾使监控图像变得模糊时,还可以通过多种去雾霾算法使监控图像变得清晰。

2. 道路交通视频监控

道路交通视频监控的基本应用是对闯红灯、超速、逆行、轧线等车辆违法行为进行自动拍照、锁定目标,同时通过车牌照识别系统自动识别出车辆基本信息。为了防止驾驶员在通过卡口摄像机时减速而在无摄像机监控的较长路段上超速行驶,许多地方采用了区间(路段)测速技术,也即根据车辆经过已知路段所用的时间和行驶距离,推算出车辆的平均速度。其原理是:路段两端的卡口摄像机分别对车辆牌照进行识别(通过车牌照比对锁定同一辆车),并记录下车辆经过始端卡口和终端卡口的时间 t_1 和 t_2,这样就可以根据已知的路段长度 s 和车辆通过该路段所用的时间($t_2 - t_1$)测算出车辆的平均速度 $v = s/(t_2 - t_1)$。另外,通过车型、车身颜色、车标、车贴、车内饰物以及车身碰撞痕迹等多特征识别,还可以及时发现肇事逃逸车辆、套牌车辆或其他可疑车辆,结合地理信息系统(GIS)即对可疑车辆进行缉查布控。

3. 其他类视频监控

公共安全领域是一个非常庞大的领域,除了治安防范外,还包括生产安全、食品药品安全以及自然灾害的防控等几个方面。以 2008 年 5 月 12 日发生的汶川大地震为例,震后在震区周边一度出现多达 34 处因山体滑坡阻碍水流而形成的堰塞湖①,这些堰塞湖的存在,严重威胁着下游数十万名群众的安危,一旦溃坝,后果不堪想象。为此,国家防总、水利部、四川省紧急采取了措施,其中对"悬湖"的 24 h 不间断监测系统中即包括了临时搭建的视频监控系统。

2.4.5　生物特征识别

与图像与视频相关的生物特征识别技术主要包括指纹识别、脉络纹(指/掌静脉)识别、虹膜识别、视网膜识别、人脸识别以及人体行为特征识别等。

各种生物特征识别技术都有一个共性,即都是将采集的图像与样本库中的单个或多个样本进行对比,当采集的图像(指/掌纹、指/掌静脉、虹膜、视网膜、人脸等)与样本库中的样本的相似程度达到一定值时,即可认定该图像所对应的人的身份(也即样本库中匹配图像所对应的已知人的身份)。图 2-35 给出了指纹识别的示意,可见采集的指纹(左图)的所有特征几乎与样本库中的指纹(右图)完全一致。

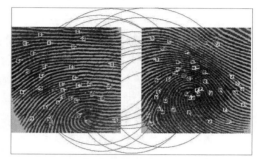

图 2-35　指纹识别的示意

在实际应用中,生物特征识别过程是严谨的,即使有人进行了化妆、遮掩,甚至做了外科整形,也不过是对某个或某几个特征值做了改变,其他特征不会变化,因此对识别没有实质性的影响,只是拒识率(无法识别的比率)略有提高。相反,如果用根据真人实体复制的指纹膜、塑胶脸膜等伪造图像样本进行生物识别,却可能得到正确的识别结果,非法人员甚至恐怖分子就可能顺利通过系统认证而进入涉密、要害场所,并因此造成不可估量的损失。

2.4.6　2D 转 3D 技术

2D 转 3D 技术是指通过一定的数字图像处理手段将二维(2D)影像转换成三维(3D)影像的技术。

2D 转 3D 技术起源于 2010 年上映的 3D IMAX 巨片《阿凡达》,其全球票房累计接近 30 亿美元,3D 电影也因此被片方视为一座金矿。然而 3D 电影的拍摄过程极为复杂,周期长且耗资巨大,因此有人开始通过 2D 转 3D 技术制作成 3D 电影。2012 年,采用此技术的 3D《泰坦尼克号》大获成功,其 2D 转 3D 制作仅花了 60 周时间和 1 800 万美金成本,着实给掘金者们开辟了一条通往金矿的捷径。

事实上,由于人类具有视觉经验和视觉记忆,这些因素即构成了人眼的心理立体视觉。因此,当人眼在观看一幅平面彩色立体图片时,就可以根据图片上的内容判断其中物体、人物之间的距离关系,而这种判断通常十分准确,这说明平面图像中尽管不存在能用人的双眼视差异等生理立体视觉识别的深度信息,却存在其他的深度暗示,如运动视差、聚焦/散焦、线性透视、大气散射、阴影、遮挡、相对高度以及相对大小等,这些暗示信息是人类对自然景物长期观察而得到的一种立体视觉记忆和立体视觉经验,依靠这种视觉记忆和经验,观察者就能够从平面图像中准确地提取出物体间的相对位置和相对深度。

---

①南方日报,汶川地震灾区 3 处堰塞湖溃坝危险较大,http://news.qq.com/a/20080523/001594.htm。

2D 转 3D 技术的核心就是根据对 2D 图像的内容分析,提取出场景(人、物)的深度信息,然后根据深度信息并结合原始图像(设定为左视图)合成出右视图,完成对场景内容的重新渲染,从而得到具有一定视差的左右眼图像序列,也即 3D 影像。

本章小结

本章首先介绍了图像的概念、分类以及数字图像的性质,然后全面介绍了图像增强、图像复原、图像分割、图像分析、图像代数运算及几何运算、图像变形、图像拼接、图像压缩编码等各类数字图像处理技术;紧接着介绍了视频技术的起源、扫描格式、分量表示以及视频信号数字化等内容,并列出了各种视频文件格式;最后介绍了图像及视频技术的几种具体应用。

本章习题

1. 数字图像的性质是什么?
2. 数字图像处理技术包括哪些内容?
3. 图像与视频有哪些关系?
4. 什么是电视扫描?
5. 视频信号如何实现数字化?
6. 图像拼接与视频拼接有哪些异同?
7. 图像与视频有哪些具体应用?

第3章
计算机视觉技术与应用

　　让计算机具有视觉,是人类多年以来的梦想。虽然目前我们还不能让计算机也具有像生物那样高效、灵活的视觉,但这种希望正在逐步实现。本章介绍了人类的视觉通路和信息处理过程,对计算机视觉的发展过程、研究目标、研究方法和特点进行了论述。Marr 视觉理论作为计算机视觉的经典理论,在本章中做了简要描述,列出了计算机视觉研究的主要内容,并对立体视觉技术进行了重点概述。

俗话说"百闻不如一见",就是说视觉感知环境的效率很高。人类感知外界信息,80% 以上是通过视觉得到的。视觉不仅是指对光信号的感受,而且包括了对视觉信息的获取、传输、处理、存储与理解的全过程。信号处理理论与计算机出现后,人们试图用摄像机获取环境图像并将其转换成数字信号,用计算机实现对视觉信息处理的全过程,这样,就形成了一门新兴的学科——计算机视觉。

3.1 人类视觉通路和信息处理过程

图 3-1 给出了人类视觉通路的示意图。物体在可见光的照射下经眼的光学系统在眼底视网膜上形成物象,视网膜上的感光细胞又将视网膜上接收的光能转换成神经冲动,经过视交叉部分地交换神经纤维后,形成视束,传到中枢神经系统部分,包括丘脑的外膝体、上丘和视皮层。上丘只与眼动等视觉反射有关,外膝体和视皮层都直接与视知觉有关。

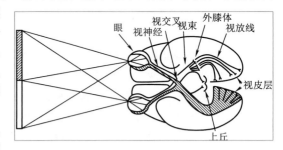

图 3-1 视觉通路示意图

人类基本的视觉信息包括亮度、形状、运动、颜色和深度知觉等,其中亮度是最基本的视觉信息,它是一种外界辐射的物理量在视觉中反映出来的心理物理量;物体的形状主要是由物体在视觉空间上的亮度分布、颜色分布或运动状态不同而显示出来的;颜色知觉是一种主观感觉,研究表明,在人的视网膜中,含有 3 种不同的锥体细胞,其敏感峰值分别对应于光谱中的红、绿、蓝区域。

人类的视觉不仅要识别物体的形状和颜色,而且要随时地作用于物体,例如,伸手拿一本书,躲开汽车或障碍物,把足球踢入球门等,这一切活动都需要判断我们与被作用物体的距离。立体知觉就是指这种判断物体距离或深度的感觉。外界目标在视网膜上的像是二维的,而且同一物体在左右眼的视网膜上的成像有着微小的差异,实际上,这种差异为立体视觉提供了最基本的信息——视差。除了双眼视差提供深度信息外,还有许多单眼的信息可以产生深度信息的估计,如物体的重叠,透视(近大远小、近清晰远模糊、近亮远暗),明暗,纹理及运动。

3.2 计算机视觉概述

计算机视觉是在 20 世纪 50 年代从统计模式识别开始的,当时的工作主要集中在二维图像分析和识别上,如光学字符识别、工件表面、显微图片和航空图片的分析和解释等。60 年代,开创了以理解三维场景为目的的三维计算机视觉的研究,Robert 对积木世界的创造性研究给人们以极大的启发。在其后类似的研究中,Guzman 在视觉处理研究中引入符号化处理和启发式方法,以后Huffman、Clowes 等人对积木世界进行了研究并分别解决了由线段解释景物和处理阴影等问题。积木世界的研究反映了视觉早期研究中的一些特点,即从简化的世界出发进行研究。70 年代中期,以 Marr、Barrow 和 Tenenbaum 等人为代表的一些研究者提出了一整套视觉计算的理论来描述视觉过程,其核心是从图像恢复物体的三维形状。在视觉研究的理论上,以 Marr 的理论影响最为深远。80 年代末、90 年代初先后提出了主动视觉、定性视觉等新方法、新思路。

计算机视觉的主要研究目标可归纳成两个,第一个目标是建成计算机视觉系统,完成各种视觉任务。第二个研究目标是把该研究作为探索人脑视觉工作的手段,进一步加深对人脑视觉的掌握和理解(如计算神经科学)。

计算机视觉的研究方法主要有两种。第一种是仿生学方法，即参照人类视觉系统的结构原理，建立相应的处理模块完成类似的功能和工作；第二种是工程方法，即从分析人类视觉过程的功能着手，并不去刻意模拟人类视觉系统内部结构，而仅考虑系统的输入和输出，并采用任何现有的可行的手段实现系统功能。

计算机视觉的研究主要存在以下特点：①多学科的交叉与结合，其主要涉及的相关学科有计算机、心理学、神经生理学、物理学、信号处理和数学等；②在计算机视觉研究领域中绝大多数问题都是病态的，存在着诸多不确定因素；③一个相对完备的视觉系统同时也是一个知识管理系统。在视觉过程中对一幅图像的理解需要大量的关于任务领域的知识，这些知识不同于问题求解中的知识，可以明确地显式表示且涉及面之广难以预测。

本章中，定义具备如下条件的问题为"完善定义的问题"：

（1）问题的解具有存在性与唯一性。

（2）数据连续变化时，问题的解也连续变化。这一点保证了问题的解对噪声具有健壮性。

不符合上述条件的问题称为病态问题。

3.3　Marr 的视觉计算理论

视觉计算理论是使视觉信息处理的研究变得严密，并把视觉研究从描述水平提高到数理科学水平的关键。20 世纪 80 年代初，Marr 首次从信息处理的角度综合了图像处理、心理物理学、神经生理学等方面的研究成果，提出了第一个较为完善的视觉计算理论。Marr 视觉计算理论的建立，使计算机视觉研究有了一个比较明确的体系，并大大推动了计算机视觉研究的发展。

3.3.1　视觉系统研究的 3 个层次

Marr 认为，视觉是一个信息处理系统，对此系统研究应分为 3 个层次：计算理论层次，表示与算法层次，硬件实现层次，如表 3-1 所示。

表 3-1　视觉系统研究的 3 个层次

计算理论	表示与算法	硬件实现
计算的目的是什么；为什么这一计算是适合的；执行计算的策略是什么	如何实现这个计算理论；输入、输出的表示是什么；表示与表示之间的变换是什么	在物理上如何实现这些表示和算法

按照 Marr 的理论，计算理论层次要回答系统各个部分的计算目的与计算策略，亦即各部分的输入/输出是什么，之间的关系是什么或具有什么约束。Marr 对视觉系统的总的输入/输出关系规定了一个总的目标，即输入是二维图像，输出是由二维图像"重建"出来的三维物体的位置与形状。Marr 认为，视觉系统的任务是对环境中的三维物体进行识别、定位与运动分析，但这仅仅是一种对视觉行为的目的性定义，而不是从计算理论层次上的目的性定义。三维物体千差万别，应存在一种计算层次上的一般性目的描述，达到了这一"目的"，则不管是什么具体的物体，视觉任务均可完成。Marr 认为，这一"目的"，就是要通过视觉系统，重建三维物体的形状、位置，而且，如果在每一时刻都能做到这一点，则运动分析也可以做到。表示与算法层次是要进一步回答如何表示输入和输出信息，如何实现计算理论所对应的功能的算法，以及如何由一种表示变换成另一种表示。一般来说，不同的输入、输出和计算理论，对应不同的表示，而同一种输入、输出和计算理论可能对应若干种表示。在解决了理论问题和表示问题后，最后一个层次是要回答"如何用硬件实现以上算法"。

3.3.2 视觉信息处理的 3 个阶段

Marr 从视觉计算理论出发,将系统分为自下而上的 3 个阶段,即视觉信息从最初的原始数据(二维图像数据)到最终对三维环境的表达经历了 3 个阶段的处理。第一阶段是将输入的原始图像进行处理,抽取图像中的边缘点、直线段、曲线、顶点、纹理等基本几何元素或特征,这些特征的集合称为"要素图"或"基元图";第二阶段称为对环境的 2.5 维描述,即部分的、不完整的三维信息描述,用"计算"的语言来讲,就是重建三维物体在以观察者为中心的坐标系下的三维形状与位置。当人眼或摄像机观察周围环境物体时,观察者对三维物体最初是以自身的坐标系来描述的,另外,我们只能观察到物体的一部分(另一部分是物体的背面或被其他物体遮挡的部分)。这样,重建的结果是以观察者坐标系下描述的部分三维物体形状,称为 2.5 维描述。事实上,2.5 维描述是不够的,从不同角度观察到的物体形状都是不完整的,不能设想,人脑中存有同一物体从所有可能的观察角度看到的物体形象,以用来与所谓的物体的 2.5 维描述进行匹配与比较。因此,2.5 维描述必须进一步处理以得到物体的完整三维描述,而且必须是物体本身某一个固定坐标系下的描述,这一阶段称为第三阶段,即三维阶段。

3.3.3 关于 Marr 理论的讨论

Marr 的视觉计算理论是计算机视觉研究领域的划时代成就,但该理论在细节甚至在主导思想方面尚存在大量不完备的地方,许多方面还有争议。从 20 世纪 80 年代以来,人们对 Marr 的视觉计算理论提出了更加深入的设想和方案,通过对其进行分析,发现如下不足点:

(1)将视觉处理作为一个单向处理过程,而视觉过程本身具有反馈机制,且具有前向和后向反馈机制的并行处理过程,因此,Marr 的视觉理论在这一方面过于简单化。

(2)框架中输入是被动的,给什么图像,系统就处理什么图像。

(3)框架中加工目的不变,总是恢复场景中物体的位置和形状等。

(4)框架缺乏或者说未足够重视高层知识的指导作用。

正因为如此,80 年代以来,一系列的文章都提出了对 Marr 视觉计算理论的修正和完善,如定性视觉、被动视觉和主动视觉等。但 Marr 理论使得人们对视觉信息的研究有了明确的内容和完整的基本体系,做出了重大的贡献。

3.4 计算机视觉的研究内容

计算机视觉是一个很宽泛的领域,包含了太多的研究内容,本章只是列出其中较为典型的内容。

(1)图像形成

如果想采用科学的(基于模型的)方法来研究计算机视觉,理解图像形成的过程是必要的。这部分内容涉及摄像机、成像几何模型、辐射学以及颜色的知识。

(2)图像处理

几乎所有的计算机视觉应用中都需要图像处理的知识,这包括线性和非线性滤波、傅里叶变换、图像金字塔和小波以及正则化和马尔科夫随机场的全局优化方法等,虽然这些材料的大部分都包含在图像处理的课程和教材中,但优化方法的使用在计算机视觉中更为典型。

(3)特征检测

图像特征指的是能够用来表征图像所蕴含语义的属性数据,这些属性数据用来代表图像本身,参与后续的分析与处理等计算过程。特征检测的目的是让计算机具有认识或者识别图像的能力,即图像识别。常见的图像特征包括角点、边缘、直线以及纹理等。

(4)分割

图像分割是将图像或视频中有意义的特征部分提取出来,其有意义的特征有包括物体的边缘、区域等,这是进一步进行物体识别、分析和理解的基础。分割方法包括自顶向下(分裂)和自底向上(归并)方法,寻找聚类模态的均值移位方法,以及各种基于图的分割方法。所有这些方法都是计算机视觉各种应用中必要的构成部分,这些应用包括交互图像编辑和识别。

(5)摄像机标定

计算机视觉的基本任务之一是从摄像机获取的图像信息出发计算三维空间中物体的几何信息,并由此重建和识别物体,而空间物体表面某点的三维几何位置与其在图像中对应点之间的相互关系是由摄像机成像的几何模型决定的,这些几何模型参数就是摄像机参数。在大多数条件下这些参数必须通过实验与计算才能得到,这个过程被称为是摄像机标定。

(6)立体视觉

立体视觉是由多幅图像(一般两幅)获取物体三维信息的方法,是计算机视觉的一个重要分支。其基本原理是从两个(或多个)视点观察同一景物,以获取在不同视角下的感知图像,通过三角测量原理计算图像像素的位置偏差(即视差)来获取景物的三维信息。这一过程与人类视觉的立体感知过程是类似的,它可以在多种条件下灵活地测量景物立体信息,其作用是其他计算机视觉方法所不能代替的。

(7)由运动到结构

给出几幅图像及其图像特征的一个稀疏对应集合,如何估计 3D 点的位置,这个求解过程通常涉及 3D 几何(结构)和摄像机姿态(运动)的同时估计,这就是通常意义下的由运动到结构。

(8)基于光流的运动估计

当人的眼睛观察运动物体时,物体的景象在人眼的视网膜上形成一系列连续变化的图像,这一系列连续变化的信息不断"流过"视网膜(即图像平面),好像一种光的"流",故称之为光流。光流是空间运动物体在观测成像面上的像素运动的瞬时速度。也可理解为亮度引起的表观运动,即具有某个灰度值的运动点在场景中由一个位置瞬时移动另一个位置,光流反应了这种移动的方向及快慢。

本部分内容研究图像灰度在时间上的变化与景象中物体的结构和运动的关系。

(9)图像拼接

配准图像并将其拼接成无缝拼图的算法是计算机视觉领域最古老且应用最广泛的算法之一,图像拼接算法所生成的拼接图可以用来产生数字地图,还可以内嵌在大多数码照相机中,用来生成特宽广角的全景图。

(10)3D 重建

这部分内容包括经典的由 X 到形状的方法,例如由阴影到形状,由纹理到形状,由聚焦到形状,由光滑的遮挡轮廓和剪影到形状。与所有这些被动计算机视觉方法不同,另一种选择是使用主动的距离测定。

(11)识别

在所有让计算机完成的视觉任务中,分析场景并识别所有构成场景的物体仍然是最有挑战性的任务。计算机可以从多个视角拍摄的图像中精确地重建出场景的 3D 形状,但无法很好地叫出出现在图像中的物体的名称。识别研究通常包括物体检测、匹配以及分类等。

3.5 立体视觉

立体视觉的开创性工作是从 20 世纪 60 年代中期开始的。美国 MIT 的 Robert 完成的三维景物分析工作,把过去的二维图像分析推广到了三维景物,这标志着立体视觉技术的诞生,并在随后的 20 年中迅速发展成一门新的学科。特别是 70 年代末,Marr 创立的视觉计算理论对立体视觉的发展产生了巨大影响,现已形成了从图像获取到最终的景物可视表面重建的完整体系,在整个计算机视觉中已占有越来越重要的地位。

3.5.1 理想的双目立体视觉模型

图 3-2 给出了一种理想的立体视觉模型,它由两个完全相同的摄像机构成,两个图像平面位于一个平面上,两个摄像机的坐标轴相互平行,且 x 轴重合,摄像机之间在 x 轴方向上的间距为基线距离 B。在这个模型中,场景中同一特征点在两个摄像机图像平面上的成像位置是不同的。我们将场景中同一点在两个不同图像中的投影点称为共轭对,其中的一个投影点是另一个投影点的对应。两幅图像重叠时的共轭对之间的位置之差(共轭对点之间的距离)称为视差;通过两个摄像机中心和场景特征点的平面称为外极平面,外极平面与图像平面的交线称为外极线;同一图像平面上所有外极线交于一点,该点称为外极点。图 3-2 中,左(右)图像中的每个特征点都位于右(左)图像中相同的标号中,即外极线与图像行重合。

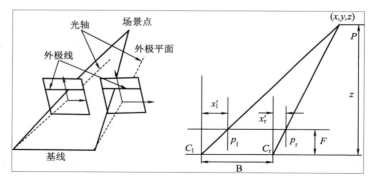

图 3-2 双目立体视觉几何模型

在图 3-2 中,场景点 P 在左、右图像平面中的投影点分别为 p_1 和 p_r。不失一般性,假设坐标系原点与左透镜中心重合,根据相似三角形原理,可得到下式:

$$\frac{x}{z} = \frac{x_1'}{F}$$

$$\frac{x - B}{z} = \frac{x_r'}{F} \tag{3-1}$$

从上式可得到场景点 P 的深度

$$z = \frac{BF}{x_1' - x_r'} \tag{3-2}$$

式中,F 是焦距;B 是基线距离;$x_1' - x_r'$ 为双目立体视差。

由此可见,对于一个给定的视觉系统,其基线距离和焦距是确定的,由视差计算场景点的深度是相当容易的,因此从某种意义上讲,视差和深度具有相同的含义。视差计算在立体视觉中是非常重要的,同时也是最困难的问题,双目立体视觉要解决的核心问题就是求取匹配视差。

对于一般情况下的双目立体视觉系统,即由不同的、非平行的两摄像机组成的视觉系统,没有一个明显的可以定义深度的坐标方向,同时在两个独立的图像坐标系下定义深度也是很困难的。很明显,一种可以获得理想双目立体视觉模型的方法就是仔细地调节两摄像机以使它们平行,实际上,可以通过校正来获得理想双目立体视觉模型。

3.5.2　立体视觉组成

一个完整的立体视觉系统通常可分为 6 个部分,即图像获取、摄像机标定、特征提取、立体匹配、深度确定和后处理。

1. 图像获取

立体图像的获取是立体视觉的首要前提。立体图像对的采集方式很多,它们可以同时被获取,也可以相隔一段时间分别获取。观察点的位置和方向可以相差很小,也可以相差很大。因此,光照条件、大气状况、摄像机几何特性、数字化模式等对图像获取产生了复杂的综合影响。但是,影响图像对获取的重要因素是立体图像对的应用领域,图像对的不同用途决定了图像的场景范围、分辨率、观察点和摄像机的相对位置等。例如,为了研究人类的立体融合机制,可以采用由计算机产生的随机点立体图像对;在航空测量领域,通常是利用飞行器携带的高性能摄像机沿航向序列地摄取图像;在显微立体分析中,通过旋转扫描电镜样品台,同样可获得物体的立体图像对。

2. 摄像机标定

如要做到从图像平面上所获得的二维信息来推断、检测空间二维或三维信息,必须确知摄像机的具体参数,确定这些摄像机参数的实验与计算过程称为摄像机标定。

3. 特征提取

特征提取是为了得到匹配赖以进行的图像特征,由于尚没有一种普遍适用的理论可运用于图像特征的提取,从而导致了立体视觉研究中匹配特征的多样性。目前,常用的匹配特征主要有点状特征、线状特征和区域特征等。一般来讲,大尺度特征含有较丰富的图像信息,在图像中的数目较少,易于得到快速的匹配,但它们的定位精度差,特征提取与描述困难。而小尺度特征数目较多,其所含信息较少,因而在匹配时需要较强的约束准则和匹配策略,以克服歧义匹配和提高运算效率。良好的匹配特征应具有可区分性、不变性、稳定性、唯一性以及有效解决歧义匹配的能力。

4. 立体匹配

立体匹配是指将同一空间景物在不同视点下投影图像中的映像点对应起来,并由此得到相应的视差图像的过程。

立体匹配是立体视觉中最重要的问题,它与普通的图像匹配不同,立体像对之间的差异是由摄像时的观察点不同引起的,因此立体视觉匹配是在两幅图像间寻找对应关系。对于任何一种立体匹配方法,其有效性有赖于 3 个问题的解决,即选择正确的匹配特征,寻找特征间的本质属性及建立能正确匹配所选特征的稳定算法。

5. 深度确定

已知立体成像模型和匹配视差后,三维距离的恢复是很容易的。影响距离测量精度的因素主要有摄像机标定误差、数字量化效应、特征检测与匹配定位精度等。一般来讲,距离的测量精度与匹配定位精度成正比,与摄像机基线长度成反比。增大基线长度可改善距离测量精度,但同时会增大图像间的差异,增加匹配的困难。因此,要设计一个精确的立视系统,必须综合考虑各方面的因素,保证各个环节都具有较高的精度。

6. 后处理

经过以上各个步骤所得到的三维信息常因各种原因不完整或存在一定的误差,需要进一步后处理。常用的后处理主要有三类：

①深度插值。立体视觉的首要目的是恢复景物可视表面的完整信息,目前,无论是哪种匹配方法都不能恢复出所有图像点的视差,因此在后处理中要追加一个视差表面内插重建步骤,即对离散数据进行插值以得到不在特征点处的视差值。插值的方法很多,如最近邻插值、双线性插值、样条插值等。在内插过程中,最重要的问题是如何有效地保护景物面的不连续信息。Grimson根据物体的表面物理性质和景物成像特性,提出了内插重建所必须满足的表面相容性原理,并建立了正则化重建算法。TerEopulos 基于 Grimson 的重建原理,提出了由粗到细的多通道重建技术,以改善重建精度和加速收敛过程。Maitre 等根据空间景物的结构特点,提出了一种基于模型的内插重建算法,其原理是将图像分割成不同的结构区域,采用一次/二次曲面对分割区域进行最佳拟合,从而重建出不同区域的三维距离。此方法较好地保护了景物的不连续信息,适合于人工景物的处理。

②误差校正。立体匹配是在受到几何畸变和噪声干扰等影响的图像间进行的,另外由于周期性模式、光滑区域的存在,以及遮挡效应、约束原则的不严格性等原因都会在视差图中产生误差,因而对误差的检测和校正也是重要的后处理内容。

③精度改善。视差的计算和深度信息的恢复是各项后续工作的基础,因此对视差计算的精度常有较高的要求。为提高精度,可以在获得一般立体视觉通常的像素级视差后,进一步改善精度,以达到亚像素级的视差精度。

3.6 计算机视觉应用

计算机视觉技术已经应用在制造业、工业检验、文档分析、医疗诊断、军事目标跟踪、自主导航等系统当中。计算机视觉应用非常广泛,本章列举部分例子,让读者有更直观的了解。

①物体识别。判断当前图片中物体的个数、颜色、类型、外观等。

②机器检验。根据图片判断当前的零件是否有缺陷,或使用 X 光视觉检查钢铸件的缺陷。

③光学字符识别。对图片中的数字和字符进行提取和分类判别。

④人脸检测。用于改进照相机的聚焦以及人脸图像检索。

⑤运动捕捉。使用多台摄像机拍摄反光材料标记或其他视觉方法来捕捉演员的动作,以便用于计算机动画。

⑥目标检测和跟踪。检测视频中的目标物体,并跟踪后续视频序列中的目标。

⑦表情识别。判断图片中人脸的表情。

⑧辅助医疗。根据病人的 CT、MRI 图片判断该病人的病情。

⑨汽车安全。根据车辆前方的摄像头成像来判断前方车辆与当前车辆的距离,从而决定是否需要提速或避让。

⑩拼图。将有重叠的照片变成无缝拼接起来的单张全景画。

⑪3D 建模。将拍摄的物体或人物的一幅或多幅照片转变为其 3D 模型。

⑫距离测量。利用立体视觉原理,完成物体距离的测量。

上面的例子对于人类来说是非常简单的,不过,对于计算机来讲,却异常复杂。因此如果想要让计算机对所"看见"的事物具有同正常成年人相接近的理解能力,就需要大量的样本来对计算机进行完善的、系统的学习和训练。

而如今,随着计算机视觉技术的不断发展,越来越多的新产品,越来越多的全新的用户体验方式正在强烈地冲击着人们传统的生活方式。下面举几个典型的例子来说明其中用到计算机视觉技术的一些产品：

①微软公司特别火爆的应用于 Xbox 360 上的 kinect，这其中包括了人脸检测、人脸识别与跟踪、动作跟踪、表情判断、动作识别与分类等计算机视觉领域的前沿技术。

②Google 公司专门为 Android 开发的免费软件 goggles，它的功能简单地说，就是利用手机拍照得到的图片进行检索，专业术语叫做基于内容的图片检索（Content Based Image Retrieval，CBIR）如今仍然是计算机视觉领域的一个热门分支。

③Google 的无人驾驶汽车技术。该技术运用了各种摄像头、激光设备、雷达传感器等，并根据摄像头捕获到图片及雷达和激光设备相互配合来感知车辆当前的速度，前方的交通标识、车道识别、判断周围行人与车辆的距离等信息，并以此来做出加速、减速、停车、左转、右转等判断，从而控制汽车实现真正的"自驾游"。需要提醒的是，除了 Google，大众和 Intel 也在从事无人汽车驾驶技术的研究工作。

④腾讯 QQ 实验室最近发布的 QQ 手势达人 for PPT，利用摄像头捕获手势的图片，并对简单的手势进行分类判别，从而实现控制 PPT 的目的。

⑤Google street view（Google 街景）和微软的 street slide，都是一种用来观看城市街道景色的软件，尤其是 street slide，利用普通相机拍摄的二维图片进行拼接，从而生成了全景图，使得用户可以在街道当中漫游。

本章小结

本章对计算机视觉的发展过程、研究目标、研究方法和特点进行了论述，介绍了 Marr 视觉理论，列出了计算机视觉研究的主要内容，并给出了计算机视觉的一些应用。

本章习题

1. 什么是计算机视觉？
2. 视觉信息处理分哪 3 个阶段？
3. 计算机视觉研究哪些内容？
4. 如何形成立体视觉？
5. 计算机视觉有哪些应用？

第4章
语音信号处理技术及应用

　　语音是人类交流的主要手段，也是除了视觉感知之外获取信息的重要途径，因此语音信号处理也是数字媒体技术领域研究的主要内容之一。

　　本章将主要介绍语音信号处理的基本概念及发展历程、重点介绍了语音信号处理的各个研究方向及其具体应用。

4.1　语音信号处理技术的基本概念

语音(Speech)是指人们讲话时发出的话语,是声音(Voice)和语言(Language)这两个元素的结合体。由于通过语音传递信息是人类最重要、最有效,也是最常用的交换信息的形式之一,因此对语音信号处理方面的研究具有毋庸置疑的价值和意义。而"语音信号处理"则是研究如何基于数字信号处理技术对语音信号进行处理的一门学科。

语音信号处理技术以语音语言学和数字信号处理为基础,涉及声学、认知科学、生理/心理学、模式识别以及人工智能等多个学科的综合性研究领域。从数字信号处理技术发展伊始,对语音信号处理的研究就一直是其最重要的推动力量之一。

4.2　语音信号处理的简要发展历程

从语音信号处理的起源而言,可以认为其研究是从"语言声学"开始的。这是声学的一个分支学科。其主要研究方向是人的发声器官机理和数学模型,听觉器官的特性及数学模型,语音信号的物理特性(如频谱特性、声调特性、相关特性、概率分布等),语音的清晰度和可懂度等。语言声学这门学科在其研究历史中出现过两次飞跃发展,第一次是 1907 年电子管的发明和 1920 年无线电广播的出现,使电声学和语言声学的一些研究成果扩展到通信和广播部门;第二次则是 20 世纪 70 年代初,由于电子计算机和数字信号处理的发展,使声音信号特别是语音信号可以转换为数字信号后送入计算机处理,从而可以用数字计算方法(如快速傅里叶变换 FFT 以及差分方程等)对语音信号进行处理和加工。以第二次飞跃为契机,"语音信号处理"这门学科被公认为真正登上了历史舞台。

虽然真正以计算机处理为基础的语音信号处理技术出现时间并不算很久,但在此之前,研究者们对于语音的研究同样取得了很多重要成果。例如1939 年美国贝尔实验室的研究员 Dudley 在当年的万国博览会上展示了其开发的世界第一台声码器(Vocoder)——"Voder"即引起了轰动。图 4-1 中的形似打字机的设备以及后方的形似大型扬声器的设备就是 Voder 的完整组成。所谓声码器,其本质上就是一个简单的发音过程模拟系统,在此基础上后来逐渐发展为声道的数字模型。在 20世纪 40 年代后期,出现了将语音信号的时变频谱用图形表示出来的仪器——语谱仪,从而为语音信号的分析提供了一个极其有力的工具。即使在现在,经过从"黑白—彩色—三维"的发展后,语谱图仍然是在语音处理中的重要工具。在 1952 年,仍然是贝尔实验室的 Davis 等研究员,首次研制成功了能识别 10 个英文数字语音的实验装置,也是历史上第一套语音识别系统——Audry System。

图 4-1　Voder 及其发明者 Dudley

1956 年,美国 RCA 实验室的 Olson 和Belar 等人采用 8 个带通滤波器提取频谱参量作为语音的特征,研制成功一台简单的声控打字机。至 20 世纪 60 年代,人们开始更多地研究自然语音产生的内在机制和本质特征,代表性研究成果之一为 1960 年瑞典科学家 Fant 发表的著名论文《语音信号产生的声学理论》,奠定了语音生成理论的基础。而 60 年代中期,数字滤波器、FFT 等数字信号处理方法和技术的形成,成为语音信号数字化处理的基础。

20 世纪 60 年代后期,语音处理技术进入短暂的沉寂期。70 年代初,单词识别、声纹(Voice Print)识别等开始进入实用化阶段。同一时期,研究者们认识到必须综合应用语言学知识来研究计算机对连续语流的语音理解。代表性研究项目为 1971 年美国 ARPA 主导的"语音理解系统",但取得的成果有限。另外在 70 年代还出现了一些至今仍有广泛应用的重要技术,如动态时间规整(DTW)、线性预测(LPC)、隐马尔可夫模型(HMM)、矢量量化(VQ)等。进入 80 年代,随着上述技术以及神经网络技术等在语音处理领域的成功应用,出现了一些突破性进展。例如美国 IBM 公司的语音识别系统 Tangra－5、Tangra－20 以及卡内基梅隆大学开发的世界上第一个非特定人连续语音识别系统 SPHINX 等。值得一提的是,开发 SPHINX 的领导者就是在现在的知名学者李开复,当时他还是卡内基梅隆大学的博士生。90 年代后,语音信号处理领域在各个方向上的实用化方面都取得了很多实质性进展。而随着近年来深度学习技术的快速发展,更是为语音信号处理领域带来了突破。

4.3 语音信号处理的主要发展方向

作为自然界中与人类关系最密切的信号之一,语音信号的处理自然地包含了很多具体的研究方向,是一个庞大的研究领域。在图 4-2 中即列出了目前主要的一些语音信号处理的研究方向。可以看到,目前对于语音方面的研究的确已经涵盖了从语音内容、说话人、语种、语音情感等多个方面的多个具体研究方向,这些研究方向本身也是随着对语音了解的不断深入而不断增加的。

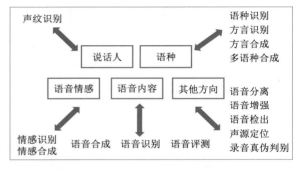

图 4-2 主要的一些语音信号处理研究方向

4.3.1 语音识别

虽然语音识别(Speech Recognition)这个名词对普通大众并不陌生,但需要说明的是,在语音信号处理领域所说的"语音识别"严格来说,是指对语音"内容"的识别,也就是其中承载的文字的内容信息。语音识别这个研究方向本身属于"机器学习/模式识别"这个大的门类,它既是机器学习领域研究时间最久、最主要的识别对象之一,也是在语音信号处理各个研究方向中最受关注同时也是难度最大的研究方向之一。

1. 语音识别系统的分类

对于语音识别技术,或者说"语音识别系统",可以根据要实现的效果水平、技术难度等对其进一步细分。

(1)按识别的文字内容信息的复杂度分类

孤立词识别:只需要能够识别出单个词,如"开门""关机""close"等。这显然是难度最低的识别系统。

连接词识别:主要针对连续数字的识别,如"90""25000"等。

连续语音识别:要求能够识别出正常说话时的连续语音中的具体文字内容,例如"请帮我去倒杯水吧""你知不知道昨天下午李强去哪了?"。显然连续语音识别是让人类能够自然地通过语音进行人机交互的基本要求。同时,如果要达到连续语音识别功能,除了对语音中声音部分的处理,还需要引入要识别语言的语言模型,才能完成从识别出的"每个发音"到"单个字或单词"的转换。

语音理解和会话:在上述"连续语音识别"的基础上,如果希望能让机器完全"理解"人说话的内容和含义,并做出相应的应答与响应,则该语音识别系统属于更高一个层次的"语音理解与会话"系统,其实现难度比单纯识别出一句话中的每个字或单词又大了很多,需要涉及更多的人工智能相关技术。

（2）按识别的说话人分类

语音识别系统能够识别出哪些人说话,如"特定人""多说话人""与说话人无关"等。识别系统对于能够识别的说话人的限制是逐渐减小的,而技术实现难度则是逐步提高的。

（3）按其他方式分类

也可以从其他角度对语音识别系统进行分类,比如可以从识别的词汇量的大小分为"小词汇量识别系统""中等词汇量识别系统""大词汇量识别系统"等。

2.语音识别的基本流程

图 4-3 展示了一个语音识别系统的整体工作流程。由图 4-3 可见,对语音的识别需要综合"语音声学模型"和"语言模型"进行。其中声学模型是通过对大量的语音训练样本经过"特征提取"以及"声学模型训练"阶段后训练得到的。而语言模型则是基于大量的文本训练样本,通过"语言模型训练"阶段后训练得到的。

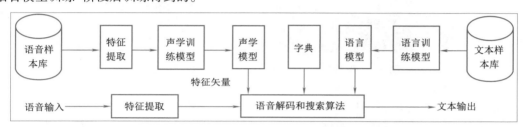

图 4-3　语音识别系统的基本组成

当需要对一个未知内容的语音进行识别时,同样需要对其在训练阶段提取语音特征,并将提取的特征向量输入在训练阶段得到的声学模型和语言模型,再与每种语言的字典相结合,最终得到识别结果,即语音中包含的文字内容。

3.语音识别的应用形式

由于语音是人类日常最基本的交互形式和信息传递方式,因此基于语音识别的应用形式是非常丰富多样的,涵盖了人们日常生活、工作、娱乐等各个方面。

（1）各种计算机软硬件平台中的基本人机交互方式

作为对最常见的鼠标/键盘/触摸操作的人机交互机制的延伸,语音交互是公认的能够有生命力的新的人机交互方式之一。如果允许用户直接把需要的操作"说出来",比各种特定的操作界面来说具有最高的自然度和最低的学习成本。苹果公司在 iPhone 中引入的 Siri 系统即可以认为是最早引起世界范围普通消费者广泛关注的语音交互系统。

（2）语音听写/语音输入

对于需要进行大量文字输入的场景而言,假如语音识别的正确率达到了令人满意的水平,那么采用语音输入的方式比起单纯采用键盘或手写输入的方式往往具有更高的输入效率。从老牌的 IBM 公司的 ViaVoice 语音听写系统,到现在智能移动平台的多种具有语音输入功能的输入法,语音输入应用的技术水平已经进入到初步可用阶段,用户数量也在迅速增加。

（3）玩具与游戏

在玩具或视频游戏中加入语音识别的功能,如语音指令等,往往可以带来独特的娱乐效果。微软公司在 2010 年为其 Xbox 360 游戏主机推出的配套设备——Kinect（图 4-4）就是一套典型的具备语音指令功能的游戏设备。通过 Kinect,游戏或应用开发

图 4-4　微软公司的 Kinect

者可以为视频游戏或者应用程序中添加由语音控制的指令,从而扩充本来只能通过专门的游戏手柄进行操控的方式,带来新颖的游戏或应用体验。例如在美国 EA 公司出品的游戏《极品飞车17》中,就可以通过语音指令进行诸如车辆启动、菜单选择等操作,还允许玩家在用手柄驾驶车辆竞速的同时通过语音指令进行视角的实时调整。

（4）操控系统

语音识别技术也可以应用于很多特定设备的操纵与控制。一个比较高端的具体应用是战斗机的操控系统。目前在世界上共有两种型号的战斗机能够进行一些简单的语音指令操作,分别是欧洲的"台风战斗机"（图4-5 左图）和美国的 F-35 战斗机（图4-5 右图）,从而有效地降低飞行员的操纵负担。

图 4-5　欧洲的"台风"战斗机和美国的 F-35 战斗机

（5）语音关键词检索

所谓语音关键词检索,就是从多个包含语音的声音文件或声音片段中查找是否包含指定关键词的语音并定位。随着互联网、媒体机构中的多媒体资源的爆炸性增长,对媒体内容进行信息整理与检索已成为一项非常艰巨的工作,如果单靠人力通过直接"听"的方式来进行诸如语音关键词检索,其时间成本几乎无法承受。而基于语音识别的语音关键词检索就成为必然的选择。

（6）自动客服

对于有庞大客服需求的企业,尤其是大型跨国企业而言,人工客服人员是一笔无法忽视的成本。这也是为什么这些企业对于基于语音识别技术的自动客服系统往往都抱有很高热情的原因。诸如中国移动等企业也都在逐渐部署基于此技术的自动客服系统。

（7）自动翻译

如果将语音识别技术与翻译技术相结合,则相应的自动语音翻译系统无论在商务往来、异国旅游、媒体内容翻译等多个应用场景都可能带来颠覆性的变化。

（8）机器人

对于机器人,尤其是在科幻作品中频频出现的"拟人式"机器人而言,能够听懂人说的语言,显然是其"拟人"的一个基本要求。因此,语音识别技术可以认为是机器人应用领域涉及的众多技术中的基础性技术之一。

4.语音识别的主要难点

经过几十年的研究后,语音识别在实验室环境（很安静的识别环境）且发音标准的情况下,识别准确率已经普遍达到很高的水平。但在复杂的识别情况中,识别准确率则可能波动得非常严重,主要在于语音识别现在还面临下面几个主要难点:

（1）方言或口音

语音识别系统在训练阶段,往往是采用比较标准的发音作为训练的样本,但在真正进行识别时,尤其是对于非特定人识别系统而言,不同的说话人往往会带有不同程度的方言或口音,从而造成需要识别的语音同训练样本存在差异。即使是人类本身,在识别某些方言或口音比较明显的语音时,同样会感到较为困难,可想而知对于语音识别系统而言,在遇到带有方言或口音的情况时,必然会对准确识别造成较大的障碍。

(2)背景噪声问题

背景噪声同样是语音识别中最容易出现也是最容易造成识别错误的因素之一。由于背景噪声在实际的语音识别环境中几乎无处不在,尤其是在户外识别环境中更为明显,这必然对纯粹的希望识别的语音带来干扰,从而导致识别准确率严重下降。我国 863 评测小组曾在数年前对国内主要语音识别研究机构进行评测,为了考察识别系统对背景噪声的抗干扰性,将测试集取样于马路边的嘈杂环境。参与评测的某些院校最差只取得了 9% 的正确率。

(3)"口语"的影响

在日常生活中,人们说话时往往不会遵循严格的语法规则,而是带有或多或少的随意性,也就是有各自的口语习惯。这同样会对语音识别中的文字内容确定带来一定的困难。

(4)对人类提取声音信息的生理过程、方法和原理认识仍然不足

对于语音识别技术是否需要充分借鉴人类自身提取声音信息的机理,学术界实际上有不同的观点。但可以确定的是,对于人类自身提取声音信息的生理过程、方法和原理认识得越深,对语音识别系统的性能提高必然能带来一定程度的帮助。

4.3.2 语音编码

语音编码(Speech Coding)技术同样是在语音信号处理领域中与人们的日常生活关系最密切的研究方向之一。和诸如 MP3、WMA 这些面向所有声音的编码格式不同,语音编码技术主要是专门以语音作为编码对象。因此主要应用于包含语音通信的应用场景中。由于专注于语音的编码,因此可以基于语音信号的信号特性进行专门的优化。

1.主要语音编码技术

目前常见的语音编码技术主要包括 3 种:波形编码、参数编码以及混合编码。其中波形编码的基本思想是,编码前根据采样定理对模拟语音信号进行采样,然后进行幅度量化与二进制编码。它不利用生成语音信号的任何知识而企图产生重构信号,其波形与原始话音尽可能一致。而参数编码器则是根据人的发声机理,在编码端对语音信号进行分析,从话音波形信号中提取出话音参数,并使用这些参数通过话音生成模型重构话音。其每隔一定时间分析一次语音,传送分析获得的有/无声和滤波参数。在解码端根据接收的参数再合成声音。混合编码则是将波形编码和信源编码的原理结合起来综合编码。

语音编码性能指标主要有比特速率、时延、复杂性和还原质量等。一般而言,波形编码器的方法简单且话音质量高,但数据率也最高(压缩率最低)。其码率在 32 kbit/s 至 64 kbit/s 之间时音质优良,当数码率低于 32 kbit/s 时音质明显降低,16 kbit/s 时音质非常差。参数编码器的数据率最低,可以达到 1.2 ~ 2.4 kbit/s,但算法复杂度比较高,合成语音质量较差。尽管其音质较差,但因保密性能好,一般用于军事领域。混合编码器的数据率和音质介于两者之间。数码率约在 4 ~ 16 kbit/s 之间,音质比较好,性能较好的算法所取得的音质甚至可与波形编码相当,该类算法复杂程度介于波形编码和信源编码之间。

2.主要语音编码标准

目前主要的语音编码标准包括 G.711、G.723、G.726、G.729、ILBC、QCELP、EVRC、AMR、SMV 等,各种标准都有其重点应用领域。

上述标准中,G.7XX 系列编码标准主要由国际电信联盟(ITU)制定,每一标准又有很多分支,如 G.729 就有 G.729A 和 G.729B 等。G.711 是目前应用最普遍的编码标准,也是全世界电路交换电话网中使用的编码技术。而 G.723.1 是 ITU-T 建议的应用于低速率多媒体服务中语音或其他音频信号的压缩算法,其目标应用系统包括 H.323、H.324 等多媒体通信系统,目前该算法已成

为 IP 电话系统中的必选算法之一。

iLBC(internet low bitrate codec)是由全球著名语音引擎提供商 Global IP Sound 开发,它是低比特率的编码解码器,在丢包时具有的强大的健壮性。iLBC 提供的语音音质等同于或超过 G.729 和 G.723.1,并比其他低比特率的编码解码器更能阻止丢包。iLBC 以 13.3 kbit/s(每帧30毫秒)和 15.2 kbit/s(每帧20毫秒)速度运行,很适合拨号连接。iLBC 的主要优势在于对丢包的处理能力,并且充分利用了 0~4 000 Hz 的频率带宽进行编码,拥有超清晰的语音质量,这大大超出传统 300~3 400 Hz 的频率范围。广受欢迎的 Skype 网络电话的核心技术之一就是 iLBC 语音编解码技术,Global IP Sound 称该编码器语音品质优于普通 PSTN 电话语音质量,而且能忍受高达 30% 的封包损失。目前,在国际市场上已经有很多 VoIP 的设备和应用厂商把 iLBC 集成到他们的产品中,如 Skype、Nortel 等。

4.3.3　说话人识别

所谓说话人识别(Speaker Recognition),是指要基于一段或多段语音数据,识别出这些语音是由哪个人说的。因此,其识别技术的重点在于寻找语音中包含的不同说话人的个性因素,强调的是不同说话人之间的语音特征差异。由于说话人识别相当于是将每个人语音中的共有特征作为其身份识别信息,与指纹识别类似,因此也被称为"声纹识别"。

说话人识别技术可细分为两类,即"说话人辨认"(Speaker Identification)和"说话人确认"(Speaker Verification)。前者用于判断某段语音是若干人中的哪一个所说的,是一个"多选一"问题;而后者主要用于确认某段语音是否是指定的某个人所说的,是"一对一"判别问题。不同的任务和应用会使用不同的声纹识别技术。

另外,说话人识别还可分为文本相关的(Text-Dependent)和文本无关的(Text-Independent)两类。与文本有关的说话人识别系统要求用户按照规定的内容发音,每个人的声纹模型逐个被精确地建立,而识别时也必须按规定的内容发音,因此可以达到较好的识别效果,但系统需要用户配合,如果用户的发音与规定的内容不符合,则无法正确识别该用户。而与文本无关的识别系统则不规定说话人的发音内容,模型建立相对困难,但用户使用方便,可应用范围较宽。根据特定的任务和应用,这两种识别技术也有不同的应用范围。比如,在移动支付系统进行身份验证时可以使用文本相关的声纹识别,因为用户自己进行交易时是愿意配合的。

1. 说话人识别基本工作流程

图 4-6 中展示了一个基本的说话人识别系统的组成及工作流程。由于无论是说话人识别,还是上文中所述的语音内容识别,都是属于"机器学习/模式识别"系统,因此其系统组成与工作流程均有一定的相似之处,比如都包含"模型训练"和"识别"这两个相对独立的子流程,在这两个子流程中也都需要对语音数据提取特征等。但因为识别对象是说话人,因此在说话人识别系统中的语音特征提取阶段,其特征提取算法主要针对语音中能够体现不同说话人差异的特性进行了专门的优化与选取。

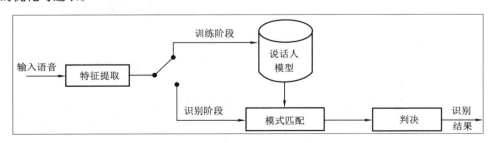

图 4-6　说话人识别系统基本组成

2. 说话人识别的关键问题及难点

（1）特征提取问题

说话人识别的特征必须是个性化特征，但表征一个人特点的特征应该是多层面的，例如：①与人类的发音机制的解剖学结构有关的声学特征（如频谱、倒频谱、共振峰、基音、反射系数等等）、鼻音、带深呼吸音、沙哑音、笑声等；②受社会经济状况、教育水平、出生地等影响的语义、修辞、发音、言语习惯等；③个人特点或受父母影响的韵律、节奏、速度、语调、音量等特征。

（2）特征选择问题

当面临不同的应用场景时，说话人识别可能还需要考虑特征选择或特征选用的问题。例如，对信道信息，在刑侦应用上，希望不用信道信息，也就是说希望弱化信道对说话人识别的影响，因为我们希望不管说话人用什么信道系统它都可以辨认出来；而在银行交易上，希望用信道信息，即希望信道对说话人识别有较大影响，从而可以剔除录音、模仿等带来的影响。

（3）声音模仿与录音问题

也就是如何能够有效地区分开模仿声音（录音）和真正的声音。

（4）说话人声音特征变化问题

每个人的声音特征并不是始终一成不变的，这种变化可能是由于各种原因造成，例如不同语言、内容、方式、身体状况、时间、年龄等。如何消除或者减弱这种影响也是说话人识别技术需要解决的难点之一。

（5）错误拒绝率和错误接受率的阈值问题

错误拒绝率（False Rejection Rate，FRR）和错误接受（False Acceptation Rate，FAR）是表征说话人确认系统性能的两个重要参数，前者是拒绝正确说话人而造成的错误，后者是接受了错误的说话人而造成的错误，两者与阈值的设定相关。在现有的技术水平下，两者无法同时达到最小，需要调整阈值来满足不同应用的需求，比如在需要易用性的情况下，可以让错误拒绝率低一些，此时错误接受率会增加，从而安全性降低；在对安全性要求高的情况下，可以让错误接受率低一些，此时错误拒绝率会增加，从而易用性降低。前者可以概括为宁错勿漏，而后者可以宁漏勿错。

3. 说话人识别的主要应用

在特定的应用场合中，采用人的语音作为身份鉴定的方式相比诸如指纹识别等更传统的识别技术而言具有诸如无接触性等独有的优势。例如，①获取语音的识别成本低廉，使用简单，一个麦克风即可，在使用通信设备时更无须额外的录音设备；②适合远程身份确认，只需要一个麦克风或电话、手机就可以通过网路实现远程登录。另外，将该技术与其他身份鉴别方式联合使用时，也能够显著增加鉴别的准确性与可靠性。因此，对于说话人识别的实际应用的研究在较早期就已经是语音领域研究人员的重要研究课题。

图 4-7　微信中引入的语音登录功能的界面

（1）语音门禁系统

基于说话人识别的语音门禁系统可能是普通大众见到最多的，也是接触最早的一种说话人识别的实际应用形式。毕竟在众多影视作品，尤其是科幻类影视作品中经常出现语音门禁系统的身影。相对而言这也是发展时间最长，技术相对最成熟的说话人识别应用之一。

（2）语音登录

目前在一些 PC 端或移动端的软件中，已经开始引入基于说话人确认技术的语音登录功能，相比于传统的输入密码识别，语音登录可以进一步提高安全性，同时也免去了记忆密码的麻烦。图 4-7 即为微信中引人的语音登录界面。

（3）银行/金融类业务中的身份确认

在银行/金融类业务这种有很高安全性要求的应用场合，也很早就开始探索引入基于语音的说话人识别技术。在诸如北美和西欧等地区，大量的银行客户都采用电话银行设施和服务。而这些金融机构的大部分都已经采用了基于语音的说话人识别解决方案来受理或拒绝用户的移动交易。另外在国内包括支付宝等移动支付应用也在逐渐引入说话人确认技术，图4-8就是支付宝关于其声纹支付的宣传内容。

（4）公安司法

在一些公安司法类应用中，声纹识别技术可以帮助执法人员从诸如对话录音中查找出嫌疑人或缩小侦察范围，识别结果还可以在法庭上提供身份确认的旁证。

图4-8　支付宝中声纹
识别的介绍内容

▌4.3.4　语音合成

语音合成（Speech Synthesis）从广义上说是指通过机械、电子等方法产生人造语音的技术。而在数字语音处理范畴中所说的语音合成，一般是指"让机器用人的声音读出文字"。也就是通过特定的语音数据生成算法，人工生成基于文本的语音数据。因此语音合成实际上和上文中的语音识别技术是互为逆向的，一个是从语音到文字，另一个是从文字到语音。所以语音合成也通常被称为TTS（Text To Speech）技术。

1. 语音合成系统的基本组成

从语音合成的基本实现思想而言，主要是通过存储较小的语音单位（如音素、双音素、半音节和音节）的声学参数或波形，利用由音素组成音节，再由音节组成词和句子的各种规则，自动地将文字转换为语音。其基本系统组成及工作流程如图4-9所示。

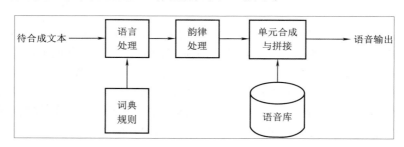

图4-9　语音合成系统基本组成

可以看到整个语音合成系统可以大致分为语言处理、韵律处理、声学处理三大部分。其中韵律处理主要用于需要合成出连续流畅的较长语音的应用场景，这一步骤本身也是现在的主要研究重点。

2. 语音合成的主要实现方法

语音合成技术的研究本身已有两百多年的历史，但只有在计算机技术和数字信号处理技术的发展而发展起来之后，才真正开始出现能够产生高清晰度、高自然度的连续语音的合成技术。从合成方法而言，目前主要有参数合成与波形拼接合成两大类。

（1）参数合成

参数合成是出现得较早的合成方法。其主要是通过提取语音中的共振峰参数来合成语音。

但经过多年的研究与实践表明,由于准确提取共振峰参数比较困难,虽然利用共振峰合成器可以得到许多逼真的合成语音,但是整体合成语音的语音质量难以达到文语转换系统的实用要求。

(2)波形拼接合成

自 20 世纪 90 年代初期基音同步叠加(PSOLA)方法的提出,使基于时域波形拼接方法合成的语音的音色和自然度大大提高。90 年代初,基于 PSOLA 技术的法语、德语、英语、日语等语种的文语转换系统都已经研制成功。这些系统的自然度比以前基于参数合成方法的合成自然度更高,并且基于 PSOLA 方法的合成器结构更简单,更易于实时实现。

3.语音合成的主要应用

和语音识别相比,语音合成的技术相对说来要成熟一些,并已开始向产业化方向成功迈进,大规模应用指日可待。目前较为常见的一些实际应用形式包括:

(1)自动文本朗读

这显然是语音合成技术最直接的应用形式之一,当由于主观意愿或客观条件限制使得文本阅读不是最佳选择时,自动文本朗读显然提供了一种额外的选择。

(2)人机交互

相比于目前绝对主流的基于各种视觉反馈的人机交互形式,假如机器能够向人和人之间通过语音交流那样,以语音的形式对人们的各种操作做出反馈,显然是一种自然度感觉非常高的人机交互形式。这也是为什么语音合成技术已经是新形态人机交互中的一项基础性技术的原因。人机交互也因此是目前语音合成应用最多的场景。诸如常见的智能平台上的语音助手就是典型的应用实例。

(3)自动应答呼叫中心

在金融、电信、公共服务等领域对于能够实现自动应答的呼叫中心均具有很高的需求,而这也必然需要以人工合成的语音作为应答内容。

(4)汽车导航

之所以将这一可以归为人机交互大类中的应用形式单独说明,是因为基于语音合成的自动导航也是目前普通大众接触、使用得最多的语音合成应用之一。以高德地图这个用户数众多的导航系统为例,其在国内最早推出了以"林志玲的声音导航"为重要卖点的语音导航功能,并引起了相当的用户关注。而该功能的实现本身就是基于林志玲声音特征的 TTS 技术。真正实际录制的林志玲真实内容实际上不超过 5 000 字,只有 5 到 20 分钟左右。

4.语音合成的主要难点

首先需要说明的是,语音合成技术发展到今天,已经到达了一个比较高的水平。例如,已经可以通过分析获取特定人的声音特征,使合成的语音听起来很接近于其说话的语音。上文中高德地图基于林志玲的语音特征进行语音导航就是一个典型的案例。但即便如此,目前的合成技术仍然存在几个需要改进和完善的地方:

(1)更自然的韵律

对于适用范围最广的连续语音的合成而言,自然度更高的、更加拟人化的语音韵律是现在的合成技术仍然需要提高的一个方面,现有技术合成的连续语音中的"机器味"仍然比较足与和韵律的自然度不够高有非常大的关系。

(2)情感表现

在实现了更加自然的韵律的基础上,语音合成就需要朝着更高的目标,也就是能够让合成的语音体现出人类的情感而努力。这显然是比实现普通的自然韵律要复杂很多的要求。毕竟对于情感的表达,需要涉及韵律、轻重音、语速等多方面的因素共同进行,而且即使是同一种情感,也可以有多种不同的语音表现方式。

▌4.3.5 语音情感信息分析

众所周知,同样的一句话被不同的人或者在不同情绪下说出来,由于说话人表现的情感不同,会给听者在感知上带来非常显著的差别。而如果我们希望未来基于语音交互的人机交互系统能够更加拟人化,甚至能够分辨出人们在说话时的情绪,并做出相应的适宜的反馈,那么如何对人的语音中的情感信息进行分析与提取显然就成为一个非常必要的工作,而这也正是"语音情感信息分析"研究方向的主要研究内容。

在语音信号处理领域大部分的研究历史中,语音中的情感信息实际上一直是被作为一种"干扰信息"对待的。普遍认为这方面的信息会对诸如内容的识别或说话人的识别造成模式的变动和差异。因此在以往的大部分研究方向的处理方法中,与情感相关的信息都以各种方式被去除。直到 20 世纪 80 年代中期,研究者们开始意识到语音中的情感信息的重要性,并逐渐开始了语音情感分析这个研究方向。目前,这个方向已经是在语音信号处理领域的一个非常重要的研究课题。

表 4-1 中展示了对语音进行情感信息分析的一个比较初步的研究成果,主要考察了一些基本的声学特征与一些典型情感的对应关系。

表 4-1　一些典型情感与基本语音声学特征的对应关系

声学特征	高兴	生气	悲伤	恐惧	厌恶
语速	一般较快,但有时较慢	稍快	稍慢	很快	非常慢
平均基频	很高	非常高	稍低	非常高	非常低
基频范围	很宽	很宽	稍窄	很宽	稍宽
声强	较高	较高	较低	正常	较低
音质	有呼吸声,响亮	有呼吸声,胸腔声调	共鸣声	不规则发音	嘟囔的胸鸣声
清晰度	正常	正常	模糊	准确	正常

▌4.3.6 语音抗噪声技术

对于上述任何一个语音信号的研究方向而言,假如在需要分析处理的语音信号中包含或多或少的"噪声"成分,显然都会对期望的分析处理效果带来负面的影响,显著增加处理难度,严重时甚至可能使分析完全无法进行。因此,针对语音的抗噪声技术可以认为是一个对所有其他研究方向都有着普遍意义的方向。其研究目标就是希望能够在真实、复杂的声音环境中能对语音信号进行正确的处理。

现有的语音抗噪声方法可归结为 4 种主要的思路:

(1) 语音增强

语音增强也就是想办法将纯粹的语音信号变得更加显著,增强纯粹语音信号的质量和可懂度。从而使得信号中的噪声难以对纯粹的语音信号产生明显的影响。

(2) 寻找更加稳健的语音特征

寻找更加稳健的语音特征也就是想办法从纯粹的语音信号中提取出更加不容易受到噪声影响的特征,这样即使存在一定的噪声,也难以影响分析结果。这种方法对各种噪声环境的适应性在理论上是最好的,但由于其没有利用周围噪声环境的相关信息,因此实际效果并不令人满意。

(3) 基于噪声模型的噪声补偿

通过对环境中的噪声的特性进行建模,可以在一定程度上抵消混入纯粹语音中的噪声信号,也就是所谓的噪声补偿。噪声补偿方法通常在固定的噪声环境中能取得较好的效果,但缺点在于对于每个不同的噪声环境都需要单独建模,适应性较差。

（4）盲源分离技术

所谓盲源分离,在语音信号为处理对象时,就是指对于一个语音信号中的各种组成成分（可能包含一个或多个人的语音、一个或多个噪声）的特性未知的情况下,将各个成分单独提取出来的技术。可想而知,如果能实现对包含噪声的语音信号的盲源分离,则可以一劳永逸地将噪声去除,当然这只是最理想情况,虽然盲源分离技术在近年有了较大的发展,但要做到完全将各种语音成分分离出来还难以做到。另外需要指出的是,语音信号的盲源分离往往需要在语音的采集阶段采用多个麦克风阵列,基于获得的多个语音进行分离处理。采集原理图如图 4-10 所示。

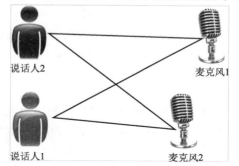

图 4-10　用于盲源分离的麦克风阵列语音采集

由于不同的噪声环境中噪声的组成、特性都有各自的特性,因此上述单一一种抗噪声方法都很难取得满意的结果,通常是将 3 种方法综合使用。因此如何将 4 种方法合理地结合也成为目前抗噪声技术的一个重要研究点。另外在近年来的一些研究中还利用了人类自身对语音的感知机理,有效地提升了语音抗噪声性能。

4.3.7　语音特效

说到特效,大部分人首先会想到的是影视大片中各种炫酷的视觉特效效果,但实际上对于语音来说也有很多需要加入特殊效果的场景,诸如影视剧、娱乐应用等。其中比较常见的特效效果包括:

①改变整体音质,例如将人声改为机器人说话的"金属声"等。

②改变语速,也即在改变原始语音的说话语速的同时,并不改变说话人的音质,因此其实现方法比简单地通过对语音采样点进行插值的方法具有更高的复杂度。

③改变噪音,例如将男性声音变为女性声音,将年轻人声音改为老年人/儿童声音等。

目前对于非专业化应用的语音特效处理,已经有很多可以直接获取到的相关软件,包括很多免费的变声软件等。图 4-11 中就是一款免费的语音特效软件截图,从图中可以大致看出其可以实现的语音特效效果。

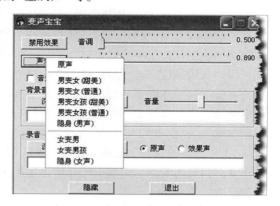

图 4-11　免费语音特效软件示例

4.3.8　语种识别

语种识别是指识别出一段语音所属的是哪一种语言的技术,虽然知名度较低,但在特定应用场景下同样具有很高的价值。例如,当在进行语音内容识别,而语音内容中同时包含不止一种语言时,就需要结合语种识别进行快速的识别模型转换。或者当多个说不同语言的人在一起对话,需要实时自动语音翻译时,同样需要自动对各说话者的语种进行识别。

4.4 语音处理技术的主要研究机构

从世界范围而言,早期的贝尔实验室、IBM 公司等都为语音处理领域的研究做出了重要的贡献,IBM 公司在语音技术研究上的投入早已数以亿计。美国的约翰霍普金斯大学、卡内基梅隆大学等则是在该领域始终领先的学术机构代表。就具体的语音识别行业来说,目前全球范围内80% 左右的语音识别应用都采用了美国 Nuance 公司的识别引擎技术。而近几年来,由于深度学习技术的兴起,在该领域最领先的研究实体则基本转为世界上最大的几家 IT 及互联网公司,包括谷歌、微软、Facebook、亚马逊等。

就国内而言,中科院声学所是国内进行语音处理技术最老牌的研究机构之一。而在产业化方面做得最好的,同时也是技术实力整体上最强的企业,则非科大讯飞公司莫属。其在汉语语音的处理上可以认为具有最丰富的经验及技术积累,目前占有国内中文语音技术市场60% 以上的份额。目前在中文语音技术市场,尤其是语音云平台技术提供商而言,国内基本上是科大讯飞、百度,以及"云知声"三家公司。

4.5 深度学习技术对语音信号处理领域带来的巨大变革

对于语音信号处理领域的很多研究方向而言,可以认为2011、2012 年具有分水岭的意义,因为从这两年开始,深度学习技术开始与该领域迅速深入地结合,不仅对原有技术的系统体系带来了很大的改变,而且对于很多研究方向上带来的性能提升也可以认为是革命性的。

深度学习技术也被称为"深度神经网络",其本身属于人工智能的一个分支,其基本思想是要通过多层人工神经网络,试图模仿大脑皮质中的多层神经元活动。人工神经网络已经是出现了半个世纪左右的技术,深度学习本身的思想也在 20 世纪80 年代出现,但其算法本身以及需要的计算能力一直不成熟,导致始终无法实用化。在 2006 年,其训练算法实现突破。而随着近年来海量样本数据以及强大的计算能力的获得成为可能,也使得深度学习技术迅速在人工智能以及越来越多的领域带来了突破性进展。

以语音识别这个难度最高的研究方向为例,其实际应用的普及速度一直较为缓慢,主要还是因为在实际使用环境中的技术水平仍然难以达标。即使在 21 世纪头一个十年,产业界对于语音识别的未来应用规模也不甚乐观。但在 2012 年,引用百度公司 CEO 李彦宏的一个论述:"在语音识别准确率方面,2012 年一年的进展就超过了过去15 年进展的总和",这可以说是很惊人的技术爆发。同时语音识别市场也已开始迅速扩大,相关产业链正在迅速形成。

随着深度学习技术在语音处理领域的不断深入应用,传统的语音处理方法正在受到越来越多的颠覆。图 4-12 就是科大讯飞公司在其新版本的语音平台的发布会上展示的语音识别新框架,可以看到由于深度识别技术的引入,传统识别流程中的很多步骤已经不再需要。再比如,在传统的语音识别方法中都脱离不了"音节"这个基本识别单元,但是依照百度公司人工智能部门

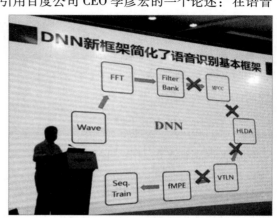

图 4-12　科大讯飞公司新的语音识别框架展示

的领导者吴恩达所说,百度现在基于深度学习的语音识别技术已经没有音节的概念。

谷歌公司在 2013 年 7 月发布的安卓版本中,用一个基于深度学习的系统替换了一部分语音识别功能。在如地铁站台这样嘈杂的环境中,识别错误率直接减少了 25%。百度公司则在 2015 年和 2016 年初推出了基于深度学习的语音识别系统 Deep Speech 和 Deep Speech 2,把重点放在了嘈杂环境中的语音识别这个一直以来的长久难题,其中 Deep Speech 就已经达到了嘈杂环境中 81% 左右的准确率,相比传统方法是一个巨大的提高。

本章小结

当深度学习等新技术推动着数字语音技术进入发展的快车道,这个已经有着悠久历史的研究领域也正在加速进入大众生活的各个方面,很多过去只停留在实验室的技术也真正具有了在消费级产品中落地的条件。除了语音信号的智能化处理技术本身的进步,这也同样得益于嵌入式硬件计算能力的急速提升,以及基于互联网的大数据样本采集的便利性,毕竟较高的计算力和大量的数据样本是深度学习的重要支持条件。但另一方面,也应该看到智能化语音处理技术由于实际普及的时间还比较短,因此无论是技术成熟度,或应用形态的人性化与成熟度方面,都还有很大的提升空间。因此,无论对于语音技术的从业者,或有兴趣了解或进入这个领域的初学者,除了要对以深度学习方法为代表的最新处理技术保持紧密跟踪,同样需要对合理易用的应用形态和产品形态进行深入的思考与实践。

本章习题

1. 语音识别包含哪几类?
2. 语音识别的应用形式有哪些?
3. 语音识别的主要难点是什么?
4. 什么是说话人识别?
5. 什么是语音合成?
6. 语音合成的应用形式有哪些。

第 5 章
计算机图形与动画技术及应用

　　计算机图形学主要研究如何在计算机中表示图形,以及对计算机图形的各种处理、计算和显示的相关原理和算法。动画主要是通过人眼的视觉暂留原理,实现静止的画面连续运动的动态感。随着计算机硬件和计算机图形技术的发展,计算机真实感造型技术逐渐被应用到动画制作流程当中。计算机动画将计算机图形技术应用到传统的动画艺术中,使动画艺术快速发展并更加真实。计算机动画综合了计算机图形学特别是真实感图形生成技术、图像处理技术、视频显示技术、运动控制原理,甚至包括了视觉生理学、生物学等领域的内容,还涉及人工智能、机器人学、艺术学和物理学等领域的理论和方法。

5.1 概述

1. 动画的基本概念

动画(Animation)源于拉丁文 anima,意思是给予生命、兴趣、精神或者行为的动作、过程或结果。一般来讲是创造生命力的手段,即经过艺术加工和处理,使之成为有生命、有性格的,可以活动的影像。

2. 动画的起源

动画起源于人们想通过绘画表现运动的愿望,最早的"动画"可以追溯到距今两三万年前的旧石器时代。在西班牙阿尔塔米拉洞窟的石壁上,画着一头奔跑的野牛,而绘制的特别之处在于野牛的尾巴和腿被重复绘画了几次,这使得原本静止的野牛产生了视觉的运动感(见图 5-1)。类似的还有奔跑的马的壁画存在于法国拉斯卡山洞中。这就是长期以来人们公认的最早的"动画现象"。绘制的作品中反映了一定的连续性和时间性,称之为原始动画。

在公元前两千年的埃及古墓壁画中,描绘着摔跤人的连续画面动作,当观察者沿着壁画按照摔跤画面运动的顺序进行移动时,会产生运动的摔跤画面感。这种利用观察者的身体位置移动,使绘制的壁画产生了运动和时间的效果,表明了当时人们表现连续的运动画面的想法,如图 5-2 所示。

在希腊古陶瓶上绘有人物奔跑的连续画面,如果转动陶瓶,观察者注视其中的一个方向不动,随着陶瓶转动速度的加快,观察者会产生陶瓶上人物连续奔跑的错觉。借助于陶瓶的旋转使陶瓶上的连续变化的静止的画面产生了运动的感觉,比古埃及的石壁画产生的动画效果又前进了一步,如图 5-3 所示。

图 5-1 奔跑的野牛和马

图 5-2 古埃及壁画中的摔跤故事

图 5-3 希腊的古陶瓶

上述各种原始动画原型的出现,表明古代的人们都有通过静止画面表现运动的愿望。动画大师诺曼·麦克拉伦说:"动画不是运动的画,而是画出来的运动。"动画包括艺术和技术两个层面。艺术层面主要包括动画的绘制,叙事和声音艺术。技术层面主要包括将静止的画面赋予运动和生命所需要的技术。所以说动画是叙事和时间的艺术,在时间的流动中传达动画创作者所要表达的思想。

3. 动画原理

动画可以将静止的画面变为连续运动的画面,实现从静止到运动画面的艺术,主要是通过人眼的视觉暂留效应。视觉的产生是物体发射或反射的光,通过人眼的晶状体,感光细胞的感光,在视网膜上成像,连接视网膜的视神经将这些信息转换为神经电流传送给大脑引起人眼视觉。感光细胞的感光是靠一些感光色素,感光色素的形成是需要一定时间的,这就形成了视觉暂留(Persistence of vision)原理。这一原理由英国科学家彼得·罗杰(Peter Roget)于 1824 年发现并定义。由于人眼具有视觉暂留的生理现象，所以当人们观察的一个影像消失后，如果在很短的时间内，紧接着第二个相关的影像马上进入了人眼的视网膜，这时就会给人眼造成连续影像动起来的特性。在日常生活中，我们会看到当静止的风扇快速旋转时，几片扇叶会连成一个圆盘，当快速旋转激光笔的光点时，光点会形成一个圆环，急速降下的雨滴会形成雨线，这些都是由于人眼具有视觉暂留的特性。1828 年，另一位科学家约瑟夫·普拉托进一步研究证明平均的暂留时间为 0.34 s。利用人眼的这种视觉暂留特性为动画、电影等视觉媒体形式的传播提供了依据，经过许多电影动画先驱的努力，最终产生了电影和动画。电影和动画放映的帧速率为每秒 24 帧，电视 PAL 制为每秒 25 帧，NTSC 制为每秒 30 帧，通过这样的帧速率播放电影、动画和电视，可使人们观察画面有连续感，不停顿。

5.2 传统动画与计算机动画

传统动画利用了人眼的视觉暂留特性，将连续变化的静止画面使用摄像机进行逐帧拍摄，然后通过屏幕进行连续播放，形成动画的效果。为了保持动画播放时的连续性，传统动画要求每秒需要绘制 24 张画面，一般来说，十分钟的动画要绘制近万张的画面，当其中的任何一个情节有微小的改变，都会增加预算的工作量，所以，早期的动画形象和动画情节都相对简单。随着计算机硬件和计算机图形学的发展，传统动画与计算机真实感技术相结合，形成了计算机动画。由于采用了计算机编程和动画制作软件来制作动画，使绘制动画的人力和成本得到了很大的节省。计算机动画综合了计算机图形学特别是真实感图形生成技术、图像处理技术、视频显示技术、运动控制原理，甚至包括了视觉生理学、生物学等领域的内容，还涉及人工智能、机器人学、艺术学和物理学等领域的理论和方法。

计算机动画起步于 20 世纪 50 年代，其技术基础是计算机图形技术。1949 年，美国麻省理工学院的"旋风小组"首次在实时数字计算机的阴极射线管（CRT）上，完成了以点描绘图形的试验。1962 年麻省理工学院的伊凡·苏泽兰（Ivan E. Sutherland）在他的博士论文《Sketchpad：一个人机通信的图形系统》中首次提出"Computer Graphics（计算机图形学）"，使用阴极射线管显示器和光笔，可交互式地生成图形，确定了交互图形学作为一个学科分支，伊凡·苏泽兰也被称为计算机图形学之父。

传统动画由于结合了计算机图形学技术来制作计算机动画，明显提高了动画的制作效率并减少了动画制作的成本。而且随着计算机动画的发展，用计算机生成的三维真实感模型更加逼真和生动。

1. 计算机动画的分类

计算机动画根据制作工艺和制作风格不同又分为计算机二维动画和计算机三维动画。

计算机二维动画又称计算机辅助动画（Computer Assisted Animation），是对手工传统动画进行了改进，通过计算机输入和编辑关键帧，可以自动生成两幅关键帧的中间画。应用计算机技术产生一些特技效果，控制运动路径，给画面上色，实现画面与声音的同步。与传统动画相比，提高了动画制作的效率。二维动画由于是在平面上的制作，所以画面的立体感不强，无法还原真实的三维空间效果。

三维计算机动画又称计算机生成动画（Computer Generated Animation）。三维计算机动画的生成首先通过三维建模软件构建三维模型和场景，然后设计模型的运动和变形，通过虚拟的光照效果对场景进行渲染，最后通过虚拟摄像机进行拍摄，形成可连续播放的计算机真实感动画。

2. 传统动画的发展史

1825 年，英国人约翰·安东·派里斯（John Ayrton Paris）利用视觉暂留原理发明了"幻盘"。

他将小鸟和鸟笼分别绘制在硬纸盘的两面,用一条绳子绑在圆盘上可将圆盘旋转,当圆盘快速转动时,就可以看到两个图片融合到了一起,形成了一只被关在笼子里的小鸟(见图5-4)。

图5-4　小鸟进笼幻盘

1833 年,比利时人约瑟夫·普拉图(Joseph Plateau)发明了"转盘画面影像镜",也叫"诡盘"(见图5-5)。这是一个画有数十幅分解动作的边缘有许多齿孔的圆盘,观看者透过圆盘边缘的小孔可以看到镜中连续的运动画面,使得静止的画面真正地发生了运动。可以说,这种旋转的画盘既是动画电影原始形态的表现,也是故事电影的原始形态的表现,同今天的电影相比除了没有使用电力驱动画面运转,其原理几乎相差无几。

1834 年,英国人威廉·霍尔纳(William Horner)发明了"走马盘"。这种"走马盘"是在硬纸上画连续动作的画面,比"诡盘"进步之处在于可以替换转盘中的画面并可进行多人观看(见图5-6)。

图5-5　旋转画盘

图5-6　走马盘

动画作为一种艺术形式,是在摄影机出现以后才发展起来的。1877 年,法国人埃米尔·雷诺(Emile Reynaud)发明了光学影戏机并获得了专利,光学影戏机可以将动态的画面放映到屏幕上,并可供多人一起观看,具备了现代动画片的基本特点,埃米尔·雷诺则被誉为"动画的鼻祖"(见图5-7)。

图5-7　光学影戏机

法国卢米埃尔兄弟的电影诞生十年之后,1906 年美国人斯图尔特·勃莱克顿(James Stuart Blackton)采用逐格拍摄法,完成了第一部胶片动画《滑稽面孔的幽默姿态》。

1908 年,法国人埃米尔·科尔(Emile Cohl)首创用负片制作动画。负片就像今天的胶卷底片,屏幕呈现的色彩与实际的绘画色彩恰好相反,采用负片制作动画,解决了影片载体的问题,埃米尔·科尔也被人们称为"现代动画之父"。

1909 年,美国人温瑟·麦凯(Winsor Mccay)使用 10 000 张画来表现动画的故事情节,这部动画片被认为是第一部像样的动画短片。花费了他整整两年的时间,在银幕上只不过播放了短短的十分钟。从此以后,动画片的创作日趋成熟,温瑟·麦凯也被称为"主流动画的奠基者"。

直到 1914 年美国人埃尔·赫德(Earl Hurd)发明了透明的赛璐珞片后,使动画电影实现了大规模生产。赛璐珞胶片是一种以醋酸纤维为原料的透明度很好的薄片。动画师可以分别将静止的背景和运动的物体绘制在胶片上,然后再进行叠加拍摄,这样不仅可以减少静止背景重复的绘制,还可以实现透明,景物层次感等效果。使用这种分层技术制作出来的动画,被称为"赛璐珞动画"。赛璐珞胶片的出现不仅改善了画面的质量,而且大大提高了工作效率,更重要的是建立了动画片独特的拍摄方式。

从 1928 年开始,世人皆知的华特·迪士尼(Walt Disney)逐渐把动画影片推向了巅峰。他不仅完善了动画片的制作工艺,并且衍生了动画片制作的商业价值,被人们誉为商业动画之父。这使得迪斯尼和他的工作室声名鹊起,这是全世界第一部有声动画片,此片的问世标志着米老鼠形象的正式诞生。1937 年迪士尼推出了第一部彩色动画长片《白雪公主》。

3. 计算机动画的发展史

计算机动画是指使用计算机辅助制作影视动画,它的发展过程大体可分为 3 个阶段。

(1)第一阶段:初出茅庐阶段

计算机动画的研究始于 20 世纪 60 年代初,科学家们开始创作计算机动画来展示他们各自领域的研究成果,这是计算机动画最初的应用。1963 年美国 AT&T Bell 实验室制作了一个有关地球卫星在太空运行的动画,这是最早的计算机动画作品。不同于传统的手绘动画,这次动画采用了计算机制作关键帧画面,然后通过连续播放摄像机拍摄的画面形成一部动画片。它只有一个线框图形式,并没有颜色和较好的立体效果。这些早期的计算机动画也称为二维动画。美国贝尔实验室的二维动画制作的软件系统在计算机辅助制作动画的发展历程中具有重要的意义。

(2)第二阶段:快速发展阶段

三维动画的研究始于 20 世纪 70 年代初到 80 年代中期,由于计算机图形学、计算机的软硬件都取得了很大的发展,使计算机动画技术日渐成熟,促使三维计算机动画系统也开始进行研制开发。三维动画也称为计算机模型动画,通过计算机创建三维模型和场景,进行虚拟光照的模拟,然后通过虚拟摄像机进行拍摄形成具有真实感的连续动态图像。最早的作品是由计算机图形学创始人伊凡·苏泽兰设计的飞行模拟器,在某种程度上这是一种虚拟现实装备,可以用于训练飞行员,让他们在逼真的虚拟环境中,不用离开地面就能进行起飞和着陆的练习。也就是从这个时候起,制作计算机动画的公司开始出现,大量的电视节目片头和电视广告开始采用这项新技术。1982 年迪士尼(Disney)推出了第一部计算机动画电影《电子世界争霸战》(Tron),这部动画使用了很多由计算机生成的动画画面,代替了实际模型的制作和拍摄,使计算机动画成为计算应用的新领域。

(3)第三阶段:鼎盛时期

直至 20 世纪 80 年代中后期,图形工作站的实时处理能力的提高和三维真实感图形处理技术的发展使三维计算机动画得到飞速发展,并达到实用商品化地步。计算机成像技术(Computer Generated Imagery,CGI)能够"无中生有"。CGI 成像技术不再需要摄像机的参与也可以创造出如手绘一样效果的动画片,而且这些全部是通过计算机软件来完成的。1983 年,卢卡斯电影公司的 CGI 部门创造了一个能够生成计算机短片的计算机系统 Pixar。1985 年,第一个 CGI 角色在电影《出神入化》中诞生。1986 年,他们制作了第一部短片《顽皮跳跳灯》。1988 年,讲述一个小孩和一个玩具发条之间故事的《罐头总动员》(TinToy)成为第一部奥斯卡奖(最佳动画短片奖)的计算机动画影片。这些为 CGI 技术投入到电影工业领域奠定了基础。

到 20 世纪 90 年代初,电影特技采用计算机动画技术取得了显著成就。詹姆斯·卡梅隆在 1991 年拍摄的《终结者 2》的诞生标志着数字成像技术的真正成熟,它是第一批所有特效都使用了计算机动画技术的电影。制作《终结者 2》数字特技的工业光魔(Industrial Light and Magic,ILM)公司采用了 CGI 技术制作了三维液态金属人 T—1000。在电影《终结者 2》中,CGI 技术把电影特技带入了新的高度,使得计算机成像技术开始真正进入电影领域。此后计算机动画技术进入一个飞速发展时期,1993 年诞生了第一批计算机动画生物——《侏罗纪公园》中的那些恐龙,《侏罗纪公园》中的特效技术是逆向运动学与计算机图像技术的完美结合。1995 年,迪斯尼和皮克斯(Pixar)公司联合推出了电影史上第一部完全采用计算机动画制作的三维动画长片《玩具总动员》,标志着计算机动画达到一个前所未有的高度,是一部计算机动画里程碑式的作品。1999年《星球大战》创建了第一个能够与其他真人演员对戏的计算机动画人物——加加。但是接下来的 2002 年,彼得·杰克逊在《指环王》中创作的怪物古鲁姆的表现就超越了加加。而 2003《指环王 3》的顺利竣工,标志着电影特效已经到达了一个全新的高度。2009 年,电影《阿凡达》中炫目的外太空景色、美轮美奂的植物、凶猛的野兽等 60% 的画面景象是由图形学的相关技术来完成的。这其中包括:场景渲染技术、动作和表情捕捉技术(见图 5-8)以及基于虚拟现实的拍摄技术。2013 年,电影《冰雪奇缘》中出现的大量雪的场景,采用的是图形学中的分形技术实现的,大自然中的雪晶的外观并不是光滑的简单的几何结构,它是具有局部结构形态和全局结构形态的相似性,所以一个几何形状可以被分为具有和整体相似性的缩小的形状。2014 年,电影《超能陆战队》中半透明的胖子大白采用了新的光影渲染技术,这项渲染技术最大程度

图 5-8　《阿凡达》电影中的运动捕捉技术

地还原复杂而真实的光影效果。计算机动画的快速发展,使人们可以观看到更加炫酷和逼真的电影和动画影片。

5.3　动画的制作

1. 传统动画的制作过程

传统笔绘动画的制作可分为动画前期、动画中期、动画后期三个阶段。

动画前期制作主要包括脚本、分镜头设计、造型设计、场景设计、色彩设计和前期录音。脚本的设计就是采用文字的方式编写整个动画的故事情节。脚本的设计要尽量避免复杂的对话,主要通过画面表现视觉动作,由视觉创作激发人们的想象。动画脚本编写完成后,接下来就是采用图像的形式进行分镜头的实现,绘制出类似连环画的故事草图,将剧本描述的动作表现出来,并要对其内容的动作、道白的时间、摄影指示、画面连接等进行相应的说明。然后就是进行整部动画的美术设计,其中包括人物造型设计、场景设计、色彩设计、特效设计等。人物设计包括人物的表情、服饰还有每个造型的几个不同角度的标准页。场景设计师要考虑故事情节发生时场景的布局,光线的明暗,透视下的动画背景等。色彩设计师需考虑同一场景不同时间段和不同气候影响下的光照等环境因素影响的画面颜色。前期录音依据脚本和分镜头,将声音精确地分解到每一幅画面位置上,最后形成声音与每一幅画面位置的对应条表,帮助动画制作人员了解角色。

动画中期制作主要包括构图、原画、动画、着色以及摄影。动画中期的构图在前期完成的分镜头草图的基础上,需要更多地考虑整个画面的位置关系、画面分层,还需要将摄像机的拍摄方法,摄像机的镜头号标注清楚。原画师主要绘制出动画的一些关键画面,如动画角色动作的开始、中间和结束。通常是一个设计师只负责一个固定的人物或其他角色。接下来的工作就由中间绘画师补全动作完成所需的运动过程,使动画角色的动作可以连贯地播出,使之能表现得接近自然动作。前几个阶段所完成的动画设计均是铅笔绘制的草图,当原画和动画完成后,还需在赛璐珞上进行着色。当所有的绘制画面完成后,就可以根据摄制表进行每秒 24 张画面的动画拍摄了。摄制表是导演编制的整个影片制作的进度规划表,其中包括动作的速度、对白配音、画面层次以及拍摄方法等,用以指导动画创作集体各方人员统一协调地工作。拍摄时将背景、不同角色放置在不同的层,这样可以通过移动各层产生不同的动画效果。

　　动画后期主要包括剪辑、配音。由于动画在前期分镜头时就已经将整个动画的细节考虑的非常周全,所以动画的剪辑相对于电影来说要简单。剪辑主要完成动画各片段的连接、排序等。剪辑完成后的动画就可以根据摄影表的内容进行最后的人物、音效、音乐方面的配音。影音合成之后,最后记录在胶片或录像带上,动画正式完成。

　　2. 计算机动画的制作过程

　　三维动画也被称为计算机生成动画,是因为动画制作人员通过计算机生成动画角色、运动轨迹还有场景中的光照和阴影,同时还可以通过虚拟摄像机来记录动画场景的改变,输出动画画面。具体来说,专业的三维动画制作流程分为 3 个阶段,它们分别是前期制作、中期制作和后期制作。前期就是构思动画的故事剧本、分镜头部分,人物设计,场景设计等。它与传统的二维动画无明显差异。中期就是制作阶段,主要是利用计算机完成虚拟世界的建立,首先是角色和场景的建模,然后让这些物体在空间中动起来,如移动、旋转、变形、变色;最后进行灯光材质的实现并渲染输出栩栩如生的画面。后期主要是合成,添加特效,完善动画效果;最后成品输出。

　　建模就是利用三维动画制作软件创建出动画角色和三维背景模型,目前常用的三维动画制作软件有 3ds Max、Maya。一般是根据角色需要先建模出简单的几何形体,然后再将不同的形状进行组合,最后实现复杂的角色形体。模型建立完成后,通过对模型的纹理贴图使 3D 模型看起来更加真实,贴图一般是通过不同的贴图方法将一幅或几幅平面图形贴到建立好的模型上。贴图完成后,为了更加能体现出真实的物体材质,如木料的质感和玻璃的透明度等,还需要对物体进行材质的编辑。角色和场景建立好后,就需要进行各种光照和阴影的渲染处理,通过场景中不同的光照效果,使整个动画场景更加真实。以上计算机实现的都是静态模型,动画是使各种动画模型运动起来,所以后面要做的是通过计算机完成动画和场景的平移、旋转、变形等。这样就完成了计算机实现的虚拟世界中的动画。

5.4 计算机动画的制作方法

　　1. 关键帧动画

　　关键帧动画技术来源于传统的动画制作技术。一段连续的画面由一些静止的画面来实现,而起关键作用的画面,如动作发生变化的转折点,对连续的动作变换起主要作用的画面称为关键帧,早期的计算机动画根据动画情节绘制出关键帧后,再通过计算机软件的插值算法生成中间画面,可以通过修改运动参数完成物体移动的速度、颜色等的改变。连续播放动画时两个关键帧就被中间画面有机地结合起来,整个场景就动起来。

　　2. 变形动画

　　计算机动画中的变形技术是控制运动方式改变的重要方式之一,其中变形可分为二维或三维。基于图像的变形(Morph)通过两幅图像对应的结构特征,然后渐隐渐显地得到两个图像的融合变形,再通过两幅图像颜色的融合完成最终的变形。三维形状渐变(3D Morphing)是指将一个三维形状(源形状)光滑、自然地变换到另一个三维形状(目标形状)的过程。其中中间的物体形状既具有目标形状的特征,又具有源形状的特征。Morph 技术在电影特技处理方面得到了广泛的应用,其中电影《终结者 2》中的液态人就采用了三维变形技术,如图 5-9 所示。

图 5-9　三维变形动画

3. 粒子动画

现实世界中的火焰、瀑布、雨雪等随时间变化而发生的位置和形态变化的物体,可以采用粒子系统来描述。若干个粒子的集合就形成了粒子系统,每个粒子都有自己的粒子参数,包括坐标、速度、加速度、生命周期,通过调整这些参数,可以产生不同的逼真的计算机生成的随机景物。

4. 运动捕捉技术

近年来,运动捕捉技术被广泛应用于电影和动画中,三维运动捕捉技术是指在真实运动物体的关键部位设置跟踪点,然后通过传感设备跟踪这些关键点,捕捉的数据既可简单到记录身体某个部位的三维空间位置,也可复杂到记录面部表情的细致运动,通过计算机将这些数据记录下来形成三维动作数据,最后将捕获的运动映射到计算机生成的动画模型上,从而实现动画模型真实而自然的活动画面。

5.5 舞蹈动画的制作实例

目前常用的运动捕捉系统按照技术原理可分为机械式动态捕捉系统、电磁式动态捕捉系统、声学式动态捕捉系统、惯性动态捕捉系统和光学式动态捕捉系统 5 种,其中光学式运动捕捉由于其采样速率高、表演者活动范围大、无电缆和机械装置的限制等优点而被广泛应用。光学式动作捕捉系统利用光学原理进行三维动作捕捉的过程如下:首先调试设备,进行摄像机的标定和表演者运动范围的确定,同时为了便于采集处理,通常要求表演者穿上单色的服装,在身体的关键部位贴上反光标记点(Marker 点),然后使用多个摄像机拍摄身穿安装了反射标记衣服的演员动作,将图像序列保存下来进行分析和处理,识别其中的标志点并计算其在每一瞬间的空间位置,并用数学的方式绘制出每个反射标记的三维坐标,最后这些标记被连接到一个计算机生成的虚拟模型上,由于这些坐标来自演员真实的动作,使动画看起来非常逼真自然。

1. 摄像机校准

为保证动作捕捉数据的精度,每次开始工作前都要对镜头及场地做校准。校准的目的是为了计算镜头在三维空间中的位置。动作捕捉系统的摄像机应固定,镜头碰过后需要重新校准场地后才可继续使用。镜头的数量根据场地的大小和舞蹈采集的类型而定。

2. 运动捕捉

本例采用的运动捕捉系统是光学式运动捕捉系统,该系统由 7 个数码摄像机环绕表演场地排列,这些摄像机的视野重叠区域就是表演者的表演范围区域。舞蹈演员身着紧身的衣服,并且在身体的关键部位贴上 29 个反光标记点(Marker 点),Marker 点应放到捕捉运动的基本关节上,如图 5-10 所示。多个摄像机拍摄安装了反光标记点的舞蹈演员动作,将图像序列保存下来进行分析和处理并识别其中的标记点,计算其在每一瞬间的空间位置。标记点可能发生混淆、遮挡,会影响到计算的准确性,所以直接采集到的数据需要进行人工修补和处理。数据修补可利用采集设备自带软件的处理功能去掉噪声点、平滑运动轨迹。对于缺失点可以根据当前帧和相邻前几帧数据进行重构。

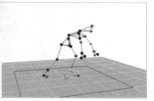

图 5-10　运动捕捉系统和采集的空间数据点

3.运动捕捉数据采集流程

采用运动捕捉技术采集舞蹈演员动作的关键骨骼点,然后将这些描述舞蹈演员运动轨迹的关键点绑定在建立的虚拟的人物模型上,使用这些关键点驱动虚拟的三维的舞蹈演员表演,这样可以有效地记录下舞蹈演员的肢体动作并可以完整地保留和全方位的展示。整个系统的主要流程如图5-11所示。

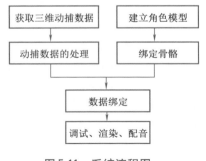

图 5-11　系统流程图

4.虚拟模型的建立及运动数据的绑定

（1）3ds Max 中建立人体模型

人体建模的第一步是在 3ds Max 中从简单的几何形体开始建模,通过合理布线增加面片和节点,使形体逐渐复杂,完成头部模型轮廓的建立。然后要注意头部和身体之间连接部分的建模,逐步完成人物模型的建立(见图5-12)。

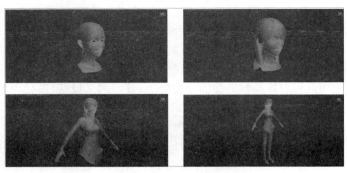

图 5-12　三维人体模型的建立

（2）人体模型服装的制作

人体模型制作完成后,为了使三维模型更加真实,需要完成对模型的各个部位进行纹理和材质贴图,形成最终完整的真实的人物模型,如图5-13所示。但此时的人物模型只是完全静态模型,由于没有骨骼系统,因此无法通过运动捕捉数据来驱动,所以下一步就是至关重要的骨骼绑定。

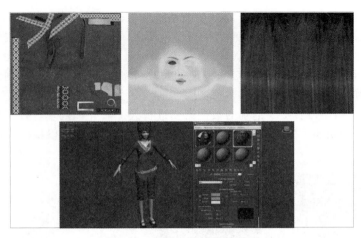

图 5-13　三维人体模型的贴图

（3）人体模型的骨骼绑定

三维静止模型可以根据采集的数据进行相关的运动,是通过骨骼绑定来实现的。绑定骨骼必须注意权重的影响,就是骨骼的运动对于模型各个关节点的影响,这样才能使模型的运动尽可能地自然协调。这里选择的是Autodesk 3ds Max 中的 Biped 骨骼系统。Biped 意为双足,被广泛运用于人体和其他双足行走的角色,并且 Biped 骨骼系统在Autodesk MotionBuilder 中可以很方便地与中间模型 Actor 绑定起来,如图 5-14 所示。

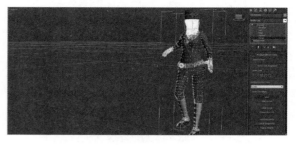

图 5-14　人体模型的骨骼绑定

舞蹈动作在角色模型上实现的过程,即通常所谓的运动数据的绑定,是在 Autodesk MotionBuilder 中完成的(见图 5-5)。在处理人体运动捕捉数据时,对于人体运动的捕捉和编辑需要在相应的人体形状模型上进行,通常这个模型已经绑定好相对通用、结构清晰、节点明确的骨骼,并且在使用过程可以进行模型的修改操作。这个模型不是最终呈现在人们眼前的或写实或卡通的角色模型,而是一个标准化的运动数据中间载体。通过这个形状模型来对捕捉数据进行处理和编辑,可以通过编辑和修改形状模型本身的方法使所捕捉的数据尽可能精确地匹配到模型上,从而有效地规避数据处理和编辑过程中对最终角色模型外观和结构的影响。而在软件中,Autodesk MotionBuilder 提供了一个叫做 Actor 的中间模型,很好地起到了调试的作用。

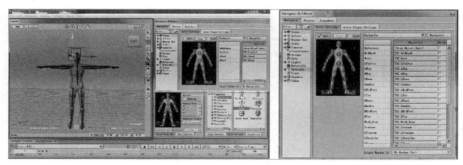

图 5-15　MotionBuilder 中的中间模型 Actor

图 5-16 是运动捕捉数据与角色模型绑定的流程图。首先将动作捕捉中采集到的数据导入Autodesk MotionBuilder 中,并使其与软件所提供的人体形状模型 Actor 进行尺寸、比例和角度上的空间匹配,使 Actor 与做相应动作的演员体型和初始动作一致。这样可以使运动捕捉数据与模型绑定之后的动作更加准确和自然。随后在软件中将采集到的关键点与相应的 Actor 的骨骼上的关键节点进行映射,使得 Actor 的骨骼得以由动作捕捉数据中关键点的空间位置数据驱动而运动起来。如图 5-17 所示,在 Actor 上的运动绑定和调试结束之后,便可以将建立好的角色模型导入软件中,利用软件中的3ds Max Biped Skeleton System 将 Actor 的运动绑定在角色模型的根节点上,从而驱动角色模型,实现运动捕捉的角色动画生成。

数据绑定完成后,可以不显示骨骼和其他辅助标记,只显示模型本身,以方便查看,如图 5-18所示。然后,通过播放控制窗即可查看动作的绑定情况,实时检验动作是否准确、合乎需要。

图 5-16　运动捕捉数据绑定流程

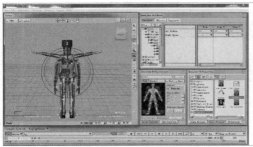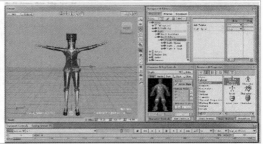

图 5-17　角色模型和 Actor 融合

5. 运动捕捉三维数据的动画实现

为了很好地记录舞蹈演员的舞蹈动作,首先舞蹈演员在规定的表演区域进行表演,通过多个摄像机捕捉该舞蹈演员的动作数据,并对该数据进行处理,然后将捕捉得到的舞蹈数据映射到事先建立好的舞蹈演员三维模型上,利用采集到的运动序列生成动画序列,同时配上舞蹈的音乐,完成运动捕捉三维动画技术的实现(见图 5-19)。

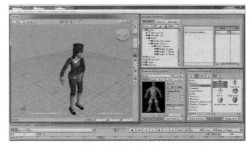

图 5-18　绑定了运动数据的角色模型

图 5-19　运动捕捉三维数据的动画实现

本章小结

本章主要对传统动画和计算机动画的发展过程和制作过程进行了论述,介绍了计算机图形学应用到传统动画中实现的计算机动画的制作方法,并给出了计算机动画的一些具体应用。

本章习题

1. 计算机图形技术有哪些(参见第 1 章)?
2. 计算机动画包括哪些内容?
3. 计算机动画的制作流程是什么?

第6章
游戏产业及游戏开发概论

　　游戏产业作为现今集技术、艺术、媒体、娱乐等多个领域于一体的热点产业，其在大众生活及国民经济中的重要性已毋庸置疑。本章在简要探讨了对游戏之"本质"的基础上，从硬件载体、网络载体、游戏目的、游戏模式 4 个维度对游戏及游戏产业进行了较为清晰与完整的划分。在对游戏开发的整个链条的介绍中，即强调了游戏"设计理论"的重要性，也介绍了完整的游戏开发团队的组成、主要的游戏开发技术模块，以及当前游戏开发中不可或缺的游戏引擎的基本概念和主要产品。

6.1 引言

作为横跨娱乐业、IT、互联网等多个领域的综合性产业,游戏产业的繁荣及重要性已经为全世界所公认。而游戏产业也早已被很多国家作为一项重点扶持的方向。这里首先需要明确的是,在讨论当前的游戏产业及游戏技术时,我们所指的游戏一般是指计算机游戏(Computer Game),或者称为视频游戏(Video Game)。从 1961 年,第一款计算机游戏——《太空大战》(Space War)在麻省理工学院的 PDP-1 程控数据处理机上诞生(见图 6-1)至今,计算机游戏已经经历了超过半个世纪的发展历史,期间不仅诞生了难以计数的经典游戏作品,游戏本身的开发也早已成为包含了游戏设计、游戏美术、程序实现等多个方面,并且每个方面都涉及多个细分方向的综合性、跨专业的庞大领域,同时也汇聚了计算机软硬件方向最顶尖技术。

图 6-1   世界第一款计算机游戏《太空大战》

6.2 对游戏本质的探讨

虽然人类的游戏活动已经有数千年的历史,但如何对"游戏"进行准确的定义,至今仍然是一个没有真正得到共识且仍然被游戏研究者们认真探寻的问题。德国人沃尔夫冈·克莱默归纳出了所有游戏的如下几点共性:共同经验、平等、自由、主动参与、游戏世界;并总结出了如下的规则游戏要素:必须有道具和规则、必须有目标、游戏进程必须具有变化性、必须具有竞争性。Eric Zimmerman 和 Katie Salen 在其专著 *Rules of Play:Game Design Fundamentals* 中则提出"游戏是一个基于规则的系统,产生一个不定的且不可量化的结果。不同结果被分配了不同的价值,玩家为了影响游戏而付出努力,其情绪随着结果而变化。游戏活动的最终结果有时可转换为其他事物。"事实上,在众多关于游戏本质的理论中,很大一部分确实都包含有规则这一项,也就是将规则视为游戏本质的组成部分之一,同时也有很大一部分理论认为必须具备一定的目标才能称之为游戏。

需要指出的是,对于计算机游戏而言,或许其本质同普遍性的游戏本质相比还包含一些独有或者至少更加成为其重点的成分,也就是交互性。而对于游戏中的交互性,其核心则在于输入和反馈,也就是一个"玩家通过输入设备进行操作——游戏内容发生响应的改变——玩家根据游戏内容的改变继续进行相应的输入"的循环过程。可以看出,这种交互性并不是存在于所有的人类游戏形式之中,其在计算机游戏中体现得尤其突出,这也是为什么在对于计算机游戏的本质探讨中,必须要把交互性作为一个重要核心的原因所在。

或许某些读者对于为什么要对与游戏的本质进行深入的探究的原因与意义不甚理解,事实上,即使是一些游戏开发者或者其他游戏业内人士,同样存在这样的疑惑。简单而言,这一问题始终受到众多游戏的研究者、开发者们的关注,主要在于 3 个主要的意义:

①帮助我们更好地了解游戏行为在人类生活中的地位、意义。

②帮助我们更好地了解游戏对人的吸引力来源。

③帮助游戏的开发者不断扩展游戏的边界。所谓扩展游戏的边界,就是指在基于对游戏本质不断深入了解的基础上,对于传统的与现有的游戏形式、游戏机制等不断进行更新,突破传统游戏设计模式的限制,开发出令人耳目一新的游戏作品。

6.3　游戏的主要类别

1. 根据硬件平台进行划分

按照游戏运行的硬件平台进行分类是最基本的分类方式之一，它同时也有利于我们了解游戏运行的硬件环境。在图 6-2 中列出了游戏的主要运行平台。可以看到其中的主机、掌机、街机都是专门的游戏硬件平台，虽然当前的游戏主机也加入了诸如多媒体播放及视频点播等功能，但仍然以游戏为主。而其中的 PC 和手机则是通用化的计算机平台，运行游戏只是其作用的一部分。

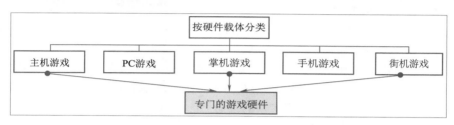

图 6-2　按照硬件平台的游戏分类方式

游戏主机（Console）也即通常所说的"电视游戏机"，主要是指用于以电视为显示设备的游戏平台。目前市场上主要的游戏主机厂商包括日本的索尼、任天堂以及美国的微软 3 家公司。图 6-3 显示了这 3 家公司本世代的游戏主机产品。从硬件架构而言，绝大多数都采用了与通用 PC 不同的专门设计的硬件架构，以及相应的操作系统与软件开发体系。单纯从硬件水平而言，近两代的游戏主机相比于同时代的高配置 PC 已经没有优势甚至处于劣势，但从最终的游戏综合效果而言，往往并没有很明显的差异，甚至有时主机游戏还有所胜出。之所以如此，主要原因在于主机平台能够从操作系统、硬件驱动、开发 SDK 这从下至上的整个软硬件链条进行整体性的、针对性的优化，从而最大程度上获取好的游戏效果。而 PC 及手机平台由于要兼顾其他类型的处理工作，则难以专门针对游戏性能进行优化。当然从微软公司进军游戏主机市场之后，也开始逐渐将主机平台的硬件架构向 PC 平台靠拢，从而能够在软件开发方面获得较高的一致性与便利性。

图 6-3　从左至右分别为微软公司的 XBOX1 主机、索尼公司的 PS4、任天堂公司的 Wii U

从市场份额而言，主机游戏在游戏发展历史中的绝大多数时期内，都占据了游戏市场的绝大多数或大多数份额。这其中既有用户习惯、商业策略等方面的原因，也有很大一部分是由不同硬件平台带来的游戏开发特性的差异造成的。这其中除了上文所述的针对硬件架构的整体优化之外，还包括另外一个重要的方面，也就是"软硬件一致性"的问题。对于 PC 市场而言，世界上的众多 PC 玩家所拥有的 PC 在硬件配置上可以说是千差万别的，而这必然造成同样的一款游戏，在不同玩家的 PC 上的运行效果有显著的差异，这显然是游戏开发者所不愿意看到的。因此，对于在PC 平台运行的游戏，开发者必须要面对"针对什么样的硬件配置进行重点优化"的难题。对于硬件配置同样差异巨大的手机平台，手机游戏的开发者同样会为这个问题而头痛。但对于游戏主机而言，由于每一代主机的更新换代间隔比 PC 平台要长得多，可以长达十年左右，即使目前有缩短的趋势，但也大大减轻了游戏开发者对于解决硬件平台性能不一致带来的麻烦。这也是为什么至少在可预期的未来,即使在 PC 游戏强劲复苏与手机游戏高速发展的形势下,游戏主机依然保持了旺盛的生命力。

相比之下,同样是专门的游戏硬件平台,游戏掌机则普遍被认为已经在智能手机的冲击下进入了暮年期。目前作为掌机市场仅剩的两家公司,索尼公司基本已经可以确定将放弃下一代游戏掌机的研发,而任天堂公司则在已经公开的下一代游戏主机——Switch 的设计中,创造性地将主机与掌机合二为一,成为一个新的发展方向。图 6-4 为索尼与任天堂公司目前的游戏掌机产品。

图 6-4　左侧为索尼公司的 PSP Vita 掌机,
右侧为任天堂公司的 3DS 掌机

就 PC 游戏平台而言,在本世纪初开始的很长一段时期之内,由于受到盗版、玩家习惯等多方面因素的影响,其在游戏市场中仅主要占据网络游戏类型的份额,而在单机游戏方面则远逊于主机及掌机平台。但近几年来,由于美国 Valve 游戏公司的在线游戏软件发行平台——Steam 的兴起,使得 PC 平台作为单机游戏平台又焕发了新的生命力。单纯从游戏体验本身的角度而言,PC 平台除了由于标配的键盘鼠标输入设备更适合诸如即时战略、MOBA 等类型的游戏,还有一个公认的相对于其他游戏硬件平台的独有优势,即 MOD(Modification),中文一般称为"游戏模组"。也就是在官方发布的游戏版本基础上,由玩家自己在其中添加、修改、完善的各种自定义内容。为游戏开发 MOD 已经越来越成为游戏文化的重要组成部分,为数众多的知名游戏都有很多爱好者为其开发制作 MOD 内容。由于 PC 平台本身在自由度等方面的优势,一直是开发制作以及运行 MOD 的绝对主流平台,这同样是游戏设计开发人员不能忽视的一个优势所在。

2. 根据运行时是否需要网络进行划分

如图 6-5 所示,根据游戏在运行时是否需要联网,可以将游戏划分为不需要联网的单机游戏与需要联结网络的网络游戏两大类。而在网络游戏中,又可分为:①需要预先在硬件平台安装游戏程序,启动运行后联结网络的客户端网游;②直接在浏览器中运行,无需预先安装游戏程序,只需要在网页中直接下载游戏内容,并根据游戏的开发类型,基于 Flash、Unity3D 等第三方插件或者基于 HTML5 或 WebGL 等公开标准的浏览器技术即可运行的网页游戏。

图 6-5　按照是否需要网络的游戏分类方式

从运行效率而言,由于网页游戏以浏览器为运行环境,因此其运行效率一般低于客户端网游。由此可见,网页游戏更适合于游戏容量不太大(因为需要先下载),对性能要求不太高的偏休闲游戏类型。

另外从现在的趋势而言,原来最主流的网页游戏运行形式——基于 Flash 或者 Unity3D 等第三方插件运行,已经基本处于要被淘汰的边缘。目前很多浏览器已经公开声明将要结束对这一类第三方插件的运行支持,而仅仅支持基于 HTML5 或者 WebGL 标准的游戏的运行。其中前者主要适合于 2D 游戏,而后者主要针对在网页环境中的 3D 游戏的运行支持。不过对于使用 Flash 或者 Unity3D 的网页游戏开发者而言,由于不论是 Flash 还是 Unity3D 都已经具有将自身程序转换或编译为 HMTL5 或 WebGL 程序的能力,因此在开发方式上并不需要过于剧烈的改变。

单机游戏和网络游戏的边界实际上正在不断模糊,越来越多的游戏同时提供了单机模式和多人模式(即网络模式)。这一方面是归因于网络技术的不断进步以及网络功能开发的不断简单化,另一方面也是缘于网络时代人们对于游戏中的人际互动、人机交互因素不断深入的需求。

3. 根据游戏目的进行划分

按照游戏目的,或者说按照参与游戏的人群进行分类是一种并不为人熟悉的分类方式,虽然游戏的目的是娱乐,但却又不止于娱乐,而且即使对于娱乐也可进一步细分。如图 6-6 所示,对于以娱乐为主要目的的游戏,按照侧重点的不同,也可以分为对游戏水平和技巧要求较高的高难度核心向游戏、以休闲轻松为主的休闲游戏和以玩家之间的人际互动为重点的社交游戏等。相应地,对应的玩家类型则分别是硬核玩家、休闲玩家和社交型玩家。

图 6-6　按照游戏目的的游戏分类方式

除了以娱乐为目的的游戏外,还有一类普通游戏玩家不那么熟悉的严肃/教育游戏。这类游戏不单纯以娱乐为主要目的,而是在游戏内容中包含了要传授的教育内容。对于这类游戏,其主要目的在于让游戏者在游戏过程中不仅能够体验到游戏的乐趣,同时还能学习到特定的知识、掌握特定的技能。因此,其设计开发的重点在于如何实现游戏性与教育性的平衡,也就是通俗而言的寓教于乐。相对于以娱乐为唯一目的的传统游戏而言,教育游戏的发展历史相对较短,同时由于教育界人士对于以游戏为载体进行教育还不了解或没有完全接受,因此目前大范围取得商业成功的教育游戏产品还不多见。但这一类游戏本身已经越来越成为教育界、游戏界的关注热点,而教育游戏的研究者已经做了很多相关的理论研究与实践尝试,图 6-7 示出了 3 个比较有代表性的严肃/教育游戏运行画面,图 6-7(a)为国内巨人公司用于军队训练的严肃游戏《光荣使命》,图 6-7(b)(c)分别为欧盟教育游戏项目中开发的用于地理和物理教学的教育游戏。目前,严肃/教育游戏的有效性在诸如公司职业技能培训等领域已得到越来越多的重视。

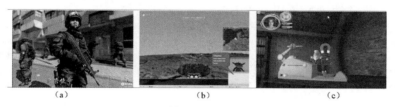

(a)　　　　　　　　(b)　　　　　　　　(c)

图 6-7　3 款严肃/教育游戏画面

4. 根据游戏内容/游戏模式进行划分

按照游戏的内容或者模式进行分类是游戏玩家们最熟悉的分类方式之一。我们常说的游戏类型就是指这种分类方法。这种分类依据的游戏内容差异主要在于游戏的"游戏机制"或者称为"游戏系统",不同类型的游戏基本上都具有自己特有的而与其他类型存在明显差异的游戏机制。例如,对于角色扮演(RPG)类游戏,其主要区分依据就是其游戏机制中的技能系统、NPC 系统、升级系统等。需要明确的是,对于按照游戏模式进行分类的方式实际上目前并没有统一、明确的定义,一般都是约定俗成的。如图 6-8 所示,在几十年的游戏发展历史中,已经诞生了各式各样的游戏类型,其中一些大类中还可以细分为更具体的子类。

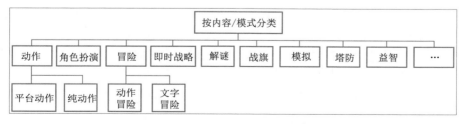

图 6-8　按照游戏内容/游戏模式的游戏分类方式

随着游戏业的快速发展,各种新形态的游戏不断出现,一个重要的趋势就是原有的游戏类型正在不断地融合,具体而言就是在同一个游戏中可以包含多个传统类型中所具有的游戏机制。

而对于游戏的设计与开发人员而言,相应的启示就是不应该让自己的设计受到传统游戏类型的束缚,而更应该博采众长,从各种类型中吸收有价值的部分。

6.4 对游戏设计理论应有的认识

在一个游戏的完整开发工作中,设计的水平是决定这款游戏能否成功的核心因素之一。放眼世界范围,尤其是在游戏行业发展得比较早、比较成熟的欧美、日本等地区,对于游戏设计理论在游戏设计中的必要性与重要性则早已有普遍共识。遗憾的是,已在游戏产业成熟地区成为"常识"的游戏设计理论在国内却仍然为大多数玩家和业内人士所陌生。因此,对于有志于进入游戏行业,尤其是有志于以游戏设计作为自己的职业方向亦或是希望提升自己专业水平的游戏从业

人士,首先都应认识到游戏设计中包含很多规律性的、理论性的、方法论性质的组成成分;其次应不断地加深自己在游戏设计理论方面的理论修养,提升相应的理论水平,尤其是对国外经典的游戏设计理论有所了解。

游戏设计的相关理论中,心流理论在游戏中的应用、游戏玩家主要类型等,对游戏设计有一定的指导意义。图 6-9 给出了心流理论在游戏中应用的示意图,着重强调了在游戏中挑战难度与玩家能力匹配的重要性。

随着游戏设计实践以及人们对游戏设计认识的不断提高,对于游戏设计相关理论的探索

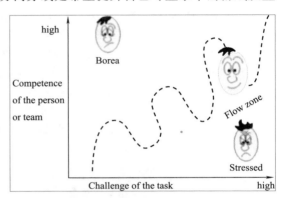

图 6-9 心流理论在游戏中的应用示意图

又逐渐进入到新的阶段。一方面,新阶段体现在对于原有理论的不断完善与修正。例如对于早期游戏中的心流理论应用,研究者就逐渐意识到仅仅单纯强调挑战难度这一个方面并不足以使游戏者进入心流状态。又比如对于早期的游戏者类型划分理论,人们也逐渐认识到其划分的 4 种类型过于简单,不足以对广大的特性各异的玩家进行足够准确的划分。因此出现了很多对这些早期经典理论加以完善和更新的版本。另一方面,新阶段也体现在人们对于游戏设计理论的研究范围已经大大地扩展,无论是通用的或者针对某种类型游戏的设计模式,还是在游戏中进行叙

事的方法与技巧,或者在游戏中情感触发的相关理论,包括在国内备受重视的数值设计理论等,都已经成为研究者研究的对象,并出现了很多重要的研究成果。图 6-10 展示了研究者发现的游戏者在不同游戏

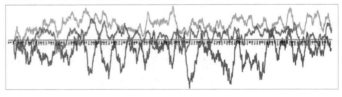

图 6-10 游戏者在玩 3 种不同游戏时的情绪变化曲线

中的情绪曲线的变化,其中从上至下的 3 条曲线分别对应于游戏性最高、中等、较差的 3 个游戏。

对于国内正在或有志于从事游戏设计的爱好者或从业人员而言,学习相关游戏设计理论的一个必经之路就是阅读国内外尤其是国外的经典游戏设计理论专著。目前在国内已经出版了很多国外游戏设计专著的中文版,这对于国内游戏设计人员当然提供了一个非常好的学习窗口。

6.5 游戏开发团队的基本组成

了解一个完整的游戏开发团队的基本组成(包括必要的岗位设置以及各个岗位的主要职责

和工作内容)、基本工作流程与工作规范,对于游戏开发者以及游戏公司而言仍然是十分重要的,因为这是保证团队建设并使游戏开发正规化与规范化的要素。

图 6-11 所示为一个典型的游戏开发团队的职责分工与组织关系。可以看到,制作人是整个团队的领导者。游戏制作人的基本职责是负责游戏开发的整体领导工作,领导和协调整个游戏开发团队,以及对所开发的游戏整体质量负责。需要说明的是,欧美和日本的游戏制作人在具体工作内容上有所差别,欧美游戏制作人基本上只负责整个开发团队的领导与协调工作,较少参与具体游戏内容的设计与开发;而日本游戏制作人则会更多地参与到游戏内容的设计与确定工作中。

在图 6-11 中还可以看到,制作人需要领导和协调多个子团队,如设计子团队、美术子团队、程序子团队、文案子团队、音乐音效子团队、测试子团队等,而每个子团队都有各自的负责人,直接接受制作人的领导。同时,由于游戏的各部分开发工作具有很高的耦合性和相关性,每个子团队的工作都与其他子团队密切相关,因此各个子团队的负责人也需要与其他子团队负责人积极沟通,从而保证游戏开发工作的顺利进行。另外,在每个子团队中也基本都有更加详细的岗位分工。对于国外越大型的游戏公司中,越大型的游戏项目其开发人员的职责划分得越细,大部分人专职负责一块很具体的工作。虽然这种分工和组织方式也存在一定问题,但总体而言对于大型游戏项目的整体开发提供了规范化的保证。

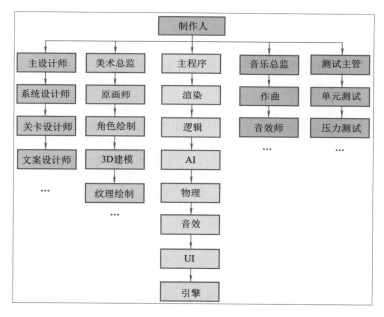

图 6-11　游戏开发团队组成架构图

具体就各个子团队而言,从图 6-11 中子团队内部的进一步分工,基本可以看出一个游戏在设计与开发中包含哪些具体的部分。例如从设计团队的分工中可以看出游戏的设计包含了游戏机制的设计、游戏关卡的设计、游戏数值的设计等,而从美术团队的分工中可以看出游戏的美术部分包含原画、角色绘制、3D 建模等。

6.6　游戏程序开发包含的技术模块

在图 6-11 中的程序子团队的具体分工中,我们看到了对于游戏程序开发部分包含的技术体系,其中渲染模块主要包括了将 3D 或 2D 元素以指定的形态、光照、材质、阴影、特效等效果绘制在屏幕上的技术,尤其是 3D 渲染技术,既是渲染部分的重点,也是整个游戏程序开发技术体系中最受关注的技术之一,毕竟绝大多数游戏首先是以画面呈现在游戏者面前的。因此,3D 渲染技术也是数十年来进步最快的程序开发技术。这项技术本身综合了计算机图形学、图像处理、显卡硬件管线等多个方面的软硬件技术,相应地也极大推动了这些领域的发展。

游戏逻辑模块主要是指对于每个游戏中核心及外围的游戏机制进行编程实现,主要涉及游戏中各种元素的属性控制及运动变化控制等。游戏逻辑的开发虽然表面上没有那么高的复杂性,但实际上由于每个游戏都有自己独特的机制,尤其是大型游戏中多样化的游戏元素具有多样化的运动变化方式,因此同样具有很高的复杂度和重要性。

AI 模块也即人工智能模块,其主要目标是赋予游戏中由程序控制的元素一定的智能性行为和表现,这些元素可以是游戏中的 NPC、敌人、同伴、猎物等,其智能行为可以包括移动寻路、对话、攻击、合作等。在特定类型的游戏中,人工智能模块的表现可直接决定整个游戏的游戏性水平。图 6-12 中的 RTS(即时战略)类型的代表之一《星际争霸》在人工智能模块复杂度与表现上都有突出的表现。由于人工智能算法本身就具有很高的复杂度,同时大多数游戏平台在计算资源上又需要为渲染等模块分配相当的资源,因此在游戏中的 AI 算法往往需要在尽量降低算法复杂度的基础上获得基本满意的效果。而这也是为什么一些经典的 AI 算法如有限状态机等,虽然已经出现了数十年时间,也出现了更复杂的版本如多层有限状态机,以及相对更高级的技术如行为树等,但仍然会被现在的游戏大量采用的原因。

图 6-12　《星际争霸》的游戏画面

物理模块的功能主要是在游戏中实现符合真实世界物理特性的各种变化与现象,例如重力特性、流体特性、物体之间的碰撞效果、各种力的作用等。对于很多类型的游戏而言,真实可信的物理特性不仅是不可或缺的游戏机制,同时也对游戏性水平有着直接的影响。不论是《愤怒的小鸟》中小鸟轨迹受重力作用形成的抛物线轨迹,还是在真实系的赛车游戏中车轮所受的摩擦力作用,都是游戏中的物理模块的功劳。从实现复杂度来说,由于真实的物理特性的实现往往需要大计算量,因此物理模块的实现中通常也需要对真实物理特性进行近似的模拟,从而在能够满足特性要求的前提下尽量降低对计算资源的需求。

音效模块的重点并不在于单纯制作出游戏中的各种声音效果,而是把重点放在了通过算法来实现对真实世界与真实环境中声音的传递、反射、衰减等效应的模拟上。因为随着游戏技术的发展,人们对于游戏中的声音效果的拟真度、丰富度等也在不断提升需求,因此对于音效的处理技术也在越来越受到游戏开发者的重视,尤其对于大型游戏而言,音效部分更是必不可少的一个加分项。

UI 模块主要负责处理和实现游戏中的 UI(User Interface,用户界面),这是在绝大部分游戏中都必不可少的基本元素,包括常见的系统菜单、功能图标、任务界面、装备界面、物品栏、对话界面等,都属于 UI 的范畴。目前主要的 UI 实现方式是 2D 形式的 UI 系统,但也已经出现 3D 形式的 UI 实现方式。

引擎模块是游戏程序开发中相对特殊的一个部分,其主要包含游戏开发中的游戏引擎部分。简单而言,一个游戏引擎可以包含上述所有功能模块,可以认为是能够提供给上述功能模块的开发者,甚至整个游戏开发团队的其他成员(设计师、美术等)使用的开发工具与接口。对于大型游戏公司而言,往往有自己的自用游戏引擎开发团队,而小型游戏公司的引擎团队则主要着眼于将现有引擎的功能尽量充分使用以及根据需要进行二次开发。

6.7 游戏引擎技术

1. 游戏引擎的定义

游戏引擎有狭义和广义两种定义,狭义的游戏引擎是指包含了游戏中全部或大多数功能模块的一整套 API,即一整套编程接口,其使用者主要是游戏开发团队中的程序开发人员。程序开发人员通过调用这些 API,可以比较便捷、直接地实现游戏中需要的各种功能或至少是基本功能,从而显著地降低游戏的开发难度。需要指出的是,早期的狭义游戏引擎主要把重点放在了渲染功能上,尤其是以 3D 渲染功能为重点,一些曾经流行的开源 3D 游戏引擎就只是包含了 3D 渲染功能。

广义的游戏引擎是指除了上述编程 API 以外还包含一个具备图形界面的完整游戏开发环境。这个开发环境的使用者不仅仅是程序开发人员,也可以由游戏开发团队的各个子团队成员共同使用。例如关卡设计师可以直接在其中布置游戏关卡、美术人员可以直接在其中调整材质与贴图效果、动画师可以直接在其中调整角色动画等。由此可见,广义的游戏引擎对于游戏的开发工作提供了一个整体化的、能够极大提高开发效率、降低开发难度的开发工具与平台。随着引擎技术的不断提升,基于游戏引擎进行游戏开发已经成为绝大多数游戏开发团队的首选。

2. 游戏引擎的基本架构

图 6-13 给出了游戏引擎相对完整的组成架构,其中包含了游戏引擎需要的全部运行时组件。可以看到,游戏引擎本身建立在不同硬件的驱动以及操作系统之上。除了在前面提及的所有功能模块组件外,引擎功能的实现还往往需要调用很多其他第三方 SDK。例如对于 3D 渲染功能的实现,基本都会基于 Direct3D 或者 OpenGL 这两大图形 SDK,或者对于物理模拟功能的实现,往往会调用 Havok 或者 PhysX 这两大物理引擎等。

从游戏引擎的架构组成还可以看出,一个包含完整功能模块并且还具有完整编辑环境的游戏引擎的开发涉及图形学、物理、动画、人工智能、UI 等多个方面,其开发具有很高的技术难度和庞大的工作量。因此现代游戏引擎的开发工作已经不是一个或几个人单打独斗能够完成的,而基本都是一个较为庞大的团队协同开发。另外,游戏引擎还有一个特殊之处在于它本身是一个提供给游戏开发者使用的工具,因此评价一个游戏引擎优劣的标准并不仅仅在于其技术的先进性或者能实现的效果的好坏,还包括其使用是否方便灵活这个很重要的方面,否则不管技术多先进,都会由于不好用而导致没有开发者愿意使用,也难以获得成功。

3. 主要的商业引擎

由于现代游戏引擎开发的复杂度极高,大部分中小型游戏开发团队与开发公司甚至很多大型游戏公司,都直接采用了商业游戏引擎进行游戏的开发。所谓商业游戏引擎,就是由专门开发、销售游戏引擎的公司所推出的,将其本身作为商业产品的游戏引擎。由于是专门针对游戏开发者推出的引擎产品,因此商业引擎往往比较注重功能的完整性、使用的便利性以及可扩展性等。因此,游戏开发者基于商业游戏引擎,不仅可以直接获取便利的开发环境和较为强大的功能,而且还可以基于自己的需求对引擎进行二次开发。

就现在市场上主要的商业游戏引擎而言,主要包括 Epic 公司的 Unreal 虚幻引擎、Unity 公司的 Unity3D 引擎以及 Crytek 公司的 CryEngine 引擎这 3 个引擎产品。图 6-14 即是这 3 个游戏引擎的 Logo 标志。这 3 个引擎中,虚幻引擎是历史最长、应用最广,也是在游戏发展史中最成功的商业 3D 引擎,在大型 3D 游戏中尤其占据了最大的份额。其整体功能最为强大、自带工具最完备,但学习难度较高,另外在低配置硬件平台上的运行比较吃力。而 CryEngine 相对而言推出的历史较短,但在渲染技术方面功能强大,可以说不亚于 Unreal 甚至在某些方面有所超出。但从商业上说,在 3 家引擎中处于明显的劣势,这也跟该引擎的学习难度大,学习资料最少有很大的关系。

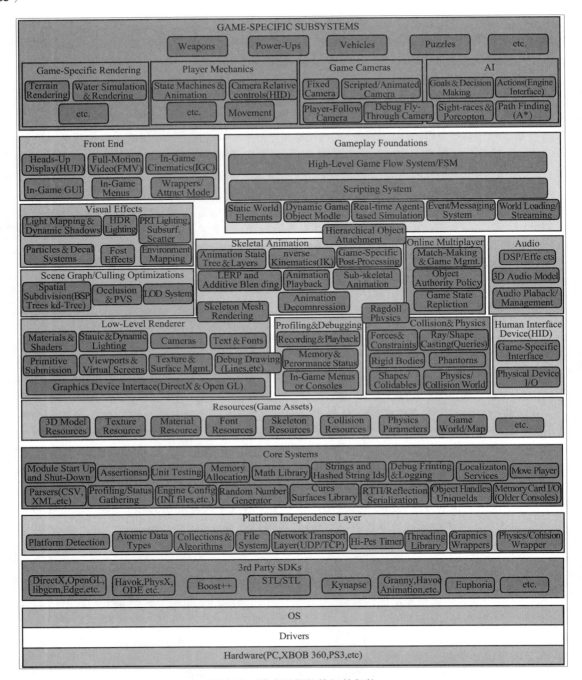

图 6-13　游戏引擎整体组件架构

图 6-14　从左至右分别为虚幻引擎、CryEngine 引擎与 Unity3D 引擎的标志

相比较而言,Unity3D 引擎可能是近几年来最受关注,也最受中小型游戏开发团队以及个人游戏开发者欢迎的游戏引擎。同时,它也是网页游戏(主要是 3D 网页游戏)以及移动平台游戏开发所依赖的最主要的引擎产品。目前在移动平台上的知名游戏,尤其是 3D 游戏,绝大多数都是基于 Unity3D 引擎开发的。当然在其他硬件平台上也越来越多地出现了 Unity3D 引擎开发的游戏产品。就目前的发展趋势而言,在很长一段时间内,Unity3D 仍然会是在各个平台的开发中小型 3D/2D 游戏的首选引擎。而 Unity3D 之所以会在相对较短的时间内迅速发展壮大,除了赶上移动平台游戏的大发展时机,主要还是因为其具有几项突出的优点和优势:

①从一开始就有免费版。在 Unity3D 之前,无论是虚幻引擎还是 CryEngin 引擎都是采用有偿授权的商业模式。针对大型游戏公司,购买授权号进行开发,授权费很贵(大概几十万美金)。对于小型游戏公司,则采取低价策略,约几万美金,但需要另外加分成协议,也就是引擎商根据游戏的销量抽成。这样的价格显然是中小团队以及个人团队难以承受的,这也是为什么在 Unity3D 出现之前,他们只能使用功能受限以及资源较少的开源引擎。但 Unity3D 则从一开始就提供了免费版本,免费版相比收费版主要少了一些高级功能,但基本功能都具备,而且不从游戏销量中抽成。另外从 5.0 版本起,免费版从引擎本身功能来说与收费版已经没有区别,只是缺少更多的官方服务等。可想而知这种定价策略会受到的广泛欢迎。事实上,在 Unity3D 的冲击下,另两家引擎现在也已经大大降低了授权价格,已经达到了小团队也能够承受的程度。

②从 2.0 版本开始,就支持 PC、Mac、Web、iOS、android 全平台发布。在过去,游戏开发者如果想为不同的硬件平台开发游戏,需要进行大量费时费力的移植工作。但 Unity3D 从 2.0 版本开始,可以将开发的一个游戏的代码和资源完全不作改动,或者只需要少量改动,就能编译发布到不同的硬件平台,使一个游戏跨平台运行。这在当时也是开创新的工作。

③学习与开发上手难度低。无论是所见即所得的开发环境,还是学习难度较小的组件式开发模式,都使得 Unity3D 对于初学者来说非常友好。

④丰富的第三方插件与资源。在 Unity 公司官方的在线资源商店 AssetStore 上,可以找到各种类型,非常丰富的第三方开发者开发制作的插件、资源、完整工程等,极大地补充完善了引擎本身不具备的功能。

⑤引擎本身具有完整的功能模块,并且在新的版本中快速地迭代完善。

正因为有上述的优点,Unity3D 到目前为止,对于刚进入游戏开发领域的开发者,或者小型游戏开发团队,仍然可作为首选的游戏引擎。另外随着版本的更新,Unity3D 在性能上的进步也使得它不仅适用于页游与移动游戏,对于中大型游戏的开发也逐渐能够胜任。

6.8　游戏业的重要发展趋势

游戏行业目前不仅是最具活力的行业之一,同时也是变化非常剧烈和快速的一个行业。因此,把握游戏业的重要发展趋势,对于把握游戏的未来发展方向,了解新的游戏技术,确定开发目标等都具有重要的意义。就目前而言,游戏从业者对于下述几个行业趋势应该给予较高的重视:

1. VR/AR/MR 的热潮

虚拟现实(VR)/增强现实(AR)/混合现实(MR)这 3 种相通但又存在明显差异的技术,自 2015 年来成为世界范围内 IT/互联网/游戏业界最关注的技术之一,2016 年甚至被称为虚拟现实元年。图 6-15 示出了这一年中世界范围内推出的最有代表性的 3 个公司的虚拟现实头盔产品。虽然目前 3 种技术的已有产品在成熟度上均还不能达到令人满意的程度,但由于已经成为几乎所有 IT 巨头的主要关注点之一,因此整体的技术发展速度非常快。但与之对应的是,目前对于如何真正发掘 VR/AR/MR 技术的应用潜力,如何开发出能充分体现其特色的 VR 游戏或应用,普遍还缺乏深入的认识和研究,但人们基本公认这些技术必然会对游戏的形态、内涵和外延都带来巨大的变化和推动。因此对于游戏开发者而言,时刻保持对该领域的新技术、新产品的关注,以及对如何应用这些技术和产品于游戏的实际开发,是具有非常重大的意义的。

图 6-15　从左至右分别为 Oculus 公司的 Oculus Rift、HTC 公司的 HTC Vive、索尼公司的 PS VR

2. F2P 成为移动游戏绝对主流

F2P(Free to Play)即免费游戏,最早是从 PC 网游兴起并逐渐成为移动游戏纷纷效仿的模式。其商业模式主要是"游戏本体免费 + 内置广告"或"游戏本体免费 + 游戏内购"。目前,F2P 模式在移动平台已经成为绝对主流的付费模式。例如在 AppStore 中,目前的前 100 位畅销游戏中只有《我的世界》一个是付费游戏。

和传统的付费购买的游戏相比,免费游戏的兴起实际上深刻影响了移动游戏的各个方面,包括游戏的设计思路、热门游戏类型等。因此,这同样是游戏开发者必须重视的一个重要趋势。

3. 独立游戏的兴起

独立游戏(Indie Game)一般是指没有商业资金的影响或者不以商业发行为目的,由个人或小团队独立完成制作的游戏作品。近年来,随着诸如 Unity3D 这样的免费游戏引擎的出现,以及游戏开发门槛的不断降低,越来越多的优秀的独立游戏作品开始出现,而业界对于独立游戏的重视与支持也在不断提高。个人开发者们可以通过越来越多的诸如"独立游戏节"或者各种独立游戏大赛这样专门的独立游戏活动来为自己的作品获得曝光率。总体而言,独立游戏的兴起对于激发整个游戏界的活力,为玩家带来更多新颖的游戏作品具有非常重要的积极意义。

本章小结

经过几十年的从业者、理论研究者、技术研究者们在近十年中的不断探索与实践,游戏产业在已经成为一个具有高度综合化、工业化等特征的领域的同时,仍然保留了旺盛的生命力与创新精神。新的技术、工具、平台不断出现,新的具有各种独特游戏性的产品同样层出不穷。但与此同时,我们也应正视国内在游戏开发、游戏设计、游戏教育等方面与国外先进水平的明显差距。而这种差距的减小,需要在政策支持、紧跟最先进技术、开发流程规范化、设计理论及方法论的沉淀等各个方面的改善,也同样需要国内游戏从业者、教育者们对于先进的意识和理念的不断学习与积累。

本章习题

1. 游戏的类别是如何划分的?
2. 如何组建游戏开发团队?
3. 什么是游戏引擎?
4. 游戏业的发展趋势如何?

第 7 章
数字媒体压缩技术

　　数字化后的音频和视频等媒体信息具有数据海量的特性。虽然现如今存储器的容量越来越大,网络传输带宽不断提升,但媒体信息数据量与当前硬件技术所能提供的存储资源和网络带宽之间仍然存在很大差距。数据压缩技术就是解决这一问题的关键技术。

　　本章首先从多媒体数据压缩的必要性和可能性对数据压缩进行阐述,然后对图像压缩编码基本原理及 JPEG 静止图像编码标准进行介绍,最后对视频编码标准发展简史及相关国际标准做了简要介绍。

7.1 数字媒体压缩技术理论基础

数字媒体主要包括文本、音频、图形、图像、视频和动画等几种媒体形式。数字媒体压缩技术是指所有的针对各种数字媒体形式的数据压缩算法和编码标准,通常指图像、音频和视频的压缩编码技术。本章将以图像/视频为例来说明数字媒体压缩技术的相关内容。

7.1.1 数字媒体压缩的必要性

1. 未经压缩的数字媒体的数据量巨大

我们知道,图像是以像素阵列的形式存储在计算机中,记录的是每个像素的颜色。根据三基色原理,每个像素需要 3 个字节的存储空间。一幅 $1\,024 \times 768$ 分辨率的真彩色图像的存储空间为 $1\,024 \times 768 \times 24/8 = 2.25$ MB。假设某专业单反相机拥有 3 630 万像素,其最大分辨率为 $7\,360 \times 4\,912$,那么存储这样一幅图像需要的存储空间(无压缩)大小则为 $7\,360 \times 4\,912 \times 24/8 = 103.8$ MB。也就是说一张 8 GB 的 TF 存储卡,只能存放大约 80 张无压缩图像。

视频,也称为活动图像。表 7-1 列出了不同视频格式下 1 分钟素材占用的存储空间情况。从表中可以明显看出,相比于图像而已,视频的数据量显著增加。

表 7-1 不同视频格式下存储空间的情况

视 频 格 式	1 分钟素材占用的磁盘空间
DVCPRO	216 MB
DVCPRO 50	432 MB
MPEG2 I 25M	216 MB
MPEG2 I 50M	432 MB
未压缩标准清晰度 SD 视频	1.4 GB(1GB = 1 024 MB)

如今,高清和超高清电视已经进入普通百姓家中。随着电视图像分辨率的增加,数据量呈指数级增长。表 7-2 列出了标清、高清和超高清(4K)数字电视的基带信号码率和压缩文件大小情况。从表中可以看出,未压缩的超高清视频数据量大的惊人,即使是压缩后的码率也非常大。

表 7-2 标清、高清与超高清的数据量情况

电 视 节 目			原始基带信号	压缩制作文件
SD 标清节目	720×576 50I 4:2:2	码率	270 Mbit/s	50 Mbit/s
		数据量/时	118.7 GB	22.0 GB
HD 高清节目	$1\,920 \times 1\,080$ 50I 4:2:2	码率	1.5 Gbit/s	120 Mbit/s
		数据量/时	652.6 GB	52.7 GB
UHD 超高清节目	$3\,840 \times 2\,160$ 50P 4:2:2	码率	12 Gbit/s	500 Mbit/s
		数据量/时	5.27 TB(1 TB = 1 024 GB)	219.7 GB

2. 存储和传输都面临困难

从表 7-2 来看,一张单面 DVD(容量约为 4.7 GB)只能保持 36 秒的高清节目原始基带信号。而存储 1 小时的高清节目,需要多达 100 张 DVD。而 50 Mbit/s 的宽带网络传输 1 s 的高清节目信号需要大约半分钟。显然,这样是根本无法进行实时高清节目播出的。

结论:要使数字电视信号适合于实际存储和传输,必须进行数据压缩,大大降低传输数据码率。前提条件是压缩后图像视频质量要满足一定的视觉要求。

▌7.1.2　数字媒体压缩的可能性

1. 信息与数据的区别

数据用来记录和传送信息,它是信息的载体。数据的处理结果是信息。数据压缩的对象是数据,而不是"信息"。数据压缩的目的是在传送和处理信息时,尽量减小数据量。

数据量与信息量之间的关系为"数据量 = 信息量 + 冗余数据量"。这里的冗余是指信息存在的各种程度的多余度或者相关性。

2. 主要的冗余类型

数据压缩,就是去除数据中的冗余数据量。数字媒体数据中主要包含以下几种冗余类型:

(1)空间冗余

图像中相邻像素之间存在较强的相关性。如图 7-1 所示,实线框内的像素颜色几乎一致,存在明显的空间相关性。空间冗余是静态图像中经常存在的一种数据冗余。

(2)时间冗余

活动图像和语音数据中经常存在的一种数据冗余,这种冗余的产生跟时间紧密相关。视频序列前后帧图像之间存在明显的内容相关性。如图 7-1 所示,前后三帧中的虚线框中的像素几乎保持不变,存在明显的时间相关性。

图 7-1　测试序列 FOREMAN 部分图像帧(第 50-52 帧)

(3)视觉/听觉冗余

视觉/听觉冗余是指人的视觉/听觉系统对某些细节不敏感。人类视觉系统对于图像场的任何变化,并不是都能感知的。如图 7-2 所示,人眼对树枝茂密区域(对应高频信号)的敏感性要明显低于对路面或树干这样的相对平滑区域(对应低频信号)。通常情况下,人类视觉系统对亮度变化敏感,而对色度的变化相对不敏感;在高亮度区,人眼对亮度变化敏感度下降,对物体边缘敏感,对内部区域相对不敏感;对整体结构敏感,而对内部细节相对不敏感。

(4)编码冗余

编码冗余也称为信息熵冗余,是指不同符号(值)出现的概率不同,存在着熵冗余。

(5)知识冗余

规律性的结构可由先验知识和背景知识得到,此类冗余称为知识冗余。例如,人脸的图像有固定的结构。比如,嘴的上方有鼻子,鼻子的上方有眼睛,鼻子位于正脸图像的中线上等。

图 7-2　视觉冗余举例

▌7.1.3 数据压缩分类

从信息在压缩过程中有否丢失的角度,数据压缩分为无损压缩(Lossless)和有损压缩(Lossy)。

对于无损压缩,压缩后解压还原的数据与压缩前完全一致。通常采用概率统计编码方法,平均压缩比在两倍左右。例如 WinRAR、WinZip 和 JPEG-LS 等。主要的算法有霍夫曼编码、算术编码、字典编码、游程编码、预测编码等。

对于有损压缩,压缩后解压还原的数据与压缩前并不完全一致,压缩过程中会丢失一些信息,但不影响人对信息的理解。有损压缩可以获得较高的压缩比(10∶1 ~ 100∶1),如 JPEG、MPEG-2、H.264/AVC、AVS 等。主要采用正交变换,如离散余弦变换 DCT、离散小波变换 DWT 以及量化操作来实现。

7.2 图像压缩编码与 JPEG 标准简介

1992 年,联合图像专家组(Joint Photographic Expert Group)通过了 JPEG 标准,它是第一个连续色调图像(灰度或彩色)的国际标准。

JPEG 可用于彩色和灰度图像。对于彩色图像(如 YIQ 或 YUV),编码器在各自的分量上工作,但使用相同的例程。如果源图像是其他格式的(RGB),编码器会执行颜色空间转换,将其转换为 YIQ 或 YUV。由于人眼视觉系统对亮度敏感性高于对彩色的敏感性,通常会对色度信号进行采样,如 4∶2∶2、4∶2∶0、4∶1∶1 等模式。色度采样模式如图 7-3 所示。

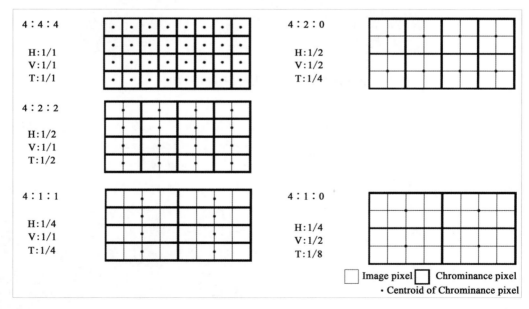

图 7-3　色度采样模式

▌7.2.1 JPEG 编码框图

JPEG 图像编码器主要包括图像分块、DCT 变换、量化、ZigZag 扫描、熵编码等几个模块,如图 7-4所示。处理流程为:先将图像划分成 8×8 块,然后对每一块进行 DCT 变换,对变换后的系数进行量化。对量化后的 AC 系数做 ZigZag 扫描,将二维系数变成一维数据;然后进行游程编码(RLC),对游程编码的结果进行熵编码。而对 DC 系数处理是将整幅图每个块的 DC 系数做一次DPCM 编码,然后对编码结果也进行熵编码。最后将数据按 jpg 文件格式写入文件中,从而得到JPEG 压缩图像。

根据人眼视觉特性以及心理学的研究成果,JPEG 亮度和色度的量化矩阵如图 7-5 所示,能够得到最大的压缩率,同时使 JPEG 图片的感知损失最小。

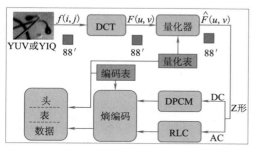

图 7-4 JPEG 编码器模块图

16	11	10	16	24	40	51	61
12	12	14	19	26	58	60	55
14	13	16	24	40	57	69	56
14	17	22	29	51	87	80	62
18	22	37	56	68	109	103	77
24	35	55	64	81	104	113	92
49	64	78	87	103	121	120	101
72	92	95	98	112	100	103	99

（a）亮度量化矩阵

17	18	24	47	99	99	99	99
18	21	26	66	99	99	99	99
24	26	56	99	99	99	99	99
47	66	99	99	99	99	99	99
99	99	99	99	99	99	99	99
99	99	99	99	99	99	99	99
99	99	99	99	99	99	99	99
99	99	99	99	99	99	99	99

（b）色度量化矩阵

图 7-5 JPEG 量化矩阵

7.2.2 一个真实的图像块编码示例

我们以一个真实的灰度图像块为例,说明其编码过程。如图 7-6 所示,原始图像块各像素灰度值如图 7-6(a)所示;将每个像素的颜色值平移 128 后的结果见图 7-6(b);然后对其进行 DCT 变换,变换后系数见图 7-6(c);采用图 7-5(a)所示的亮度量化矩阵对 DCT 系数进行量化操作,结果见图 7-6(d)。实际编码时将对量化后的系数进行 Zigzag 扫描、DPCM 和熵编码等操作。这些操作都是无损的、可逆的,此处省略步骤。

52	55	61	66	70	61	64	73
63	59	55	90	109	85	69	72
62	59	68	113	144	104	66	73
63	58	71	122	154	106	70	69
67	61	68	104	126	88	68	70
79	65	60	70	77	58	75	75
85	71	64	59	55	61	65	83
87	79	69	68	65	76	78	94

(a)8×8 原始图像块

−76	−73	−67	−62	−58	−67	−64	−55
−65	−69	−73	−38	−19	−43	−59	−56
−66	−69	−60	−15	16	−24	−62	−55
−65	−70	−57	−6	26	−22	−58	−59
−61	−67	−60	−24	−2	−40	−60	−58
−49	−63	−68	−58	−51	−60	−70	−53
−43	−57	−64	−69	−73	−67	−63	−45
−41	−49	−59	−60	−63	−52	−50	−34

(b)平移 128

−415	−30	−61	27	56	−20	−2	0
4	−22	−61	10	13	−7	−9	5
−47	7	77	−25	−29	10	5	−6
−49	12	34	−15	−10	6	2	2
12	−7	−13	−4	−2	2	−3	3
−8	3	2	−6	−2	1	4	2
−1	0	0	−2	−1	−3	4	−1
0	0	−1	−4	−1	0	1	2

(c)DCT 变换后的系数

−26	−3	−6	2	2	−1	0	0
0	−2	−4	1	1	0	0	0
−3	1	5	−1	−1	0	0	0
−4	1	2	−1	0	0	0	0
1	0	0	0	0	0	0	0
0	0	0	0	0	0	0	0
0	0	0	0	0	0	0	0
0	0	0	0	0	0	0	0

(d)量化后的系数

图 7-6 一个真实图像块的编码过程

−416	−33	−60	32	48	−40	0	0
0	−24	−56	19	26	0	0	0
−42	13	80	−24	−40	0	0	0
−46	17	44	−29	0	0	0	0
18	0	0	0	0	0	0	0
0	0	0	0	0	0	0	0
0	0	0	0	0	0	0	0
0	0	0	0	0	0	0	0

(e) 反量化后的系数

−68	−65	−73	−70	−58	−67	−70	−48
−70	−72	−72	−45	−20	−40	−65	−57
−68	−76	−66	−15	22	−12	−58	−61
−62	−42	−60	−6	28	−12	−59	−56
−59	−66	−63	−28	−8	−42	−69	−52
−60	−60	−67	−60	−50	−75	−50	
−54	−46	−61	−74	−65	−64	−63	−45
−45	−32	−51	−72	−58	−45	−45	−39

(f) 反 DCT 得到的图像

60	63	55	58	70	61	58	80
58	56	56	83	108	88	63	71
60	52	62	113	150	116	70	67
66	56	68	122	156	116	69	72
69	62	65	100	120	86	59	76
68	68	61	68	78	60	53	78
74	82	67	54	63	64	65	83
83	96	77	56	70	83	83	89

(g) 反向平移 128 后的最终图像

−8	−8	6	8	0	0	6	−7
5	3	−1	7	1	−3	6	1
2	7	6	0	−6	−12	−4	6
−3	2	3	0	−2	−10	1	−3
−2	−1	3	4	6	2	9	−6
−11	−3	−1	2	−1	8	5	−3
11	−11	−3	5	−8	−3	0	0
4	−17	−8	12	−5	−7	−5	5

(h) 解码图与原图的差值

图 7-6　一个真实图像块的编码过程（续）

图 7-6 中(e) ～ (h)分别为反量化后系数、反 DCT 后结果、反平移后得到的最终解码图及解码图像与原始图像的差值。

7.3　视频编码及相关标准简介

为达到对视频数据的高效、标准化压缩的目的,从 20 世纪 80 年代末以来,国际电联(ITU)和国际标准化组织(ISO)先是分别,后是联手矢志不渝地进行视频编码国际标准的制定工作。迄今为止,已历经三代。第一代以 ITU–T 的 H.261、H.263 建议和 ISO/IEC 的 MPEG-1、MPEG-2 标准为代表;第二代则是以两大组织联合制定的 H.264/ MPEG-4 AVC 标准为代表;第三代也是以两大组织联合制定的并正在扩展中的 HEVC 标准为代表。

7.3.1　视频编码发展简史

1988 年 CCITT 通过了"p×64 kbit/s(p = 1,2,3,4,5,,,,30)"视像编码标准 H.261 建议,被称为视频压缩编码的一个里程碑。从此,国际电联(International Telecommunication Union,ITU-T)、国际标准化组织(International Organization for Standardization,ISO)等公布的基于波形的一系列视频编码标准的编码方法都是基于 H.261 中的混合编码方法。

1988 年 ISO/IEC 信息技术联合委员会成立了活动图像专家组(Moving Picture Expert Group, MPEG)。1991 年公布了 MPEG-1 视频编码标准,码率为 1.5 Mbit/s,主要应用于家用 VCD 的视频压缩;1994 年 11 月,公布了 MPEG-2 标准,用于数字视频广播(DVB)、家用 DVD 的视频压缩及高清晰度电视(HDTV)。码率从 4 Mbit/s、15 Mbit/s 高清直至 100 Mbit/s 分别用于不同档次和不同级别的视频压缩中。

1995 年,ITU-T 推出 H.263 标准,用于低于 64 kbit/s 的低码率视频传输,如 PSTN 信道中可视会议、多媒体通信等。1998 年和 2000 年又分别公布了 H.263 +、H.263 ++ 等标准。

1999 年 12 月,ISO/IEC 通过了"视听对象的编码标准"——MPEG-4,它除了定义视频压缩编码标准外,还强调了多媒体通信的交互性和灵活性。

2003 年 3 月,ITU-T 和 ISO/IEC 正式公布了 H.264 视频压缩标准,不仅显著提高了压缩比,而且具有良好的网络亲和性,加强了对 IP 网、移动网的误码和丢包的处理。

2003 年,我国发布具有自主知识产权的第二代信源编码标准 AVS。同年,微软公布了 VC-1 视频编解码系统(Video Codec 1),是 WMV9 的实际执行部分。

2013 年 1 月,新的视频压缩编码国际标准——HEVC/H.265 高性能视频编码(High Efficiency Video Coding)。HEVC 压缩方案可以使 1080P 视频的压缩效率提高 50% 左右,这就意味着视频内容的质量将上升许多,而且可以节省大量的网络带宽,对于消费者而言,可以享受到更高质量的 4K 视频、3D 蓝光、高清电视节目内容。

表 7-3 中列出了常用的视频编码标准。

表 7-3　常用的视频编码标准

标　准	制定的机构与发布日期	标准编号	标　题	典型应用
MPEG-1	ISO/IEC (1992.11)	ISO/IEC 11172	用于数据速率高达大约 1.5 Mbit/s 的数字存储媒体的活动图像和伴音编码	数字视频存储 VCD
MPEG-2	ISO/IEC (1994.11)	ISO/IEC 13818	活动图像和伴音信息的通用编码	数字电视 DVD
MPEG-4	ISO/IEC (1999.5)	ISO/IEC 14496-2	视音频对象编码	因特网 流媒体
H.264/AVC	ITU-T/ISO (2003.3)	ISO/IEC 14496-10	MPEG-4 的第 10 部分或者先进的视频编码	数字电视、IPTV、可视电话、 网络视频点播 数字视频存储
HEVC/H.265	ITU-T (2013)	ISO/IEC	高效视频编码	支持 4 K 和全高清
VC-1	SMPTE (2006.4)	SMPTE421M	VC-1 视频压缩流格式及解码流程	蓝光盘、IPTV 网络视频点播
DV	SMPTE (1999.7)	SMPTE314M	基于 DV 的 25 Mb/s、50 Mb/s 视频压缩格式	录像机
AVS	国家标准化管理委员会(2006.2)	GB/T 20090.2—2006	先进音视频编码 第 2 部分:视频	数字电视、IPTV、可视电话、网络视频点播数字视频存储

7.3.2　视频编解码器中的关键技术

通常,压缩信号的设备或程序,称为编码器(Encoder);解压缩信号的设备或程序,称为解码器(Decoder);而编解码器对,称为编解码器(Codec)。

视频编解码器中的关键技术框图如图 7-7 所示。其中,预测模块主要是去除空间冗余和时间冗余,分别对应帧内预测和帧间预测。变换模块主要是去除空间冗余,采用 DCT 或小波变换。量化模块主要是去除视觉冗余,通过降低图像质量提高压缩比。熵编码模块主要是去除编码冗余,采用如霍夫曼编码和算术编码等算法。

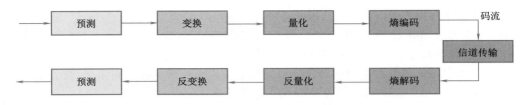

图 7-7　编解码器中的关键技术框图

▌7.3.3　编码标准与媒体压缩文件

媒体压缩文件,既包括视频又包括音频,甚至还带有脚本的一个集合,通常也称为容器。而文件中的视频和音频数据是采用具体的编码标准算法进行压缩的。常见的容器格式有 avi、mkv、mp4、mov、mp3、wmv、rmbv 等。而编码标准有 MPEG-1、MPEG-2、MPEG-4、H.264、AVS 等,如表 7-3 所示。

例如,一个 avi 文件,当中的视频可以是采用 MPEG-2 编码,也可以采用 H.264 编码,音频可以是 MPEG-1 音频编码标准 Layer3 进行编码(即 mp3 文件中的音频编码),也可以是 MPEG-2 AAC 先进音频编码。某个 avi 文件到底采用的是哪种编码算法,这些信息会在容器中具体给出,播放器按照 avi 文件格式读取到相关信息后,就可以调用相对应的解码器进行解码播放。

本章小结

本章以图像/视频为例,首先对压缩技术理论基础进行了介绍,包括数字媒体压缩的必要性和可能性,主要冗余类型、数据压缩分类等。然后用一个具体图像块示例,对 JPEG 图像编码标准的具体流程进行说明。最后对视频编码及相关标准做了简单介绍。

本章习题

1. 为什么需要对数字媒体进行压缩?
2. 数字媒体的主要冗余类型有哪些? 请举例说明。
3. 请说出常见的视频编码标准及其典型应用场合。
4. 请简述视频编码中的关键技术。
5. 什么是媒体容器? 请举例说明

第8章
数字媒体的 Web 集成及应用

本章主要介绍了数字媒体的 Web 集成开发相关技术及其应用。重点介绍了 Web 相关知识、Web 开发环境、MVC 模式相关知识、SSH 开发技术、用户体验技术以及互联网＋和媒体融合相关知识。

8.1 Web 服务

Web 服务是一种服务导向架构的技术,通过标准的 Web 协议提供服务,目的是保证不同平台的应用服务可以互操作。

根据 W3C 的定义,Web 服务(Web service)应当是一个软件系统,用以支持网络间不同机器的互动操作。网络服务通常是许多应用程序接口(API)所组成的,它们透过网络,如国际互联网(Internet)的远程服务器端,执行客户所提交服务的请求。

根据 Web 的不同特征,Web 大致分为 Web 1.0、Web 2.0、Web 3.0 等发展阶段,其中 Web 1.0 是很少的人提供内容给很多人看;Web 2.0 是很多的人提供内容给很多的人看;Web 3.0 则是能看的东西跑到想看的人手上。

图 8-1 所示为 Web 的不同发展阶段。

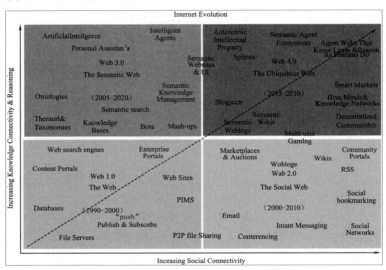

图 8-1　Web 的不同发展阶段

8.1.1　Web 1.0

1. 成功网站的要素

(1) 整体布局

首先一个成功的网站应该具备一个很好的整体布局。

(2) 有价值的信息

以已经离开中国的谷歌(Google)公司为例,该公司是美国的跨国科技企业,业务范围涵盖互联网搜索、云计算、广告技术等领域,开发并提供大量基于互联网的产品与服务。据估计,Google 在全世界的数据中心内运营着超过百万台的服务器,每天处理数以亿计的搜索请求和约 24 PB 的用户生成数据。Google 自创立起开始的快速成长同时也带动了一系列的产品研发、并购事项与合作关系,而不仅仅是公司核心的网络搜索业务。Google 提供了丰富的线上软件服务,如云硬盘、Gmail 电子邮件以及包括 Orkut、Google Buzz 以及 Google + 在内的社交网络服务。Google 产品同时也以应用软件的形式进入用户桌面,例如 Google Chrome 网页浏览器、Picasa 图片整理与编辑软件、Google Talk 即时通信工具等。另外,Google 还进行了移动设备的 Android 操作系统以及 Google Chrome OS 操作系统的开发。网站信息分析网 Alexa 数据显示,Google 的主域名 google.com 为全世界访问量最多的站点,除此之外,Google 搜索在其他国家或地区域名下的多个站点(google. co. in、google. de、google. com. hk 等)及旗下的 YouTube、Blogger、Orkut 等的访问量都在前 100 名之内。在 2015 年 8 月,Google 宣布要进行组织重整,重整之后的 Google 将会被包含在新成立的Alphabet公司底下,此举把 Google 旗下的核心搜索和广告业务与其他新兴业务如 Google 无人车业务分离开来。

2000 年 1 月,由李彦宏在北京中关村创立的百度公司拥有全球最大的中文搜索引擎、最大的中文网站,致力于向人们提供"简单、可依赖"的信息获取方式。谷歌离开中国成就了百度的辉煌,使百度迅速成长为中国的 BAT(百度、阿里巴巴、腾讯)成员。

(3)速度

一个成功的网站必须有很好的访问速度,也就是说必须对用户友好。互联网刚刚兴起时,中国有三大门户网站:新浪、网易和搜狐,那时的腾讯还只是 OICQ。一开始门户网站上是没有视频的,随着技术的发展进步,在 2005 年各个国内的门户网站相继在自己的网页上提供了视频服务,但那时的视频打开的速度特别慢,用户体验不好,友好性不强。随后各个门户网站不断扩充自己的服务器,使得视频服务的速度得到很大的改善。在美国,2005 年提出"用户不可能为一个网页等待 3 秒钟时间打开"的视频服务友好性的标准,在国内,显然距离这个用户体验标准还差很远。

图 8-2 所示为优酷视频网站。

图 8-2　优酷视频网站

(4)图形和版面设计

任何一个网站都应该有一个跟自己的网站主题相契合的图形和版面设计风格。比如 IBM 公司的网站是一种如图8-3 所示的"小船流水人家"的小清新的风格,而耐克公司的网站则是一番热血沸腾的运动的图形和版面设计的风格(见图8-4)。

(5)文字的可读性

网站的本质是给互联网用户提供信息的地方,任何一个成功的网站必须有很好的文字可读性,从而方便为用户提供各种有用的信息,如图 8-5所示。

(6)网页标题的可读性

一个成功的网站除了文字可读性之外,还需要很好的网页标题的可读性。很久以前,公司是没有自己的网站的,随着互联网的普及,各个大公

图 8-3　IBM 网站的图形和版面设计

司陆续推出了自己的公司网站,现如今,任何一个公司如果没有自己的公司网站是不可想象的灾难事情,而且公司网站的用户体验不好都不行。然而过去不是这样,比如中国移动在 2003 年推出了自己的网站,网站的网页标题的可读性做得非常不好,想在网上办理各种移动手机业务总是找不到或者找半天相应的入口链接,这就是网页标题的可读性不好的一个典型的案例,也可以说那时候的中国移动的网站不是一个成功的网站,当然现在的中国移动的网站的网页标题的可读性方面已经做得非常好了。

图 8-4　耐克公司网站的图形和版面设计

图 8-5　成功网站的文字可读性

(7) 网站导航

一个成功的网站还需要网站导航,导航栏往往以模块化的方式开发。

以上 7 个方面是一个成功网站的必备因素,那么具备以上 7 个因素的网站一定是一个成功的网站吗? 答案是否定的,因为成功的网站还需要创意、美工和工具使用。

创意是一个网站的立站之本,特别是在互联网生态系统已经成熟的今天,创意更显得尤为重要,无论是之前的新浪、网易、搜狐三大门户网站并驾齐驱的年代,还是如今百度、阿里巴巴、腾讯的 BAT 时代,一个网站如果没有特别好的创意,是很难立足、生存和发展的。

工具是指开发网站所用的软件,一个好的开发软件往往会设计出结构完备、业务流程顺畅的网站,到达事半功倍的效果。开发工具的使用将在 Web 开发环境一节详细介绍。

2. Internet

(1) Internet 的历史

1960 年,美国国防部国防前沿研究项目署(ARPA)建立的 ARPA 网引发了技术进步并使其成为互联网发展的中心。1973 年,ARPA 网扩展成互联网,第一批接入的有英国和挪威计算机。1974 年,ARPA 的鲍勃·凯恩和斯坦福的温登·泽夫提出 TCP/IP 协议,定义了在计算机网络之间传送报文的方法。1986 年,美国国家科学基金会(National Science Foundation,NSF)建立了大学之间互联的骨干网络 NSFnet。1994 年,NSFnet 转为商业运营。互联网中成功接入的比较重要的其他网络包括 Usenet、Bitnet 和多种商用 X.25 网络。Usenet 是一种分布式的互联网交流系统,源自通用用途的 UUCP 网络,它的发明是在 1979 年由杜克大学的研究生 Tom Truscott 与 Jim Ellis 所设想出来的,Usenet 包含众多新闻组,它是新闻组(异于传统,新闻指交流、信息)及其消息的网络集合。因时网 BITNET(Because It's Time Network)是 20 世纪 80 年代由美国纽约州大学和耶鲁大学的研究者们建立的一个学术研究网络,也是今天互联网的雏形,与 ARPA 网一样。虽然依照今天的标准 BITNET 显得非常简陋,但它的功能却已基本成型:提供收发电子邮件,交换文件以及在空间内共同分享文字信息。X.25 是一个使用电话或者 ISDN 设备作为网络硬件设备来架构广域网的 ITU-T 网络协议。它的实体层、数据链路层和网络层(1-3 层)都是按照 OSI 体系模型来架构

的。在国际上 X.25 的提供者通常称 X.25
为分封交换网（Packet Switched Network），
尤其是那些国营的电话公司。它们的复合
网络从 20 世纪 80 年代到 90 年代覆盖全
球，在现在仍然应用于交易系统中。20 世
纪 90 年代，整个网络向公众开放。

图 8-6 所示为 Internet 的示意图。

（2）Internet 提供的服务

Internet 是当今世界上最大的计算机互

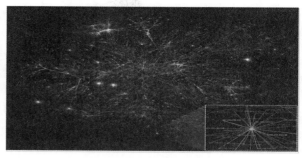

图 8-6　Internet 的示意图

联网络，是多个网络互连而形成的逻辑网络。Internet 的服务主要包括：WWW 服务、电子邮件 E-mail 服务、远程登录 Telnet、FTP 服务、新闻组 Usenet、电子公告牌 BBS 服务等。

电子邮件（E-mail）又称电子邮箱，是指一种由一寄件人将数字信息发送给一个人或多个人的信息交换方式，一般会通过互联网或其他电脑网络进行书写、发送和接收信件，目的是达成发信人和收信人之间的信息交互。一些早期的电子邮件需要寄件人和收件人同时在线，类似即时通信。现在的电子邮件系统是以存储与转发的模型为基础。邮件服务器接受、转发、提交及存储邮件。寄信人、收信人及他们的电脑都不用同时在线。寄信人和收信人只需在寄信或收信时简短地连接到邮件服务器即可。

远程访问（Remote Access，RA）是指任何可提供远程访问服务的软件及硬件组合，使用户可以访问在远程的工具或信息。这些内容可能放在网络上的其他设备上。

文件分享（File Sharing）是指主动地在网络上分享自己的计算机文件。一般档案分享使用 P2P 模式，文件本身存在用户本人的个人计算机上。大多数参加档案分享的人也同时下载其他用户提供的分享文件。对等式网络（peer-to-peer，P2P）又称点对点技术，是无中心服务器、依靠用户群（peers）交换信息的互联网体系，它的作用在于，减少以往网络传输中的结点，以降低数据丢失的风险。与有中心服务器的中央网络系统不同，对等网络的每个用户端既是一个结点，也有服务器的功能，任何一个结点无法直接找到其他结点，必须依靠其户群进行信息交流。P2P 结点能遍布整个互联网，也给包括开发者在内的任何人、组织或政府带来监控难题。P2P 在网络隐私要求高和文件共享领域中，得到了广泛的应用。使用纯 P2P 技术的网络系统有比特币、Gnutella 或自由网等。另外，P2P 技术也被使用在类似 VoIP 等实时媒体业务的数据通信中。有些网络（如Napster、OpenNAP）包括搜索的一些功能，也使用客户端/服务器结构，而使用 P2P 结构来实现另外一些功能。这种网络设计模型不同于客户端/服务器模型，在客户端/服务器模型中通信通常来往于一个中央服务器。FTP 服务一般运行在 20 和 21 两个端口。端口 20 用于在客户端和服务器之间传输数据流，而端口 21 用于传输控制流，并且是命令通向 FTP 服务器的进口。当数据通过数据流传输时，控制流处于空闲状态。而当控制流空闲很长时间后，客户端的防火墙会将其会话置为超时，这样当大量数据通过防火墙时，会产生一些问题。此时，虽然文件可以成功地传输，但因为控制会话，会被防火墙断开；传输会产生一些错误。FTP 虽然可以被终端用户直接使用，但它设计成被 FTP 客户端程序所控制。

流媒体（Streaming Media）是指将一连串的媒体数据压缩后，经过网络分段发送数据，在网络上即时传输影音以供观赏的一种技术与过程，此技术使得数据包能够像流水一样发送；如果不使用此技术，就必须在使用前下载整个媒体文件。流传输可发送现场影音或预存于服务器上的视频，当观看者在收看这些影音档时，影音数据在送达观赏者的电脑后立即由特定播放软件播放（如 Windows Media Player、Real Player 或 QuickTime Player）。流媒体文件一般定义在 bit 层次结构，因此流数据包并不一定必须按照字节对齐，虽然通常的媒体文件都是按照这种字节对齐的方式打包的。流媒体的三大操作平台是微软公司、RealNetworks、苹果公司提供的。

网际协议通话技术(Voice over IP, VoIP)是一种语音通话技术,经由网际协议(IP)来达成语音通话与多媒体会议,也就是经由互联网来进行通讯。其他非正式的名称有网际协议电话(IP telephony)、互联网电话(Internet telephony)、宽带电话(broadband telephony)以及宽带电话服务(broadband phone service)。

万维网(World Wide Web)亦作"Web""WWW""W3",是一个由许多互相链接的超文本组成的系统,通过互联网访问。在这个系统中,每个有用的事物,称为一样"资源";并且由一个全域"统一资源标识符"(URI)标识;这些资源通过超文本传输协议(Hypertext Transfer Protocol)传送给用户,而后者通过点击链接来获得资源。万维网联盟(World Wide Web Consortium,W3C),又称W3C理事会,于1994年10月在麻省理工学院(MIT)计算机科学实验室成立。万维网联盟的创建者是万维网的发明者蒂姆·伯纳斯-李。万维网并不等同互联网,万维网只是互联网所能提供的服务其中之一,是靠互联网运行的一项服务。

(3) WWW(World Wide Web)

WWW是一个由许多互相链接的超文本文档组成的系统,通过Internet访问。

● 1980年蒂姆·伯纳斯·李构建的ENQUIRE项目。

● 1990年11月12日他和罗伯特·卡里奥(Robert Cailliau)合作提出了一个更加正式的关于万维网的建议。

● 1990年圣诞假期,伯纳斯·李制作了要一个网络工作所必须的所有工具:第一个万维网浏览器(同时也是编辑器)和第一个网页服务器。

● 1991年8月6日,他在alt. hypertext新闻组上贴了万维网项目简介的文章。这一天也标志着因特网上万维网公共服务的首次亮相。

● 1993年4月30日,欧洲核子研究组织宣布万维网对任何人免费开放,并不收取任何费用。

● 1994年10月,万维网联盟(World Wide Web Consortium,简称W3C),在麻省理工学院计算机科学实验室成立。建立者是万维网的发明者蒂姆·伯纳斯·李。

WWW是Internet提供的一种服务,并非某种特殊的计算机网络。WWW是存储在全世界Internet计算机中、数量巨大的文档的集合,通过超链接能从Internet的一个站点访问另一个站点。WWW是通过互联网获取信息的一种应用,网站及网站中具体的网页就是WWW的具体表现形式,但其本身并不是互联网,只是互联网的组成部分之一。WWW服务采用的是客户机/服务器工作模式,其中WWW服务器作为服务器端,WWW浏览器作为客户机,也称为"浏览器/服务器"结构,如图8-7所示。

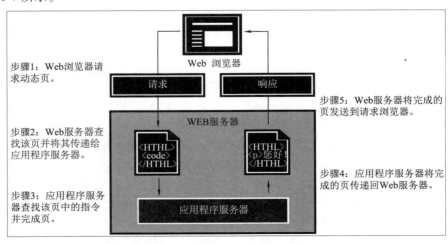

图 8-7   "浏览器/服务器"结构

主从式架构(Client-server model)或客户端—服务器(Client/Server)结构简称 C/S 结构,是一种网络架构,它把客户端(Client)(通常是一个采用图形用户界面的程序)与服务器(Server)区分开来。每一个客户端软件的实例都可以向一个服务器或应用程序服务器发出请求。有很多不同类型的服务器,如文件服务器、游戏服务器等。主从式架构通过不同的途径应用于很多不同类型的应用程序,最常见的是因特网上使用的网页。例如,在维基百科阅读文章时,电脑和网页浏览器就被当作一个客户端,同时,组成维基百科的电脑、数据库和应用程序就被当作服务器。当网页浏览器向维基百科请求一个指定的文章时,维基百科服务器从维基百科的数据库中找出所有该文章需要的信息,结合成一个网页,再发送回用户的浏览器。

浏览器—服务器(Browser/Server)结构,简称 B/S 结构,与 C/S 结构不同,其客户端不需要安装专门的软件,只需要浏览器即可,浏览器通过 Web 服务器与数据库进行交互,可以方便地在不同平台下工作;服务器端可采用高性能计算机,并安装 Oracle、Sybase、Informix 等大型数据库。B/S结构简化了客户端的工作,它是随着 Internet 技术兴起而产生的,对 C/S 技术的改进,但该结构下服务器端的工作较重,对服务器的性能要求更高。

Web 技术的第一代提供对静态网页的管理和访问(HTML),第二代提供对动态网页的访问和显示(JavaScript,DOM,CSS),第三代除动态网页生成和访问之外,还提供基于 Web 的联机事务处理能力(ASP. Net,JSP,ASP…)。

WWW 是成千上万个网站连接而成的页面式网络信息系统。网页存放在被称为 Web 服务器(Web Server)的计算机上,等待用户访问。Web 服务器也称为 HTTP 服务器,它是响应来自浏览器的请求,并且发送出网页的软件。当访问者在浏览器的地址文本框中输入一个 URL,或者单击在浏览器中打开的网页上的某个链接时,便生成一个网页请求(见图8-8)。

常见的 Web 应用程序服务器包括 ColdFusion(可用于 Windows 和 Solaris 操作系统平台的动态服务器网页技术)、ASP、ASP、NET、JSP、PHP。ColdFusion 是一个动态 Web 服务器,其 CFML(ColdFusion Markup Language)是一种程序设计语言,类似现在的 JavaServer Page 里的 JSTL (JSP Standard Tag Lib),从 1995 年开始开发,其设计思想被一些人认为非常先进,被一些语言所借鉴。Coldfusion 最早是由 Allaire 公司开发的一种应用服务器平台,其运行的 CFML(ColdFusion Markup Language) 针对 Web 应用的

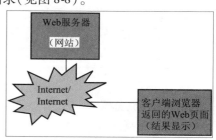

图 8-8　Web 服务器

一种脚本语言。文件以 *. cfm 为文件名,在 ColdFusion 专用的应用服务器环境下运行。在 Allaire 公司被 Macromedia 公司收购以后,推出了 Macromedia ColdFusion 5.0,类似于其他的应用程序语言,cfm 文件被编译器翻译为对应的 C＋＋ 语言程序,然后运行并像浏览器返回结果。自 Macromedia 接收 Allaire 公司后,把原来基于 C＋＋ 开发的 ColdFusion 改为基于 JRun 的 J2EE 平台的一个 Web Application(JRun 也是Allaire公司的一个 J2EE 服务器产品),并正式推出 Macromedia ColdFusion MX 6.0 版本,此时的 cfm 运行原理和 Java 非常类似,cfm 文件被应用服务器编译为对应的 Java 代码并编译成 .class 文件在 JVM 虚拟机上运行。从此 ColdFusion 完全从一个功能齐全的动态 Web 服务器转变为一个 J2EE 应用服务器。同时依旧保留了原有版本的所有特性。ColdFusion 的页面后缀通常为.cfm,同时 Macromeida 公司在发布 ColdFusion MX 时借鉴于 Java 面向对象设计风格,设置了 .cfc 这样的 ColdFusion 文件后缀,他们被称作 ColdFusion Components LINK。cfc 文件就好比一组 cfm function 的集合,使对应的代码具有高度的可重用性。虽然 .cfc 和 custom tag 具有类似的重用性,但 cfc 提供了更加灵活的调用方式,例如 webservice 方式的调用支持。CFM 并不等同于 ColdFusion。CFM 是一种标志语言,而 ColdFusion 是一种应用服务器环境。对于标准的语法结构的 cfm,cfc 文件,它们不仅仅可以运行在 Macromedia ColdFusion 服务器

上,同样的也可直接在 BlueDragon 服务器环境下。

WWW 技术对比如图 8-9 所示。

选择哪一种 Web 应用程序技术取决于多个因素,其中包括对各种脚本语言的熟悉程度以及要使用的应用程序服务器。如图 8-10 所示,如果采用 ColdFusion MX 服务器,可以选择 ColdFusion;如果采用 IIS 服务器,可以选择 ASP 或 ASP. NET;如果采用 PHP 服务器,可以选择 PHP;如果采用 JSP 服务器,则可以选择 JSP。

	ASP	JSP	PHP
Web 服务器	ⅡS、PWS	Apache、ⅡS、PWS、Netscape Server、iPlanet 等	Apache、ⅡS、PWS、Netscape Server 等等
运行平台	Windows	各种 UNIX(Solaris、Linux、AIX、IRIX 等)、Windows、MacOS 等	各种 UNIX(Solaris、Linux、AIX、IRIX 等)、Windows
组件技术	COM	JavaBeans、EJB	COM、JavaBeans
自定义 TAG 语法	无	有	无
开放性	无	多家合作、包括 SUN、IBN、BEA Weblogic、Netscape、Oracle	自由软件
脚本语言支持	VBScript	Jave、EMAC-Script、WebL 等	PHP
建立大型 Web 应用程序	可以	可以	不宜
程序执行速度	快	极速	极速
学习难度	低	较低	低
Session 管理	有	有	有
统一的数据库连接	有、ADO、ODBC	有、JDBC	无
后缀名	asp	jsp	php、php3、phps

图 8-9　WWW 技术对比图

(4)网页浏览器

网页浏览器通过 HTTP 协议连接网页服务器而取得网页,网页的位置以 URL(统一资源定位符)指示,网页通常使用 HTML(超文本置标语言)文件格式。

超文本传输协议(HyperText Transfer Protocol,HTTP)是互联网上应用最为广泛的一种网络协议。设计 HTTP 最初的目的是为了提供一种发布和接收 HTML 页面的方法。通过 HTTP 或者 HTTPS 协议请求的资源由统一资源标识符(Uniform Resource Identifiers,URI)来标识。

Web技术	语言
1.ColdFusion	ColdFusion 标记语言（CFML）
2.ASP.NET	VB.NET、C#等
3.ASP	VBScript、JavaScript
4.JSP	Java
5.PHP	PHP

图 8-10　Web 技术及对应语言

统一资源标识符有时也被俗称为网页地址(网址),如同在网络上的门牌,是因特网上标准的资源的地址(Address)。它最初是由蒂姆·伯纳斯·李发明,用来作为万维网的地址。现在已经被万维网联盟编制为因特网标准 RFC 1738。在因特网的历史上,统一资源定位符的发明是一个非常基础的步骤。统一资源定位符的语法是一般的,可扩展的,它使用 ASCII 代码的一部分来表示因特网的地址。统一资源定位符的开始,一般会标志着一个计算机网络所使用的网络协议标准格式为"协议类型://服务器地址(必要时需加上端口号)/路径/文件名"。

超文本置标语言(HyperText Markup Language,HTML)是一种用于创建网页的标准标记语言。HTML 是一种基础技术,常与 CSS、JavaScript 一起被众多网站用于设计令人赏心悦目的网页、网页应用程序以及移动应用程序的用户界面。网页浏览器可以读取 HTML 文件,并将其渲染成可视化网页。HTML 描述了一个网站的结构语义随着线索的呈现,使之成为一种置标语言而非编程语言。

主流浏览器主要有 IE、Firefox、Opera、Safari 等,浏览器图标如图 8-11 所示。

Internet Explorer(IE)是微软所开发的一系列图形用户界面网页浏览器。自从 1995 年开始,内置在各个新版本的 Windows 作业系统作为默认浏览器,也是微软 Windows 操作系统的一个组成部分。Internet Explorer 伴随着 Windows 操作系统的高普及率,它曾是使用最广泛的网页浏览器——2003 年时市场占有率约 95%。随着 Mozilla Firefox(2004 年)和 Google Chrome(2008 年)的推出,它的市场占有率逐渐下滑。2015 年 9 月,根据 StatCounter 的数据显示,估计 Internet Explorer 的整体市场占有率为 17.11% 至 51.59%,为全球第三大网页浏览器,仅次于 Firefox。2015 年 3 月 17 日,微软宣布 Internet Explorer 不再是 Windows 10 的默认浏览器,并且逐步放弃这一品牌。4 月 29 日,在微软 Build 2015 大会上,微软发布新浏览器 Microsoft Edge,Microsoft Edge 为 Windows 10 的默认浏览器,而 Internet Explorer 只出现在“附件”中,意味着 Internet Explorer 已淡出主流应用。2016 年 1 月,微软宣布将会停止发布 Internet Explorer 11 以外版本的安全性更新。

Mozilla Firefox(中文俗称火狐)是一个自由及开源的网页浏览器,由 Mozilla 基金会及其子公司 Mozilla 公司开发。Firefox 支持 Windows、OS X 及 Linux,其移动版支持 Android 及 Firefox OS,这些版本的 Firefox 使用 Gecko 来排版网页,Gecko 是一个运行当前与预期之网页标准的排版引擎,而在 2015 年发布的 Firefox for iOS 则非使用 Gecko。Firefox 于 2002 年由 Mozilla 社区成员创建,当时叫做“Phoenix”,因为社区成员们想要一个独立的浏览器,而非 Mozilla Application Suite 这样的包。即使在测试阶段,Firefox 也在测试者中颇为流行,并因其速度、安全性及扩充组件而受称赞。Firefox 于 2004 年 11 月首次发布,并且 9 个月内下载量超过 6000 万,获取了巨大的成功,Internet Explorer 的主导地位首次受到了挑战。Firefox 被认为是 Netscape Navigator 的精神续作,因为 Netscape 于 1998 年被 AOL 收购前创建了 Mozilla 社区。截至 2016 年 1 月,Firefox 全球市场占有率为 9% 至 16%,为全球第二流行的网页浏览器。据 Mozilla 统计,截至 2014 年 12 月,Firefox 在全世界拥有 5 亿用户。

Opera 是由 Opera 软件公司所开发的网页浏览器。最新版本可用于 Microsoft Windows、OS X 和 Linux 操作系统,并使用 Blink 排版引擎。而早期版本则使用 Presto 排版引擎。2016 年 2 月 14 日,中国昆仑万维正式宣布收购 Opera,《交易协议》已于 2016 年 2 月 9 日签署,预计于 4 月 30 日前完成基金融资交割,6 月 30 日前完成全面收购。而参与收购的三方分别为中国昆仑万维、奇虎 360、金砖丝路。收购所需 12 亿美元的资金分两部分构成,参与收购的三方直接出资 20%,并由金砖丝路募集剩余 80% 的资金。两部分资金将汇聚在一家简称为 SPV 的基金旗下,并由该基金作为全面收购 Opera 的投资主体。

Safari 是苹果公司所开发,并内置于 OS X 的网页浏览器。Safari 在 2003 年 1 月 7 日首度发行测试版,并从 Mac OS X v10.3 开始成为 OS X 的默认浏览器,也是 iOS 内置的默认浏览器。Windows 版本的首个测试版在 2007 年 6 月 11 日推出,支持 Windows XP、Windows Vista 和 Windows 7,并在 2008 年 3 月 18 日推出正式版,但苹果已于 2012 年 7 月 27 日停止开发 Windows 版的 Safari。Safari 发行后的市场占有率不断攀升。2008 年 2 月,TheCounter.com 报告指 Safari 的市场占有率为 3.34%,而 Net Applications 则指其市占率为 2.63%。其后市场占有率再从 2009 年 1 月的 3.62% 爬升至 2011 年 4 月的 7.1%。在移动设备平台,Net Applications 表示 Safari 占有率为 62.17%。

3. Web 基础

(1)静态网页

静态网页最初都是用超文本置标语言(HTML)来实现的,一般后缀为. htm 或. html。制作工具可以是记事本等纯文本编写工具,也可以是 FrontPage、DreamWeaver 等所见即所得的工具。静态网页的缺点是:如果要修改网页,必须修改源代码,并重新上传。静态网页的执行过程如

图 8-12 所示。

图 8-11　网页浏览器

图 8-12　静态网页的执行过程

　　Web 客户机发出请求,Web 服务器接受请求,在服务器上找到静态网页,然后向客户机发送静态网页,从而对 Web 客户机做出响应。这个过程就好像我们打电话订货一样,告诉商家需要什么规格的商品,然后商家再告诉我们什么商品有货,什么商品缺货。在 WWW 中,"客户"与"服务器"是一个相对的概念,只存在于一个特定的连接期间,即在某个连接中的客户在另一个连接中可能作为服务器。基于 HTTP 协议的客户/服务器模式的信息交换过程,它分 4 个过程:建立连接、发送请求信息、发送响应信息、关闭连接。这就好像打电话订货的全过程。

　　访问 www. cuc. edu. cn/index. htm 的过程如图 8-13 所示。

　　HTML(Hypertext Markup Language)是用于创建可从一个平台移植到另一平台的超文本文档的一种简单标记语言,经常用来创建 Web 页面。HTML 文件是带有格式标识符和超文本链接的内嵌代码的 ASCII 文本文件。

　　HTML 是创建 Web 应用的最基本内容,无论是动态还是静态页面,最终都要产生 HTML 文档。所有的 Web 开发都要涉及用 HTML 设计 Web 页面。

　　所谓超文本,是因为它可以加入图片、声音、动画、影视等内容,事实上每一个 HTML 文档都是一种静态的网页文件,这个文件里面包含了 HTML 指令代码,这些指令代码并不是一种程序语言,它只是一种排版网页中资料显示位置的标记结构语言,易学易懂,非常简单。HTML 的普遍应用就是带来了超文本的技

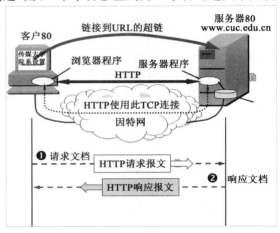

图 8-13　静态网页的访问过程

术——通过单击鼠标从一个主题跳转到另一个主题,从一个页面跳转到另一个页面与世界各地主机的文件链接,直接获取相关的主题。

　　HTML 之所以称为置标语言,是因为它通过不同的标签来标记文档的不同部分。在 HTML 中每个用来作为标签的符号都是一条命令、它告诉浏览器如何显示文本。这些标签均由"<"和">"符号以及一个字符串组成。而浏览器的功能是对这些标记进行解释,显示出文字、图像、动画、播放声音。这些标签符号用"<标签名字 属性>"来表示。

　　HTML 只是一个纯文本文件。创建一个 HTML 文档只需要两个工具,一个是 HTML 编辑器,一个 Web 浏览器。HTML 编辑器是用于生成和保存 HML 文档的应用程序。Web 浏览器是用来打开 Web 网页文件,提供给我们查看 Web 资源的客户端程序。

　　HTML 是制作网页的基础,早期的网页都是直接用 HTML 代码编写的,现在有智能化的网页制作软件,像 FrontPage、Dreamweaver,通常不需要人工去写代码,而是由这些软件自动生成的。尽管不需要自己写代码,但熟练掌握 HTML 代码仍然非常重要。

HTML 有以下特点：

①简易性：超级文本置标语言版本升级采用超集方式，从而更加灵活方便。

②可扩展性：超级文本置标语言的广泛应用带来了加强功能、增加标识符等要求，超级文本置标语言采取子类元素的方式，为系统扩展带来保证。

③平台无关性：超级文本置标语言可以使用在广泛的平台上，这也是万维网(WWW)盛行的另一个原因。

④通用性：另外，HTML 是网络的通用语言，一种简单、通用的全置标语言。它允许网页制作人建立文本与图片相结合的复杂页面，这些页面可以被网上任何其他人浏览到，无论使用的是什么类型的电脑或浏览器。

最简单的静态网页的实例代码如下：

```
< HTML >
    < HEAD >
        < Title >An Example.< /Title >
    < /HEAD >
    < BODY >
        < P align = center > Hello! This is an example!
    < /BODY >
< /HTML >
```

运行效果如图 8-14 所示，静态网页如图 8-15 所示。

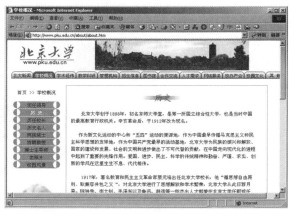

图 8-14　最简单静态网页效果图　　　　　图 8-15　静态网页

(2)动态网页

动态网页与静态网页的本质区别体现在"动"上，动态网页的"动"不是在静态网页上加入Flash，加入动画，加入视频，从而使静态网页动起来而成为动态网页。动态网页的"动"主要体现在互动或者交互上，而这个"互动"指的是用户与服务器或者客户端与服务器之间的互动。

所谓动态网页，就是服务器端可以根据客户端的不同请求动态产生网页内容。动态网页有两个显著特点：其一，可以动态产生页面；其二，支持客户端和服务器端的交互功能。

动态网页文件的扩展名与所使用的 Web 应用开发技术有关，例如，使用 ASP 技术时文件扩展名为.asp，使用 PHP 技术时文件扩展名为.php，使用 JSP 技术时文件扩展名为.jsp。

用户在浏览器中指定一个 URL，浏览器便向该 URL 所指向的 Web 服务器发出请求。

Web 服务器接到浏览器的请求后，把 URL 转换成页面所在服务器的文件路径名。如果 URL指向的是普通 HTML 文档，Web 服务器直接把它传送给浏览器。HTML 文档中可能包含用 Java、

JavaScript、ActiveX、VBScript 等编写的小应用程序（applet），随 HTML 文档传到浏览器，在浏览器所在的机器上执行。如果请求页面为嵌有 JSP 程序的 jsp 文档，则 Web 服务器执行 JSP 程序，并将结果传送至浏览器。

访问 www.cuc.edu.cn/index.jsp 的过程如图 8-16 所示。

（3）动态网页技术

目前流行的动态网页技术主要有 ASP、PHP、JSP、ASP、NET 等。

ASP：Mircosoft；VBScript、JavaScript；Windows 系统；ODBC 支持多数据库；支持 COM 组件；服务器端解释执行。

PHP：源码开放；PHP；支持多平台（受限）；支持多数据库（MySql，Oracle）；服务器端解释执行。

JSP：Sun；Java；真正跨平台；支持 Apache、Netscape、IIS、IBM Http Server 在

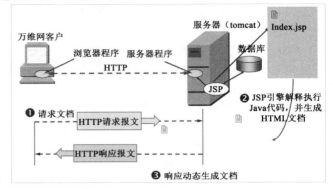

图 8-16 动态网页的访问过程

内的所有主流 Web Server；JDBC 支持多数据库；支持 JavaBean 组件；服务器端将 JSP 编译为 Servlet 进而由 JVM 执行。电子商务多采用 JSP。

动态网页如图 8-17 所示。

图 8-17 动态网页

ASP.NET：Mircosoft.Net 平台（安全、高效）VBScript.Net；Windows 系统；支持 COM 组件；支持多数据库；服务器端编译执行。

JSP 页面是在传统的 HTML 页面文件中加入 Java 程序片和 JSP 标记就构成了一个 JSP 页面文件，按文本文件保存，扩展名为.jsp。

JSP 是 Java Server Pages 的缩写，是由 Sun 公司倡导、许多公司参与，于 1999 年推出的一种动态网页技术标准。JSP 是基于 Java Servlet 以及整个 Java 体系的 Web 开发技术，利用这一技术可以建立安全、跨平台的先进动态网站，这项技术还在不断的更新和优化中。你可能对 Microsoft 的 ASP（Active Server Pages）比较熟悉，ASP 也是一个 Web 服务器端的开发技术，可以开发出动态的、高性能的 Web 服务应用程序。JSP 和 ASP 技术非常相似，ASP 的编程语言是 VBScript 和 JavaScript，JSP 使用的是 Java。与 ASP 相比，JSP 以 Java 技术为基础，又在许多方面做了改进，具有

动态页面与静态页面分离,能够脱离硬件平台的束缚,以及编译后运行等优点,完全克服了 ASP 的脚本级执行的缺点。

　一个 JSP 页面实例代码如下:

```
< % @  page contentType = "text/html;charset = GB2312" % >
< HTML >
        < BODY BGCOLOR = cyan >
            < h3 > 这是一个简单的 JSP 页面 < /h3 >
                < % int i, sum = 0;
                    for( i = 1;i < = 100;i + + )
                    { sum = sum + i;}
                % >
            < h5 >   1 到 100 的连续和是:
            < % = sum % >
            < /h5 >
        < /BODY >
< /HTML >
```

JSP 运行原理是当服务器上的一个 JSP 页面被第一次请求执行时,服务器上的 JSP 引擎首先将 JSP 页面文件转译成一个 Java 文件,并编译这个 Java 文件生成字节码文件,然后执行字节码文件响应客户的请求。

①把 JSP 页面中的 HTML 标记符号(页面的静态部分)交给客户的浏览器负责显示。

②负责处理 JSP 标记,并将有关的处理结果发送到客户的浏览器。

③执行“ < % ”和“% > ”之间的 Java 程序片(JSP 页面中的动态部分),并把执行结果交给客户的浏览器显示。

④当多个客户请求一个 JSP 页面时,Tomcat 服务器为每个客户启动一个线程,该线程负责执行常驻内存的字节码文件来响应相应客户的请求。

将安装 JSP 引擎的计算机称作一个支持 JSP 的 Web 服务器。这个服务器负责运行 JSP,并将运行结果返回给用户。Tomcat 是一个免费的开源 JSP 引擎,也称作 Tomcat 服务器。可以登录 http://jakarta. Apache. org/tomcat 免费下载 Tomcat。

所有程序都在服务器端执行,网络上传送给客户端的仅是得到的结果,对客户浏览器的要求最低。它基于强大的 Java 语言,具有良好的伸缩性,在网络数据库应用开发领域具有得天独厚的优势。

JSP 技术在多个方面加速了动态 Web 页面的开发:

①将内容的生成和显示进行分离。使用 JSP 技术,Web 页面开发人员可以使用 HTML 或者 XML 标识来设计和格式化最终页面。使用 JSP 标识或者小脚本来生成页面上的动态内容(内容是根据请求来变化的,例如请求账户信息或者特定的一瓶酒的价格)。生成内容的逻辑被封装在标识和 JavaBeans 组件中,并且捆绑在小脚本中,所有的脚本在服务器端运行。如果核心逻辑被封装在标识和 Beans 中,那么其他人,如 Web 管理人员和页面设计者,能够编辑和使用 JSP 页面,而不影响内容的生成。

在服务器端,JSP 引擎解释 JSP 标识和小脚本,生成所请求的内容(例如,通过访问 JavaBeans 组件,使用 JDBCTM 技术访问数据库,或者包含文件),并且将结果以 HTML(或者 XML)页面的形式发送回浏览器。这有助于制作者保护自己的代码,而又保证任何基于 HTML 的 Web 浏览器的完全可用性。

②强调可重用的组件。绝大多数 JSP 页面依赖于可重用的,跨平台的组件(JavaBeans 或者 Enterprise JavaBeansTM 组件)来执行应用程序所要求的更为复杂的处理。开发人员能够共享和交换执行普通操作的组件,或者使得这些组件为更多的使用者或者客户团体所使用。基于组件的方法加速了总体开发过程,并且使得各种组织在他们现有的技能和优化结果的开发努力中得到平衡。

③采用标识简化页面开发。Web 页面开发人员不会都是熟悉脚本语言的编程人员。JavaServer Page 技术封装了许多功能,这些功能是在易用的、与 JSP 相关的 XML 标识中进行动态内容生成所需要的。标准的 JSP 标识能够访问和实例化 JavaBeans 组件,设置或者检索组件属性,下载 Applet,以及执行用其他方法更难于编码和耗时的功能。

通过开发定制化标识库,JSP 技术是可以扩展的。今后,第三方开发人员和其他人员可以为常用功能创建自己的标识库。这使得 Web 页面开发人员能够使用熟悉的工具和如同标识一样的执行特定功能的构件来工作。

④JSP 能提供所有 Servlets 功能。与 Servlets 相比,JSP 能提供所有 Servlets 功能,它比用 Println 书写和修改 HTML 更方便。可以更明确地进行分工,Web 页面设计人员编写 HTML,只需留出空间让 Servlets 程序员插入动态部分即可。JSP 技术能够支持高度复杂的基于 Web 的应用。

⑤健壮的存储管理和安全性。由于 JSP 页面的内置脚本语言是基于 Java 编程语言的,而且所有的 JSP 页面都被编译成为 Java Servlet,JSP 页面就具有 Java 技术的所有好处,包括健壮的存储管理和安全性。

⑥一次编写,各处运行。作为 Java 平台的一部分,JSP 拥有 Java 编程语言"一次编写,各处运行"的特点。随着越来越多的供应商将 JSP 支持添加到他们的产品中,可以使用自己所选择的服务器和工具,更改工具或服务器并不影响当前的应用。

8.1.2　Web 2.0

Web 2.0 是相对 Web 1.0 的新的一类互联网应用的统称。Web 1.0 的主要特点在于用户通过浏览器获取信息。Web 2.0 则更注重用户的交互作用,用户既是网站内容的浏览者,也是网站内容的制造者。所谓网站内容的制造者是说互联网上的每一个用户不再仅仅是互联网的读者,同时也成为互联网的作者;不再仅仅是在互联网上冲浪,同时也成为波浪制造者;在模式上由单纯的"读"向"写"以及"共同建设"发展;由被动地接收互联网信息向主动创造互联网信息发展,从而更加人性化。

Web 2.0 指的是一个利用 Web 的平台,由用户主导而生成内容的互联网产品模式,为了区别传统由网站雇员主导生成的内容而定义为 Web 2.0。

Web 2.0 是资源平等的体现。Web 2.0 的应用可以让人了解到目前万维网正在进行的一种改变——从一系列网站到一个成熟的为最终用户提供网络应用的服务平台。这种概念的支持者期望 Web 2.0 服务将在很多用途上最终替换桌面计算机应用。Web 2.0 并不是一个技术标准,不过它包含了技术架构及应用软件。它的特点是鼓励作为信息最终利用者通过分享,使得可供分享的资源变得更丰盛;相反的,过去的各种网上分享方式则显得支离破碎。

Web 2.0 是网络运用的新时代,网络成为新的平台,内容因为每位用户的参与(Participation)而产生,参与所产生的个人化(Personalization)内容,借由人与人(P2P)的分享(Share),形成了现在 Web 2.0 的世界。Darcy DiNucci 在她 1999 年的文章"Fragmented Future"中第一次使用了这个词汇。

Web 2.0 是一种新的互联网方式,通过网络应用(Web Applications)促进网络上人与人间的信息交换和协同合作,其模式更加以用户为中心。典型的 Web 2.0 站点有网络社区、网络应用程序、社交网站、博客、Wiki 等。

Web 1.0 最早的概念包括常更新的静态 HTML 页面。而.com 时代的成功则是依靠一个更加动态的 Web(指代"Web 1.5"),其中 CMS(内容管理系统)可以从不断变化的内容数据库中即时生成动态 HTML 页面。从这两种意义上来说,所谓的眼球效应则被认为是固有的 Web 感受,因此,页面点击率和外观成为了重要因素。

Web 2.0 的支持者认为 Web 的使用正日渐以交互性和未来的社会性网络为导向,所提供的服务内容,通过或不通过创建一个可视的、交互的网页来充分挖掘网络效应。某种观点认为,和传统网站相比,Web 2.0 的网站更多表现为 Point of presence 或者是用户产生内容的门户网站。

另一方面,其实早在 1999 年,著名的管理学者彼得·杜拉克(Peter F. Drucker)就曾指出当时的信息技术发展走错了方向,因为真正推动社会进步的,是"Information Technology"里的"Information",而不是"Technology"。如果仅仅着重技术层面而忽略了信息,就只是一具空的躯壳,不能使社会增值。而 Web 2.0 很明显是通过参与者的交互:不论是提供内容、为内容索引或评分,都能够使他们所使用的平台增值。通过参与者的交互,好的产品或信息凭借着它的口碑,从一小撮用户扩展到一大班人,一旦超过了临界质量,就会"像病毒一样广泛流传"。

正如同创新 2.0 所倡导的以人为本、草根创新、开放创新、共同创新理念,Web 2.0 的核心概念是互动、分享与关系,所有的网络行为,都可用"互动、分享、关系"的概念来作诠释。

Web 2.0 的 9 个特征如下:

(1)以用户为中心

传统网站是以网站设计者为中心,用户只能看到设计者让他们看到的内容;Web 2.0 网站则是以用户为中心,所有的或者大部分的内容是由用户贡献的。

(2)软件即服务

传统网站本质上是计算机后面的人工服务;而 Web 2.0 网站更像一种纯粹的、以网络为平台的软件服务(见图 8-18)。

例如,谷歌文档,类似于微软的 Office 的一套在线办公软件,可以处理和搜索文档、表格、幻灯片,并可以通过网络和他人分享,有 Google 账号就能使用(见图 8-19)。Web 2.0 的发展离不开云计算。

图 8-18 Web 2.0 的代表应用 1

图 8-19 Web 2.0 的实例

(3)数据为王

传统网站信奉的是"内容为王";Web 2.0 网站信奉的是"数据为王"(见图 8-20);它们通常都具有巨大的数据库,并且商业模式就是让用户消费这些数据。

(4)内容的开放性

传统网站往往具有封闭性,外部用户添加和输出数据都很困难;Web 2.0 网站则提供 RSS 等手段供用户在其他地方使用它们的数据。简易信息聚合(也叫聚合内容)是一种 RSS 基于 XML 标准,在互联网上被广泛采用的内容包装和投递协议。digg 中文翻译为"掘客",或者"顶格",美国 digg 公司是 digg 的鼻祖。在一个掘客类网站上申请一个用户即可成为掘客,就像在博客网站上申请一个用户成为博客一样。

Web 2.0 的代表应用如图 8-21 所示。

图 8-20 Web 2.0 的代表应用 2

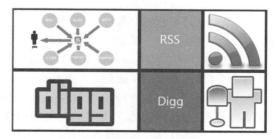

图 8-21 Web 2.0 的代表应用 3

（5）渐进式的开发

传统网站的开发周期往往很漫长，一旦定型，就很少做出变化；Web 2.0 网站则几乎是从不间断一直在开发，不断有新功能，不断有新变化，以致有些网站将自己称作"永远的测试版"。

（6）丰富的浏览器体验

传统网站往往采用单调的静态页面；Web 2.0 网站的页面则通常是可以与用户互动的。

复杂的交互是 Web 2.0 的特色之一，而且交互的范围不再局限于系统中的各个元素，也不再局限于事先定义好的操作，系统之间的交互，以及由不同交互关系构造出来的新应用、新功能，都是通过丰富的 API 实现的（见图 8-22）。

AJAX（Asynchronous JavaScript And XML）异步 JavaScript 及 XML，AJAX 运用 XHTML + CSS 来表达信息；运用 JavaScript 操作 DOM（Document Object Model）来运行动态效果；运用 XML 和 XSLT 操作数据；运用 XMLHttpRequest 为 Agent 与网页服务器进行异步数据交换；运用 JavaScript 技术来实现。

图 8-22　Web 2.0 的代表应用 4

（7）多种使用方式

传统网站往往只限于在个人计算机上浏览；而 Web 2.0 网站更注重提供多种浏览方式。

（8）社会化网络

传统网站的用户之间往往是孤立的；Web 2.0 网站则加入了社交元素，让用户之间能够建立联系，充分满足用户的个性化需求（见图 8-23）。

（9）个体开发者的兴起

传统的想法是开发一个大型网站需要大量的人员；但是大多数 Web 2.0 网站开发者的人数都非常少。

Instant Messaging（IM，即时通信）是一种可以让使用者在网络上建立某种私人聊天室的实时通信服务。

图 8-23　Web 2.0 的代表应用 5

SNS 专指帮助人们建立社会性网络的互联网应用服务，也指社会现有已成熟普及的信息载体，如短信 SMS 服务。SNS 的另一种常用解释：全称 Social Network Site，即"社交网站"或"社交网"。SNS 也指 Social Network Software，社会性网络软件，是一个采用分布式技术，通俗地说是采用 P2P（Peer to Peer）技术构建的下一代基于个人的网络基础软件。

8.1.3　Web 3.0

"人们不停地询问 Web 3.0 是什么。我认为当 SVG 在 Web 2.0 的基础上大面积使用——所有东西都起波纹、被折叠并且看起来没有棱角——以及一整张语义网涵盖着大量的数据，你就可以访问这难以置信的数据资源。"——Tim Berners-Lee。

"Web 1.0 是调用上网，50 KB 平均带宽；Web 2.0 是 1 MB 平均带宽；那 Web 3.0 就该是 10 MB带宽，全图像的网络，这才感觉像 Web 3.0。"——Reed Hastings。

"对 Web 3.0 我的预测将是拼凑在一起的应用程序，带有一些主要特征：程序相对较小、数据处于网络中、程序可以在任何设备上运行（PC 或者手机）、程序的速度非常快并能有很多自定义功能、此外应用程序像病毒一样地扩散（社交网络、电子邮件等）。"——Eric Schmidt。

Web 3.0 也称为语义网（Semantic Web），通过给万维网上的文档（如 HTML）添加能够被计算机所理解的语义（Meta data），从而使整个互联网成为一个通用的信息交换媒介。

语义网是能够根据语义进行判断的网络，也就是一种能理解人类语言，可以使人与计算机之间的交流变得像人与人之间交流一样轻松的智能网络；通过"语义网"，可以构建一个基于网页内数据语义来进行连接的网络，从而使网络能按照用户的要求自动搜寻和检索网页，直至找到所需要的内容。

　　XML(eXtensible Markup Language):HTML 描述了信息在万维网上的显示效果,而 XML(可扩展置标语言)则添加对数据加以描述的标记,它是对 HTML 的补充,而非取而代之。这些标记对于阅读文档的人是不可见的,但对计算机是可见的。XML 标记在万维网中已得到应用,而且现有的机器人(如为搜索引擎采集数据的机器人)就会阅读这些标记。

　　RDF(Resource Description Framework):RDF(资源描述框架)的作用是提供一个描述资源的框架,这是通过 XML 标记实现的。从 RDF 的角度看,世界上几乎每样事物都可视为资源。通过这个框架,资源将与万维网上的特定项或位置相匹配,这样计算机就能确切知道该资源是什么。

8.2　Web 开发环境

8.2.1　软件环境综述

　　Web 开发软件环境主要包括:JDK 版本:JDK 1.6 以上;Java web 容器:Tomcat 6.0 以上;数据库:MySQL 5.1 以上;数据库图形界面:Navicat 9.0 以上;IDE:MyEclipse 8.6 及以上;服务器系统:Windows Server 2016;开发主要语言:Java;开发框架:SSH;浏览器:Firefox 或 Chrome。

1. JDK

　　JDK 是 Java SE 的软件开发工具包,是 Java 应用程序的基础。J2EE 是基于 Java 技术的,所以配置 J2EE 环境之前必须先要安装 JDK。

　　JDK 安装配置步骤如下:

　　①安装 JDK(如版本 jdk-6u18-windows-i586)。

　　②配置 Java 环境:安装完 JDK 后配置环境变量(计算机→属性→高级系统设置→高级→环境变量),如表 8-1 所示。

表 8-1　JDK 环境变量设置表

变量名	变量值(安装路径)
新建 JAVA_HOME 变量	C:\Program Files\Java\jdk1.6.0_18
寻找 Path 变量	在变量值最后输入% JAVA_HOME% \bin;% JAVA_HOME% \jre\bin;
新建 CLASSPATH 变量	% JAVA_HOME% \lib;% JAVA_HOME% \lib\tools. jar;

　　系统变量配置完毕,检验是否配置成功,运行 cmd,输入 java-version,如图 8-24 所示,配置成功。

2. Tomcat

　　Tomcat 是 Apache 组织开发的一种 JSP 引擎,本身具有 Web 服务器的功能,可以作为独立的 Web 服务器来使用,但是,在作为 Web 服务器方面,Tomcat 处理静态 HTML 页

图 8-24　Java 环境配置成功图示

面不如 Apache 迅速,也没有 Apache 健壮,所以一般将 Tomcat 与 Apache 配合使用,让 Apache 对网站的静态页面请求提供服务,而 Tomcat 则作为专用的 JSP 引擎提供 JSP 解析,以得到更好的性能,并且 Tomcat 本身就是 Apache 的一个子项目,所以 Tomcat 对 Apache 提供了强有力的支持。

　　Tomcat 是 Apache 软件基金会(Apache Software Foundation)的 Jakarta 项目中的一个核心项目,支持最新的 Servlet 2.4 和 JSP 2.0 规范。Tomcat 技术先进、性能稳定,而且免费,因而深受 Java 爱好者的喜爱并得到了部分软件开发商的认可,成为目前比较流行的 Web 应用服务器。Tomcat 服务器是一个免费的开放源代码的 Web 应用服务器,属于轻量级应用服务器,在中小型系统和并发

访问用户不是很多的场合下被普遍使用,是开发和调试 JSP 程序的首选。对于一个初学者来说,可以这样认为,当在一台机器上配置好 Apache 服务器,可利用它响应 HTML 页面的访问请求。实际上 Tomcat 部分是 Apache 服务器的扩展,但它是独立运行的,所以运行 Tomcat 时,它实际上是作为一个与 Apache 独立的进程单独运行的。当配置正确时,Apache 为 HTML 页面服务,而 Tomcat 实际上运行 JSP 页面和 Servlet。另外,Tomcat 和 IIS 等 Web 服务器一样,具有处理 HTML 页面的功能,另外它还是一个 Servlet 和 JSP 容器,独立的 Servlet 容器是 Tomcat 的默认模式。

Tomcat 的安装配置步骤如下:

①安装 Tomcat,将 Tomcat 直接解压缩到指定文件夹 C:\Javaweb\tomcat,配置成功如图 8-25 所示。

②安装 Myeclipse 8.6,打开 MyEclipse,依次单击 Window→Preferences→MyEclipse Enterprise Workbench→Servers→ Tomcat→Tomcat 7.x。

③在 Enable 条件下,选择 Tomcat 安装目录的根路径,单击 OK 按钮。

④启动 Tomcat,依次单击 MyEclipse 中的 Run → Open Run Dialog → MyEclipse Server Application:name:tomcat7.x→run→tomcat7.x。

⑤在 IE 地址栏中输入地址 http://localhost:8080,按 Enter 键出现图 8-26 所示的页面,则 Tomcat 配置成功。

图 8-25　Tomcat 配置成功图示

图 8-26　Tomcat 配置成功图示

3. MySQL

MySQL 是一个关系型数据库管理系统,目前属于 Oracle 公司。MySQL 是最流行的关系型数据库管理系统,在 Web 应用方面 MySQL 是最好的 RDBMS 关系数据库管理系统应用软件之一。MySQL 是一种关联数据库管理系统,关联数据库将数据保存在不同的表中,而不是将所有数据放在一个大仓库内,这样就增加了速度并提高了灵活性。MySQL 所使用的 SQL 语言是用于访问数据库的最常用标准化语言。MySQL 软件采用了双授权政策,它分为社区版和商业版,由于其体积小、速度快、总体拥有成本低,尤其是开放源码这一特点,一般中小型网站的开发都选择 MySQL 作为网站数据库。

MySQL 数据库系统使用最常用的数据库管理语言——结构化查询语言(SQL)进行数据库管理。采用数据库图形化界面 Navicat,可直接添加数据。

数据库 MYSQL 的安装配置步骤如下:

①下载安装 MySQL(版本 mysql-installer-community-5.6.15.0)。

②下载安装 Navicat(版本 Navicat_for_MySQL_10.1.7),可以使用 Navicat 直接创建数据库数据表,以及实现对数据表内容的修改的各种操作。

③连接数据库,打开 Navicat,单击"连接"按钮输入连接名"root"以及密码(安装 MYSQL 时设定)。单击"测试"按钮连接,若显示连接成功则数据库配置完成。

4. Navicat

Navicat 是香港卓软数码科技有限公司生产的一系列 MySQL、MariaDB、Oracle、SQLite、PostgreSQL 及 Microsoft SQL Server 的图形化数据库管理及发展软件。它有一个类似浏览器的图形使用者界面,支援多重连线到本地和远端数据库。它的设计合乎各种使用者的需求,从数据库管理员和程序员,到各种为客户服务并与合作伙伴共享信息的不同企业或公司。

Navicat 的最初版本是于 2001 年开发。最初版本主要目标是简化 MySQL 的管理。Navicat 是一个跨平台工具,支持 Microsoft Windows、Mac OS X 及 Linux 平台。在 2002 年 3 月正式发布,Windows 版本的 Navicat for MySQL 成为卓软数码科技第一个提供给公众人士的产品。随后,该公司分别于 2003 年 6 月及 10 月发布两个附加的 Navicat for MySQL Mac OS X 和 Linux 操作系统版本。在 2013 年 11 月,增加了支持 MariaDB。

Navicat 的一些功能包括:视觉化查询建立工具;SSH 及 HTTP 通道;资料及结构迁移及同步;汇入、汇出及备份资料;报表建立工具。

5. MyEclipse

MyEclipse 是一个免费的 IDE 集成开发环境工具,支持多种开发语言,安装插件可使其功能更加强大。MyEclipse 企业级工作平台(MyEclipse Enterprise Workbench,MyEclipse)是一个非常优秀的用于开发 Java、J2EE 的 Eclipse 插件合集,是对 Eclipse IDE 的扩展。利用它可以在数据库和 J2EE 的开发、发布,以及应用程序服务器的整合方面极大地提高工作效率。它是功能丰富的 J2EE 集成开发环境,包括了完备的编码、调试、测试和发布功能,完整支持 HTML、Struts、JSF、CSS、JavaScript、SQL、Hibernate。

MyEclipse 是在 Eclipse 基础上加上自己的插件开发而成的功能强大的企业级集成开发环境,主要用于 Java、Java EE 以及移动应用的开发。MyEclipse 的功能非常强大,支持也十分广泛,尤其是对各种开源产品的支持相当不错。

6. Windows Server

Windows Server 为微软服务器操作系统。

2014 年 10 月 1 日,微软推出"Windows Server Technical Preview",这是 Windows Server 2016(当时仍称 vNext)的第一个测试版本,这一版本的目标用户为企业用户。第一个技术预览版本原定于 2015 年 4 月 15 日发布,但后来微软推出了一个工具导致该版本发布日期延期,直至 2015 年 5 月 4 日第二个技术预览版本推出。2015 年 8 月 19 日,Windows Server 2016 的第三个预览版本发布。2015 年 11 月 19 日,Windows Server 2016 的第四个预览版本发布。

Windows Server 2016 于 2016 年正式发布。与前代不同的是,Windows Server 2016 是根据处理器的核心数而非处理器的数量进行授权,在此之前,BizTalk Server 2013 以及 SQL Server 2014 等就曾采用过这种授权方式。

7. Java

Java 是一种计算机编程语言,拥有跨平台、面向对象、泛型编程的特性,广泛应用于企业级 Web 应用开发和移动应用开发。任职于太阳微系统的詹姆斯·高斯林等人于 20 世纪 90 年代初开发 Java 语言的雏形,最初被命名为 Oak,目标设置在家用电器等小型系统的程序语言,应用在电视机、电话、闹钟、烤面包机等家用电器的控制和通信。由于这些智能化家电的市场需求没有预期的高,Sun 公司放弃了该项计划。随着 20 世纪 90 年代互联网的发展,Sun 公司看到 Oak 在互联网上应用的前景,于是改造了 Oak,于 1995 年 5 月以 Java 的名称正式发布。Java 伴随着互联网的迅猛发展而发展,逐渐成为重要的网络编程语言。Java 编程语言的风格十分接近 C ++ 语言。继承了 C ++ 语言面向对象技术的核心,Java 舍弃了 C ++ 语言中容易引起错误的指针,改以引用替换,同时移除原 C ++ 与原来运算符重载,也移除多重继承特性,改用接口替换,增加垃圾回收器功能。在 Java SE 1.5 版本中引入了泛型编程、类型安全的枚举、不定长参数和自动装/拆箱特性。

Java 语言的解释是："Java 编程语言是个简单、面向对象、分布式、解释性、健壮、安全与系统无关、可移植、高性能、多线程和动态的语言"。Java 不同于一般的编译语言和直译语言。它首先将源代码编译成字节码，然后依赖各种不同平台上的虚拟机来解释执行字节码，从而实现了"一次编写，到处运行"的跨平台特性。在早期 JVM 中，这一定程度上降低了 Java 程序的运行效率。但在 J2SE1.4.2 发布后，Java 的运行速度有了大幅提升。与传统型态不同，Sun 公司在推出 Java 时就将其作为开放的技术。全球数以万计的 Java 开发公司被要求所设计的 Java 软件必须相互兼容。"Java 语言靠群体的力量而非公司的力量"是 Sun 公司的口号之一，并获得了广大软件开发商的认同。这与微软公司所倡导的注重精英和封闭式的模式完全不同，此外，微软公司后来推出了与之竞争的. NET 平台以及模仿 Java 的 C#语言。后来 Sun 公司被甲骨文公司并购，Java 也随之成为甲骨文公司的产品。

1991 年，Sun 公司的 James Gosling 等人，为在电视机、烤面包箱等家用消费类电子产品上进行交互式操作而开发了一个名叫 Oak（一种橡树的名字）的语言。由于商业上的种种原因，这种语言始终没有投放到市场中，而且连 Oak 这个名字也成了问题，因为已经有上百家公司在使用这个名字，所以 Sun 公司根本无法将之注册为商标。最终，Sun 公司决定，将这种语言改名为 Java，并且在互联网上发布，免费提供下载。当时，由于 Oak 的失败，有一些传谣者鼓吹 Java 这些字母代表"只是又一个无意义的缩写词"（Just Another Valueless Acronym）。Sun 公司否认了这一说法，而且说 Java 是语言开发者在喝一种原产于印度尼西亚爪哇群岛的咖啡时，出于一时的灵感而碰撞出的火花。几个月后，出乎所有人的意料，Java 成为赛博空间最热门的话题。Java 被越来越多的用户使用，受到越来越多的重视。上百个 Java 小应用程序在互联网上的多媒体应用中流行起来。一些著名的公司，如微软、IBM、苹果电脑、数字设备公司，纷纷购买了 Java 语言的使用权，随之大量出现了用 Java 编写的软件产品。Java 受到业界的重视与好评。微软总裁比尔·盖茨在悄悄地观察了一段时间后，也感慨地说"Java 是长时间以来最卓越的程序设计语言"。

Java 为什么会在短时期内受到如此多的程序员欢迎？为什么在计算机行业竞争激烈的今天，一个计算机硬件公司开发出来的语言，会一下子得到几乎世界上各大计算机软、硬件公司的支持呢？Java 最重要的特征在于它的操作平台无关性，这是以往任何一种语言都不具备的特征。也就是说，用 Java 语言编写的程序可以在任何一台计算机上运行，而不管该计算机使用何种操作系统，要知道，这可是广大程序员的一个梦想。其次，Java 是一种面向对象的语言。长期以来，人们一直在设法争取问题空间同求解空间在结构上的一致，以使我们在分析、设计和实现程序时，同我们认识客观世界的过程尽可能一致，因此产生了面向对象的程序方法。Java 就是这样一种面向对象的语言，不仅如此，它还代表了面向对象程序设计方法在目前的最高应用水平。对一个程序员来说，这意味着可以将注意力集中在应用程序的数据和处理数据的方法上，而无需过多地考虑处理过程。此外，Java 还是一种非常简单的语言。Java 的前身 Oak，是为家用电器产品设计的，只有简单易用才能推广开来，因此，这种语言被设计得简单而高效。程序员只需理解一些基本的概念，就可以用它编写适合各种情况的应用程序。最后，安全性也成为 Java 受青睐的一个方面。因为在网络环境中，安全是需要认真考虑的一个问题。没有安全的保障，用户绝对不会从 Internet 上随意一个站点上下载一个 Java 小应用程序，并在自己的计算机上运行。Java 语言提供了若干种安全机制来抵御病毒产生或侵入文件系统。这一点也让用户们非常放心。

Java 的出现确实给计算机行业吹来了一股清风；它带来了很多新鲜而有趣的思想和观念；它甚至改变了人们使用计算机的方式。就连环球信息网 WWW 的创始人也说："计算机行业发展的下一个浪潮就是 Java，并且很快就会发生。"如今，在美国硅谷，不懂得 Java 的人是无法找到工作的。在我国，许多计算机权威人士都断言，谁先掌握了 Java，谁就号准了世界的脉搏，就能在信息时代找到自己的立足之地。研究机构 Evans Data 公司最近公布的调查结果显示，Java 早在 2003 年超过 C/C ++ 成为全球软件开发人员的首选语言。参加本次调查的编程人员来自 60 多个国家，他们中 60% 的人在 2003 年开始更多地使用 Java,所用时间超过使用 C/C＋＋或 VB。公布本次调查结果的 Evans Data 公司副总裁 Garvin 说,自该公司 1998 年首次开始跟踪 Java 的使用情况起,Java 用户总数不断增加。她说:"Java 在北美之外的发展更强劲。至少一半被调查的来自各国的开发人员目前使用 Java。尽管最初存在由于 Sun 公司的专有立场和该公司与操作系统社区的矛盾而造成的有关 Java 的争议,但是 Java 不断作为技术热点蚕食 C/C ++ 市场。其主要原因是 Java 具有许多 C ++ 所没有的优点,如简单性、更好的内存管理和跨平台功能。相反,在过去三年里,C ++ 在各国开发人员中的占有率减少。

8.SSH

SSH 是 Struts2、Spring、Hibernate 的缩写。SSH 是由 Struts2 + Spring + Hibernate 的方式来实现,即所谓的 SSH 框架。SSH 是当前在 Java 界很流行的 Java Web 开发框架。Struts2 主要是作为控制层,Spring 主要用于业务层,而 Hibernate 则是数据库持久层。选择框架的一个重要意义就是减少维护成本与减少大型项目的开发周期。框架一般是作为一种标准提出的。

集成 SSH 框架的系统从职责上分为四层:表示层、业务逻辑层、数据持久层和域模块层,以帮助开发人员在短期内搭建结构清晰、可复用性好、维护方便的 Web 应用程序。其中使用 Struts 作为系统的整体基础架构,负责 MVC 的分离,在 Struts 框架的模型部分,控制业务跳转,利用 Hibernate 框架对持久层提供支持,Spring 做管理,管理 Struts 和 Hibernate。具体做法是:用面向对象的分析方法根据需求提出一些模型,将这些模型实现为基本的 Java 对象,然后编写基本的 DAO (Data Access Objects) 接口,并给出 Hibernate 的 DAO 实现,采用 Hibernate 架构实现的 DAO 类来实现 Java 类与数据库之间的转换和访问,最后由 Spring 做管理,管理 Struts 和 Hibernate。

9.浏览器

网页浏览器是一种用于检索并展示万维网信息资源的应用程序。这些信息资源可为网页、图片、影音或其他内容,它们由统一资源标识符标识。信息资源中的超链接可使用户方便地浏览相关信息。网页浏览器虽然主要用于使用万维网,但也可用于获取专用网络中网页服务器之信息或文件系统内之文件。

主流网页浏览器有 Mozilla Firefox、Internet Explorer、Microsoft Edge、Google Chrome、Opera 及 Safari。

8.2.2　软件环境的安装

①安装 IE 或 FireFox 客户端浏览器。

②安装 Java JDK 6.0 并配置相应的环境变量。

③安装与启动 Tomcat 6.0 服务器。

④测试 Tomcat 服务器。

在浏览器的地址栏中输入 http:/localhost:8080 并按 Enter 键。

⑤配置 Tomcat 服务器端口。

C:\Program Files\Apache Software Foundation\Tomcat 6.0\conf\server. xml

Connector port ＝"8080"中的"8080"为"9090"或"80"

⑥集成开发工具 MyEclipse8.0 安装与测试。

8.2.3　软件环境的配置

1.web. xml

web. xml 是 Java Web 开发的核心入口配置文件,它是 Java Web 的最顶级配置,所有的其他配置文件都是基于它,在某种意义上,它是整个工程的"主函数",比如常见的默认首页都是在这个地方配置的:

```
< welcome -file-list >
          < welcome-file > index.jsp </welcome-file >
</welcome-file-list >
```

它的约束说明如下：

```
< web-app version = "2.5" xmlns = "http:/java.sun.com/xml/ns/javaee"
    xmlns:xsi = "http:/www.w3.org/2001/XMLSchema-instance"
    xsi:schemaLocation = "http:/java.sun.com/xml/ns/javaee
    http:/java.sun.com/xml/ns/javaee/web-app_2_5.xsd" >
```

Tomcat 容器会首先读入这个配置文件进行应用配置，如 servlet、filter 等，如果此 web. xml 出现错误，比如不满足 xsd 的约束要求，或者加载里面的 filter 或相关信息出错，导致的后果是整个应用失败。

再来看其他信息，从 SSH 框架的配置信息开始：

```
<! ——配置 struts 过滤器—— >
    < filter >
        < filter-name > struts </filter-name >
    < filter-class > org.apache.struts2.dispatcher.FilterDispatcher </filter-class >
    </filter >
    < filter-mapping >
        < filter-name > struts </filter-name >
        < url-pattern >/* </url-pattern >
    </filter-mapping >
```

这个是 Struts 的配置信息，Struts 的入口就是从这个地方开始的。它是一个过滤器，也就明白了，之前我们写的 Struts 体系中就一个叫做 DispatchFilter 的东西，它就是在这个地方声明的，url-pattern 约束了所有的页面访问都必须经过这个过滤器，然后在这个过滤器中进行页面的控制。

```
< filter >
    < filter-name > IndexFilter </filter-name >
    < filter-class > cuc.configuration.filter.IndexFilter </filter-class >
</filter >
< filter-mapping >
    < filter-name > IndexFilter </filter-name >
    < url-pattern >/* </url-pattern >
</filter-mapping >
```

这个是自定义的过滤器，主要用来处理权限控制的，比如哪些页面应该进行登录后才能进入，哪些可以不进行。其对应解析 java 类为 cuc. configuration. filter. IndexFilter。

public static URLFilterBean parseURL(String url) 是核心方法，它会解析哪些应该通过哪些不应该通过，返回的是一个 URLFilterBean 对象，对应于后面讲述的 page. xml 的数据结构。

```
<! ——过滤字符—— >
        < filter >
            < filter-name > Spring character encoding filter </filter-name >
            < filter-class > org.springframework.web.filter.CharacterEncodingFilter </filter-
class >
            < init-param >
                < param-name > encoding </param-name >
                < param-value > UTF-8 </param-value >
            </init-param >
        </filter >
        < filter-mapping >
            < filter-name > Spring character encoding filter </filter-name >
            < url-pattern >/* </url-pattern >
        </filter-mapping >
```

这是字符过滤器，在 Java 开发中，我们经常会面临中文乱码的问题，为了解决这个问题，我们用 Spring 的这个字符过滤器,让其都采用 UTF-8 的编码方式,初始化参数 encoding 的值为 UTF-8;且针对的 url-pattern 是全体页面。

```
< servlet >
    < description > the authority picture < /description >
    < servlet-name > image < /servlet-name >
    < servlet-class > cuc.configuration.servlet.ImageServlet < /servlet-class >
< /servlet >
< servlet-mapping >
    < servlet-name > image < /servlet-name >
    < url-pattern > /image.jpg < /url-pattern >
< /servlet-mapping >
```

这是验证码生成 Servlet,实现类是 cuc. configuration. servlet. ImageServlet,里面采用了 Java 的图形生成 IO 生成的一个验证码,并将这个验证码的值保存到 session 中提供登录 session 验证。

```
< ! ——下载—— >
  < servlet >
      < servlet-name > download < /servlet-name >
      < servlet-class > cuc.configuration.servlet.DownloadFileServlet < /servlet-class >
< /servlet >
< servlet-mapping >
      < servlet-name > download < /servlet-name >
      < url-pattern > /Download < /url-pattern >
< /servlet-mapping >
```

这是下载 Servlet,我们的下载都必须经过这个 Servlet,让其生成一个下载数据流并提供给浏览器进行下载,之前一直有中文文件名不能下载的情况,现在都可以在这个地方进行处理,因为里面用到了对中文进行 URL 编码(导致中文文件名不能下载的原因主要在此)。

```
< ! ——当访问页面不存在时—— >
    < error-page >
        < error-code > 404 < /error-code >
        < location > /common/configuration/notDerectAccessJSP.html < /location >
    < /error-page >
< ! ——设置全局的根目录—— >
    < context-param >
        < param-name > applictionRoot < /param-name >
        < param-value > /innoPlat < /param-value >
    < /context-param >
```

上面两个一个是当系统出现 404 错误时,返回的一个页面,因为我们不想让它出现浏览器默认的页面,故自定义了这个页面。下一个则是全局根目录的 application 变量,因为 Java Web 地址是相对于工程来说的,而不是从域名的"/"下开始,故我们的资源就必须加上 Java Web 的工程名,写在这个地方是让其能进行统一的管理。

下面这个是 Spring 的配置信息了:

```
< ! ——配置 spring—— >
        < listener >
< listener-class > org.springframework.web.context.ContextLoaderListener < /listener-class >
        < /listener >
        < context-param >
            < param-name > contextConfigLocation < /param-name >
            < param-value > /WEB-INF/classes/applicationContext.xml < /param-value >
        < /context-param >
```

这个配置文件主要是为 Spring 去哪个地方加载它自己的配置信息,比如在这里是在根目录的/WEB-INF/classes/applicationContext. xml,用的是监听器,SSH 保证应用启动时就应该把 IOC 的相关数据加载到内存中去,这样我们就可以直接依据保存在内存中的数据结构去创造对象。

```
<!——监听系统关闭与启动——>
<listener>
<description>detect the system when it is open or closed</description>
<listener-class>cuc.configuration.listener.ApplicationListener</listener-class>
</listener>
```

这个写的是监听系统的关闭与启动,但其内部实现功能并不如此,在类 ApplicationListener 中除了监听系统外,还有前面的全局变量 applictionRoot,以及读取 page.xml 配置文件的能力。核心方法如下:

```
/**
    * 初始系统变量
    * @param event
    */
    private void initPara(ServletContextEvent event);
/**
    * 初始访问量
    * @param event
    */
    private void initAccessMount(ServletContextEvent event);
/**
     * 初始拦截路径
    * @param event
    */
    private void initPage(ServletContextEvent event);
/**
    * 初始 serviceLoader
    * @param event
    */
    private void initServiceLoader(ServletContextEvent event);
```

其中最后一个是需要使用 Spring 的一个关键类,是除了 IOC 之外的一种用法。

web.xml 是系统的核心。我们所需要的其他配置信息都需要这个配置文件作为急先锋。以上只是介绍性地说明了 web.xml 中做了哪些工作。是为后面有些工作做前提条件的,也就表明了这个配置文件相当于一个入口。

2. struts.xml

在前面的 web.xml 中已经知道,struts 入口类是 org.apache.struts2.dispatcher.FilterDispatcher,struts 对于表现层页面的控制是由自己的配置文件实现的。那么这个配置文件就是 struts.xml。

struts.xml 的格式大概如下:

```
<?xml version="1.0" encoding="UTF-8"?>
<!DOCTYPE struts PUBLIC
    "-//Apache Software Foundation//DTD Struts Configuration 2.0//EN"
    "http://struts.apache.org/dtds/struts-2.0.dtd">

<struts>
<package name="struts-default-ajax" abstract="true" extends="struts-default">
    <constant name="struts.action.extension" value="do" />
        <action name="NewsList" class="AllPlatNewsAction" method="turn">
            <result name="ok">/super/platNews/newsList.jsp</result>
        </action>
    </package>
    <include file="struts/xml/Online.xml"></include>
</struts>
```

为什么系统会自动找到这个配置文件就是 struts 的入口？而不是这个 struts/xml/Online. xml？就是解析的地方, org. apache. struts2. config. StrutsXmlConfigurationProvider。在里面有一个构造函数在没有提供其他配置文件时, 系统就会自动找到 struts. xml 作为配置文件。这个类继承了 XmlConfigurationProvider, 通过查看源代码, 我们更清楚, 为什么 struts 2 是 xwork 的另一个名字了, 而不是 struts 1 的继承。

```
dtdMappings.put("-//Apache Software Foundation//DTD Struts Configuration 2.0//EN", "struts-2.
0.dtd");
    dtdMappings.put("-//Apache Software Foundation//DTD Struts Configuration 2.1//EN", "struts-2.
1.dtd");
    dtdMappings.put("-//Apache Software Foundation//DTD Struts Configuration 2.1.7//EN", "struts-
2.1.7.dtd");
```

这里面记载的都是一些 dtd 文件, 系统首先根据这些约束文档检查写的 xml 是否完整, 然后才会解析整个文档, 这样就可以避免不必要的系统开支, 有错误就直接拒绝执行。

3. applicationContext. xml

细心的人应该会在 web. xml 配置文件看到过 applicationContext. xml 这个词, Spring 配置文件就是这个, 它一般由应用开发者指定位置。其形式如下：

```
<? xml version = "1.0" encoding = "UTF-8"? >
<beans xmlns = "http://www.springframework.org/schema/beans"
    xmlns:xsi = "http://www.w3.org/2001/XMLSchema-instance"
xmlns:aop = "http://www.springframework.org/schema/aop"
    xmlns:tx = "http://www.springframework.org/schema/tx"
xmlns:p = "http://www.springframework.org/schema/p"
    xsi:schemaLocation = "
    http://www.springframework.org/schema/beans
    http://www.springframework.org/schema/beans/spring-beans-2.5.xsd
    http://www.springframework.org/schema/aop
    http://www.springframework.org/schema/aop/spring-aop.xsd
    http://www.springframework.org/schema/tx
    http://www.springframework.org/schema/tx/spring-tx.xsd
    " >
    <import resource = "/spring/xml/Online.xml" />
    <bean id = "HibernateSessionFactory"
        class = "org.springframework.orm.hibernate3.LocalSessionFactoryBean" >
        < property name = " configLocation" value = " classpath:hibernate. cfg. xml" > </
property >
    </bean>
    <bean id = "hibernateDaoSupport" abstract = "true"
        class = "org.springframework.orm.hibernate3.support.HibernateDaoSupport" >
        <property name = "sessionFactory" ref = "HibernateSessionFactory" > </property>
    </bean>
    </beans>
```

这里只是列出了数据库配置的信息, 这是 spring 结合 hibernate 时所用的写法, 其中核心类为 org. springframework. orm. hibernate3. LocalSessionFactoryBean, 因为会把数据库操作托管给 spring（提供 SesssionFactory, 进而提供 session 与事务）, 所以提供了 hibernate 的配置文件, 并且会让 spring 依靠这个类帮助管理事务（采用的是 AOP）。事务配置信息：tx: advice 对应的类是 org. springframework. transaction. interceptor. TransactionInterceptor。

```
<bean id = "transactionManager"
    class = "org.springframework.orm.hibernate3.HibernateTransactionManager" >
    <property name = "sessionFactory" ref = "HibernateSessionFactory" > </property>
</bean>
<tx:advice id = "defaultTransactionAdvice" transaction-manager = "transactionManager" >
```

```
      <tx:attributes >
          <tx:method name = "* " propagation = "REQUIRED" / >
      </tx:attributes >
  </tx:advice >
  <aop:config >
      <! ——cuc.service 包或子包下所有的类的任何返回值的所有方法—— >
      <aop:pointcut expression = "execution(*  cuc.service..* .* (..))"
          id = "allService" / >
      <aop:advisor advice-ref = "defaultTransactionAdvice"
          pointcut-ref = "allService" / >
  </aop:config >
```

当然在这个配置文件中,还有一个自定义的 AOP,如下:

```
<bean id = "SystemLogPointcuts" class = "cuc.configuration.aspectJ.LogsAspect" > </bean >
<aop:aspectj-autoproxy > </aop:aspectj-autoproxy >
```

这个 AOP 与事务的 AOP 写法并不一致,是因为采用了解编程的缘故,advice 与 pointcut 都写在其他的地方了。

4. Hibernate. cfg. xml

Hibernate. cfg. xml 是配置数据库持久层的相关信息的。由于在 Java 中面临编译的问题,经常会把数据库的连接信息写在配置文件中。Hibernate 也是这种传统。这个配置文件是一个主配置文件,另外 hibernate 还有持久对象配置文件。格式如下:

```
Hibernate.cfg.xml
<? xml version = "1.0" encoding = "UTF-8"? >
<! DOCTYPE hibernate-configuration PUBLIC
    " - //Hibernate/Hibernate Configuration DTD 3.0//EN"
    "http://hibernate.sourceforge.net/hibernate-configuration-3.0.dtd" >
<hibernate-configuration >
    <session-factory >
        <property name = "hibernate.dialect" >
            net.sf.hibernate.dialect.MYSQLDialect </property >
        <property name = "hibernate.format_sql" > true </property >
        <property name = "hibernate.show_sql" > true </property >
        <property name = "connection.useUnicode" > true </property >
        <property name = "connection.characterEncoding" > utf-8 </property >
        <property name = "myeclipse.connection.profile" > mysql </property >
        <property name = "connection.url" > jdbc:mysql://localhost:3306/cuc_new
        </property >
        <property name = "connection.username" > root </property >
        <property name = "connection.password" > lixing </property >
        <property name = "connection.driver_class" > com.mysql.jdbc.Driver </property >
        <property name = "dialect" > org.hibernate.dialect.MySQLDialect </property >
        <mapping resource = "cuc/database/bean/schema/EnterpriseUser.hbm.xml" / >
        </session-factory >
</hibernate-configuration >
```

持久化对象映射配置文件 OnlineTrainAirCourseApply. hbm. xml 的格式如下:

```
<? xml version = "1.0" encoding = "UTF-8"? >
<! DOCTYPE hibernate-mapping PUBLIC " - //Hibernate/Hibernate Mapping DTD 3.0//EN"
"http://hibernate.sourceforge.net/hibernate-mapping-3.0.dtd" >
    <! ——
    write by starlee
—— >
<hibernate-mapping >
```

```
< class name = "cuc.database.bean.OnlineTrainAirCourseApply"
    table = "onlineTrainAirCourseApply" catalog = "cuc_new" >
    < id name = "id" type = "java.lang.Integer" >
        < column name = "ID" length = "11" />
        < generator class = "identity" / >
    </id>
    < property name = "state" type = "string" >
        < meta attribute = "field-description" >课堂状态</meta >
        < column name = "State" length = "1" not-null = "true" default = "0" > </column >
    </property >
    </class>
</hibernate-mapping>
```

8.3　MVC 模式

　　MVC 模式(Model-View-Controller)是软件工程中的一种软件架构模式,把软件系统分为 3 个基本部分:模型(Model)、视图(View)和控制器(Controller)。

　　MVC 模式最早由 Trygve Reenskaug 在 1978 年提出,是施乐帕罗奥多研究中心(Xerox PARC)在 20 世纪 80 年代为程序语言 Smalltalk 发明的一种软件架构。MVC 模式的目的是实现一种动态的程序设计,使后续对程序的修改和扩展简化,并且使程序某一部分的重复利用成为可能。除此之外,此模式通过对复杂度的简化,使程序结构更加直观。软件系统通过对自身基本部分分离的同时也赋予了各个基本部分应有的功能。专业人员可以通过自身的专长分组:

　　控制器(Controller):负责转发请求,对请求进行处理。

　　视图(View):界面设计人员进行图形界面设计。

　　模型(Model):程序员编写程序应有的功能(实现算法等)、数据库专家进行数据管理和数据库设计(可以实现具体的功能)。

　　除了将应用程序划分为 3 种组件,模型—视图—控制器(MVC)设计定义它们之间的相互作用。

　　模型(Model)用于封装与应用程序的业务逻辑相关的数据以及对数据的处理方法。Model 有对数据直接访问的权力,例如对数据库的访问。Model 不依赖 View 和 Controller,也就是说,Model 不关心它会被如何显示或是如何被操作。但是 Model 中数据的变化一般会通过一种刷新机制被公布。为了实现这种机制,那些用于监视此 Model 的 View 必须事先在此 Model 上注册,从而 View 可以了解在数据 Model 上发生的改变。

　　视图(View)能够实现数据有目的的显示。在 View 中一般没有程序上的逻辑。为了实现 View 上的刷新功能,View 需要访问它监视的数据模型(Model),因此应该事先在被它监视的数据那里注册。

　　控制器(Controller)起到不同层面间的组织作用,用于控制应用程序的流程。它处理事件并作出响应。"事件"包括用户的行为和数据 Model 上的改变。

　　MVC 本来是存在于 Desktop 程序中的,M 是指数据模型,V 是指用户界面,C 则是控制器。使用 MVC 的目的是将 M 和 V 的实现代码分离,从而使同一个程序可以使用不同的表现形式。比如一批统计数据可以分别用柱状图、饼图来表示。C 存在的目的则是确保 M 和 V 的同步,一旦 M 改变,V 应该同步更新。

　　MVC 的目的是为了将页面显示、业务逻辑和基础业务操作有效地分离开来,让三层之间各尽其责又有效地协作,从而达到共同构建高效,高重用,易维护的软件系统。

　　MVC 的优点主要有:

　　①高重用性和可适用性。随着技术的不断进步,现在需要用越来越多的方式来访问应用程序。MVC 模式允许使用各种不同样式的视图来访问同一个服务器端的代码。它包括任何 Web

（HTTP）浏览器或者无线浏览器（WAP），比如，用户可以通过计算机也可通过手机来订购某样产品，虽然订购的方式不一样，但处理订购产品的方式是一样的。由于模型返回的数据没有进行格式化，所以同样的构件能被不同的界面使用。例如，很多数据可能用 HTML 来表示，但是也有可能用 WAP 来表示，而这些表示所需要的仅仅是改变视图层的实现方式，而控制层和模型层无需做任何改变。

②较低的生命周期成本。MVC 使降低开发和维护用户接口的技术含量成为可能。

③快速的部署。使用 MVC 模式使开发时间得到相当大的缩减，它使程序员（Java 开发人员）集中精力于业务逻辑，界面程序员（HTML 和 JSP 开发人员）集中精力于表现形式上。

④可维护性。分清视图层和业务逻辑层也使得 Web 应用更易于维护和修改。

⑤有利于软件工程化管理。由于不同的层各司其职，每一层不同的应用具有某些相同的特征，有利于通过工程化、工具化管理程序代码。

图 8-27 所示为 MVC 示意图，图 8-28 所示为 MVC 的图例。

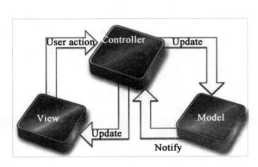

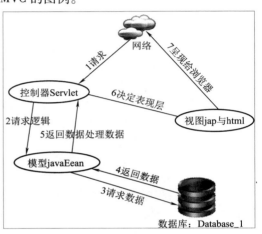

图 8-27　MVC 示意图　　　　　　　图 8-28　MVC 的图例

MVC 模式是为软件系统开发提出的，但在 Java Web 的网站开发中，却具有现实意义。我们不再把 jsp 当成一个逻辑层，而纯粹就是一个 View 层，与 html 的作用是一致的，Servlet 则一个逻辑控制层，当然我们看不到 Servlet，因为它已经被 Struts 封装，我们则把模型层交给了 javaBean，但 javaBean 也只是提供数据模型。

OCP 原则是程序设计中一个重要的原则，即开（Open）闭（Close）原则（Principle），它的意义是指对于程序的扩展是开放的，但对于程序的修改却要求是关闭的。我们要尽量保证代码的质量不要往回退，也就是要求写代码处理问题时不要采用拼凑的方法来解决，一个很简单的例子就是有很多对特定数据处理的方法，这样一来，特化的地方越多，你的代码就越难扩展，代码的意图也就越来越模糊。所以，我们第一时间考虑的应该是如何做抽象共性，而不是盲目的完成功能。

8.4　SSH

SSH 是 Struts2、Spring、Hibernate 的缩写，是由 Struts2 + Spring + Hibernate 的方式来实现，即所谓的 SSH 框架（见图 8-29），是当前在 Java 界很流行的 Java Web 开发框架。Struts2 主要是作为控制层，Spring 主要用于业务层，而 Hibernate 则是数据库持久层。选择框架的一个重要意义就是减少维护成本与减少大型项目的开发周期。框架一般是作为一种标准提出的。

Proxy（俗称代理）是一种设计模式，在 SSH 框架中几乎都会与其接触，作为应用开发可能只是一闪而过，但是分析 SSH 的框架原理就不应该避而不谈 Struts2 的 Interceptor、Spring 的 AOP、

Hibernate 的拦截器(对数据更新等的预处理,删除文档同进删除复件等)。Java 的 JDK 提供了默认的动态代理功能,但它有一个针对接口的代理,CGLIB 是另外一种代理方式,它更加强大,针对类也可以提供代理。代理的作用主要是在执行某些特定类的方法时对其进行预处理,或后处理,或包围处理,或异常处理。Spring 面向切面编程(AOP)就是建立在这个基础上的。记录日志时,最原始的方法就是在每个方法前加上这样一个记录的调用,但这样对维护的代价是十分高昂的,而代理只让我们维护相应的 Advice 与 pointcut、aspect 即可。Spring 中的对象生成也是由代理生成的,虽然反射也能解决部分问题,在 Spring 的事务管理中也是由代理完成的。Struts 2 的代理主要是让 Struts2 解脱 Struts1 那样只充当控制器的角色,而更多的去解决模型层的问题,实现一个叫做 pull 数据的机制,即数据是表现层从 Action 拉出的而不需要另外的模型层,当然这个与 Filter 是不能分开的。

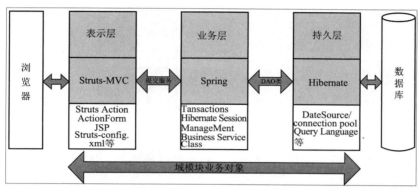

图 8-29　SSH 框架图

SSH 框架即 Struts2 + Spring + Hibernate,细分为 Web 层、业务逻辑层(Service 层)、数据访问层(DAO 层)、持久对象层(PO 层)。

所以该模块的基本层次结构如图 8-30 所示。

中间层各组件调用关系如图 8-31 所示。

图 8-30　SSH 基本层次结构　　　　图 8-31　中间层各组件调用关系

SSH 层次关系图如图 8-32 所示。

(1)JSP 页面(也可称为表现层):主要作用通过表单等接收用户填写的数据传给 Action 层,以及将 Action 层返回的结果呈现给用户。主要使用 HTML 标签和 JSP 标签等。HTML 是静态部分,JSP 是动态部分。页面用户填写的数据和返回给用户的处理结果属于动态部分,其他基本是静态部分。

(2)Action 层:主要作用是收集 JSP 页面的数据,主要是定义一系列的 Action 类,Action 的每个属性对应 JSP 页面的表单的某个组件,这样来自页面上用户填写的表单的数据就会存到 Action 的某个属性中,然后就可以调用 Service 层定义的方法对数据进行处理,处理后的结果返回新的 JSP 页面里。Action 层的 Action 类需要 Struts 的配置文件进行配置,这一层就是 SSH 中的第一个 S (Struts)。

(3)服务层:主要指 Service 层,主要作用是处理数据,对来自 Action 收集的数据进行处理,同时会定义一些业务方法供 Action 层使用,Service 层需要 Spring 的配置文件进行配置,这一层就是 SSH 中的第二个 S(Spring)。

(4)DAO 层:是编写的一些数据库操作的类和接口,即根据模块的需要对 JavaBean 的对象进行操作,包括数据的查询、插入、删除、更新的具体操作。

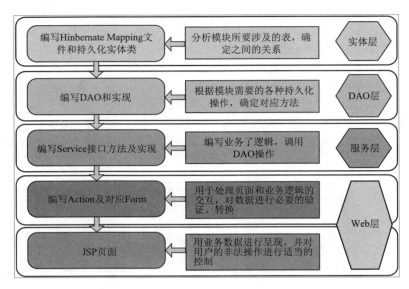

图 8-32　SSH 层次关系图

(5)实体层:主要是编写 JavaBean,每个 JavaBean 对应数据库中的一张表,JavaBean 的每个属性对应数据表的一个字段,通过 Hibernate 的配置文件进行配置,这样操作 JavaBean 就等同于操作数据库的数据表。Hibernate 就是 SSH 中的 H。

8.4.1　Struts 2

Struts 框架是一个在 JSP Model 2 基础上实现的 MVC 框架,主要分为模型(Model)、视图(Viewer)和控制器(Controller)3 部分,其主要的设计理念是通过控制器将表现逻辑和业务逻辑解耦,以提高系统的可维护性、可扩展性和可重用性。使用 Structs 主要是因为虽然 JSP、Servlet、JavaBean 技术的出现给构建强大的企业应用系统提供了可能,但用这些技术构建的系统非常繁乱,所以,需要一个规则、一个把这些技术组织起来的规则,这就是框架,Struts 便应运而生。

Struts 的工作机制是:Web 应用程序启动时就会加载并初始化 ActionServlet。用户提交表单时,一个配置好的 ActionForm 对象被创建,并被填入表单相应的数据,ActionServlet 根据 Struts-config. xml 文件配置好的设置决定是否需要表单验证,如果需要就调用 ActionForm 的 Validate ( )验证后选择将请求发送到那个 Action, 如果 Action 不存在,ActionServlet 会先创建这个对象,然后调用 Action 的 Execute( )方法。Execute ( )从 ActionForm 对象中获取数据,完成业务逻辑,返回一个ActionForward对象,ActionServlet 再把客户请求转发给 ActionForward 对象指定的 JSP 组件,ActionForward对象指定的 JSP 生成动态的网页,返回给客户。

Struts 2 是 Struts 的下一代产品,是在 Struts 和 WebWork 的技术基础上进行了合并,全新的 Struts 2 框架。其全新的 Struts 2 的体系结构与 Struts 1 的体系结构的差别巨大。Struts 2 以 WebWork 为核心,采用拦截器的机制来处理用户的请求,这样的设计也使得业务逻辑控制器能够与 Servlet API 完全脱离开,其与 Struts 1 相比的优势在于:

在 Action 的实现方面:Struts 1 要求必须统一扩展自 Action 类,而 Struts 2 中可以是一个普通的 POJO。

线程模型方面:Struts 1 的 Action 工作在单例模式,一个 Action 的实例处理所有的请求。Struts 2 的 Action 是一个请求对应一个实例。没有线程安全方面的问题。

Servlet 依赖方面:Struts 1 的 Action 依赖于 Servlet API,比如 Action 的 Execute 方法的参数就包

括 Request 和 Response 对象,这使程序难于测试。Struts 2 中的 Action 不再依赖于 Servlet API,有利于测试,并且实现 TDD。

封装请求参数:Struts 1 中强制使用 ActionForm 对象封装请求的参数。Struts 2 可以选择使用 POJO 类来封装请求的参数,或者直接使用 Action 的属性。

表达式语言方面:Struts 1 中整合了 EL,但是 EL 对集合和索引的支持不强,Struts 2 整合了 OGNL(Object Graph NavigationLanguage)。

绑定值到视图技术:Struts1 使用标准的 JSP,Struts2 使用 ValueStack 技术。

类型转换:Struts 1 中的 ActionForm 基本使用 String 类型的属性。Struts 2 中使用 OGNL 进行转换,可以更方便的使用。

数据校验:Struts 1 中支持覆盖 validate 方法或者使用 Validator 框架。Struts 2 支持重写 validate 方法或者使用 XWork 的验证框架。

Action 执行控制的对比:Struts 1 支持每一个模块对应一个请求处理,但是模块中的所有 Action 必须共享相同的生命周期。Struts 2 支持通过拦截器堆栈为每一个 Action 创建不同的生命周期。

Struts 框架示意图如图 8-33 所示。

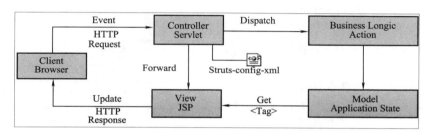

图 8-33　Struts 框架示意图

在 Struts 2 中有一个核心控制器 FilterDispatcher,负责处理用户的所有请求,如果遇到以.action 结尾的请求 URL,就会交给 Struts2 框架来处理。基本工作流程如下:

(1)客户端浏览器发送请求。

(2)核心控制器 FilterDispatcher 接收请求后,根据后面的扩展名,来决定是否调用 Action 以及调用哪个 Action。

(3)在调用 Action 的 Execute 方法之前,Struts 2 会调用一系列的拦截器(合称拦截器链)以提供一些通用功能。

(4)在调用拦截器链后,Struts 2 就会调用 Action 的 Execute 方法。在 Execute 方法中执行用户的相关操作。

(5)根据 Action 的 Execute 方法的返回值,将处理结果信息返回浏览器。

Struts 2 是一个充当 Action 角色的框架,主要负责对数据的收集,并且调用相应模型层的方法处理这些数据并且返回数据,指定表现层。其数据流程如图 8-34 所示。

Struts 2 有自己专属的配置文件,相关页面的控制信息都是在这个配置文件中得到解析的。借用 Java Web 的 filter 技术(所以我们一般会看到在 web. xml 配置 Struts 的中上一个过滤器 org. apache. struts2. dispatcher. FilterDispatcher),Struts 2 会首先根据 Struts.

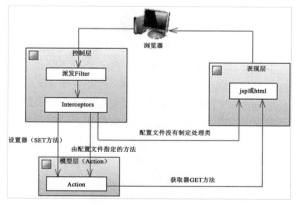

图 8-34　Struts 2 数据流程图

xml 配置文件形成一个保存在内存中的数据结构,由过滤器得到请求的地址,剥掉后缀(如 do、action)后,到已经存在的 Struts 数据结构中请求相应的 action 名字,这个过程再使用代理 proxy 的形式对这些请求数据进行 inerceptor 如类型转换、Set 值等,同时保存在 valuestack(值栈,是一个静态内存块)中,处理完后,又进行相反拦截操作,主要判断函数的返回字符值(这个是 Struts 灵活性的最大体现,由返回值就能决定下一步该如何操作,控制层的概念在这个地方尤为明显,很大程度让我们知道,改变值后就能改变表现形式),决定要跳转的表现层页面。在这里核心是代理与配置,以及各类 Interceptor。

Interceptor 为我们提供了很多灵活处理数据的办法,如上传,因为上传文件的 I/O 与传统 I/O 不一样,常常我们要写一个特殊处理的类来解决这个问题,有了 Interceptor,我们完全可以在不改动 Action 的前提下,自己写一个集中处理上传表单的类来接收上传文件,并把数据提供给相应的 Action。在 Interceptor 的帮助下,我们甚至可以直接在页面中以静态的形式"声明"javaBean 对象,并给这个对象的相应属性赋予相应的值,这当然有反射与代理的功劳。

所以 Struts 2 就具有以下的特点:高度解耦,页面与逻辑不再紧紧的结合在一起;高可重用性与可维护性,只要修改几个地方,就能实现一种全新的表现形式,如果觉得网页不友好,还可以改成其他表现形式,因为页面只是显示而已。

好处还不仅如此,Struts 2 还提供了一套自己的 UI 标签,Struts 2 为了让开发者更容易的操作其内部数据成特意写了这样一组标签,这样,一些数据用标签就可以处理了,进一步解耦了表现层与逻辑层。

Struts 2 的体系图如图 8-35 所示。

8.4.2　Spring

Spring 框架可以用在任何 J2EE 服务器中,它是一种解决了许多 J2EE 开发中常见问题并能够替代 EJB 技术的强大的轻量级框架。Spring 大多数功能

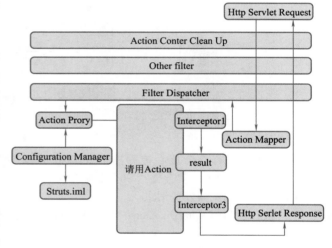

图 8-35　Struts 2 的体系图

也适用于不受管理的环境,Spring 的要点是:支持不绑定到特定 J2EE 服务的可重用业务和数据访问对象。毫无疑问,这样的对象可以在不同的 J2EE 环境(Web 或 EJB)、独立应用程序、测试环境之间重用。

Spring 框架是一个分层架构,由 7 个定义良好的模块组成。Spring 模块构建在核心容器之上,核心容器定义了创建、配置和管理 bean 的方式。组成 Spring 框架的每个模块(或组件)都可以单独存在,或者与其他一个或多个模块联合实现。

Spring 既是一个 AOP 框架,也是一个 IOC 容器。面向方面的编程,即 AOP,是一种编程技术,它允许程序员对横切关注点或横切典型的职责分界线的行为(如日志和事务管理)进行模块化。AOP 的核心构造是方面,它将那些影响多个类的行为封装到可重用的模块中。IOC 是指由容器中控制组件之间的关系(这里,容器是指为组件提供特定服务和技术支持的一个标准化的运行时的环境),而非传统实现中由程序代码直接操控,这种将控制权由程序代码到外部容器的转移称为"翻转"。Spring 最好的地方是它有助于替换对象。有了 Spring,只要用 JavaBean 属性和配置文件加入依赖性,然后可以很容易地在需要时替换具有类似接口的协作对象。

轻量:从大小与开销两方面而言 Spring 都是轻量的。完整的 Spring 框架可以在一个大小只有

1 MB 多的 JAR 文件里发布。并且 Spring 所需的处理开销也是微不足道的。此外，Spring 是非侵入式的：Spring 应用中的对象不依赖于 Spring 的特定类。

控制反转：Spring 通过一种称作控制反转（IOC）的技术促进了松耦合。当应用了 IOC，一个对象依赖的其他对象会通过被动的方式传递进来，而不是这个对象自己创建或者查找依赖对象。你可以认为 IOC 与 JNDI 相反——不是对象从容器中查找依赖，而是容器在对象初始化时不等对象请求就主动将依赖传递给它。

面向切面：Spring 提供了面向切面编程的丰富支持，允许通过分离应用的业务逻辑与系统级服务（如审计和事务管理）进行内聚性的开发。应用对象只实现它们应该做的——完成业务逻辑——仅此而已。它们并不负责（甚至是意识）其他的系统级关注点，如日志或事务支持。

容器：Spring 包含并管理应用对象的配置和生命周期，在这个意义上它是一种容器，可以配置你的每个 Bean 如何被创建——基于一个可配置原型（prototype），Bean 可以创建一个单独的实例或者每次需要时都生成一个新的实例，以及它们是如何相互关联的。然而，Spring 不应该被混同于传统的重量级的 EJB 容器（它们经常是庞大与笨重的，难以使用）。

框架：Spring 可以将简单的组件配置、组合成为复杂的应用。在 Spring 中，应用对象被声明式地组合，典型地是在一个 XML 文件中。Spring 也提供了很多基础功能（事务管理、持久化框架集成等等），将应用逻辑的开发留给了用户。

所有 Spring 的这些特征使你能够编写更干净、更可管理，并且更易于测试的代码。它们也为 Spring 中的各种模块提供了基础支持。

Spring 框架的工作机制：

（1）Spring MVC 将所有的请求都提交给 DispatcherServlet，它会委托应用系统的其他模块负责对请求进行真正的处理工作。

（2）DispatcherServlet 查询一个或多个 HandlerMapping，找到处理请求的 Controller。

（3）DispatcherServlet 请求提交到目标 Controller。

（4）Controller 进行业务逻辑处理后，会返回一个 ModelAndView。

（5）Dispathcher 查询一个或多个 ViewResolver 视图解析器，找到 ModelAndView 对象指定的视图对象。

（6）视图对象负责渲染返回给客户端。Spring 框架（见图 8-36）是一个松耦合的框架，框架的部分耦合度被设计为最小，在各个层次上具体选用哪个框架取决于开发者的需要。

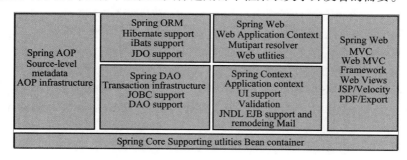

图 8-36　Spring 框架示意图

组成 Spring 框架的每个模块（或组件）都可以单独存在，或者与其他一个或多个模块组合实现。每个模块的功能如下：

核心容器：提供 Spring 框架的基本功能。核心容器的主要组件是 BeanFactory，它是工厂模式的实现。BeanFactory 使用控制反转（IOC）模式将应用程序的配置和依赖性规范与实际的应用程序代码分开。

Spring 上下文：是一个配置文件，向 Spring 框架提供上下文信息。Spring 上下文包括企业服务,如 JNDI、EJB、电子邮件、国际化、校验和调度功能。

Spring AOP:通过配置管理特性,Spring AOP 模块直接将面向方面的编程功能集成到 Spring 框架中。所以,可以很容易地使 Spring 框架管理的任何对象支持 AOP。Spring AOP 模块为基于 Spring 的应用程序中的对象提供了事务管理服务。通过使用 Spring AOP,不用依赖 EJB 组件,就可以将声明性事务管理集成到应用程序中。

Spring DAO:JDBC DAO 抽象层提供了有意义的异常层次结构,可用该结构来管理异常处理和不同数据库供应商抛出的错误消息。异常层次结构简化了错误处理,并且极大地降低了需要编写的异常代码数量(如打开和关闭连接)。Spring DAO 的面向 JDBC 的异常遵从通用的 DAO 异常层次结构。

Spring ORM:Spring 框架插入了若干个 ORM 框架,从而提供了 ORM 的对象关系工具,其中包括 JDO、Hibernate 和 iBatis SQL Map。所有这些都遵从 Spring 的通用事务和 DAO 异常层次结构。

Spring Web 模块:建立在应用程序上下文模块之上,为基于 Web 的应用程序提供了上下文。所以,Spring 框架支持与 Jakarta Struts 的集成。Web 模块还简化了处理多部分请求以及将请求参数绑定到域对象的工作。

Spring MVC 框架:是一个全功能的构建 Web 应用程序的 MVC 实现。通过策略接口,MVC 框架变成高度可配置的,MVC 容纳了大量视图技术,其中包括 JSP、Velocity、Tiles、iText 和 POI。

Spring 框架的功能可以用在任何 J2EE 服务器中,大多数功能也适用于不受管理的环境。Spring 的核心要点是:支持不绑定到特定 J2EE 服务的可重用业务和数据访问对象。毫无疑问,这样的对象可以在不同 J2EE 环境(Web 或 EJB)、独立应用程序、测试环境之间重用。

Spring 最大的特点是作为一个提供类的容器,是工厂模式的一种进化版本。在 Spring 中核心是 BeanFactory,程序员把对象的实例化都集中在 Spring 的配置文件中,而在采用面向接口编程的建议下,做到了程序之间的高度解耦合。Spring 中两个关键技术是 IOC 与 AOP。

1. Factory 模式

在 Java 中,经常能见到的是用这种方法实例对象:

A a = new A( );

也许对于一般应用来说,这样做并没有什么不妥,可是实践告诉我们,做应用开发时,应该避免这种实例化对象的方法,因为它会让程序高度地与类耦合,首先它不会满足 OCP 原则,其次也不利于里氏替代原则的应用。而工厂模式则是把类的实例化集中放到叫做工厂的类中,由工厂代理生成类的对象,如果有扩展的要求则只是更改一下工厂类的实现即可,而且用工厂模式还可以很容易地做到单例模式(在很多情况下一个类其实只在内存中存在一个对象即可,没有必要生成很多个对象)。

有了工厂,类生成可能就更像下面的形式。

A a = factory. createObject("A");

传入的是 A 的一个字符名字。进一步处理的话,则 A 改 B,因为 A implements B,即 A 实现了 B,具有 B 的所有行为。

工厂模式图如图 8-37 所示。

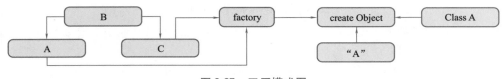

图 8-37　工厂模式图

2. Spring 的 IOC

我们平时获取对象时,如果是工厂的形式的话,都是我们自己通过 Create 方法得到的,而 IOC

则完全颠覆了这种方式,它采用注入的形式,如果成员没有在配置文件中引用,则这个对象就不会实例化;如果引用了,就会自动用配置文件的类型去实例化。这样做的好处是,我们根本不需要去源代码中修改代码,直接在配置文件中修改即可。

由于 IOC 的特性,依赖于配置文件,并根据配置文件生成一个 Map 的数据结构,Spring 生成的对象在默认情况下都是单例模式的,只要加上 scope = "prototype",就会是原生态了,即每次使用都是一个新的对象,单例在某些情况下是系统优化的一个研究点,因为内存消耗少。但有时可能会引入意想不到的效果,即线程安全的问题,我们也做了适当的处理,比如对 Action 一般都采用 prototype,而 Service 层则大部分是 Singleton。

解释一下为什么 Spring 能做到要灵活控制对象的生成形式。我们知道单例一般有饿汉与懒汉两种方式,结构如下:

饿汉模式

```
public class A
{
    private A a = new A( );
    private A( )
    {

    }
    public A getInstance( )
    {
    return a;
    }
}
```

懒汉模式

```
public class A
{
    private A a;
    private A( )
    {

    }
    public A getInstance( )
    {
        if(a! = null)
            return new A( );
        else
            return a;
    }
}
```

饿汉模式:每次用 A. getInstance( )时获取的都是同一个对象,永远不会有第二个对象出现。这里由于 a 这个对象在类加入虚拟中就生成了,因此称为饿汉模式,这种情况还能避免多线程而导致的问题出现。

懒汉模式:这个是在每次用 A. getInstance( )才去生成所需的对象,但这种情况会导致线程问题。如果是两个线程调用这个方法时,就可能同时得到 return new A( )。但并不是说不再要用这个方法,它有存在的生存地点,比如不想让 A 对象立即生成时就会有用,当然这个不立即生成很抽象,经过多次实践,就会发现还是会有这种情况存在,特别是有配置文件时。

显然,以上两种形式都不能满足之前 Spring IOC 配置的要求。下面介绍十分有技术的方式,以下只是一个简单的模仿,仅是为了说明 Spring 是这样做的:

```
public class A
{
    private Map a;
    private A( )
    {
        a.put("object", new A( ));
    }
    public A getInstance(boolean isSingleton)
    {
        if(isSingleton)
            return (A)a.get("0");
        else
        return new A( );
    }
}
```

这里采用了一个集合类来保存一个唯一的对象,当传入的要求为单例时,就会只返回这一个对象;反之,每次都是生成一个新的对象。

3. Spring 的 AOP

AOP(Aspect Oriented Programming)意为面向切面编程,这个是为解决比如说日志记录、统一处理共同资源而开发出的一种新技术,说它新,其实是指它的思想新,而并不指它的技术是新的语言。它的得到无非就是用了 proxy 模式,Spring 的 AOP 很智能,它能根据用户的类是否实现接口而决定是 cglib 代理还是 JDK 代理。这个也是我们经常遇到的错误,当经常出现类型转换错误,而从语法上分析根本不会出现这个错误时,就要看看是不是已经用了 JDK 代理,因为它已经成了接口类型。这个很匪夷所思,但是不得不考虑这个问题。

下面提出几个在 AOP 中是十分重要的概念:Join point(加入点)、Pointcut(切入点)、Advice(通知器)。Join point 在 Spring 中一般指的是方法,即我们应该对方法的执行加入的一点切面,一般不太单独使用它,但是在代理的方法传入时必须通过它(org. aspectj. lang. JoinPoint)。指明代理的方法或其他信息,更多的是用 Pointcut,它是一组 Join point,一般是具有共同特点的名字或包。Advice(通知器)是指应该加入什么样的操作,比如 beforeAdvice、afterAdvice、aroundAdvice、Exception。

4. Spring Transaction

Spring 事务在 Spring 框架中也是十分重要的议题,主要用于数据库。我们知道数据库的操作为了避免脏读、隐读、错误,是有一个叫做事务的概念存在的,这个与访问网站的 Session 概念差不多,由于用到了 Hibernate,所以对事务的要求也必须了解。我们用 Spring 来管理 Hibernate 的事务,将事务的粒度约束在 Service,当出现错误时,我们就会依此而进行事务回滚,不必要将数据拒绝在数据库外面。

8.4.3 Hibernate

Hibernate 是一种 Java 语言下的对象关系映射解决方案。它是一种自由、开源的软件,用来把对象模型表示的对象映射到基于 SQL 的关系模型结构中去,为面向对象的领域模型到传统的关系型数据库的映射,提供了一个使用方便的框架。

Hibernate 是 JDBC 轻量级的对象封装,它是一个独立的对象持久层框架。它向程序员屏蔽了底层的数据库操作,使程序员专注于程序的开发,有助于提高开发效率。程序员访问数据库所需要做的就是为持久化对象编制 xml 映射文件。底层数据库的改变只需要简单地更改初始化配置文件(hibernate. cfg. xml)即可,不会对应用程序产生影响。

Hibernate 有自己的面向对象的查询语言(HQL),HQL 功能强大,支持目前大部分主流的数据库,如 Oracle、DB2、MySQL、Microsoft SQL Server 等,是目前应用最广泛的 O/R 映射工具。Hibernate 为快速开发应用程序提供了底层的支持。

采用 Hibernate 分层的优点如下:

①可使各层之间分工明确,互相独立,某一层可以使用其下一层提供的服务而不需知道服务是如何实现的。

②灵活有可重用,当某一层发生变化时,只要其接口关系不变,则这层以上或以下的各层均不受影响。

③抽取系统中易变的部分,将变化封装到一定的范围,避免变化扩散。

④结构上可以分割开,各层可以采用最合适的技术来实现。

⑤易于实现和维护以及能促进标准化工作。

Hibernate 的工作机制如下:

①读取并解析配置文件。　　　　　　　　　⑤持久化操作。

②读取并解析映射信息,创建 SessionFactory。　⑥提交事务。

③打开 Sesssion。

④创建事务 Transation。

⑦关闭 Session。

⑧关闭 SesstionFactory。

使用 Hibernate 主要基于以下几点考虑：

①Hibernate 是一个基于 JDBC 的主流持久化框架,是一个优秀的 ORM 实现,很大程度地简化 DAO 层的编码工作。

②对 JDBC 访问数据库的代码做了封装,大大简化了数据访问层烦琐的重复性代码。

③Hibernate 使用 Java 反射机制,而不是字节码增强程序来实现透明性。

④Hibernate 的性能非常好,因为它是个轻量级框架。映射的灵活性很出色。它支持各种关系数据库,从一对一到多对多的各种复杂关系。Hibernate 框架示意图如图 8-38 所示。

Hibernate 是一个 ORM,对象映射,是专门作为数据持久化作用的。将配置文件与实体数据表对应起来,在底层 JDBC 的支持下,让程序员直接以对象的思维去处理数据。而且,Hibernate 的这个处理思想,不经意地与 Struts 2 所需要的 javaBean 对应起来,这样的思想(加上配置)能够使开发进行分层,而不互相影响,数据库的更改只要修改配置文件即可,而其他的层,如更新、插入、删除、查询无需进行修改。Hibernate 还为

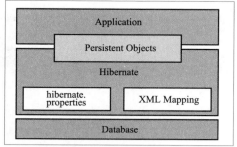

图 8-38　Hibernate 框架示意图

我们解决了表与表之间关系的处理,比如可以从外键关联的表导航到主表,而不需要再写其他的方法,或者从主表操作子表。

Hibernate 作为轻量级的 ORM（对象关系映射）模型,体现了其三大核心原则,即

①简单：以最基本的形式建模数据。

②传达性：数据库结构被任何人都能理解的语言文档化。

③精确性：基于数据模型创建正确标准化了的结构。作为与数据库紧密关联的一层,Hibernate 可以很好地封装好从数据库中取出的数据到对象中去,做到业务与数据分开,加上 Hibernate 的事务处理,一、二级缓存机制,使其的访问速度、效率与安全性完全可以与直接访问数据库相比。Hiberante 既可以在 Java 的客户端程序使用,也可以在 Servlet/JSP 的 Web 应用中使用,最具革命意义的是,Hibernate可以在应用 EJB 的 J2EE 架构中取代 CMP,完成数据持久化的重任。

Hibernate 的接口可分为以下几类：

①提供访问数据库的操作的接口,包括 Session、Transaction、Query 接口。

②用于配置 Hibernate 的接口,如 Configuration。

③间接接口,使应用程序接受 Hibernate 内部发生的事件,并做出相关的回应,包括 Interceptor、Lifecycle、Validatable。

④用于扩展 Hibernate 功能的接口,如 UserType、CompositeUserType、IdentifierGenerator 接口。

Hibernate 内部还封装了 JDBC、JTA（Java Transaction API）和 JNDI（Java Naming And Directory Interface）。其中,JDBC 提供底层的数据访问操作,只要用户提供了相应的 JDBC 驱动程序,Hibernate 可以访问任何一个数据库系统。JTA 和 JNDI 使 Hibernate 能够和 J2EE 应用服务器集成。Hibernate 的核心接口框图如图 8-39 所示。

Hibernate 的对象状态是我们之前说的 Spring 配置事务考虑的根本出发点。Hibernate 把对象

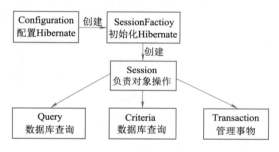

图 8-39　Hibernate 核心接口框图

分为游离、瞬态、持久态 3 种状态,我们从 Hibernate 取出来的对象都是持久态的,但持久态是在一个 Session 中有效的,而一个事务中可以有很多 Session,当然事务关闭后,持久态也就发生了变化,如图 8-40 所示。

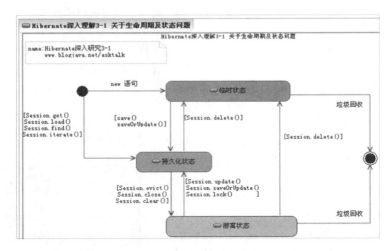

图 8-40　Hibernate 对象状态转换图

8.4.4　Struts 2 + Spring + Hibernate 构建的 MVC

Java Web 应用开发在很长时间内广泛采用 Servlet/JSP 技术,将浏览器向 Web 服务器中的 JSP 页面发出请求时,由 JSP 引擎将 JSP 页面翻译成 Servlet,由 Servlet 接受请求并负责调用 Servlet 对象实例的 Service 方法,生成 Servlet 程序,最后返回相应的客户端代码。但这种 Servlet/JSP 技术逐渐被人们发现存在很多弊端,如 JSP 页面将静态的 HTML 代码、JavaScript、CSS 和动态的 JSTL、Java 代码混在一起,这样非常不利于后期的程序维护。所以,人们提出了将页面和服务器代码分离,这也成为 MVC 模式的基本思想之一。

MVC 是模型(Model)、视图(View)、控制(Controller)分层的结构,这 3 个部分应该尽可能地减少耦合,从而可提高应用程序的可扩展性和可维护性(见图 8-41)。MVC 同时也减弱了业务逻辑口和数据接口之间的耦合,以及让视图层更富于变化,减少传统开发中常见并重复的工作。

在通常的 MVC 模式中,控制器负责接收事件,并根据接收到的事件来处理视图层和模型层的组件。对于 Web 应用程序来说,事件就是客户端发送的请求。每个模型对应一系列的视图。当 JSP 页面请求 Struts2 的 Action(Controller)时,Action 会将模型类和视图层的 JSP 页面联系起来。也就是说,将 JSP 页面提交的数据自动封装在模型类对象实例的属性中,或者在 JSP 页面读取模型对象实例中的属性值。

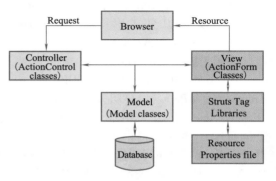

图 8-41　MVC 框架示意图

Struts 框架的工作流程可以将 MVC 模式的主要优势体现出来,如下:

①多个视图可以对应一个模型,这有利有代码的重用。如果模型发生改变,也容易升级和

维护。

②由于模型和视图由 Controller 进行控制,并且模型和视图总是分离的,因此,可以通过模型为视图提供不同的数据,如各种类型的数据库、XML、Excel 等。

③由于控制器负责访问视图和模型,因此,可以在控制器中加入权限验证来限制用户对敏感资源的访问。

④在 MVC 模式中,3 个层次是分离的,降低了各个层次之间的耦合性,这有利于对系统中的各层进行扩展。

集成 SSH 框架的系统从职责上分为 4 层:表示层、业务逻辑层、数据持久层和域模块层。Struts 在 SSH 框架中起控制作用,其核心是 Controller,即 ActionServlet,而 ActionServlet 的核心是 Struts-config.xml。主要控制逻辑关系的处理。Hibernate 是数据持久化层,是一种新的对象、关系的映射工具,提供了从 Java 类到数据表的映射,也提供了数据查询和恢复等机制,大大减少数据访问的复杂度。把对数据库的直接操作转换为对持久对象的操作。Spring 是一个轻量级的控制反转(IOC)和面向切面(AOP)的容器框架,面向接口的编程,由容器控制程序之间的(依赖)关系,而非传统实现中,由程序代码直接操控。这也就是所谓"控制反转"的概念所在:(依赖)控制权由应用代码中转到了外部容器,控制权的转移是所谓反转。依赖注入,即组件之间的依赖关系由容器在运行期决定,形象来说,即由容器动态地将某种依赖关系注入到组件之中,起到的主要作用是解耦 Struts、Spring、Hibernate 在各层的作用:Struts 负责 Web 层。ActionFormBean 接收网页中表单提交的数据,然后通过 Action 进行处理,再 Forward 到对应的网页。在Struts-config.xml 中定义 action-mapping,ActionServlet 会加载。

图 8-42 所示为 SSH 框架示意图。

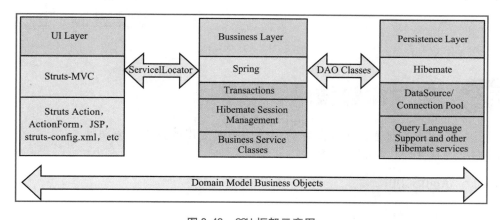

图 8-42　SSH 框架示意图

基于 J2EE 的 Web 应用以其层次性、平台无关性的优势已经逐渐成为电子商务、电子政务主要的解决方案。对目前流行的 SSH 轻量级框架的各层进行分析,简要地阐述了各层的工作机制,使大家进一步了解 SSH 的核心原理,以帮助开发人员在短时间内搭建结构清晰、可重用性好、维护扩展方便的 SSH 框架。

这是一个庞大的体系图,对于小型应用完全没有必要使用它,但对于大型应用,正是因为这些的配合,才使得整个系统能够很好地分层,虽然有些代价(比如要写大量的配置信息),但是后期维护与合作开发来说,这种牺牲还是值得的。

图 8-43 所示为 SSH 体系图。

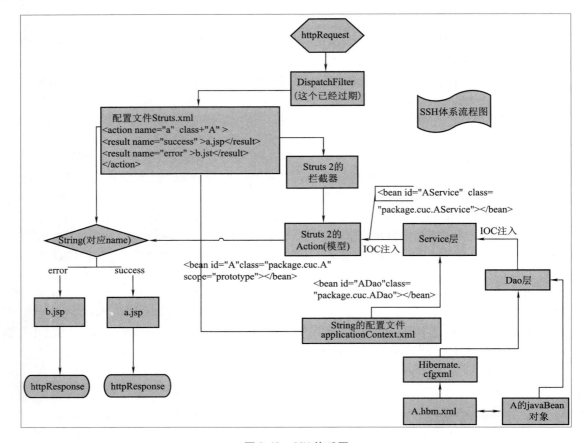

图 8-43　SSH 体系图

8.5　用户体验技术

为了在客户端得到流畅并且友好的用户体验而使用的技术主要包括 JavaScript、jQuery、AJAX、XML、JSON、DOM、JavaBean、CSS 等。

▍8.5.1　JavaScript

1. JavaScript 的概念

JavaScript 是一种基于对象和事件驱动并具有相对安全性的客户端脚本语言,同时也是一种广泛用于客户端 Web 开发的脚本语言,常用来给 HTML 网页添加动态功能,比如响应用户的各种操作。

在 HTML 基础上,使用 JavaScript 可以开发交互式 Web 网页。JavaScript 的出现使得网页和用户之间实现了一种实时性的、动态的、交互性的关系,使网页包含更多活跃的元素和更加精彩的内容。

JavaScript 是一种属于网络的脚本语言,已经被广泛用于 Web 应用开发,常用来为网页添加各式各样的动态功能,为用户提供更流畅美观的浏览效果。通常 JavaScript 脚本通过嵌入在 HTML 中来实现自身的功能。

JavaScript 是一种解释性脚本语言(代码不进行预编译);主要用来向 HTML(标准通用标记语言下的一个应用)页面添加交互行为;可以直接嵌入 HTML 页面,但写成单独的 js 文件有利于结构和行为的分离;跨平台特性,在绝大多数浏览器的支持下,可以在多种平台下运行(如 Windows、Linux、Mac、Android、iOS 等)。

JavaScript 脚本语言同其他语言一样,有它自身的基本数据类型、表达式和算术运算符及程序的基本程序框架。JavaScript 提供了 4 种基本的数据类型和两种特殊数据类型用来处理数据和文字。而变量提供存放信息的地方,表达式则可以完成较复杂的信息处理。

JavaScript 最初由网景公司的 Brendan Eich 设计,是一种动态、弱类型、基于原型的语言,内置支持类。JavaScript 是 Sun 公司的注册商标。Ecma 国际以 JavaScript 为基础制定了 ECMAScript 标准。JavaScript 也可以用于其他场合,如服务器端编程。完整的 JavaScript 实现包含 3 个部分:ECMAScript、文档对象模型和字节顺序记号。

Netscape(网景)公司在最初将其脚本语言命名为 LiveScript,在 Netscape 在与 Sun 合作之后将其改名为 JavaScript。JavaScript 最初受 Java 启发而开始设计的,目的之一就是"看上去像 Java",因此语法上有类似之处,一些名称和命名规范也借自 Java。但 JavaScript 的主要设计原则源自 Self 和 Scheme. JavaScript 与 Java 名称上的近似,是当时网景公司为了营销考虑与 Sun 公司达成协议的结果。为了取得技术优势,微软推出了 JScript 来迎战 JavaScript 的脚本语言。为了互用性,Ecma 国际(前身为欧洲计算机制造商协会)创建了 ECMA-262 标准(ECMAScript),两者都属于 ECMAScript的实现。

2. JavaScript 的基本特点

JavaScript 是通过嵌入或调入在标准的 HTML 语言中实现的,它具有以下几个基本特点:

①JavaScript 是一种脚本编写语言,其采用小程序段的方式实现编程。同其他脚本语言一样,JavaScript 也是一种解释性语言,其提供了一个非常方便的开发过程。JavaScript 的语法基本结构形式与 C、C++、Java 十分类似,但不像这些语言在使用前需要先编译,JavaScript 是在程序运行过程中被逐行解释的。

②JavaScript 是一种基于对象的语言,同时其也可以被看作是一种面向对象的语言,这意味着 JavaScript 能运用其已经创建的对象。因此,许多功能可以来自于脚本环境中对象的方法与脚本的相互作用。

③JavaScript 具有简单性。其简单性主要体现在:首先,JavaScript 是一种基于 Java 基本语句和控制流之上的简单而紧凑的设计,从而对于使用者学习 Java 或其他 C 语系的编程语言是一种非常好的过渡,而对于具有 C 语系编程功底的程序员来说,JavaScript 上手也非常容易;其次,其变量类型是采用弱类型,并未使用严格的数据类型。

④JavaScript 具有非常高的安全性。JavaScript 作为一种安全性语言,不被允许访问本地的硬盘,且不能将数据存入服务器,不允许对网络文档进行修改和删除,只能通过浏览器实现信息浏览或动态交互,从而有效地防止数据的丢失或对系统的非法访问。

⑤JavaScript 是动态的,可以直接对用户或客户输入做出响应,无须经过 Web 服务程序。JavaScript 对用户的响应,是以事件驱动的方式进行的。在网页中执行了某种操作所产生的动作,被称为"事件"(Event)。例如按下鼠标、移动窗口、选择菜单等都可以被视为事件。当事件发生后,可能会引起相应的事件响应,执行某些对应的脚本,这种机制被称为"事件驱动"。

⑥JavaScript 具有跨平台性。JavaScript 依赖于浏览器本身,与操作环境无关,只要计算机能运行浏览器,并支持 JavaScript 的浏览器,就可正确执行,从而实现"编写一次,走遍天下"的梦想。

3. JavaScript 的优点

①在 JavaScript 这样的用户端脚本语言出现之前,传统的数据提交和验证工作均由用户端浏览器通过网络传输到服务器上进行。如果数据量很大,这对于网络和服务器的资源来说实在是一种无形的浪费。而使用 JavaScript 就可以在客户端进行数据验证。

②JavaScript 可以方便地操纵各种页面中的对象,用户可以使用 JavaScript 来控制页面中各个元素的外观、状态甚至运行方式,JavaScript 可以根据用户的需要"定制"浏览器,从而使网页更加友好。

③JavaScript 可以使多种任务仅在用户端就可以完成,而不需要网络和服务器的参与,从而支持分布式的运算和处理。

4. JavaScript 的局限性

①在互联网上有很多浏览器,如 Firefox、Internet Explorer、Opera 等,但每种浏览器支持 JavaScript 的程度是不一样的,不同的浏览器在浏览一个带有 JavaScript 脚本的主页时,由于对 JavaScript 的支持稍有不同,其效果会有一定的差距,有时甚至会显示不出来。

②当把 JavaScript 的一个设计目标设定为"Web 安全性"时,就需要牺牲 JavaScript 的一些功能。因此,纯粹的 JavaScript 将不能打开、读写和保存用户计算机上的文件。其有权访问的唯一信息就是该 JavaScript 所嵌入的那个 Web 主页中的信息,简言之,JavaScript 将只存在于 Web 主页中。

8.5.2　jQuery

jQuery 是一个快速简洁的 JavaScript 库,它可以简化 HTML 文档的元素遍历、事件处理、动画及 AJAX 交互,快速开发 Web 应用。其核心设计思想是"写更少的代码,做更多的事情",它的设计是为了改变 JavaScript 程序的编写风格。

jQuery 是一个优秀的 JavaScript 框架。它是轻量级的 js 库(压缩后只有 21 KB),它兼容 CSS3,还兼容各种浏览器。jQuery 使用户能更方便地处理 HTML documents、events、实现动画效果,并且方便地为网站提供 AJAX 交互。jQuery 还有一个比较大的优势是,它的文档说明很全面,而且各种应用也说得很详细,同时还有许多成熟的插件可供选择。jQuery 能够使用户的 html 网页保持代码和 html 内容分离,也就是说,不用在 html 里面插入一堆 js 来调用命令了,只需定义 id 即可。

1. jQuery 的基本特点

JavaScript 是通过嵌入或调入在标准的 HTML 语言中实现的,它具有以下几个基本特点:

①轻量型。jQuery 是一个轻量型框架,程序短小,配置简单。

②DOM 选择。可以轻松获取任意 DOM 元素或 DOM 元素封装后的 jQuery 对象。

③CSS 处理。jQuery 可以轻松设置、删除、读取 CSS 属性。

④链式函数调用。可以将多个函数链接起来被一个 jQuery 对象一次性调用。

⑤事件注册。jQuery 可以对一个或多个对象注册事件,让画面和事件分离。

⑥对象克隆。jQuery 可以克隆任意对象及其组件。

2. jQuery 的核心功能

jQuery 库为 Web 脚本编程提供了通用的抽象层,使得它几乎适用于任何脚本编程的情形。由于它易于扩展而且不断有新插件面世来增强其功能,有强大的用途和功能,仅就其核心特性而言,jQuery 能够满足下列需求:

①取得页面中的元素。通过一条 jQuery 语句就可以获取页面中相同标记名的所有元素。

②修改页面的外观。在 jQuery 的众多功能函数中,有专门修改 CSS 样式设定的函数,通过这些函数可以动态修改页面外观。

③改变页面的内容。jQuery 能够影响的范围并不局限于简单的外观变化。使用少量的代码,jQuery 就能改变文档的内容。它还可以改变文本,插入或翻转图像,对列表重新排序,甚至对 HTML文档的整个结构都能重写和扩充——所有这些只需一个简单易用的 API。

④响应用户的页面操作。即使是最强大和最精心设计的行为,如果无法控制它何时发生,也毫无用处。jQuery 提供了截取形形色色的页面事件(如用户单击一个链接)的适当方式,而不需要使用事件处理程序搞乱 HTML 代码。此外,它的事件处理 API 也消除了经常困扰 Web 开发人员的浏览器不一致性。在真正的 HTML 代码中,不需要在元素中加入任何事件说明,所有事件的注册操作全部集中在 jQuery 代码中,只需要一个元素的 ID 属性即可完成。

⑤为页面添加动态效果。为了实现某种交互式行为,设计者必须向用户提供视觉上的反馈。

jQuery 中内置的一批淡入、擦除之类的效果及制作新效果的工具包,为此提供了便利。

⑥无需刷新页面即可从服务器获取信息。这种编程模式就是众所周知的 AJAX (Asynchronous JavaScript and XML,异步 JavaScript 和 XML),它能辅助 Web 开发人员创建出反应灵敏、功能丰富的网站。jQuery 通过消除这一过程中的浏览器特定的复杂性,使开发人员得以专注于服务器端的功能设计。

⑦简化常见的 JavaScript 任务。除了这些完全针对文档的特性之外,jQuery 也提供了对基本的 JavaScript 结构(如迭代和数组操作等)的增强。

8.5.3　AJAX

AJAX 的最大优点就是在不刷新整个页时能够与服务器交互数据。现在的主流浏览器都会有一个XMLHttpRequest对象,它就是 AJAX 的核心基础,AJAX 的概念很简单,用起来也不是那么复杂,但与 JavaScript 和 CSS 结合起来却是一种具有巨大潜力的富互联系体验。

AJAX 不是一种新的编程语言,而是一种用于创建更好更快以及交互性更强的 Web 应用程序的技术。通过 AJAX,JavaScript 可使用 JavaScript 的 XMLHttpRequest 对象来直接与服务器进行通信。通过这个对象,JavaScript 可在不重载页面的情况与 Web 服务器交换数据。

AJAX 在浏览器与 Web 服务器之间使用异步数据传输(HTTP 请求),这可使网页从服务器请求少量的信息,而不是整个页面。AJAX 可使因特网应用程序更小、更快,更友好。AJAX 是一种独立于 Web 服务器软件的浏览器技术。

AJAX 基于下列 Web 标准:

①JavaScript XML HTML CSS 在 AJAX 中使用的 Web 标准已被良好定义,并被所有的主流浏览器支持。AJAX 应用程序独立于浏览器和平台。

②Web 应用程序较桌面应用程序有诸多优势;它们能涉及广大的用户,更易安装及维护,也更易开发。

8.5.4　XML

1. XML 的概念

XML 与 Access、Oracle 和 SQL Server 等数据库不同,数据库提供了更强有力的数据存储和分析能力,如数据索引、排序、查找、相关一致性等,XML 仅仅是展示数据。事实上 XML 与其他数据表现形式最大的不同是它极其简单。这是一个看上去有点琐细的优点,但正是这点使 XML 与众不同。

XML 与 HTML 的设计区别是:XML 是用来存储数据的,重在数据本身。而 HTML 是用来定义数据的,重在数据的显示模式。

XML 的简单使其易于在任何应用程序中读写数据,这使 XML 很快成为数据交换的唯一公共语言,虽然不同的应用软件也支持其他的数据交换格式,但不久之后他们都将支持 XML,那就意味着程序可以更容易地与 Windows、Mac OS、Linux 以及其他平台下产生的信息结合,然后可以很容易地加载 XML 数据到程序中并分析它,并以 XML 格式输出结果。为了使得 SGML 显得用户友好,XML 重新定义了 SGML 的一些内部值和参数,去掉了大量的很少用到的功能,这些繁杂的功能使得 SGML 在设计网站时显得复杂化。XML 保留了 SGML 的结构化功能,这使得网站设计者可以定义自己的文档类型,XML 同时也推出一种新型文档类型,使得开发者也可以不必定义文档类型。

XML(eXtensible Markup Language,可扩展的标记语言)与其说它是一种语言,更倾向于把它认为是一种数据结构,由官方说明,其是一种置标语言。置标指计算机所能理解的信息符号,通过此种标记,计算机之间可以处理包含各种信息的文章等。如何定义这些标记,既可以选择国际通用的标记语言,如 HTML,也可以使用像 XML 这样由相关人士自由决定的标记语言,这就是语言的可扩展性。XML 是从标准通用置标语言(SGML)中简化修改出来的。它主要用到的有可扩展置标语言、可扩展样式语言(XSL)、XBRL 和 XPath 等。

XML 可以用来标记数据、定义数据类型,是一种允许用户对自己的标记语言进行定义的源语言。它非常适合万维网传输,提供统一的方法来描述和交换独立于应用程序或供应商的结构化数据。

2. XML 的作用

XML 设计用来传送及携带数据信息,不用来表现或展示数据,HTML 语言则用来表现数据,所以 XML 用途的焦点是它说明数据是什么,以及携带数据信息。总结来说 xml 可以有如下用途:

①丰富文件(Rich Documents):自定文件描述并使其更丰富。

a. 属于文件为主的 XML 技术应用。

b. 标记是用来定义一份资料应该如何呈现。

②元数据(Metadata):描述其他文件或网络资讯。

a. 属于资料为主的 XML 技术应用。

b. 标记是用来说明一份资料的意义。

③设置档案(Configuration Files):描述软件设置的参数。

3. XML 的优点

XML 作为一种可扩展性的语言,从名字上就能感受其最大优点:可扩展性,但并不是说它可扩展就导致它当前的广泛流传,更重要的是:

①格式规范,不像之前的 HTML,XML 是大小写敏感的,并且标签是成对出现的,有关有闭,并且用户可以自行规定各种属性与标签,而不再像 HTML 那样只由官方定制。更重要的是,它的有效性验证也是十分简单的,写一个约束文档(dtd)并导入即可。

②易解析,高级语言支持面广,当前几乎所有的高级语言如 C++,Java 都有很多丰富的类库来支持解析 XML,如 Java 的 dom4j,并且也可以容易生成 XML 文档。

8.5.5 JSON

1. JSON 的概念

JSON 与 XML 的数据结构功能是一致的,它是为 JavaScript 而生的一种数据结构,也就是说 JavaScript 天生就能很好地解析 json 格式的内容。

JSON(JavaScript Object Notation)是一种轻量级的数据交换格式。易于人阅读和编写。同时也易于机器解析和生成。它基于 JavaScript Programming Language,Standard ECMA-262 3rd Edition-December 1999 的一个子集。JSON 采用完全独立于语言的文本格式,但是也使用了类似于 C 语言家族的习惯(包括 C、C++、C#、Java、JavaScript、Perl、Python 等)。这些特性使 JSON 成为理想的数据交换语言。

2. JSON 的格式

PHP 中数组中有种 key:value 形式,Java 中有 map 对象(hash),也是一种 key/value 的形式。JSON 的形式也是如此。

JSON 建构于两种结构:

①"名称/值"对的集合(A collection of name/value pairs)。不同的语言中,它被理解为对象(Object)、纪录(Record)、结构(Struct)、字典(Dictionary)、哈希表(Hash Table)、有键列表(Keyed List)或者关联数组 (Associative Array)。

②值的有序列表(An ordered list of values)。在大部分语言中,它被理解为数组(Array)。

因为 JSON 的构建格式,使得一种其在同样基于这些结构的编程语言之间交换成为可能。

以下是官方提供的几种 JSON 格式的图例说明:

①对应于 { "id":"1"," name":" cuc" }。当然这样也是对的 { id:" 1", name:" cuc" }(JavaScript)。其结构如图 8-44 所示。

②对应于｛array：\［｛"id"：1，"name"："cuc"｝，｛"id"：2，"name"："hrb"｝\］｝。其结构如图 8-45 所示。

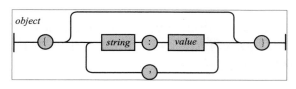

图 8-44 JSON 结构图 1

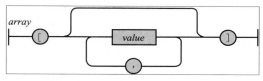

图 8-45 JSON 结构图 2

③对应（2）中所说的 value 类型。其结构如图 8-46 所示。

④对应（3）中与（1）的 string 格式。其结构如图 8-47 所示。

⑤对应（3）中的 number 类型格式。其结构如图 8-48 所示。

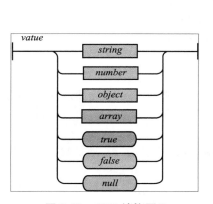

图 8-46 JSON 结构图 3

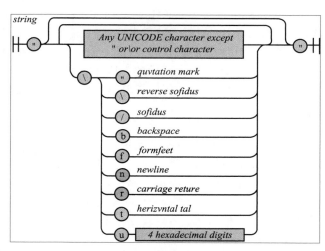

图 8-47 JSON 结构图 4

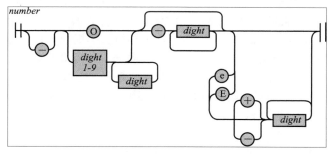

图 8-48 JSON 结构图 5

虽然官方提供了 5 个图例，但是真正使用的是前面 2 个，后面 3 个只是一种数据类型的说明。

JSON 和 XML 的比较如下：

①可读性。JSON 和 XML 的可读性可谓不相上下，一边是简易的语法，一边是规范的标签形式，很难分出胜负。

②可扩展性。XML 天生有很好的扩展性，JSON 当然也有，没有什么是 XML 不能扩展的，而 JSON 却不能。不过 JSON 在 JavaScript 主场作战，可以存储 JavaScript 复合对象，有着 XML 不可比拟的优势。

③编码难度。XML 有丰富的编码工具，如 Dom4j、JDom 等，JSON 也有提供的工具。无工具的

情况下,相信熟练的开发人员一样能很快地写出想要的 XML 文档和 JSON 字符串,不过,XML 文档需要很多结构上的字符。

④解码难度。XML 的解析方式有两种:

a. 通过文档模型解析,也就是通过父标签索引出一组标记。例如,xmlData.getElementsByTagName(tagName),但要在预先知道文档结构的情况下使用,无法进行通用的封装。

b. 遍历结点(document 以及 childNodes)。这个可以通过递归来实现,不过解析出来的数据仍旧是形式各异,往往也不能满足预先的要求。

8.5.6　DOM

DOM(Document Object Model)简单来说,就是一种标签,当然,还有很多元素属性。我们常说 DOM 树,是因为其的组织结构是树的结构,比如根结点、子结点、兄弟结点、父结点的概念,前面说到 Java 操作 XML 的类库 dom4j,就是 DOM。因为我们用网页用 HTML 作为表现层,而 HTML 也是 XML 的一种,JavaScript 对于网页来说,绝大部分是操作 dom 元素的动作,HTML 的标签在很大的程度上可以称为 DOM 标签,但并不是完全一致,比如在 HTML 的标签中有一个叫 class 的属性,在 DOM 中却叫做 className。必须建立这样一个概念,任何一个 HTML 标签被浏览器解析时,都是转为 DOM 标签后实现的。了解了 DOM,也就能更好地理解 JavaScript。

8.5.7　JavaBean

JavaBean 是一种 JAVA 语言写成的可重用组件。JavaBean 通过提供符合一致性设计模式的公共方法将内部域暴露成员属性。众所周知,属性名称符合这种模式,其他 Java 类可以通过自身机制发现和操作这些 JavaBean 的属性。

JavaBeans 是一个可重复使用的软件组件。实际上 JavaBeans 是一种 Java 类,通过封装属性和方法成为具有某种功能或者处理某个业务的对象,简称 Beans。由于 JavaBeans 是基于 Java 语言的,因此 JavaBeans 不依赖平台,具有以下特点:①可以实现代码的重复利用。②易编写、易维护、易使用。③可以在任何安装了 Java 运行环境的平台上使用,而不需要重新编译。

一个基本的 JSP 页面就是由普通的 HTML 标签和 Java 程序片组成的,如果程序片和 HTML 大量交互在一起,就显得页面混杂,不易维护。JSP 页面应当将数据的处理过程指派给一个或几个 Beans 来完成,我们只需在 JSP 页面中调用这个 Beans 即可。不提倡大量的数据处理都用 Java 程序片来完成。在 JSP 页面中调用 Beans,可有效地分离静态工作部分和动态工作部分。

用户可以使用 JavaBean 将功能、处理、值、数据库访问和其他任何可以用 Java 代码创造的对象进行打包,并且其他的开发者可以通过内部的 JSP 页面、Servlet、其他 JavaBean、Applet 程序或者应用来使用这些对象。用户可以认为 JavaBean 提供了一种随时随地的复制和粘贴的功能,而不用关心任何改变。

JavaBean 可分为两种:一种是有用户界面(User Interface,UI)的 JavaBean;还有一种是没有用户界面,主要负责处理事务(如数据运算,操纵数据库)的 JavaBean。JSP 通常访问的是后一种 JavaBean。JavaBean 是可复用的平台独立的软件组件,开发者可以在软件构造器等工具中对其直接进行可视化操作。

软件构造器可以是 Web 页面构造器、可视化应用程序构造器、GUI 设计构造器或服务器应用程序构造器。有时,构造器也可以是一个包含了一些 Bean 的复合文档的文档编辑器。

JavaBean 可以是简单的 GUI 要素,如按钮或滚动条;也可以是复杂的可视化软件组件,如数据库视图,有些 JavaBean 是没有 GUI 表现形式的,但这些 JavaBean 仍然可以使用应用程序构造器可视化地进行组合。

一个 JavaBean 和一个 JavaApplet 相似,是一个非常简单的遵循某种严格协议的 Java 类。

一个 Bean 没有必须继承的特定的基类或接口。可视化的 Bean 必须继承的类是 java. awt. Component,这样它们才能添加到可视化容器中去,非可视化 Bean 则不需要继承这个类。有许多 Bean,无论是在应用程序构造器工具中,还是在最后创建好的应用程序中,都具有很强的可视化特征,但这并非每个 Bean 必须的特征。在使用 Java 编程时,并不是所有软件模块都需要转换成 Bean。Bean 比较适合于那些具有可视化操作和定制特性的软件组件。

从基本上说,JavaBean 可以看成是一个黑盒子,即只需要知道其功能而不必管其内部结构的软件设备。黑盒子只介绍和定义其外部特征和与其他部分的接口,如按钮、窗口、颜色、形状、句柄等。通过将系统看成使用黑盒子关联起来的通讯网络,我们可以忽略黑盒子内部的系统细节,从而有效地控制系统的整体性能。

作为一个黑盒子的模型,JavaBean 有 3 个接口面,可以独立进行开发:①JavaBean 可以调用的方法。②JavaBean 提供的可读写的属性。③JavaBean 向外部发送的或从外部接收的事件。

8.5.8　CSS

CSS(Cascading Style Sheets,层叠样式表单)是一种用来表现 HTML 或 XML 等文件样式的计算机语言。CSS 的出现使得我们可以将网页代码与样式定义分离开来,从而为以后的页面样式更新提供更多的方便,不再像以前那样,为了修改网页中某一处的样式而在源代码中苦苦寻觅。有了 CSS,我们就可以达到"一处改动,全站皆变"的效果,极大地提高工作效率。

相对于传统 HTML 的表现而言,CSS 能够对网页中的对象的位置排版进行像素级的精确控制,支持几乎所有的字体字号样式,拥有对网页对象和模型样式编辑的能力,并能够进行初步交互设计,是目前基于文本展示最优秀的表现设计语言。CSS 能够根据不同使用者的理解能力,简化或者优化写法,有较强的易读性。

CSS 目前最新版本为 CSS3,这套新标准提供了更加丰富且实用的规范,如盒子模型、列表模块、超链接方式、语言模块、背景和边框、文字特效、多栏布局等,有很多浏览器已经相继支持这项升级的规范。在 Web 开发中采用 CSS3 技术将会显著地美化应用程序,提高用户体验,同时也能极大的提高程序的性能。

1. CSS 的级联方式

在实际的应用中,CSS 有以下 3 种级联方式:

①外部式。外部式样式表中,CSS 代码作为文件单独存放,在 HTML 中采用 < link > 标记或者 @ import 语句来引入。当需要对网站中的部分或所有网页统一应用相同的样式时,可使用外部式样式表。通过在一个或多个外部样式表中定义样式并将它们附加到网页中,可以确保整个网站具有统一的外观。如果决定更改某个样式,只需要在外部 CSS 中进行一次更改,所做的更改会自动反映到引用该样式和 CSS 的所有网页中。

②内部式。使用 < style > 标记定义在网页的 < head > 标记中。当只需要为当前网页定义样式或者需要替代附加到当前网页的外部 CSS 中定义的样式时,可使用内部式样式表。

③内联式。直接在所修饰的标记元素的开始标记内定义。当需要向网页上的各个元素应用级联样式表属性,且不需要重复使用该样式时,可使用内联式样式。级联样式在网页中的 HTML 元素的开始标记内定义。

2. CSS 的样式概述

样式是 CSS 中定义的一组格式特征。可以将样式应用到网页中的内容,包括文本(个别字符或整个段落)、图形、层、表格甚至整个网页正文。使用样式,可以有效地重复使用一组属性和值,而无需在每次要使用时重新进行设置。

外联或内联 CSS 中的样式可以具有类、元素或 ID 选择器。一种样式由其规则集定义,包含选择器,后跟出现在一对花括号{}之间的属性声明的块。每种类型的样式都通过其选择器来区别于其他类型的样式;句点符号.出现在基于类的样式的选择器之前;数字符号 # 出现在基于 ID 的选择器之前;基于元素的样式的选择器仅包含 HTML 元素,如 H1。

①类选择器。使用类选择器可以定义要用于网页中一个或多个项的一组属性。如果需要修改样式,可以编辑该样式的规则集,随后已经应用了该样式的每一项都会自动反映所做的更改。类选择器可以单独使用,也可以与其他元素结合使用。

②ID 选择器。希望为一个或一组项定义一组属性,使它们与一个或多个网页中的所有其他内容区分开时,使用 ID 选择器;希望为网页中的单个 HTML 元素设置样式时,也使用 ID 选择器。不同于类选择器,在一个 HTML 文档中,ID 选择器会使用一次,而且仅一次,并且 ID 选择器不能结合使用,因为 ID 属性不允许有以空格分隔的词列表。

③元素选择器。使用元素选择器可以定义要对网页中特定 HTML 元素的所有实例使用的一组属性。

3. CSS 的优先级

CSS 中的"C"是"层叠"的意思,也就是说在同一个 Web 文档中可以有多个样式表存在,这些样式表根据所在的位置拥有不同的优先级,当产生冲突时以优先级高的为准。

浏览器先加载 HTML 语言,并构建 HTML 文档树,如果有内联式样式表,那么会先加载内联式样式表,其后若是还有嵌入式样式表,那么在内联式样式表之后再加载嵌入式样式表,最后如果还有外联式样式表,那么最后将外联式样式表加载到网页中。所以 3 种样式表的优先级为内联式样式表 > 嵌入式样式表 > 外联式样式表。而每一种样式表中选择器也有他们分别的优先级:ID 选择器 > 类选择器 > 元素选择器 > 伪元素选择器。

在级联计算中指定一个 CSS 规则的权重时,会首先根据重要性(是否有! importance)和 CSS 来源对规则进行排序。重要性和来源相同的规则,就按特殊性排列:特殊性高的选择器会覆盖特殊性低的选择器。最后,如果两个选择器具有同样的来源、重要性和特殊性,写在样式表后面的那个规则就会覆盖写在前面的规则。这也适用于单一的属性,因此,如果在同一个规则中多次声明了相同的属性,最后的声明就会覆盖前面的声明。

4. DIV + CSS

HTML 用标签 < div > 和 </div > 来定义盒模型结构,给各部分内容划分到不同的区块,然后用 CSS 来定义盒模型的位置、大小、边框、内外边距、排列方式等的页面布局方式已成为 Web 标准。当前看到的多数符合标准的页面都是采用 DIV + CSS 的方式进行布局的。这种布局方式信息结构清晰,内容和表现相分离,易于维护和改版,提高了访问速度,并增加了用户体验性。

8.6 互联网 +

"互联网 +"是创新 2.0 下的互联网与传统行业融合发展的新形态、新业态,是知识社会创新 2.0 推动下的互联网形态演进及其催生的经济社会发展新形态。"互联网 +"代表一种新的经济形态,即充分发挥互联网在生产要素配置中的优化和集成作用,将互联网的创新成果深度融合于经济社会各领域之中,提升实体经济的创新力和生产力,形成更广泛的以互联网为基础设施和实现工具的经济发展新形态。"互联网 +"行动计划将重点促进以云计算、物联网、大数据为代表的新一代信息技术与现代制造业、生产性服务业等的融合创新,发展壮大新兴业态,打造新的产业增长点,为大众创业、万众创新提供环境,为产业智能化提供支撑,增强新的经济发展动力,促进国民经济体制增效升级。

"互联网 +"已经正式上升为国家战略。李克强总理在政府工作报告中提出:制定"互联网 +"行动计划,推动移动互联网、云计算、大数据、物联网等与现代制造结合,促进电子商务、工业互联网和互联网金融健康发展,引导互联网企业拓展国际市场。

"互联网＋"有六大特征：

①跨界融合。"＋"就是跨界，就是变革，就是开放，就是重塑融合。敢于跨界了，创新的基础就更坚实；融合协同了，群体智能才会实现，从研发到产业化的路径才会更垂直。融合本身也指代身份的融合，客户消费转化为投资，伙伴参与创新等等，不一而足。

②创新驱动。中国粗放的资源驱动型增长方式早就难以为继，必须转变到创新驱动发展这条正确的道路上来。这正是互联网的特质，用所谓的互联网思维来求变、自我革命，也更能发挥创新的力量。

③重塑结构。信息革命、全球化、互联网业已打破了原有的社会结构、经济结构、地缘结构、文化结构。权力、议事规则、话语权不断在发生变化。"互联网＋"社会治理、虚拟社会治理会是很大的不同。

④尊重人性。人性的光辉是推动科技进步、经济增长、社会进步、文化繁荣的最根本的力量，互联网的力量之强大最根本地也来源于对人性的最大限度的尊重、对人体验的敬畏、对人的创造性发挥的重视。

⑤开放生态。关于"互联网＋"，生态是非常重要的特征，而生态的本身就是开放的。我们推进"互联网＋"，其中一个重要的方向就是要把过去制约创新的环节化解掉，把孤岛式创新连接起来，让研发由人性决定的市场驱动，让创业并努力者有机会实现价值。

⑥连接一切。连接是有层次的，可连接性是有差异的，连接的价值是相差很大的，但是连接一切是"互联网＋"的目标。

"互联网＋"不仅意味着新一代信息技术发展演进的新形态、也意味着面向知识社会创新 2.0逐步形成演进、经济社会转型发展的新机遇，推动开放创新、大众创业、万众创新、推动中国经济走上创新驱动发展的"新常态"。

8.7　媒体融合

"媒体融合"（Media Convergence）最早由尼古拉斯·尼葛洛庞蒂提出，美国马萨诸塞州理工大学教授浦尔认为媒介融合是指各种媒介呈现多功能一体化的趋势。其概念应该包括狭义和广义两种，狭义的概念是指将不同的媒介形态"融合"在一起，产生"质变"，形成一种新的媒介形态，如电子杂志、博客新闻等等；而广义的"媒介融合"则范围广阔，包括一切媒介及其有关要素的结合、汇聚甚至融合，不仅包括媒介形态的融合，还包括媒介功能、传播手段、所有权、组织结构等要素的融合。也就是说，"媒体融合"是信息传输通道的多元化下的新作业模式，是把报纸、电视台、电台等传统媒体，与互联网、手机、手持智能终端等新兴媒体传播通道有效结合起来，资源共享，集中处理，衍生出不同形式的信息产品，然后通过不同的平台传播给受众。

媒体融合是信息时代背景下一种媒介发展的理念，是在互联网的迅猛发展的基础上的传统媒体的有机整合，这种整合体现在两个方面：技术的融合和经营方式的融合。

媒体融合是 2014 年传媒领域的关键词。传统媒体通过整合其旗下的新媒体资源成立新媒体集团。举个例子，比如北京电视台的北京网络广播电视台，可以说是成为了省、直辖市网络电视台的领跑者。此外，湖北日报报业集团、安徽日报报业集团、河南省新闻出版广电局也分别成立了湖北日报新媒体集团公司、安徽新媒体集团和河南大象融媒体集团。

为了抢占互联网尤其是移动互联网的新意识形态主阵地，新华社、人民日报社和浙江日报报业集团等各级各地新闻机构纷纷推出新闻客户端和微信公众号，在新意识形态主阵地上快速抢占阵地，有个时髦的词叫"卡位"。

资产重组风起云涌。上海文化广播影视集团传媒集团把旗下的百视通和东方明珠两家上市公司进行整合，由百视通收购东方明珠，重组后的新百视通公司成为传统媒体领域首个跨越千亿市值门槛的传媒公司。互联网巨头通过收购来布局传媒业,阿里巴巴和云锋基金以 12.2 亿美元购得优酷土豆 18.5% 股权;阿里巴巴还以 5.86 亿美元收购新浪微博 18% 的股份,以 65.36 亿元入股华数传媒,以 62 亿港元控股文化中国并更名为阿里巴巴影业。百度以 22.4 亿元收购 PPS 视频全部股权。小米以 3 亿美元入股爱奇艺。

传统媒体通过创办互联网媒体来进行媒体融合。例如上海报业集团创办的澎湃网,实现互联网技术创新与新闻价值传承的结合,致力于问答式新闻与新闻追踪功能的实践,构建了网页、WAP、移动客户端等一系列新媒体平台。

媒体融合的影响主要体现在以下几个方面:

①对传播格局而言。目前用户最多、传播影响力最大的两类新媒体,一是网络媒体(以互联网为传播介质),一是手机媒体(以手机为用户终端)。新媒体造就了信息开放的新局面,造就了全时空传播的新局面,造就了一人一媒体、所有人向所有人传播的新局面,造就了信息爆炸和信息迅速更替的新局面。尤其是互联网新技术、新应用的推动,不断使传播形态更加丰富,推动了自媒体、私媒体、草根媒体、公民媒体、独立媒体、参与式媒体、社会化媒体等传播形态的形成。

②对传统媒体而言。媒体融合不仅仅是给传统媒体的内容传播提供了众多新途径,实际上带来的变化是多方面的。在管理机制上,全媒体是为制度创新预设了可能性,为向现代企业转型提供了空间;在新闻生产上,全媒体是信息整合的具体方式、报道形态,以多媒体素材集成报道;在传播渠道上,全媒体是向各种平台终端强力渗透南都的产品和品质,汇聚新一代受众群;在商业模式上,全媒体是完善对传统媒体广告之外的市场布局。全媒体平台提供多媒体产品,通过电视、广播、互联网、手机、户外电子公告牌等多渠道分销这些产品从而满足用户个性化需求,实现用户价值。

③对新闻工作者而言。媒体融合的进展不断促进着新闻从业者信息获取方式的改变,促进着采访报道方式的改变,促进着新闻发布方式的改变,促进着新闻理念的改变,甚至促进着传统媒体从业人员向新媒体领域的转行。

本章小结

本章主要介绍了数字媒体的 Web 集成开发相关技术及其应用。重点介绍了 Web 相关知识、Web 开发环境、MVC 模式相关知识、SSH 开发技术、用户体验技术以及"互联网 +"和媒体融合相关知识。

本章习题

1. 什么是 Web 服务? Web 1.0、Web 2.0、Web 3.0 是如何进化的?
2. Web 开发环境如何配置?
3. 什么是 MVC?
4. 什么是 SSH?
5. 用户体验技术包含哪些内容?
6. 什么是媒体融合?

第9章
数据和大数据

　　21世纪是大数据的时代,以数字形态存储的数据中蕴藏着巨大的信息和智慧,正如"啤酒和尿不湿"的故事早已耳熟能详。本章将首先介绍数据和大数据的基本概念,明晰数据和大数据各自的特点;继而讲述数据分析和数据挖掘的区别,同时指明笔者非常赞同的一个观点:"无论是数据分析还是数据挖掘,也无论采用的分析手段是简单还是复杂,只要能够达到指导决策的效果就是非常优秀的方法";最后,本章将重点介绍数据挖掘的基本概念和典型的数据挖掘技术,帮助读者掌握数据挖掘的基本理论体系和了解数据挖掘的基本方法。

9.1 数据和大数据

9.1.1 数据

数据是我们耳熟能详的一个名词,百度百科给出的定义是:数据(data)是事实或观察的结果,是对客观事物的逻辑归纳,是用于表示客观事物的未经加工的原始素材。

数据是信息的表现形式和载体,可以是符号、文字、数字、语音、图像、视频等。数据和信息是不可分离的,数据是信息的表达,信息是数据的内涵。数据本身没有意义,数据只有对实体行为产生影响时才成为信息。数据可以是连续的值,如声音、图像,称为模拟数据。也可以是离散的,如符号、文字,称为数字数据。

在计算机系统中,数据以二进制信息单元0和1的形式表示。由此可见,数据本身是没有价值的,本书将从数据、信息、知识、智慧四者的定义和关系出发进行阐述,如图9-1所示。

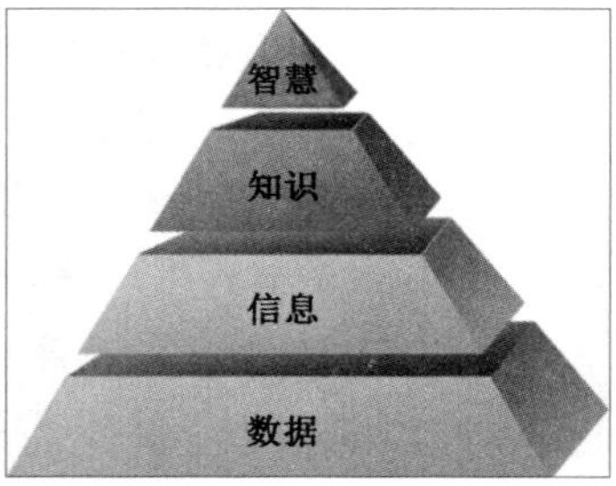

①数据:是信息和知识的符号表示。

数据是用来记录、描述和识别事物的按一定规律排列组合的物理符号,是一组表示数量、行动和目标的非随机的可鉴别的符号,是客观事物的属性、数量、位置及其相互关系等的抽象表示,以适合于用人工或自然的方式进行保存、传递和处理。它既可以是数字、文字、图形、图像、声音或者味道,也可以是计算机代码。在计算机科学中,数据是指所有能输入到计算机中具有一定意义

图 9-1 数据、信息、知识、智慧

的数字、字母、符号和模拟量等并能够被计算机程序处理的符号的介质的总称,同时也具有能被计算机识别的二进制数的形式。

数据本身是孤立的、互不关联的客观事实、文字、数字和符号,没有上下文和解释。数据表达的仅仅是一个描述,如19491001,只是一个数字。数据用属性描述,属性也称变量、特征、字段或维。数据经过处理仍然是数据,只有经过解释,数据才有意义,才能成为信息。

②信息:数据中的内涵意义。

信息是指人们对数据进行系统地收集、整理、管理和分析的结果,是经过一系列的提炼、加工和集成后的数据。数据是信息的符号表示,或称载体,数据不经过加工只是一种原始材料,其价值只是在于记录了客观数据的事实。信息是数据的内涵,是对数据的解释。如对某先生来说,19491001可以是他的生日,也可以是中华人民共和国成立的日期。

数据资源中所有信息量的多少是由消除事物认识到的不确定程度来决定的,数据资料所消除的人们认识上的不确定性的大小也就是数据资料中所含信息量的大小。

③知识:是一套具有前因后果的信息,是人们在长期的实践中总结出来的正确的内容。

所谓知识,就它反映的内容而言,是客观事物的属性与联系的反映,是客观世界在人脑中的相对正确的反映。就它反映的活动形式而言,有时表现为主体对事物的感性直觉或表象,属于感性知识,有时表现为关于事物的概念或规律,属于理性知识。知识是人们在实践活动中获得的有关世界的最本质的认识,是对信息的提炼、比较、挖掘、分析、概括、判断和推论。一般而言知识具有共享性、传递性、非损耗性(可以反复使用,其价值不会减小)及再生性等特点。

按知识的复杂性可分为显性知识和隐性知识。显性知识是用系统、正式的语言传递的知识,可以编码和度量,可以清晰地表达出来,易于传播,可以在人与人之间进行直接的交流,通常以语言文字形式存在。显性知识的处理可以用计算机实现。隐性知识是存在于人脑中的、非结构化的、与特定语境相关的知识,很难编码和度量。隐性知识是人们在实践中不断摸索和反复体验形

成的,通常以直觉、价值观、推断、经验、技能等形式表现出来。它难以描述,但却是个人能力的直接表现且更为宝贵。隐性知识的处理只能通过人脑实现,一般要通过言传身教和师传徒授等形式传播。

④智慧:是指富有洞察力的知识。

智慧是指富有洞察力的知识,在了解多方面的知识后,能够预见一些事情的发生并主动地采取行动。智慧是人类特有的解决问题的一种能力,是人类基于已有的知识和信息针对物质世界运动过程中产生的问题根据获得的信息进行分析、对比、演绎、推理从而找出解决方案的能力。这种能力运用的结果是将信息的有价值部分挖掘出来并使之成为已有知识架构的一部分。

比如大家都知道国庆假期去北京旅游的车票非常紧张(知识),若是已经非常有预见性地提前购买了车票,那么就领先一步(智慧)。

由此可见:数据≠信息≠知识,可以从数据中提取信息,从信息中挖掘知识,而智慧是一种高层次的知识。

9.1.2 大数据

大数据是近年来新兴的一个名词,也由此引发了大数据浪潮,率先给出大数据定义的是麦肯锡全球研究所报告《大数据:创新、竞争和生产力的下一个前沿》:

"大数据是指大小超出了传统数据库软件工具的抓取、存储、管理和分析能力的数据群。这个定义有意地带有主观性,对于"究竟多大才算是大数据",其标准是可以调整的,即我们不以超过多少太字节(1 TB = 1 024 GB)为大数据的标准。我们假设随着时间的推移和技术的进步,大数据的'量'仍会增加。还应注意到,该定义可以因部门的不同而有所差异,这取决于什么类型的软件工具是通用的,以及某个特定行业的数据集通常的大小。因此,今天众多行业的大数据可以从几十 TB 到数千 TB。"

麦肯锡全球研究所报告从数量级的角度给出了大数据的概念,下面是量级的转化规则:

b 和 B

b:bit,位,一个位代表一个 0 或 1。

B:字节,8 个位组成一个字节。

内存(B,b)

1 B = 8 b,相当于一个英文字母。

1 KB(千) = 2^{10} B = 1 024 B,相当于一则短篇故事的内容的容量。

1 MB(兆) = 2^{20} B = 1 048 576 B,相当于一则短篇小说的文字内容的容量。

1 GB(吉) = 2^{30} B = 1 073 741 824 B,相当于贝多芬第五乐章交响曲的乐谱内容的容量。

1 TB(太) = 2^{40} B = 1 099 511 627 776 B,相当于一家大型医院中所有的 X 光图片的咨询量。

1 PB(拍) = 2^{50} B = 1 125 899 906 842 624 B,相当于 50% 全美学术研究图书馆藏书咨询内容的容量。

1 EB(艾) = 2^{60} B = 1 152 921 504 606 846 976 B,5EB 相当于全世界人类所讲过话语的容量。

1 ZB(泽) = 2^{70} B,如同全世界海滩上的沙子数量总和。

1 YB = 2^{80} B,人类尚未进入的数字时代,但已经并不遥远……

1 NB = 2^{90} B

1 DB = 2^{100} B

大数据的精髓在于分析信息时的 3 个转变,这些转变将改变理解和组建社会的方法。

第一个转变是:在大数据时代,可以分析更多的数据,有时甚至可以处理和某个特别现象相关的所有数据,而不再依赖于随机采样。

19 世纪以来,当面临大量数据时,社会都依赖于采样分析。但是采样分析是信息匮乏时代和信息流通受限制的模拟时代的产物。以前我们通常把这看成是理所当然的限制,但高性能数字技术的流行让我们意识到,这其实是一种人为的限制。与局限在小数据范围相比,使用一切数据为我们带来了更高的精确性,也让我们看到了一些以前无法发现的细节——大数据让我们更清楚地看到了样本无法揭示的细节信息。

第二个改变是:研究数据如此之多,以至于不再热衷于追求精确度。

当测量事物的能力受限时,关注最重要的事情和获取最精确的结果是可取的。如果购买者不知道牛群里有 80 头牛还是 100 头牛,那么交易就无法进行。直到今天,数字技术依然建立在精准的基础上。假设只要电子数据表格把数据排序,那么数据库引擎就可以找出和检索的内容完全一致的检索记录。

这种思维方式适合于掌握"小数据量"的情况,因为需要分析的数据很少,所以必须尽可能精准地量化记录。在某些方面,人们已经意识到了差别。例如,一个小商店在晚上打烊的时候要把收银台里的每分钱都数清楚,但是人们不会、也不可能用"分"这个单位去精确度量国民生产总值。随着规模的扩大,对精确度的痴迷将减弱。

达到精确需要有专业的数据库。针对小数据量和特定事情,追求精确性依然是可行的,比如一个人的银行账户上是否有足够的钱开具支票。但是,在这个大数据时代,很多时候,追求精确度已经变得不可行,甚至不受欢迎了。当拥有海量即时数据时,绝对的精确不再是追求的主要目标。

第三个转变因前两个转变而促成,即不再热衷于寻找因果关系。

寻找因果关系是人类长久以来的习惯。及时确定因果关系很困难而且用途不大,人类还是习惯性地寻找缘由。相反,在大数据时代,人们无须再紧盯事物之间的因果关系,而应该寻找事物之间的相关关系,这会给人们提供非常新颖且有价值的观点。相关关系也许不能准确地告诉某件事情为何发生,但是它会提醒这件事情正在发生。在许多情况下,这种提醒的帮助已经足够大。

如果数百万条电子医疗记录显示橙汁和阿司匹林的特定组合可以治疗癌症,那么找出具体的药理机制就没有这种治疗方法本身来得重要。同样,只要知道什么时候是买机票的最佳时机,就算不知道机票价格疯狂变动的原因也无所谓。大数据告诉人们"是什么",而不是"为什么"。在大数据时代,不必知道现象背后的原因,只要让数据自己发声。

不再需要在还没有搜集数据之前,就把分析建立在早已设立的少量假设的基础上。让数据发生,会注意到很多以前从来没有意识到的联系的存在。

例如:对冲基金通过剖析社交网络 Twitter 上的数据信息来预测股市的表现;亚马逊和奈飞(Netflix)根据用户在其网站上的类似查询来进行产品推荐;Twitter、Facebook 和 LinkedIn 通过用户的社交网络图来得知用户的喜好。

除此之外,IBM 提出的"三 V"概念,即大量化(Volume)、多样化(Variety)和快速化(Velocity),是"大数据"时代的显著特征,这些特征给现在的 IT 企业带来巨大挑战。而着眼数据应用的专家们提出了大数据的"四 V"概念。"四 V"概念是在原有的"三 V"基础上增加了第四个首字母为 V 的词——Value(价值),即企业要实现的是大数据的价值。第四个"V"才是关键,如果我们不能够实现数据的价值,那么再海量的数据也是没有价值的。

大量化(Volume):在大数据的四"V"中,Volume 是显而易见的。如果没有大量的数据,我们就无法称其为"大数据"。如今,各家企业的数据量正在从 GB、TB 向着 PB、EB 级大踏步迈进。

多样化(Variety):Variety 是指半结构化、非结构化数据的量和结构化数据一样在飞速增长。全世界 40 多亿手机用户已经将他们自己变成了数据流的提供者,同时手机制造商在他们的产品中签入了 3 千万个传感器,而且这一装机量正以每年 30% 的速度增长。各个企业采集的数据并不限于传统的数据格式,非结构化数据的增长速度超过了结构化数据的增长速率。所谓半结构化,是指数据有一定结构,但又没有固定的模型描述。结构化和半结构化数据通常能够用普通的 XML 模式来描述,但是非结构化数据就需要特殊处理。

快速化(Velocity):Velocity 主要是指商业和各种相关领域处理的交易以及数据在以越来越高的速度和频率产生。每一分钟都有大量的数据在商业环境和互联网环境中产生。

价值(Value):四"V"中的 Value,则是指数据运营和应用的重要性。如果没有数据分析和数据挖掘,数据还只是数据。只有通过处理和分析过的数据才能转化成信息,归纳成知识。

除了这四个"V"之外,业内也有学者和从业者提出不少其他关于大数据的"V",值得我们关注。在这之前我们还真没有意识到有这么多有趣的英文词是以"V"为首字母的:数据的可验证性(Verification)、可变性(Variability)、真实性(Veracity)和近邻性(Vicinity)。

可验证性(Verification):Verification 指的是数据需要经过验证,因为数据量大了之后,带来的一个后果必然是数据质量的良莠不齐以及不同级别的用户介入而产生的数据安全问题。

可变性(Variability):Variability 指的主要是数据格式的可变性,着重于非关系型数据。

真实性(Veracity):Veracity 指的是因为数据来自不同的源头,而有些数据的来源(如 Facebook 上的评论和 Twitter 上的跟帖)的可信度是需要考虑在内的。

近邻性(Vicinity):Vicinity 和大数据的存储相关,处理数据的程序和服务器需要能够就近获取资源,否则会造成大量的浪费和效率的降低。

21 世纪是大数据的世纪,而关于大数据的故事,才刚刚开始。新兴的大数据学科有自己特有的基础架构,计算和应用体系,也有自己特有的价值链,作为数字媒体技术的概论课程,本章并不专注于大数据的分析和挖掘,而仅介绍大数据的基本概念,并将更多的关注点集中在普通数据的分析和挖掘上。

9.2　数据分析和数据挖掘

9.2.1　数据分析和数据挖掘的定义

数据分析和数据挖掘实际上很难有一个严格意义上的分界线,百度百科分别给出的数据分析和数据挖掘的定义是:

"数据分析是指用适当的统计分析方法对收集来的大量数据进行分析,提取有用信息和形成结论而对数据加以详细研究和概括总结的过程。这一过程也是质量管理体系的支持过程。在实用中,数据分析可帮助人们作出判断,以便采取适当行动。"

"数据挖掘(Data mining)又译为资料探勘、数据采矿,它是数据库知识发现(Knowledge-Discovery in Databases,KDD)中的一个步骤。数据挖掘一般是指从大量的数据中通过算法搜索隐藏于其中信息的过程。数据挖掘通常与计算机科学有关,并通过统计、在线分析处理、情报检索、机器学习、专家系统(依靠过去的经验法则)和模式识别等诸多方法来实现上述目标。"

另有学者将知识发现作为数据分析的一个方面,而数据挖掘作为知识发现的一个步骤,便自然而然地被归为其中,如表 9-1 所示。

表 9-1　数据分析的四个方面

名称	功能	描　　述	分析场景
报表	实现预定义和用户自定义报表功能	通过报表工具实现预定义报表的自动生成和分发,并能够灵活地实现用户自定义报表功能	静态数据 预定义报表 受限数据交互
即席查询	进行准实时的业务查询	通常即席查询的功能会涉及准实时的业务信息,可以由 DOS 区提供此类业务,通过即席查询,不需要非常专业的 SQL 知识即可完成信息的即席查看	事实发现 查询 报表

名称	功能	描　述	分析场景
联机分析	利用 OLAP（On-Line Analytical Processing）分析手段实现多维度的交叉分析	利用 OLAP 分析工具，配合涉及良好的 OLAP 数据模型，可以完成业务人员对业务的分析需求。联机分析的手段包括各种图形和表格的表现，以及在其上进行的多维度的交叉分析，帮助用户快速定位和解决问题	多维分析 例外管理 问题发现 What-if 分析
知识发现	利用数据挖掘、统计建模等知识发现技术实现特定的分析专题	用户获取有用信息的能力体现了数据仓库系统的价值，通过数据挖掘等高级统计分析技术，企业能够将数据源中有价值的信息（知识）识别出来并建立模型，同时通过自动化或半自动化的工具进行分析	规则发现 方案验证 交互图表 方案识别 相关性分析 聚类分析

从上面的各种定义可以看到，数据分析和数据挖掘都用到了统计分析等技术手段，数据分析强调对数据的概括总结，而数据挖掘强调的是搜索隐藏信息，本节将能否发现先前未知的信息作为数据分析和数据挖掘的主要区别，但不过分强调数据分析和数据挖掘界线和包含关系，而是将他们同视为对数据进行处理，得到我们所需的信息，提炼成知识和智慧的工具。

9.2.2　证析

证析是指代对量化证据进行分析以影响决策的实践。当人们想到使用数据指导商业决策时，往往过于强调证析中的"析"的一面，强调使用数理统计模型、数据挖掘工具等数学手段分析数据，这是一个相对被动的过程。证析中的"证"的一面同样重要，也就是需要主动地搜集数据、搜集证据以指导决策。并且，"分析"一词中的"分"字强调分解的手段，强调还原论的方法论。而在证析的具体实践中，采用还原论还是整体论的方法论并不重要，重要的是寻找到能够指导决策的，证明什么样的做法是有效的证据。

这是本节非常看重的一个概念，无论是数据分析还是数据挖掘，也无论采用的分析手段是简单还是复杂，只要能够达到指导决策的效果就是非常优秀的方法。

证析的目的是使用数学手段、利用客观证据影响业务决策，在实践过程中它可能会涉及企业管理、数学与统计学、计算机科学与技术等诸多领域的知识与技能。下面对证析过程中可能用到的技能、所需进行的工作按顺序进行一个简单罗列。

1. 需求分析

证析是为解决业务问题，提升业务决策服务的，所以分析师需要理解业务人员的问题与需求是什么，需理解业务人员所处的业务背景、通用的业务术语、所面临的挑战、不足及痛点。需求分析不仅仅是证析项目需要完成的工作，它是任何项目的起点。当很多人强调分析师应"以客户为中心"时，更好的提法是"以客户的价值为中心"，分析师应该考虑客户（即决策者）如何实现其价值，而不应受困于客户说了什么。客户的价值以及由此决定的客户需求限定了项目的范围，为整个证析项目提供了基准。另一方面，需求分析作为证析起点的特性决定了证析不是一门象牙塔的纯粹科学，它存在的目的是为了解决现实生活中的问题。

2. 决策流程分析

企业通过其价值链实现客户价值，企业为实现企业价值、获取利润需优化价值链中各环节的决策。提升嵌入于企业业务流程的决策流程的决策效果是证析项目的主要目标。若不能从流程的观点考虑问题，证析将只能提供一些相互割裂的独立应用与优化，这些优化为局部的目标服务，只能达到局部优化的目的，甚至这些局部优化的结果是以损害其他环节的绩效或损害全局绩效为代价的。而若能以流程的观点考虑问题，证析只是流程中的一些黑盒子，是整合在全部流程中的一部分。无论有没有高深的数学算法与统计模型,整个业务流程都能运转,而当有更好的、经过验证的算法出现并融入流程时,整个流程的绩效会得到提升。所以,当很多企业跃跃欲试希望规划证析能力演进路线时,更好的做法是不去规划独立的证析演进路线图,而是规划包含证析在内的整个企业演进路线图。

3. 数据管理

数据的极大丰富是当前社会的重要特征,是证析在当前日益受到关注与普及的基础。数据的来源多种多样。例如,企业运营系统自然而然地产生了大量的电子化数据;随着 RFID 等感知技术的价格迅速下降与日益普及;博客、微博、Facebook 发表各种意见等。随着数据源的丰富,企业的数据管理工作面临着更艰巨的挑战。例如,传统数据库技术擅长处理结构化数据,而来自互联网的信息大多是以文本、网页、图像、视频等形式出现,如何获取元数据是数据管理的挑战;超市以会员卡作为唯一标识来维护客户资料,从外部获取数据以丰富对客户的描述、加深对客户的理解、整合不同来源的客户数据;银行可能通过信用卡机构、银行卡发卡机构、保险销售部、柜台、网站等多个渠道和客户保持接触、获取客户的地址,客户可能在其中任何一个渠道变更通信地址,信息孤岛维护着有关客户地址的不同版本,如何整合也是需要面临的一个问题;企业财务报表,不同企业或同一企业的不同机构都可能以不同的格式表示,如何制定标准以方便数据在不同机构与系统之间的交换也是数据管理需解决的问题。

从各个来源抽取与搜集数据、建立数据仓库、管理数据是证析项目的基础和重要组成部分,并且这部分动辄需要购买昂贵的软硬件系统,占用大量投资。但技术驱动的数据管理工作不应是证析项目的起点,不应以数据驱动证析项目的进程,而应以业务问题驱动证析项目的发展。并且,证析项目和数据仓库项目的区别在于证析项目中的分析师需要从业务需求出发,通过主动寻找新的数据来源、设计更好的人机交互方式、设计实验等方式更加主动地搜集数据,以获取为支撑决策所需的数据与证据,所以它不是一个纯粹的信息系统建设项目。

4. 度量

数据是度量的基础,但数据不等同于度量。度量除了数字之外还需要知道这个数字的含义是什么,所处的语境是什么。例如,"某省的 GDP 是 2 万亿元"只描述了一个事实,根据这个数字不能判断该省经济发展是否良好。度量在证析过程中占有重要的地位,甚至有些人将证析等同于度量,例如 Google Analysis 认为"证析是生成度量的软件程序"。

人们将没有度量指标的企业管理比喻成没有仪表盘驾驶的飞机。度量指标不仅仅描述了企业运行的状况,也指引着企业运行的目标与方向。一方面,度量指标决定了证析项目所需要优化的决策的目标,有缺陷的度量指标有可能得出偏颇、歪曲、有缺陷的结论。正确的度量是成功证析项目的基础。另一方面,作为企业内部量化沟通的重要手段,度量指标是证析影响企业各个层次决策的有力工具。发现并实施新的、有洞察力的、合理的度量指标是证析项目的重要工作。

错误:有些分析师希望设计一些综合性的指标来表示企业"总体"运行状况。例如,汽车仪表盘显示车速为 80 km/h,显示油箱剩余油量能够继续行驶 400 km,独立的两个指标分别都有清晰而重要的意义,驾驶员希望获得这两个数值。但将两者相加没有任何意义,所以这里需要提醒一点,证析项目中如果不是出于必要,应努力避免以炫技为目的地使用复杂的数学手段来设计度量指标,否则将丧失指标的清晰性,让业务人员很难一次进行沟通,并且不知如何用决策与行动来影响指标。

误区:这里并不是说数学工具在度量指标设计时没有用武之地,相反,它是指标设计的重要手段,其中一个重要的应用就是发现驱动业务结果的领先指标。例如,交警部门希望降低交通事故发生的频次。然而,这里交通事故发生次数是一个结果指标。交警发现造成交通事故的一个重要原因是司机酒后驾车,则通过降低酒后驾车司机人数这个领先指标可以降低交通事故发生频次这个结果指标。在需求分析阶段,分析师只能定性地确定项目的范围和目标。在获得了企业运营数据以及企业现状的度量之后,分析师有可能指定诸如"成本削减10%"这样量化的项目目标。

5. 探索性数据分析与数据可视化

在数据的分析和处理过程中,人类的模式识别能力仍然占有重要的地位。人们能够通过从不同角度分析数据,由高层次的汇总数据"下钻"到低层次的细节数据等手段发现数据中存在的模式或异常。通过数据探索,人们能够得到对数据以及业务运行状况的初步印象与假设,虽然这些假设还需要进一步推敲,但它能指引人们应进一步搜集与分析什么样的数据,选择什么样的统计工具或技术验证来推翻这些假设。

图形以及表格是有效组织数据、协助研究人员对数据进行探索的重要手段。数据可视化不仅用于探索性数据分析,也是传递分析结果的重要手段。可视化的方式能够使得分析师有效地将分析结论传递给消费数据的人,并与之高效沟通。仪表盘是数据的可视化表示与沟通的重要手段,有很多软件厂商能够提供工具帮助分析师方便地开发仪表盘。另外,更加注重设计的信息图也开始逐渐流行。在证析项目中,设计图表、仪表盘或者信息图向业务人员传递分析结论、绩效指标等信息,要求分析师不仅对数字有深刻理解,还应具备一定的审美和设计能力。

6. 提出假设,发现模型、关联与模式

为了获得对世界的认识并对环境施加控制,人们在决策前希望发现外部世界存在的模式并做出关于环境的假设。形成假设要求分析师或业务人员自身具备很强的能力,来产生富有成效的新假设,它是新洞察、新发现的开始,也是整个证析过程中极为困难的一个环节。例如:"如果……那么……""如果你足够认真工作,那么你就能得到提升。"这样的假设就不属于可证伪的标书。因为某人如果努力工作却未得到提升,我们可能会说他没有"足够"努力工作,即无论发生什么结果仿佛都与这条假设不悖,故是不可证伪的。

随着海量数据的出现,"假设驱动"这种传统的研究方法受到了挑战,以数据挖掘和模式识别为代表的在海量数据中自动发现关系和模式的机械化数据处理工具为人们分析海量数据提供了可能。这些关系和模式可能是以算法或计算机语言的形式存储在计算机中,而不以传统的假设中所使用的自然语言、数学语言及其他形式化语言显式表现。

7. 检验与评估

假设成立与否需要使用数据统计的方法进行检验。另一方面,对于不同的数据挖掘模型也有不同的检验标准,例如,预测类模型的预测准确率就是一个对模型的检验指标。一个电子商务网站的数据挖掘算法可以根据用户对商品打分的历史数据中的一部分建立模型去预测用户对其他商品的打分,也就是预测用户是否会喜欢其他商品。然后,分析师可以用建模数据之外的另外一部分数据验证这个模型的预测是否准确。这种从数字的角度对模型进行的检验是在检验模型做的怎么样。另一方面,因为模型都是为了解决特定的业务问题而建立的,所以也需要从模型是否能够满足业务目标的角度对其进行改进型检验,也就是检验模型是否在做正确的事情。并且,因为数据挖掘模型是计算机以机械的方式自动生成的,其中所发现的很多规律可能没有任何意义甚至是荒谬的,如有可能的话,需要人们用自己对外部世界的知识检验这些机器所发现的规律。

检验与评估是保证证析项目质量,确保证析项目的资源朝着正确方向努力的重要手段。所以,企业需要在控制成本与风险的前提下使用多种手段从各个方面检验证析项目的成果。仍以推荐引擎的评估为例,企业可能通过利用离线数据模拟用户响应的方法,招募试用用户去研究推荐引擎在运行环境下的用户响应等方法对推荐引擎的效果进行研究。

8. 形成理论与洞察

人们在观察分析数据的过程中会进一步加深对现象的认识,然而人们不满足于只是描述观测到的现象与数据,更希望利用自己的归纳和推理能力,对数据的产生机理作出猜测,从而形成理论。人们拥有理论之后将不满足于只是利用理论对已观察到的现象进行描述,而是希望将其外推到未知领域,并对其进行预测。

分析师需要跳出日常商业运营的细节,在对经验总结的基础之上获得洞察,从而形成更有普遍意义的理论。这需要分析师具有足够的洞察力与创造力,然而这样的分析师可遇而不可求。

9. 推理与优化

有时虽然我们掌握了可靠的理论和事实,但如果要得出有用的结论还需经过一定的推理工作。分析师就是证析项目中的福尔摩斯,虽然了解了很多业务知识、构建了很多理论、观察到很多事实,但如果他不具备推理的能力,还是不能从这些知识、理论、事实中抽取出对解决问题有帮助的信息。

使用计算机进行自动推理曾是人工智能领域的重要研究课题,然而,在那个数据相对匮乏的年代,专家系统作为一个封闭系统很难维系与更新其知识库,从而专家系统没有实现曾被期许的目标。但专家系统中用于自动图例的规则引擎还是得到了进一步的发展和应用。规则引擎能够帮助企业管理复杂的业务规则与业务逻辑,并有可能据此帮助企业自动化地做出大量的运营决策。

10. 干预与解决方案设计

如果说前面几个阶段的工作更多是以分析为导向的、是与数学打交道的,那么这个阶段的工作需要更多的创意。前面分析工作的目的大多是为设计出能够改善业务的解决方案做准备,为了完成这个任务,需要分析师及合作者能够理解分析结果,需要具备丰富的行业知识以及对企业的深入理解。前面的分析结果以及模型可能是以计算机系统的形式作为解决方案的一部分出现,也可能只是为解决方案指明了方向而不出现在其中。所以,计算机系统绝不是干预和解决方案的全部,甚至不是其中最重要的部分,解决方案可能是针对人、组织、文化、系统不同方面的干预。这一阶段的工作大致包括产生创意、细化创意、选择方案等几个步骤。

11. 模拟与仿真

随着计算能力的日益强大,需要耗费大量计算资源的模拟与仿真的方法开始变得可行,并得到重视。模拟与仿真是人们获取数据与经验的一种经济、有效的方式。如有可能,决策者在推行一项新的方案之前进行一番"沙盘推演"也能快速、低成本、直观地评估方案的优劣。通过模拟的方式能够让决策者认识到不同选择对结果的影响。并且,仿真也是分析师和决策者进行沟通的有力工具。另外,当证析得出的模型与公式包含很多主观经验,使用模拟的方法能够让决策者评估出在不同的权重假设下会得到什么样不同的结果。当模型中涉及对未来的假设时,模拟仿真的方法可以让决策者评估出当未来以不同的方式展开时,不同的决策会产生什么不同的后果。

12. 实验

通过对历史数据的分析、挖掘与建模,能够发现数据中一些隐含的模式和关联关系。但是,相关性并不等同于因果性。数据与理论所产生的洞察能够帮助人们发现一些改善结果的方法,但是在经过实验验证之前,这些方法还只是一些假设,研究者需要通过设计实验验证这些方法的有效性。数据和理论能够产生很多的假设,因为实验需要成本,研究者能够通过实验进行检验的假设只占所有假设中的一小部分,而对哪些假设进行实验检验往往需要人们的直觉和判断。

虽然理论和洞察能够帮助人们设计干预手段、设计实验,但对许多还没有成熟理论支撑的、不能得出"为什么"的满意答案的领域,实验能够让研究者更加关注结果,通过实验设计与分析来关注"怎么做才是有效"。在这种思路下,对历史数据的占有与挖掘并产生洞察并不是设计干预手段与实验设计的必要条件。所以,实验也是那些还不具备充足数据的领域和企业主动搜集数据的一种有效手段。

13. 应用与推广

证析是为决策服务的,决策者包括但不限于企业经理、高管等高层决策者,也包括企业一线的运营人员。虽然证析项目是由企业的管理者发起并推动的,数据的搜集与分析是由分析师完成的,但是证析所产生的知识不是由管理者和分析师所专有的,这些知识可能对整个企业产生影响。只有这样,证析才有可能发挥其最大价值。证析对企业的影响主要以三种形式体现:工具或系统、组织与流程、人力资源。

如果知识、工具、流程不能被企业中下至一线操作人员至企业管理层的企业员工所接受、激活以及应用，那么前面所有的努力都是白费的。所以分析师在创造新的知识和工具以提升决策能力的同时，也需要通过写文章、培训、组织课程等方式促进企业学习，提升企业中的人力资源水平。

14. 监控

证析项目不应是毕其功于一役的"运动式"项目，而应该能够对企业做出持久的改善。如果没有持续的监控，证析项目所带来的改善很可能会快速消失，企业退回到项目开展前的状态。分析师会参与监控的全部过程，同时将监控的大部分任务交给决策者和其他企业员工完成。并且，分析师应该能够设计监控的方法和流程、设计数据获取的方式、设计度量绩效的监控指标与监控方式以及设计绩效仪表盘将监控结果以可视化的方式展现给用户。监控指标应当在一定范围内波动，如果监控指标超过了预期的范围，无论偏高还是偏低都有可能发起新一轮改善的契机。

证析是笔者非常赞同的一个观点，它有着"黑猫白猫抓住耗子即是好猫"的精髓思想，上述过程虽然较为烦琐，却涵盖了数据分析和数据挖掘的精华过程：需求分析、数据获取、数据存储、数据清洗、数据分析及挖掘方法和可视化。

9.3 数据挖掘的基本概念

9.3.1 数据挖掘的作用

1989 年，在第 11 届国际人工智能的专题研讨会上，学者们首次提出了基于数据挖掘的知识发现概念。1995 年在美国计算机年会上，一些学者开始把数据挖掘视为数据库知识发现的一个基本步骤或把两者视为近义词讨论，如图 9-2 所示。

知识发现（Knowledge Discovery in Databases，KDD）是从数据集中找出有效的、新颖的、潜在有用的，以及最终可理解的模式的非平凡过程。知识发现将信息变为知识，从数据矿山中找到蕴藏的知识金块，将为知识创新和知识经济的发展做出贡献。这里所包含的主要步骤包括：

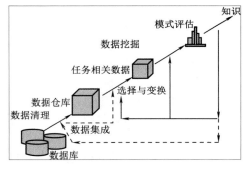

图 9-2　数据挖掘与知识发现

①数据清洗。数据清洗的作用是清除数据噪声和与挖掘主题明显无关的数据。

②数据集成。数据集成的作用是将来自多个数据源中的相关数据组合到一起。

③数据选择。数据选择的作用是根据数据挖掘的目标选取待处理的数据。

④数据转换。数据转换的作用是将数据转换为易于进行数据挖掘的数据存储形式。

⑤数据挖掘。数据挖掘的作用是利用智能方法挖掘数据模式或规律知识。

⑥模式评估。模式评估的作用是根据一定的评估标准，从挖掘结果中筛选出有意义的相关知识。

⑦知识表示。知识表示的作用是利用可视化和知识表达技术，向用户展示所挖掘的相关知识。

图 9-3 非常形象地给出了数据挖掘作用。通过数据挖掘的技术手段，可以从数据金矿中挖掘出有价值的知识金块，数据挖掘就是实现从金矿到金块儿的工具。

数据挖掘的思想来自于机器学习、信息科学、统计学和数据库技术，是一个名副其实的交叉学科，如图 9-4 所示。

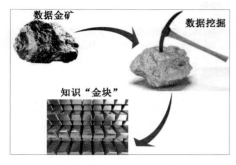

图 9-3　数据挖掘的作用

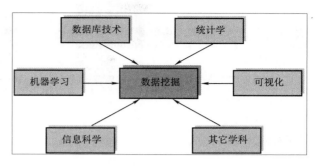

图 9-4　数据挖掘的学科交叉性

9.3.2　数据挖掘的标准流程

戴维·奥尔森和石勇在 2007 年介绍了被广为应用的跨行业数据挖掘标准流程（CRISP-DM），如图 9-5 所示。

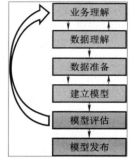

图 9-5　数据挖掘的标准流程

1.业务理解

业务理解是数据挖掘人员确定工作对象、了解现状,制定工作目标和工作计划的过程。

2.数据理解

一旦对象和工作计划拟定了,就要考虑所需要的数据。这一步骤包括原始数据搜集、数据描述、数据探索和质量核查。这一步骤和第一步常常需要反复进行。

3.数据准备

就像做菜需要对食材进行筛选、洗净、切成一定形状一样,原始数据中有大量错误、重复信息,需要删除、整理和转化。数据准备可以视为一次数据探索,为之后的模型建立做准备。

4.建立模型

这一阶段需要描绘数据并建立关联,然后用一定的分析方法借助数据挖掘工具进行数据的基础分析。

5.模型评估

模型结果要对在第一步建立的工作目标进行评估,这将导致频繁地返回到前面的步骤。这是一个缓慢推进的过程,各种可视化分析结果、统计和人工智能工具将向数据挖掘人员展现更深层次地理解数据运行的关系。

6.模型发布

数据挖掘应用于先前提到的两种途径中,借助 CRISP – DM 前期步骤中发现的知识,可以获得更加健全的模型。这个模型可以用于预测或识别关键特征,需要在实际情况下检测其变化。如果发生重大变化,模型就需要被重新制定。模型发布让从实验数据库中建立起来的模型在实践中受到检验。

Pyle（1999）在被广泛引用的《数据挖掘中的数据准备》一书中强调了数据挖掘前准备工作的重要性。他把数据挖掘的工作分为四大部分:探究问题、探究解决方案、选定工具选择、数据挖掘。这个划分方法虽然与 CRISP – DM 的六步模型不同,但是两者都强调了第一步——思考问题及其相关的方案和选择合适工具的重要性。前三部分工作占用的时间占总时间的 20% ,在重要性上却占到关键的 80% ,如表 9-2 所示。

表 9-2　前期准备的必要性

	占总时间的百分比/%	合计	对于成功重要性的百分比/%	合计
1. 探究问题	10		15	
2. 探究解决方案	9	20	14	80
3. 特定工具选择	1		51	
4. 数据挖掘				
a. 数据准备	60		15	
b. 数据调研	15	80	3	20
c. 数据建模	5		2	

9.3.3　数据分析和数据挖掘的工具

数据分析和数据挖掘的常用工具非常多,这里仅简单罗列:

(1)R:现今最受欢迎的数据分析及绘图的可视化语言和操作环境。它是自由的开源软件,并同时提供 Windows、Mac OS X 和 Linux 系统的版本。

(2)SAS/Enterprise Miner:支持 SAS 统计模块,数据挖掘市场强劲竞争者。

(3)SPSS:2009 年被 IBM 收购,2000~2009 年数据挖掘产品用户数排行冠军。

(4)MATLAB:与 Mathematic、Maple 并称为三大数学软件。

(5)Python:是一种面向对象、解释型语言,能够把用其他语言制作的各种模块联结在一起,擅长文本处理。

(6)WEKA:基于 Java 环境下的开源机器学习和数据挖掘软件。

(7)RapidMiner:基于 WEKA 构建的一款开源数据挖掘软件,提供 GUI 数据处理和分析环境,提供 Java API。

(8)ARMiner:专注于关联规则挖掘的 C/S 结构应用程序。

9.4　数据挖掘技术

9.4.1　关联分析

大数据时代的领军人物,也被誉为“大数据时代的预言家”的维克托·迈尔·舍恩伯格曾经提出了一个非常著名的论点:“更好,不是因果关系,而是相关关系。在大数据时代,我们不需要知道现象背后的原因,而是要让数据自己发声。别问为什么,知道是什么就够了。”这里先来分享一个大数据时代,在这一论点下耳熟能详的一个经典案例。

故事发生在美国沃尔玛超市的货架上,大家知道,超市通常会把相似或相关的物品摆放在一起以提高销售量。而在沃尔玛超市的货架上,啤酒和尿不湿这两件风马牛不相及的物品被并排摆放在了一起,并且,由于这种摆放,大大提高了两者的销售量。当然了,当我们找到这两件物品以后,就可以讲述他们的故事了。在美国,有孩子的年轻夫妇中,丈夫一般负责下班后到超市购买尿不湿,为了犒劳自己,他们一般会购买一些自己喜欢的啤酒。

就是维克托·迈尔·舍恩伯格著名论点下的典型商业应用,也是数据挖掘的魅力,能够发现我们先前未知的感兴趣的一些结论。那么问题的关键出现了,什么技术能够在如此繁杂的物品中找到诸如啤酒和尿不湿的组合呢? 沃尔玛的数据分析团队对超市顾客的购物篮进行分析,将购物信息输入到计算机的数据库中,对数据进行处理,进行深入的数据挖掘,从而找到了诸如啤酒和尿布、手电筒和蛋挞等先前未知的,令人感兴趣的商品的组合,如图 9-6 所示。关联分析用于发现隐藏在大型数据集中的令人感兴趣的联系,所发现的模式通常用关联规则表示。

寻找预测"某些项将会随其他项的出现而出现"的规则,称为挖掘关联规则。

传统购物篮数据的关联分析算法包括 Apriori 算法和 FP – growth 算法,其余关联分析的高级算法还包括诸如处理分类属性、处理连续属性、处理概念分层、序列模式、子图模式和非频繁模式等。

这里介绍关联规则的基本概念。要在大量的数据中找出有价值的联系,为了便于让计算机帮助我们完成这个任务,需要首先对要解决的问题进行形式化描述,如表9-3 所示。

图 9-6　关联分析的经典案例分析

表 9-3　购物篮数据集

标　　识	商品集合	标　　识	商品集合
100	可乐 鸡蛋 汉堡	300	可乐 尿不湿 啤酒 汉堡
200	可乐 尿不湿 啤酒	400	尿不湿 啤酒

(1)事务数据集

许多商业、企业在日复一日的运营中积聚了大量的数据,通常称作购物篮事务,这样的事务集合被称为是事务数据集。

以超市购物的数据集为例来理解:每一行表示一条购物记录;每一行的第 1 列标识,是购物记录的唯一标号;每一行的第 2 列是商品集合,是每一条购物记录所购买的物品;所有的购物记录,即所有的事务,构成了事务数据集。

这里设定 $I = \{i_1, i_2, \cdots, i_m\}$ 是全部向量的集合,D 是事务的集合,即事务数据集,包含 N 个事务。D 中每个事务 T 是项的集合,使得 $T \subseteq I$。每个事务有一个标识符,称为 TID。

(2)项集

在关联分析中,包含 0 个或多个项的集合称为项集。包含 1 项的称为 1 – 项集,如{尿不湿};包含 2 项的称为 2 – 项集,如{尿不湿,啤酒};以此类推,包含 k 个项的项集称为 k – 项集。事务 T 包含项集 A 当且仅当 $A \subseteq T$。

(3)支持度计数

一个项集出现的次数就是整个交易数据集中包含该项集的事务数,也称该项集的支持度计数,用 $\sigma\{$项集$\}$ 表示。

表 9-3 中 $\sigma\{$尿不湿,啤酒$\}$ =3。

一个项集的出现次数与数据集中所有事务数的百分比称为项集的支持度。若一个项集的支持度大于或等于某个阈值,则称为频繁项集。例如,在表9-3 所示的数据集中,$I = \{$可乐,鸡蛋,尿不湿,啤酒,汉堡$\}$。{尿不湿,啤酒}是一个 2 – 项集,包含在事务 200、300、400 中,所以其支持度计数为3,支持度为 3/4 =0.75。如果阈值设为 0.5,由于项集{尿不湿,啤酒}的支持度大于 0.5,所以该项集为频繁项集。

关联规则是形如 $A \to B$ 的蕴含表达式,其中 $A \subset I, B \subset I$,并且 $A \cap B = \phi$。规则 $A \to B$ 的度量包括支持度(support)和置信度(confidence)。支持度是 D 中事务包含 $A \cup B$(即 A 和 B 两者)的百分比,支持度表示规则在数据集上的普遍性,说明规则并不是偶然出现的。在商业环境中,一个覆盖了太少事务的规则很可能没有任何价值。置信度是 D 中包含 A 事务同时包含 B 事务的百分比,置信度确定 B 在包含 A 的事务中出现的频繁程度,表示规则在数据集上的可靠性。如果一

条规则的置信度太低,那么从 A 很难可靠地推断出 B。支持度和置信度可用如下公式表示:

$$support(A \to B) = \sigma(A \cup B)/N \tag{9-1}$$

$$confidence(A \to B) = \sigma(A \cap B)/\sigma(A) \tag{9-2}$$

式中 $\sigma(\cdot)$ 表示支持度计数,N 表示数据集的事务数,"$\to$"表示一种共现关系,箭头左侧的表示左件,箭头右侧的表示右件。

规则的支持度关于规则的前件和后件是对称的,但置信度不对称。

既然是规则就要满足一定的条件,这里的条件就是支持度的规则就是大于或等于支持度阈值,置信度要大于或等于置信度阈值,这里的支持度阈值和置信度阈值可以自由设定。大于最小支持度阈值和最小置信度阈值的关联规则称为强关联规则。关联分析的任务就是找出数据集中隐藏的强规则。

以表 9-3 的购物篮数据集为例,我们分析" 尿不湿 $\to$ 啤酒 "这样一条规则。

$$support(尿不湿 \to 啤酒) = \frac{3}{4} = 75\% \tag{9-3}$$

$$confidence(尿不湿 \to 啤酒) = \frac{3}{3} = 100\% \tag{9-4}$$

在计算" 尿不湿 $\to$ 啤酒 "这样一条规则支持度时,在 4 项事务中," 尿不湿 $\to$ 啤酒 "共同出现了 3 次,支持度等于 75% ," 尿不湿 "单独也出现了 3 次,置信度是 100% 。假定置信度阈值和支持度阈值分别是 80% 和 50% ,则" 尿不湿 $\to$ 啤酒 "这样一条规则就是一条优秀的规则。

根据关联规则的定义,可以把关联规则挖掘算法分为两个步骤:

步骤 1:产生频繁项集,其目标是发现满足最小支持度阈值的所有项集,即频繁项集。

步骤 2:产生规则,其目标是从上一步发现的频繁项集中提取大于置信度阈值的规则,即强规则。

9.4.2 回归

回归分析可以对预测变量和响应变量之间的联系建模。在数据挖掘环境下,预测变量是描述样本的感兴趣的属性,一般预测变量的值是已知的,响应变量的值是要预测的。当响应变量和所有预测变量都是连续值时,回归分析是一个好的选择。

回归模型的构建包括两个步骤:

①构建模型。依据预测变量构建预测模型。

②使用模型预测。利用模型来估计给定输入的连续或排序的值。

如果认为模型的准确率可以接受,就可以用它对类标号未知的变量进行预测。

回归模型的主要构造方法是模拟一个或多个预测变量和相应变量间的关系,包括线性回归(包括一元线性回归和多元线性回归)、非线性回归和逻辑回归。

许多问题可以用线性回归来解决,而很多问题可以通过对变量进行变换,将非线性问题转换为线性问题来处理。对于数值预测,回归是其中最主流的方法。除此之外,还包括非线性回归、逻辑回归和一些其他的如生成线性模型、回归树等方法。

这里介绍典型的一元线性回归分析原理。一元线性回归分析涉及一个响应变量 y 和一个预测变量 x,它是最简单的回归形式,并用 x 的线性函数对 y 建模,如式(9-5)所示。

$$y = b + wx \tag{9-5}$$

式中 y 的方差假定为常数,b 和 w 是回归系数,分别指定直线的 y 轴截距和斜率。回归系数 b 和 w 也可以看成是权重,则上式可以等价表示为

$$y = w_0 + w_1 x \tag{9-6}$$

这些系数可以通过最小二乘方法求解,它将最佳拟合直线估计为最小化实际数据与直线估

计值之间误差的直线。

设 D 是训练集,由预测变量 x 的值和它们相关联的响应变量 y 的值组成。训练集包含 m 个形如 (x_1,y_1),(x_2,y_2),$\cdots$,(x_m,y_m) 的数据点。回归系数可以用式(9-7)和式(9-8)进行估计。

$$w_1 = \frac{\sum\limits_{i=1}^{m}(x_i - \overline{x})(y_i - \overline{y})}{\sum\limits_{i=1}^{m}(x_i - \overline{x})^2} \tag{9-7}$$

$$w_0 = \overline{y} - w_1 \overline{x} \tag{9-8}$$

式中 $\overline{x}$ 是 x_1,x_2,$\cdots$,x_m 的均值,而 $\overline{y}$ 是 y_1,y_2,$\cdots$,y_m 的均值。

表9-4 给出了某商店前 10 个月的月销售额数据,下面将使用线性回归方法预测该商店 11 月份的销售额。

首先画出该数据集对应的散点图,如图9-7 所示,由散点图判定,该数据集基本呈线性关系,可以根据线性回归方法进行预测。

表9-4 某商店前 10 个月的月销售额数据

月　份	销售额/万元	月　份	销售额/万元
1	13.5	6	18
2	15	7	19
3	15.5	8	19.5
4	15	9	21
5	17.5	10	23

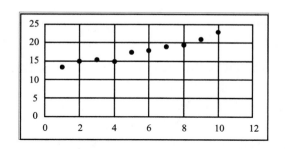

图9-7 某商店前 10 个月的月销售额数据散点图

对于表9-4 的数据,首先 $\overline{x}$ 和 $\overline{y}$,得到

$$\overline{x} = \frac{1+2+3+4+5+6+7+8+9+10}{10} = 5.5 \tag{9-9}$$

$$\overline{y} = \frac{13.5+15+15.5+15+17.5+18+19+19.5+21+23}{10} = 17.7 \tag{9-10}$$

带入式(9-7)和式(9-8),计算得到

$$w_1 = \frac{(1-5.5)\times(13.5-17.7)+(2-5.5)\times(15-17.7)+\cdots+(10-5.5)\times(23-17.7)}{(1-5.5)^2+(2-5.5)^2+\cdots+(10-5.5)^2}$$

$$= 0.9697 \tag{9-11}$$

$$w_0 = 17.7 - 0.9697 \times 5.5 = 12.367 \tag{9-12}$$

这样,最小二乘直线的方程估计为 $y = 0.9697x + 12.367$,使用该方程预测该商场第 11 个月的销售额为

$$y = w_0 + w_1 x = 0.9697 \times 11 + 12.367 = 23.034 \tag{9-13}$$

也就是预测得到第 11 个月的销售额为 23.034 万元。

9.4.3 分类

分类是数据挖掘中的主要分析手段,其任务是对数据集进行学习并构造一个拥有预测功能的分类模型,用于预测未知的类标号,把类标号未知的样本映射到某个预先给定的类标号中。分类有许多不同的应用,例如根据电子邮件的标题和内容检查出垃圾邮件,根据核磁共振扫描的结果区分肿瘤是恶性的还是良性的,根据星系的形状对他们进行分类等。

分类前先将数据集划分为两部分,一部分作为训练集,一部分作为测试集。分类模型的构建包含两个步骤,如图 9-8 所示。

第一步,建立模型,描述预定的数据类或概念集。分类算法通过分析或从训练集"学习"来构造分类器,模型可以是决策树或分类规则等形式。

第二步,使用模型进行分类。评估模型的预测准确率等指标,通常使用分类准确度高的分类模型对类标号未知的样本数据进行分类。保持方法的样本随机选取,并独立于训练样本。

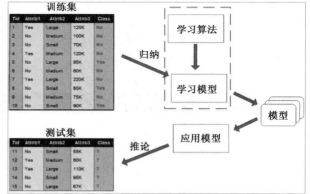

图 9-8 分类模型的构建

分类模型的主要构造方法包括:

①机器学习方法:包括决策树分类、规则归纳等。

②统计方法:知识表示是判别函数和原型事例,包括贝叶斯分类、非参数法(最近邻分类或基于事例的学习)等。

③人工神经网络方法:包括 BP(Back Propagation)算法,模型表示是前向反馈神经网络模型。

④粗糙集方法:知识表示是产生式规则。

⑤其他方法:如支持向量机分类、组合方法分类等。

这里介绍典型的决策树分类原理。决策树是一种由结点和有向边组成的层次结构,也是一种树形结构,包括决策结点(内部结点)、分支和结点 3 个部分。

①决策结点代表某个测试,通常对应于待分类对象的某个属性,在该属性上的不同测试结果对应一个分支。决策结点包括根结点和内部结点,根结点没有入边,但有零条或多条出边。内部结点恰有一条入边和两条或多条出边。

②叶结点或终结点存放某个类标号值,表示一种可能的分类结果。恰有一条入边,但没有出边。

③分支表示某个决策结点的不同取值。

在决策树中,每个叶结点都赋予一个类标号。非终结点(包括根结点和内部结点)包含属性测试条件,用以分开具有不同特性的记录。决策树可以用来对未知样本进行分类,分类过程为从决策树的根结点开始,从上往下沿着某个分支搜索,直到叶结点,并以其类标号值作为该未知样本所属类标号。

决策树的生成由两个阶段组成,分别为决策树的构建和树的剪枝。

①决策树构建。开始时,所有的训练样本都在根结点;然后递归地通过选定的属性来划分样本(必须是离散值)。

②树剪枝。许多分枝反映的是训练数据中的噪声和孤立点,树剪枝试图检测和剪去这种分枝。

使用决策树对未知样本进行分类,通过将样本的属性值与决策树相比较进行。为了对未知数据对象进行分类识别,可以根据决策树的结构对数据集中的属性进行测试,从决策树的根结点到叶结点的一条路径就形成了相应对象的类别测试。决策树可以很容易地转换为分类规则。

某银行训练数据如表 9-5 所示,下面将利用决策树分类方法预测类标号未知的新样本,其类标号{"No","Married","80K","?"}为拖欠或不拖欠贷款。

表 9-5　某银行训练数据集

TID	是否房者	婚姻状态	年收入	拖欠贷款
1	Yes	Single	125 000	No
2	No	Married	100 000	No
3	No	Single	70 000	No
4	Yes	Married	120 000	No
5	No	Divorced	95 000	Yes
6	No	Married	60 000	No
7	Yes	Divorced	220 000	No
8	No	Single	85 000	Yes
9	No	Married	75 000	No
10	No	Single	90 000	Yes

首先可以构建决策树模型,如图 9-9 所示,这里随意选定"是否房者"为根结点,并随意依次选取"婚姻状况""年收入"作为决策结点。在判定{"No","Married","80K","?"}的过程中,走如图 9-9 中虚线框所示的路径;"有房者 No → 婚姻状态 Married → No"由图可知,{"No","Married","80K","?"}最终将被判定为分配拖欠放宽属性为"No",也就是不会拖欠贷款。

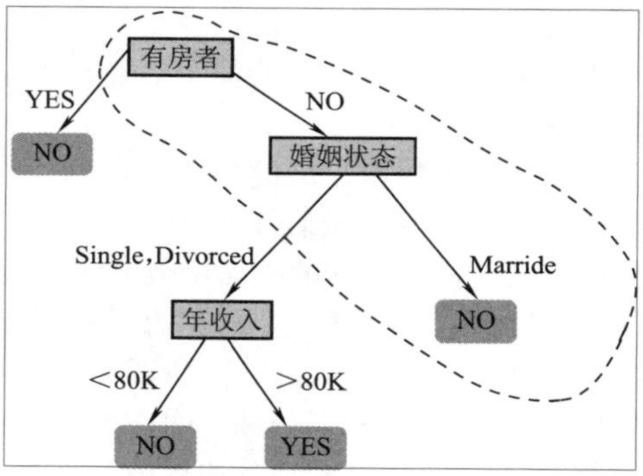

图 9-9　决策树模型

9.4.4　聚类

聚类分析是一个既古老又年轻的学科分支。说它古老,是因为人们研究它的时间已经很长,说它年轻,是因为实际应用领域不断提出新的要求,已有方法不能满足实际新的需要,聚类分析的方法和技术仍需不断完善和发展,需要设计新的方法。

如图 9-10 所示,聚类是一个把数据对象集划分成多个组或簇的过程,使得簇内的对象具有很高的相似性,但与其他族中的对象很不相似,如图 9-11 所示。相异性和相似性需根据描述对象的属性值评估,并且通常涉及距离度量。聚类是无指导的分类,没有预先定义的类。

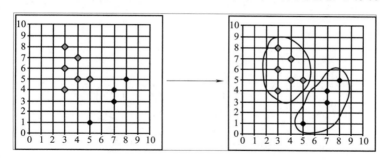

图 9-10　聚类的过程

聚类分析简称聚类，是一个把数据对象（或观测）划分成子集的过程。每个子集是一个簇，使得族中的对象彼此相似，但与其他簇中的对象不相似。由聚类分析产生的族的集合称作一个聚类。在这种语境下，在相同的数据集上，不同的聚类方法可能产生不同的聚类。划分不是通过人，而是通过聚类算法进行。聚类是有用的，因为它可能导致数据内事先未知的群组的发现。一个聚类分析系统的输入是一组样本和一个度量样本间相似性（或距离）的标准，输出则是簇集，即数据集的几个组，这些簇构成一个分区或者分区结构。聚类分析的一个附加的结果是对每个簇进行综合描述，这种结果对于进一步深入分析数据集的特性尤为重要。

图 9-11 聚类簇内对象的特性

聚类还可用于离群点检测，也可作为独立的工具，获得数据分布的情况，观察每个簇的特征，集中对某些特定的簇做进一步的分析。聚类分析正在蓬勃发展，广泛应用于一些探索性领域，如统计学与模式分析、金融分析、市场营销、决策支持、信息检索、Web 挖掘、网络安全、图像处理、地质勘探、城市规划，土地使用、空间数据分析、生物学、天文学、心理学、考古学等。

如图 9-12 所示，聚类分析研究的主要内容包括：

①模式表示（包括特征提取和/或选择）。模式表示是聚类算法的基础。一种好的模式表示能够产生简单、容易理解的簇，而一种差的模式表示可能会产生一种使真实结构难以辨别甚至不可能辨别的复杂簇。特征选择是提高聚类质量的有效特征子集提取的过程。

图 9-12 聚类分析研究的主要内容

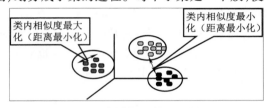

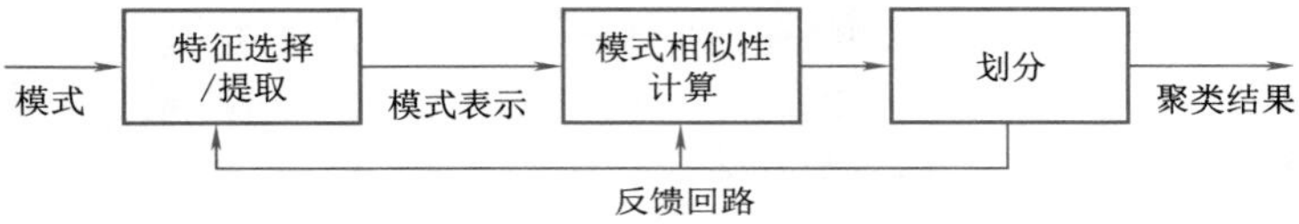

②适合于数据领域的模式相似性定义。模式相似性通常使用定义在模式对间的距离函数或相似系数来描述。

③聚类或划分算法。聚类的划分可以采用许多方法，同时它也是聚类分析的核心。它可以是硬划分，也可以是软划分。所谓硬划分，是指将每个对象严格地划分到不同的簇中，这种划分的界限是明确的；软划分并不明确地将对象划分到某个簇，而是通过描述每个对象属于不同簇的不确定性来描述，这种划分的界限是不明确的。

④数据摘要（如有必要）。

⑤输出结果的评估（如有必要）。

对于不同类型的聚类有不同的划分方法，可将聚类主要划分为以下几类：

①层次的与划分的。不同类型的聚类之间最常讨论的差别是：簇的集合是嵌套的，还是非嵌套的，或者用更传统的术语，是层次的还是划分的。划分聚类简单地将数据对象集划分成不重叠的子集（簇），使得每个数据对象恰在一个子集中。图 9-13 给出了划分聚类示意图。如果允许簇具有子簇，则我们得到一个层次聚类，层次聚类是嵌套簇的集族，组织成一棵树。图 9-14 给出了层次聚类示意图。

（a）原始数据集 （b）基于划分的聚类结果

图 9-13 划分聚类示意图

（a）层次聚类 （b）基于层次的树图

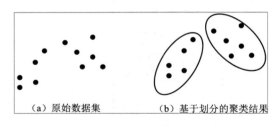

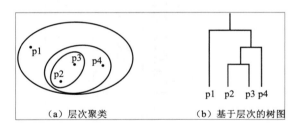

图 9-14 层次聚类示意图

②互斥的、重叠的与模糊的。互斥的情况每个对象都指派到单个簇。在有些情况下,可以合理地将一个点放到多个簇中,这种情况可以被非互斥聚类更好地处理。在最一般的意义下,重叠的或非互斥的聚类用来反映一个对象同时属于多个组(类)这一事实。在模糊聚类中,每个对象以一个 0(绝对不属于)和 1(绝对属于)之间的隶属权值属于每个簇。换言之,簇被视为模糊集。

③完全的与部分的。完全聚类将每个对象指派到一个簇,而部分聚类不是这样。促进部分聚类的因素是,数据集中某些对象可能不属于明确定义的组。数据集中的一些对象可能代表噪声、离群点或"不感兴趣的背景"。

从簇类型的角度,聚类也有很大的差异,主要包括明显分离的、基于原型的、基于图的、基于密度的和概念簇(共同性质的)。为了以可视方式说明这些簇类型之间的差别,我们使用二维数据点作为数据对象。需要强调的是,这里介绍的簇类型同样适用于其他数据。

①明显分离的。其中每个对象到同簇中每个对象的距离比到不同簇中任意对象的距离都近(或更加相似)。有时,使用一个阈值来说明簇中所有对象相互之间必须充分接近(或相似)。仅当数据包含相互远离的自然簇时,簇的这种理想定义才能满足。图 9-15 给出了 3 个明显分离的簇。

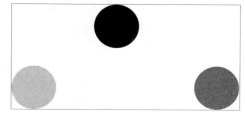

图 9-15　3 个明显分离的簇

②基于原型的。其中每个对象到定义该簇的原型的距离比到其他簇的原型的距离更近(或更加相似)。对于具有连续属性的数据,簇的原型通常是质心,即簇中所有点的平均值。当质心没有意义时(例如当数据具有分类属性时),原型通常是中心点,即簇中最有代表性的点。对于许多数据类型,原型可以视为最靠近中心的点:在这种情况下,通常把基于原型的簇看作基于中心的簇。毫无疑问,这种簇趋向于呈球状。图 9-16 给出了 4 个基于中心的簇。

图 9-16　4 个基于中心的簇

③基于图的。如果数据用图表示,其中结点是对象,而边代表对象之间的联系,则簇可以定义为连通分支,即互相连通但不与组外对象连通的对象组。基于图的簇的一个重要例子是基于邻近的簇,其中两个对象是相连的,仅当它们的距离在指定的范围之内。也就是说在基于邻近的簇中,每个对象到该簇某个对象的距离比到不同簇中任意点的距离更近。当簇不规则或缠绕时,簇的这种定义是有用的。但是,当数据具有噪声时就可能出现问题,一个小的点桥就可能合并两个不同的簇。图 9-17 给出了 8 个基于图的簇。

图 9-17　8 个基于图的簇

④基于密度的。簇是对象的稠密区域,被低密度的区域环绕。图 9-18 给出了 6 个基于密度的簇。

图 9-18　6 个基于密度的簇

⑤概念簇（共同性质的）。通常，我们可以把簇定义为有某种共同性质的对象的集合。这个定义包括前面的所有簇定义。例如，基于中心的簇中的对象都具有共同的性质：它们都离相同的质心或中心点最近。然而，共享性质的方法还包含新的簇类型。如图9-19所示，给出了2个重叠环的簇，在这种情况下，聚类算法都需要非常具体的簇概念来成功地检测出这些簇。

图 9-19　2 个重叠环的簇

除了以上的聚类方法外，还有几种主要的聚类方法：

①基于网格的方法。基于网格的方法把对象空间量化为有限个单元，形成一个网格结构。所有的聚类操作都在这个网格结构（即量化的空间）上进行。这种方法的主要优点是处理速度很快，其处理时间通常独立于数据对象的个数，而仅依赖于量化空间中每一维的单元数。对于许多空间数据挖掘问题（包括聚类），使用网格都是一种有效的方法。因此，基于网格的方法可以与其他聚类方法集成。

②谱聚类算法。谱聚类算法建立在图论中的谱图理论基础上，其本质是将聚类问题转化为图的最优划分问题，是一种点对聚类算法，对数据聚类具有很好的应用前景。

③蚁群聚类算法。蚁群算法作为一种新型的优化方法，具有很强的鲁棒性和适应性。蚁群算法在数据挖掘聚类中的应用所采用的生物原型为蚁群的蚁穴清理行为和蚁群觅食行为。

对聚类方法提出一个全方位的、简洁的分类是非常困难的，因为这些类别可能是重叠的，从而使得一种方法具有几种类别的特征。

本章小结

本章介绍了数据和大数据的基本概念、数据分析和数据挖掘的区别，并对数据挖掘的基本概念进行了介绍，包括数据挖掘的作用，数据挖掘的标准流程，数据分析和数据挖掘的工具。最后对典型的数据挖掘技术原理进行了介绍，包括关联分析、回归、分类和聚类方法。

本章习题

1. 什么是数据？什么是大数据？
2. 数据分析包含哪几个方面？
3. 证析包含哪些内容？
4. 数据挖掘包含哪些内容？
5. 什么是聚类？

第 10 章
信息可视化技术

　　信息可视化设计是一个跨学科、跨门类、涉及面极广的前沿科学技术，旨在研究大规模非数值型信息资源的视觉呈现。通过利用图形图像方面的技术与方法，帮助人们理解和分析数据。信息可视化的意义就是在于运用形象化方式把不易被理解的抽象信息直观地表现和传达出来。

　　信息可视化包括信息图形、知识、科学、数据等的可视化表现形式，以及视觉可视化设计方面的进步与发展。地图、表格、图形，甚至包括文本在内，都是信息的表现形式，无论它是动态的或是静态的，都可以让我们从中了解到想知道的内容，发现各式各样的关系，达到最终解决问题的目的。

　　本章将通过信息可视化的分类、信息可视化的设计方法、以及信息可视化的案例分析，让同学们对信息可视化有一个全方面的认识。

10.1 信息可视化设计的分类

为了更好地了解信息可视化设计,我们可以根据信息设计的内容、信息设计的语言、信息设计的呈现方式等不同的视角,对信息可视化进行归类。

10.1.1 信息设计的内容

1. 数据信息设计

(1) 总计表

总计表是反映整体数据统计结果的图表,在图表中,反映各个项目在总计数据中所占的比例。总计表可分为柱状图、圆形图、环形图 3 种图表。

①柱状图。柱状图常以柱形或长方形显示各项数据,进行比较。通过各个数据的数条长度可以直观地显示各项数据间的关系,如图 10-1 所示,展示了不同类型节目之间的观看人数。从图中可以看出,观看人数最多的节目类型依次是剧情、都市、搞笑、时装、综合等。

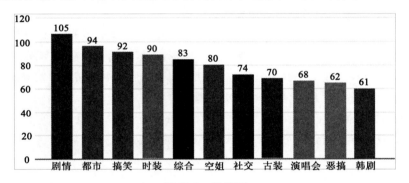

图 10-1 柱状图

②圆形图(饼图)。圆形图常以圆形的方式显示各数据的比例关系,每一项数据以扇形呈现,通过占整体圆面积的比例,直观地反映出数据间的大小关系,如图 10-2 所示。从图中可以看出,综艺类节目在收视节目类型所占比例中位居榜首。

③环形图。环形图常以环形的方式显示各数据的比例关系,不同的数据所占环形圈的面积大小可以直接反映出数据间的差异,如图 10-3 所示。图中表现了人们不同的上网方式占人们日常上网的时长比例,与饼图类似,面积越大的色块,代表花费的时间越多。从图中不难发现,即时通信、搜索引擎、网络新闻、网络音乐、博客空间是人们上网的主要方式。

图 10-2 圆形图

(2) 分组数据

分组数据是指把不同的数据分组后,在一张可视化图表中显示出来,在同一组的数据有相同的特性。分组数据图表分为直方图和折线图两种。

①直方图。直方图常以柱状的方式显示信息频率的变化状况,并从对比中显现不同项目的数据差异。直方图与前面提到的柱状图有相似之处,但是,直方图与柱状图的信息内涵不同,柱状图的 Y 轴可以表示任何含义,展现绝对数值;而直方图的 Y 轴字表示数值出现的频率,如

图 10-4 所示。图中表示了男女不同体重的占比情况,红色代表女性,绿色代表男性,纵轴表示占比的多少,即不同年龄段不同性别的人在总人数中出现的频率。纵轴数值越高,表示在总人数中的占比越多。

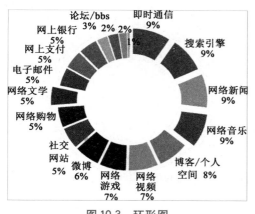

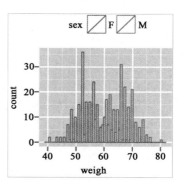

图 10-3　环形图　　　　　　　　　　图 10-4　直方图

②折线图(曲线图)。折现图常以折现的方式绘制数据图表,它能直观地显示出连续数据变化的幅度和量差,如图 10-5 所示。图中表示了某演员不同的参演角色与传统媒体、新媒体、电影票房表现力的对应关系,可以直观地看出该演员的不同角色级别对不同媒体评分有直接的影响。

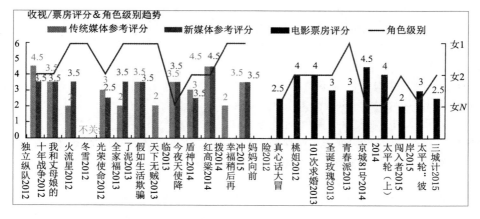

图 10-5　折线图

(3) 原始数据

原始数据表是由不同层次结构中的数据组合而成的图表,通过这类图表的展示使得数据层次更加清晰。原始数据分为茎叶图和箱线图两种。

①茎叶图。茎叶图又称枝叶图,它以变化较小的数据为茎,以变化较大的数据为叶,以树枝茎脉的方式直观地展示数据,并运用图形解释后续数据的变化情况,便于显示项目特性的细节,如图 10-6 所示。图中树茎表示数的大小基本不变或变化不大的位,再将变化大的位的数作为分枝,列在主干的后面,这样就可以清楚地看到每个主干后面的几个数,每个数具体是多少。

②箱线图。箱线图又称箱型图、盒须图或盒式图,是一种显示一组数据分布和分散情况的统计图。它利用数据中的 6 个统计量:最大值、第一四分位数、中位数、第三四分位数、最小值以及异常值从小到大的排列来描述数据,如图 10-7 所示。图中展示了数据中中位数的分布情况。

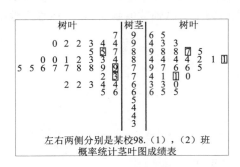

图 10-6　茎叶图

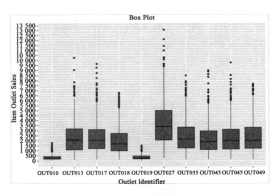

图 10-7　箱线图

（4）时序数据

时序数据是按时间发展规律为单位进行信息可视化的展示方法。线性图是按时序进行的轨迹反映数据特性的图表，这样的图表具有一定的连续性，多用在有固定变化规律的数据统计表中，如图 10-8 所示。图中展示了 2013 第四届乐视盛典电视剧类乐迷对最新换男演员的投票情况，可以看出随着时间迁移，钟××和陈××投票数不断增加，任××、陆××、张××的投票并没有发生明显变化。

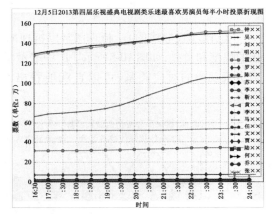

图 10-8　线性图

（5）多元数据

多元数据，顾名思义就是由不同的数据类型组成的一张图表，这些数据项目组成了一个整体的比例关系，并在同一张图表上得以体现。雷达图通常用来表示多元数据，将不同的数据反映在同一个图表上，并且用雷达图的构成显示不同的项目，它能够方便地体现出不同数据间的结构关系和发展趋势，如图 10-9 所示。图中表示了某女演员各方面的综合特质，以雷达图的形式展示了她在导演合作关系、传统媒体收视指数、新媒体收视指数、电视剧观众认知度、网络人气五个项目上的综合表现。

2. 插图信息设计

插图图表有种特殊的艺术魅力，能让观者暂时忘却冗长复杂的数据信息，完全沉浸在场景或者有趣的图形符号中。因此，被艺术设计爱好者广泛地用于信息可视化设计中，如图 10-10 所示，图中以图形符号的方式展现了常用的交通工具。

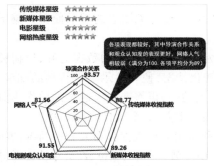

图 10-9　雷达图

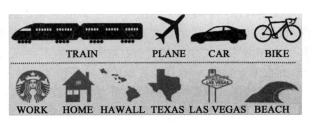

图 10-10　插图信息设计

3. 地图信息设计

地图信息设计是信息可视化中一项特殊的类别。它由各种迷你插图组成，它们可以是图形，也可以是线条或者色块；当这些插图结合在一起时，却又能因其造型、色彩和信息搭配，而在视觉效果和画面屏风上获得特殊的审美效果，并有效地将信息传递给受众群体。

10.1.2 信息设计的语言

1. 矢量

矢量设计稿因其简洁明快、抽象概括的视觉效果，在信息可视化设计中占据主流地位，设计师们根据几何特性来绘制图形，在软件中自动生成。矢量设计稿文件占用内在空间较小，因为这种类型的图像文件包含独立的分离图像，可以自由无限制地重新组合。它的特点是放大后图像不会失真，和分辨率无关，如图 10-11 所示。

2. 写实

写实的平面作品往往能带给我们介于虚拟与现实之间的特殊的视觉享受。它似真似假，在将现实世界的烦恼虚拟化的同时，还将其值降到了最低点，既展示了信息，又体现了设计意图和思想。写实图多为 3D 设计，设计师们用他们高超的平面设计技术，在平面上展示了尽可能现实的事物，给人一种真实、亲切之感，如图 10-12 所示。

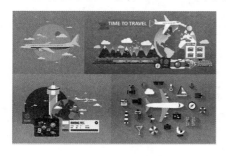

图 10-11 矢量设计

图 10-12 写实设计

3. 手绘

手绘是从事设计的设计师一项必修的课程，手绘也许我们的现代生活密不可分。设计类手绘主要是前期构思设计方案的研究型手绘和设计成果部分的表现型手绘，前期部分被称为草图，成果部分被称为表现图或者效果图。手绘可以表达言语无法表达的内容。带有手绘的设计作品往往将设计师的个人审美情趣、内心情感以及绘画技法融为一体，如图 10-13 所示。

4. 卡通

卡通设计即是漫画，是通过夸张、变形、假定、比喻、象征等手法，以幽默、风趣、诙谐的艺术效果，讽刺、批评或歌颂现实生活中的人和事，卡通设计表现形式是指用相对写实图形，用夸张和提炼的手法将原型再现，是具有鲜明原型特征的创作手法。卡通动漫的形象因其极强的创造性表达方式，往往能将各种文学表现手法，如隐喻、暗喻等用视觉语言表现出来。因此，在传达信息的同时，也能给观众带来特殊的思维乐趣，如图 10-14 所示。

图 10-13 手绘设计

图 10-14 卡通设计

5. 摄影

摄影是指使用某种专门设备进行影像记录的过程。摄影能抓住生活中转瞬即逝的事物,把它们从平凡的事物转化为不朽的视觉图像。因此,以摄影为基本手段的设计作品总能给人强烈的人情味和亲切感。它与人的需求和欲望相连接,使观者在心理活动被诱发的同时,还能了解设计者所要传达的信息,如图 10-15 所示。

图 10-15 摄影设计

10.1.3 信息设计的呈现

1. 平面设计

平面设计也称为视觉传达设计,是以"视觉"作为沟通和表现的方式,透过多种方式来创造和结合符号、图片和文字,借此做出用来传达想法或讯息的视觉表现。平面设计师可能会利用字体排印、视觉艺术、版面、计算机软件等方面的专业技巧,来达成创作计划的目的,如图 10-16 所示。

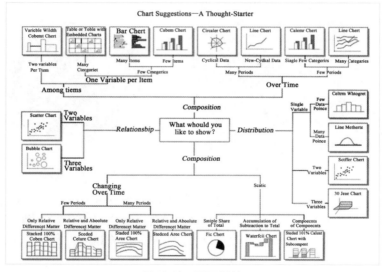

图 10-16 平面设计

2. 交互设计

交互设计是定义、设计人造系统的行为的设计领域,它定义了两个或多个互动的个体之间交流的内容和结构,使之互相配合,共同达成某种目的。交互设计努力去创造和建立的是人与产品及服务之间有意义的关系,以"在充满社会复杂性的物质世界中嵌入信息技术"为中心。交互系统设计的目标可以从"可用性"和"用户体验"两个层面上进行分析,关注以人为本的用户需求。交互设计的思维方法建构于工业设计以用户为中心的方法,同时加以发展,更多地面向行为和过程,把产品看作一个事件,强调过程性思考的能力,流程图与状态转换图和故事板等成为重要的设计表现手段,更重要的是掌握软件和硬件的原型实现的技巧方法和评估技术,如图 10-17 所示。

3. 响应式设计

响应式设计常指响应式网页设计,它的一般理念为:页面的设计与开发应当根据用户行为以及设备环境(系统平台、屏幕尺寸、屏幕定向等)进行相应的响应和调整(见图 10-18)。具体的实践方式由多方面组成,包括弹性网格和布局、图片、CSS media query 的使用等。无论用户正在使用笔记本还是 iPad,页面都应该能够自动切换分辨率、图片尺寸及相关脚本功能等,以适应不同设备。换句话说,页面应该有能力去自动响应用户的设备环境。

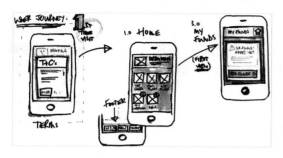

图 10-17　交互设计

图 10-18　响应式设计

10.2　信息可视化设计的方法

10.2.1　基本原则

1.定义问题

本·弗莱在《可视化数据》一书中提到:"理解数据最重要的一步是问对问题——你想解决什么问题? 我们要考虑如何应对这些数据而不是如何处理这些数据,然后你想展开工作。收集数据是因为对某些现象有所不解。如果你不知道为什么要收集数据,那么这种行为只能称为'囤积'数据"。只有从问题出发,我们才能确定哪种排版更合适、更好理解。所以最初的问题就像一把尺子,用于评估工作进度与工作效率;也像一个筛子,为你筛选出关键信息。

定义问题至为关键,因为它为后续的每一步工作设立了明确的目标,有时这个最初的问题会引出更为关键的新问题。这种特定的探索路径是可视化领域最为重要而且迷人的特点。

2.寻找关联性

明确核心问题之后,紧接着就是寻找关联性。关联是贯穿整个项目的线索,人类往往会自觉地寻找传播过程中,和自身相关的信息中的关联性,就是这一行为,提高了实现特定目标的可能性。因此,度量关联性的强弱取决于项目的目的,或最初问题的准确性。可视化的一个核心任务就是用最简便的方式揭示关联性。

当可视化工作者开始选择两个核心元素——数据集(内容)和视觉表现技巧时,就需要考虑关联性的问题。一般来说,我们都会想,项目的目的是什么,然后根据这个选择最接近目的的数据集;但那个最合适的数据集不一定是和项目目的联系最紧密的,也许我们还需要从其他角度进行思考。寻找关联性需要进行多次的横向思维过程。

项目的核心问题在很大程度上决定了哪种视觉呈现方式最合适,但同样需要考虑终端用户的使用环境和需求。要实现关联,其中最重要的一点就是确定不同的使用环境——何时、何地以及如何使用。

如果关联性高,这将会有助于理解、消化信息以及做出决策,实现从信息到知识的转化。相反,如果用户要花很多时间才能理解信息,那就意味着关联性很低,进行了不必要的信息处理。

3.多元的设计风格

每开始一个网络可视化项目,都要考虑两个关键因素:节点(或称为顶点)和连线(或称为边)。这两个元素看似简单,但往往都没有得到充分应用。常见设计都是用圆圈或正方形做节点,用难以辨认的线条连接起来。其实我们可以尝试更多视觉属性,包括颜色、形状、大小、方向、材质、色调以及位置等。可视化工作者应该学会综合运用这些视觉属性,并在实践中逐渐形成一种特定的语义关联,从而建立图形呈现和数据的特性之间的对应关联。

（1）更多样化的节点

节点是网络图中最基本的单位，代表系统中的个体。除了用空心方形和圆形来表示外，还可以加入色彩或其他视觉属性让这些节点的含义更加清晰。加入互动属性，节点还能进行反应，提供不同背景下的数据信息。大部分视觉属性（如大小、颜色、形状、位置）能够反映一个节点的类型、重要性以及功能可交互性。节点可以膨胀或收缩，呈现或隐藏相关信息，并最终根据用户的评价标准和输入方式进行变化。

（2）有表现力的边线

边线连接图中的节点，是任何网络信息图中的重要元素，如果没有这些连线，节点不过是空间中无意义散布的点。但连线所表达的远不止连接两点这么简单。点与点之间的连线能够传达非常丰富的信息，如地理或情感上的接近程度、交流的频率、友谊的持续时间等。

在一张传统国家地图中，我们可以看到一系列的边线组合：城市之间的边界、道路，山川河海，各不相同。网络可视化也可以采用这样的制作手法。在制作连线时，可以用长度表示数值的简便；宽度表示流体的密度或强度；颜色用于区分或强调特定的类别；形状可以描述不同的关系类型。

（3）文字方案

文字方案是任何设计项目中都极为重要的组成元素。如果在设计中正确使用字体，那么它就能传递设计师想表达的情感，并通过版式布局，表达视觉重点的层次关系。如果将信息可视化设计比喻为 21 世纪的街头艺术，那就需要用一种和街头艺术的时尚感匹配的字体，而不能随便并极为顺手地使用类似于默认"黑体"或者"HELVETICA"这种极为大众而安全的字体。文字也有情感，它们也需要用心去体会。

4. 最终目的——信息精简

以上原则的最终目的是简化网络的可视图。网络本身就难以观察，设计者不应该让用户阅读可视图的过程变得更加复杂。一直以来，网络可视化都重视数学以及计算机算法，但是这些都只是方法而已。我们更应该重视结果的可用性、易用性，以便真正传递有用的信息。我们最终的目的不是创造一系列处理庞大数量节点和连线的算法，而是基于合理的设计原则和互动方式，选择一个合适的视觉呈现方案。

10.2.2 深层进阶

1. 建立视觉层次

第一次看可视化图表时，都会快速地扫一眼，试图找到什么有趣的东西。而实际上，在看任何东西时，人的眼睛总是趋向于识别那些引人注目的东西，如明亮的颜色、较大的物体。高速公路上用橙色锥筒和黄色警示标识提醒人们注意事故多发地或施工处，因为在单调的深色公路背景中，这两种颜色非常引人注目。

可以利用这些特点来可视化数据。用醒目的颜色来突出显示数据，淡化其他视觉元素，把它们当作背景。用线条和箭头引导视线移向兴趣点。这样就可以建立起一个视觉层次，帮助读者快速关注到数据图形的重要部分，而把周围的东西都当作背景信息。对于没有层次的图表，读者则不得不盲目搜寻。

视觉层次可以用来体现研究数据的过程。当同时呈现大量数据时会造成视觉惊吓，按类别细分则有助于读者浏览图表。在研究阶段生成了大量的图表，可以用几张图来展示全景，在其中标注出具体的细节，另有图表单独表示。即使绘制图表只是为了研究或对数据进行概览，而不是为了查看具体的数据点或者数据中的故事，如趋势图，仍然可以通过视觉层次将图表结构化。

最重要的是，有视觉层次的图表容易读懂，能把读者引向关注焦点。相反，扁平图则缺少流动感，读者难以理解，更难进行细致研究。

2. 增加图表可读性

用图表展示数据就是为了读者能领悟你想要表达的内容，所以必须维护好视觉暗示和视觉之间的纽带。因此，图形的可读性很关键。可以对数据进行比较，思考数据的背景信息及其所表达的内容，并组织好形状、颜色及其周围的空间，使图表更加清楚。

允许数据点之间进行比较是数据可视化的主要目标。传统的图表，如条形图、折叠图都设计得让数据点比较尽可能地直接和明显，它们把数据抽象成了基本的几何图形，可以比较长度、方向和位置。除此之外，还可以用面积作视觉暗示，引入颜色和连续色阶作视觉暗示。总之，一个经验法则是，让视觉上的变化和现实世界中的变化相匹配，同时一如既往地公正地表达数据，让读者可以公正地做比较。

背景信息能帮助读者更好地理解可视化数据。它能提供一种直观的印象，并增强抽象的几何图形及颜色与现实世界的联系。可以用视觉暗示和设计元素把背景信息融入到可视化图表中。

混乱是可读性的大敌。大量的图形和单词挤在一起，会让一幅图看起来混乱不清。而在它们中间留一些留白往往会使图表变得很容易阅读。在一张图中可以用留白来分隔图形，你也可以用留白划分出多个图表，形成模块化。留白会让可视化图表易于浏览和分阶段处理。

3. 高亮显示重点内容

高亮显示可以引导读者在茫茫数据中一下子就能看到重点。它既可以加深人们对已看到东西的印象，也可以让人们关注到那些应该注意的东西。

要把读者的视觉注意力吸引到数据点上来，只需要像日常生活中所做的那样，突出重点。犹如说话要大声一点，可视化图表要弄得亮一点。编辑可视化图形中的数据点或区域使之有别于其他，时时牢记数据、视觉暗示和可读性。用明亮大胆的颜色，画出边框，把线加粗，引入能让关注点看上去不一样的视觉元素。

10.2.3　必备工具

1. 可视化工具

（1）Microsoft Excel

这款大家熟悉的电子表格软件已经被广泛使用多年，以至于现在有很多数据只能以 Excel 表格的形式获取。在 Excel 中，让某几列高亮显示、做几张图表都很简单，很容易对数据有个大致的了解，然而 Excel 局限在它一次所能处理的数据量上，所以用 Excel 来做全面的数据分析或制作公开发布的图表会有难度。如图 10-19 所示，在 Excel 中内置图表工具，则可以方便快捷地插入已有的图表。

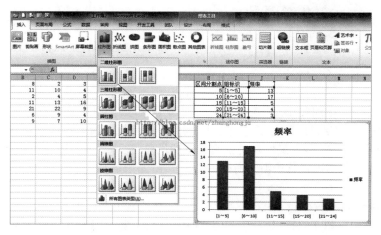

图 10-19　Microsoft Excel

（2）Tableau Software

Tableau Software 致力于帮助人们查看并理解数据。Tableau 帮助任何人快速分析、可视化并分享信息。它的程序很容易上手，各公司可以用它将大量数据拖放到数字"画布"上，转眼间就能创建好各种图表。这一软件的理念是，界面上的数据越容易操控，公司对自己所在业务领域中的所作所为到底是正确还是错误，就能了解得越透彻，如图 10-20 所示。

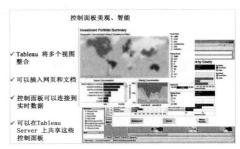

图 10-20　Tableau Software

（3）Gephi

Gephi 是一款开源免费跨平台基于 JVM 的复杂网络分析软件，其主要用于各种网络和复杂系统，动态和分层图的交互可视化与探测开源工具。可用作：探索性数据分析，链接分析，社交网络分析，生物网络分析等。Gephi 的操作界面如图 10-21 所示，其窗体中的图形就是一个典型的由节点和连线生成的 Gephi 图形。

2. 编程工具

可能有人会问编程工具和可视化有什么关系？已经有了上述可视化工具了为什么还要编程？因为，如果会编程，就可以根据自己的需求将数据可视化并获得灵活性。显然，编码的代价是需要花时间学习一门新语言，然而，克服了学习曲线上的波峰之后，就可以更快地完成数据可视化。慢慢地，构造自己的库并不断学习新的内容，重复这些工作并将其应用到其他数据集上也会变得更容易。

（1）R 语言

R 是一门用于统计学计算和绘图的语言。最初的使用者主要是统计分析师，但近年来用户群扩充了很多。它的绘图函数能用短短几行代码便将图形画好。图 10-22 所示是 R 语言的源代码及其实现的几种不同的图表，可以看出 R 具有非常强大的绘图功能。

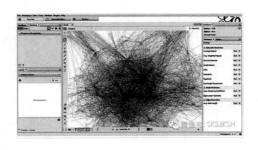

图 10-21　Gephi

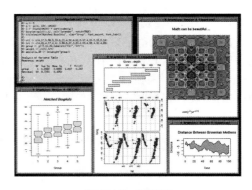

图 10-22　R 语言

（2）Python

Python 是一款通用的编程语言，它并不是针对图形设计的，但还是被广泛地应用于数据处理和 Web 应用。因此，如果已经熟悉了这门语言，通过它来可视化探索数据就是合情合理的。编写 Python 的界面如图 10-23 所示，虽然都是密密麻麻的代码，它可是编程语言中较简单的一种语言，学会了它，就可以在数据可视化中游刃有余。

（3）PHP

PHP（Hypertext Preprocessor，超文本预处理器）是一种通用开源脚本语言（见图 10-24）。语法吸收了 C 语言、Java 和 Perl 的特点，利于学习，使用广泛，主要适用于 Web 开发领域。PHP 独特的语法混合了 C、Java、Perl 以及 PHP 自创的语法。它可以比 CGI 或者 Perl 更快速地执行动态网页。

用 PHP 做出的动态页面与其他的编程语言相比，PHP 是将程序嵌入到 HTML（标准通用标记语言下的一个应用）文档中去执行，执行效率比完全生成 HTML 标记的 CGI 要高许多；PHP 还可以执行编译后代码，编译可以达到加密和优化代码运行，使代码运行更快。

图 10-23　Python

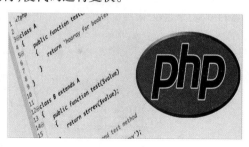

图 10-24　PHP

（4）D3

D3 是 Data – Driven Documents（数据驱动文档）的简称，即用来使用 Web 标准做数据可视化的 JavaScript 库。D3 帮助我们使用 SVG、Canvas 和 HTML 技术让数据生动有趣。D3 将强大的可视化、动态交互和数据驱动的 DOM 操作方法完美结合，让我们可以充分发挥现代浏览器的功能，自由地设计正确的可视化界面。目前，D3 是最流行的可视化库之一，它被很多其他的表格插件所使用，同时利用它的流体过度和交互，用相似的数据创建惊人的 SVG 条形图。图 10-25 是利用 D3 制作出的各种各样的图形。

图 10-25　D3 可视化

3. 插图工具

Adobe Illustrator 是一种应用于出版、多媒体和在线图像的工业标准矢量插画的软件，作为一款非常好的矢量图形处理工具，Adobe Illustrator 广泛应用于印制出版、海报书籍排版、专业插画、多媒体图像处理和互联网页面的制作等，也可为线稿提供较高的精度和控制，适合生产任何小型设计到大型的复杂项目。图 10-26 所示是 Illustrator 软件的界面，可以看到其能够很好地对图形进行处理。

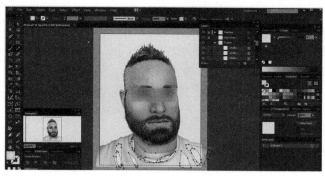

图 10-26　Adobe Illustrator

10.3　信息可视化的案例分析

10.3.1　数据可视化

数据可视化主要是借助于图形化手段，清晰有效地传达与沟通信息。为了有效地传达信息，美学形式与功能需要齐头并进,通过直观地传达关键的方面与特征,从而实现对于相当稀疏而又复杂的数据集的深入洞察。如图 10-27 所示,使用柱状图、折线图、饼状图中的一种或几种,来表示数据的分布情况,增长情况或一定时间内的变化趋势,还可以用不同颜色加以标示,达到既直观又美观的信息传达效果。

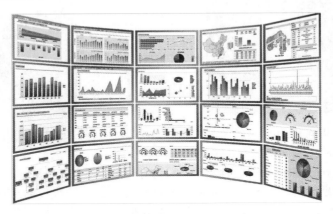

图 10-27　数据可视化

10.3.2　社交网络可视化

　　我们能够很容易地看出一个网络内的朋友与熟人,但很难理解社交网络中成员之间是如何连接的,以及这些连接是如何影响社交网络的,将社交网络可视化有助于我们理解这些问题。社交网络可视化不仅可以帮助我们理解人际网络情况,还可以自定义关联节点,对不同事物之间的关系进行对比和分析,利用可视化工具显示关联程度。

　　通过社交网络对频道跳转关系进行可视化,如图 10-28 所示。在图中,文字标识出不同的卫视频道名称,文字大小代表了频道间跳转的综合重要性,线段的方向代表了频道间跳转的方向,线段的粗细代表了频道间跳转的频率。从图中不难发现,浙江卫视、江苏卫视、深圳卫视、广东卫视、天津卫视等卫视频道所在的"席位"被大家频繁跳转。

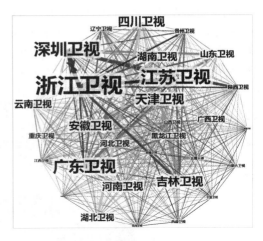

图 10-28　社交网络可视化

10.3.3　文本可视化

　　文本可视化技术综合了文本分析、数据挖掘、数据可视化、计算机图形学、人机交互、认知科学等学科的理论和方法,为人们理解复杂的文本内容、结构和内在的规律等信息的有效手段。海量信息使人们处理和理解的难度日益增大,传统的文本分析技术提取的信息难以满足需要,利用视觉符号的形式表现复杂的或者难以用文字表达的内容,可以快速地获取关键信息。将文本中复杂的或者难以通过文字表达的内容和规律以视觉符号的形式表达出来,同时向人们提供与视觉信息进行快速交互的功能,使人们能够利用与生俱来的视觉感知的并行化处理能力快速获取大数据中所蕴含的关键信息。

　　对用户的节目类型偏好进行文本可视化分析,如图 10-29 所示。在图中,文字标识出不同节目的节目种类,文字大小和颜色深浅共同代表了用户对不同类型节目的偏好程度。

图 10-29　文本可视化

10.3.4　地理可视化

地理信息可视化是运用图形学、计算机图形学和图像处理技术,将地学信息输入、处理、查询、分析以及预测的结果和数据以图形符号、图标、文字、表格、视频等可视化形式显示并进行交互的理论、方法和技术。地理信息系统中的空间信息可视化从表现内容上来分,有地图(图形)、多媒体、虚拟现实等;从空间维数上来分有二维可视化、三维可视化、多维动态可视化等。图 10-30 展示了 2009 年各地区网购人数 Top10 分布情况,用颜色的深浅体现不同的购买力,其中全国网购人数最多的城市是浙江、上海、江苏、广东、北京,不难发现全国网购人数最多的城市多集中在东南部沿海区域。

本章小结

信息可视化设计是一个跨学科、跨门类、涉及面极广的前沿科学技术,旨在研究大规模非数值型信息资源的视觉呈现。通过利用图形图像方面的技术与方法,帮助人们理解和分析数据。

本章从基本分类和方法介绍了信息可视化设计,让读者明白什么是信息可视化,信息可视化的意义何在,以及如何着手学习它,最后还给出了几个具体案例供同学们学习。需要记住,我们将可视化看作是一种媒介,而非一种特定的工具,它是一种表达数据的方式,是对现实世界的抽象表达,只有这样我们才可以在信息可视化的海洋中驰骋。

本章习题

1. 什么是信息可视化?
2. 信息可视化的设计原则是什么?
3. 信息可视化的典型应用案例有哪些?

第11章
媒体网络传输技术

由科技部牵头制定的《2005中国数字媒体技术发展白皮书》对"数字媒体"这一概念进行了重新定义：数字媒体是数字化的内容作品，是以现代网络为主要传播载体，通过完善的服务体系，分发到终端和用户进行消费的全过程。这一定义强调了网络为数字媒体的主要传播方式，也是数字媒体传播过程中区别于传统媒体最显著的、最关键的特征。

2005年以后，随着网络技术、通信技术、数字媒体技术的不断发展，数字媒体的传播正在由以传播者（发送方）为中心转向以受众（接收方）为中心，以及逐步实现数字媒体的"5W"传播模式，即传播者的多样化、传播内容海量化、传播渠道的交互化、受众体验的个性化以及传播效果的智能化。各种互动型服务如雨后春笋般涌现出来，如互动式远程教育、视频通话、VoIP、数字图书馆、电子商务、智能家居等，这些基于网络的数字媒体服务为家庭、学校和企事业单位提供了更加丰富多彩的信息交流手段。可见，数字媒体的有效利用和传播离不开网络技术和通信技术的支持。

本章讨论的主题正是媒体是如何通过网络有效地进行传送的，包括通信系统的基本模型，常见的通信网络及其发展现状，以及常用的媒体传输与通信技术。

11.1 多媒体通信基础

11.1.1 通信系统模型

1. 通信系统基本模型

实现消息传递的方式和手段很多,如手势、语言、表情、烽火台和击鼓传令,以及现代社会的电报、电话、广播、电视、遥控、遥测、因特网和计算机通信等。

通信系统正是指完成传递信息任务所需要的一切技术设备和传输媒介所构成的总体,其目的是将信息从发送端发送到目的地。在计算机、通信、网络技术等领域,信息的传递是通过电信号或光信号来实现的。而光也是一种电磁波,因此广义地讲,通信一般指"电通信"。在"电通信"系统中,首先把要传递的消息转换成电信号,经过发送设备,将信号送入信道,在接收端利用接收设备对接收信号做相应的处理后,送给信宿再转换为原来的消息。这一过程可用图 11-1 所示的通信系统一般模型来概括。其一般过程为:在发送端,信源通过发送设备的处理,被送入信道传输;在接收端,接收信道中传输的信号,进行接收相关的处理,并将信息最终展示给接收者。

具体地讲,信源是产生消息(或消息序列)的源(人或者机器);这里的消息可以是语言、文字、图像、符号、函数等。发送设备对源信号进行

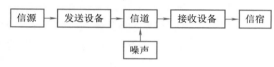

图 11-1 　通信系统一般模型

某种变换,使其适合信道的传输。信道是指传输信号的物理媒质。在无线信道中,信道可以是大气(自由空间);在有线信道中,信道可以是明线、电缆或光纤。有线和无线信道均有多种物理媒质。媒质的固有特性及引入的干扰与噪声直接关系到通信的质量。根据研究对象的不同,需要对实际的物理媒质建立不同的数学模型,以反映传输媒质对信号的影响。噪声源不是人为加入设备的,而是通信系统中各种设备以及信道中所固有的,并且是人们所不希望的。噪声的来源是多样的,它可分为内部噪声和外部噪声,而且外部噪声往往是从信道引入的,因此,为了分析方便,常把噪声源视为各处噪声的集中表现,抽象地加入到信道中。

接收设备的基本功能是完成发送设备的反变换,即进行解调、译码、解码等。它的任务是从带有干扰的接收信号中正确恢复出相应的原始基带信号来,对于多路复用信号,还包括解除多路复用,实现正确分路。

信宿是收信者,收到消息,获得信息。也即信宿是传输信息的归宿点,其作用是将复原的原始信号转换成相应的消息。

2. 模拟通信系统与数字通信系统

信源产生的消息可能是数字消息或模拟消息。数字消息的状态是可数的,也即离散的,如人们的电话号码;而模拟消息的状态是连续变化的,如人们听到的声音。为了传递各种消息,首先需要将其转换为电信号,通信系统中传送的电信号中携带了信源的消息。通常消息被载荷在电信号的某一参量上,如果电信号的该参量携带着离散消息,则该参量必将是离散取值的。这样的信号就成为数字信号。如果电信号的参量是连续取值,则称这样的信号为模拟信,如图 11-2 所示。

传输模拟信号的通信方式称为模拟通信,而传输数字信号的通信方式则称为数字通信。模拟信号也可以经过模数转换后利用数字通信系统进行传输。当然,数字信号也可以在模拟通信系统中传输,如计算机数据可以通过模拟电话线路传输,但这时必须使用调制解调器(Modem)将数字基带信号进行正弦调制,以适应模拟信道的传输特性。可见,模拟通信与数字通信的区别仅在于信道中传输的信号种类。

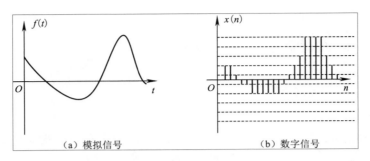

图 11-2　模拟信号和数字信号示意图

（1）模拟通信系统

模拟通信系统是利用模拟信号来传递信息的通信系统,其模型如图 11-3 所示,其中包含两种重要变换,第一种变换是,在发送端把连续消息变换成原始电信号,在接收端进行相反的变换,这种变换由信源和信宿完成,这里所说的原始电信号通常称为基带信号。基带的含义是指信号的频谱从零频附近开始,如语音信号为 300 ~ 3 400 Hz,图像信号为 0 ~ 6 MHz。有些信道可以直接传输基带信号,而有些信道却无法直接传输这些信号,因此,模拟通信系统中常常需要进行第二种变换:把基带信号变换成适合在信道传输的信号,并在接收端进行反变换,完成这种变换和反变换的通常是调制器和解调器。经过调制以后的信号称为已调信号。已调信号有 3 个基本特征:一是携带有信息;二是适合在信道中传输;三是信号的频谱具有带通形式,且中心频率远离零频,因而已调信号又称频带信号。

图 11-3　模拟通信系统模型

除了上述两种变换,实际通信系统中可能还有滤波、放大、无线辐射等过程,上述两种变换起主要作用,而其他过程不会使信号发生质的变化,只是对信号进行放大和改善信号特性等。

（2）数字通信系统

无论是模拟通信还是数字通信,在不同的通信业务中都得到了广泛的应用。但是,由于与模拟信号相比,数字信号更易于再生,因此数字通信的发展速度已明显超过了模拟通信,成为当代通信技术的主流。数字通信系统是利用数字信号来传递信息的通信系统,其模型如图 11-4 所示。

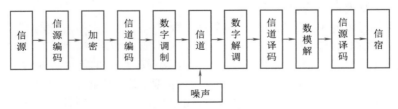

图 11-4　数字通信系统模型

信源编码有两个基本功能:一是完成模/数（A/D）转换,二是提高信息传输的有效性。

A/D 转换指的是将模拟信号转换成数字信号,转换过程通过取样、量化和编码等步骤完成。A/D 转换主要有逐次逼近法、双积分法、电压频率转换法等。D/A 转换则相反,是将二进制数字量转换为模拟量。D/A 转换器本质上是一个译码器,将输入的每一个二进制代码按其权值大小转换为响应的模拟量,然后将代表各位的模拟量相加,则所得的总模拟量就是与数字量成正比,这样便实现了从数字量到模拟量的转换。

有效性编码通过消除冗余、控制码长等手段对信源进行编码,以提高传输效率。信源译码是信源编码的逆过程。

信道编码的目的是增强数字信号的抗干扰能力。数字信号在信道传输时,由于噪声、衰落以及人为干扰等,将会引起差错。为了减少差错,信道编码器在传输的信息码元中按一定的规则加入保护成分(监督元),组成所谓"抗干扰编码"。接收端的信道译码器按一定规则进行解码,从解码过程中发现错误或纠正错误,从而提高通信系统抗干扰能力,实现可靠通信。

在需要事先保密通信的场合,为了保证所传信息不被窃取或篡改,人为地将被传输的数字序列扰乱,即加上密码,这种处理过程叫加密。在接收端利用与发送端相同的密码复制品对收到的数字序列进行解密,恢复原来的信息。

数字调制就是把数字基带信号的频谱搬移到高频处,形成适合在信道中传输的频带信号。基本的数字调制方式有振幅键控 ASK、频移键控 FSK、绝对相移键控 PSK、相对(差分)相移键控 DPSK。对这些信号可以采用相干解调或非相干解调还原为数字基带信号。对高斯噪声下的信号检测,一般用相关器接收机或匹配滤波器实现。

信道是传输信号的通道,是通信系统的重要组成部分。其基本特点是发送信号随机地受到各种可能机理的恶化。在通信系统的设计中,人们往往根据信道的数学模型来设计信道编码,以获得更好的通信性能。常用的信道数学模型有加性噪声信道、线性滤波信道、线性时变滤波信道等。

(3)数字通信系统的优势

与模拟通信相比,数字通信具有以下一些优点:①抗干扰能力强。以二进制为例,信号的取值只有两个,这样接收端只需判别两种状态。信号在传输过程中受到噪声的干扰,必然会发生波形畸变,接收端对其进行抽样判决,以辨别是两个状态中的哪一个。只要噪声的大小不足以影响判决的正确,就能正确接收。而模拟通信系统中传输的是连续变化的模拟信号,它要求接收机能够高度保真地重现信号波形,如果模拟信号叠加上噪声后,即使噪声很小,也很难消除它。此外,在远距离传输,如微波中继通信时,各中继站可利用数字通信特有的判决再生接收方式,对数字信号波形进行整形再生而消除噪声积累。②差错可控,传输性能好。可采用信道编码技术使误码率降低,提高传输的可靠性。③便于与各种数字终端接口,用现代计算技术对信号进行处理、加工、变换、存储,从而形成智能网。④便于集成化,从而使通信设备微型化。⑤便于加密处理,且保密强度高。⑥可传输各类综合消息。

11.1.2　通信系统的分类

通信系统可以从通信业务种类,调制方式等多个角度进行分类。

①按通信业务种类分,通信系统可以分为电报通信系统、电话通信系统、数据通信系统、图像通信系统等。

②根据是否采用调制,可将通信系统分为基带传输和频带(调制)传输。基带传输是将未经调制的信号直接传送,如音频市内电话。频带传输是对各种信号调制后传输的总称。调制方式很多,如用于电视广播的残留边带调幅 VSB、声音广播中的频率调制 FM、使用在同轴电缆的网络中的 QAM 等。

③按信号特征,可分为模拟通信系统和数字通信系统。按照信道中所传输的是模拟信号还是数字信号,相应地把通信系统分成模拟通信系统和数字通信系统。

④按传输媒质分,可分为有线通信系统和无线通信系统。有线通信是用导线(如架空明线、同轴电缆、光导纤维、波导等)作为传输媒质完成通信的,如市内电话、有线电视、海底电缆通信等。无线通信是依靠电磁波在空间传播达到传递消息的目的的,如短波电离层传播、微波视距传

播、卫星中继等。

⑤按工作波段分,按通信设备的工作频率不同可分为长波通信(频率为 100～300 kHz,相应波长为 3～1 km 范围内的电磁波);中波通信(频率为 300 kHz～3 MHz,相应波长为 1 km～100 m 范围内的电磁波);短波通信(频率为 3～30 MHz,相应波长为 100～10 m 范围内的电磁波);微波通信(频率为 300 MHz～300 GHz,相应波长为 1 m～1 mm 范围内的电磁波)等。

⑥按信号复用方式分,可分为频分复用、时分复用和码分复用等。频分复用是用频谱搬移的方法使不同信号占据不同的频率范围;时分复用是用脉冲调制的方法使不同信号占据不同的时间区间;码分复用是用正交的脉冲序列分别携带不同信号。传统的模拟通信中都采用频分复用,随着数字通信的发展,时分复用通信系统的应用愈来愈广泛,码分复用主要用于空间通信的扩频通信中。

11.1.3 通信系统的通信方式

通信方式是指通信双方之间的工作方式或信号传输方式。前文所述的通信系统是单向通信系统,但在多数场合下,信源兼为信宿,需要双向通信。电话就是一个最好的例子,这时通信双方都要有发送和接收设备,并需要各自的传输媒质,如果通信双方共用一个信道,就必须用频率或时间分割的方法来共享信道。因此,通信过程中涉及通信方式与信道共享问题。

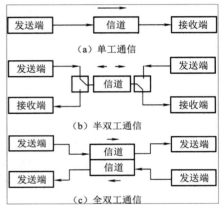

图 11-5 单工通信、半双工通信和全双工通信方式示意图

1. 按消息传递的方向与时间关系分

对于点与点之间的通信,按消息传递的方向与时间关系,通信方式可分为单工、半双工及全双工通信 3 种。

单工通信是指消息只能单方向传输的工作方式,因此只占用一个信道,如图 11-5(a)所示。广播、遥测、遥控、无线寻呼等就是单工通信方式的例子。

半双工通信是指通信双方都能收发消息,但不能同时进行收和发的工作方式,如图 11-5(b)所示。例如,使用同一载频的对讲机,收发报机以及问询、检索、科学计算等数据通信都是半双工通信方式。

全双工通信是指通信双方可同时进行收发消息的工作方式。一般情况全双工通信的信道必须是双向信道,如图 11-5(c)所示。普通电话、手机都是最常见的全双工通信方式,计算机之间的高速数据通信也是这种方式。

2. 按数字信号排列顺序分

在数字通信中,按数字信号代码排列的顺序可分为并行传输和串行传输。并行传输是将代表信息的数字序列以成组的方式在两条或两条以上的并行信道上同时传输,如图 11-6(a)所示。并行传输的优点是节省传输时间,但需要传输信道多,设备复杂,成本高,故较少采用,一般适用于计算机和其他高速数字系统,特别适用于设备之间的近距离通信。串行传输是数字序列以串行方式一个接一个地在一条信道上传输,如图 11-6(b)所示。一般的远距离数字通信都采用这种传输方式。

3. 按同步方式分

按同步方式分为同步通信和异步通信。同步通信方式是把许多字符组成一个信息组,这样,字符可以一个接一个地传输,但

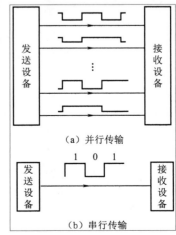

图 11-6 并行和串行传输示意图

是,在每组信息(通常称为信息帧)的开始要加上同步字符,在没有信息要传输时,要填上空字符,因为同步传输不允许有间隙。同步方式下,发送方除了发送数据,还要传输同步时钟信号,信息传输的双方用同一个时钟信号确定传输过程中每 1 位的位置,如图 11-7 所示。

在异步通信方式中,两个数据字符之间的传输间隔是任意的,所以,每个数据字符的前后都要用一些数位作为分隔位,如图 11-8 所示。

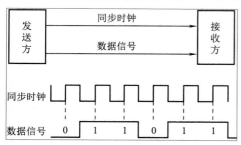

图 11-7　同步通信示意图

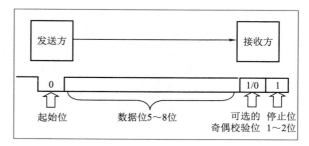

图 11-8　异步通信示意图

从图 11-8 中可以看到,按标准的异步通信数据格式(也称异步通信帧格式),1 个字符在传输时,除了传输实际数据字符信息外,还要传输几个外加数位。具体说,在 1 个字符开始传输前,输出线必须在逻辑上处于"1"状态,这称为标识态。传输一开始,输出线由标识态变为"0"状态,从而作为起始位。起始位后面为 5～8 个信息位,信息位由低往高排列,即先传字符的低位,后传字符的高位。信息位后面为校验位,校验位可以按奇校验设置,也可以按偶校验设置,或不设校验位。最后是逻辑的"1"作为停止位,停止位可为 1 位、1.5 位或者 2 位。如果传输完 1 个字符以后,立即传输下一个字符,那么,后一个字符的起始位便紧挨着前一个字符的停止位,否则,输出线又会进入标识态。在异步通信方式中,发送和接收的双方必须约定相同的帧格式,否则会造成传输错误。在异步通信方式中,发送方只发送数据帧,不传输时钟,发送和接收双方必须约定相同的传输率。当然双方实际工作速率不可能绝对相等,但是只要误差不超过一定的限度,就不会造成传输出错。

同步通信与异步通信的区别在于:①同步通信要求接收端时钟频率和发送端时钟频率一致,发送端发送连续的比特流;异步通信时不要求接收端时钟和发送端时钟同步,发送端发送完一个字节后,可经过任意长的时间间隔再发送下一个字节。②同步通信效率高;异步通信效率较低。③同步通信较复杂,双方时钟的允许误差较小;异步通信简单,双方时钟可允许一定误差。④同步通信可用于点对多点;异步通信只适用于点对点。

4. 按通信设备与传输线路之间的连接类型分

按通信设备与传输线路之间的连接类型分,通信系统可以分为点对点(专线通信)、点到多点和多点之间通信(网通信)。点对点方式是两点间直通的方式,如图 11-9(a)所示;点到多点指的是一对多的分支方式,如图 11-9(b)所示;而多点之间通信指的是多点之间的交换方式,如图 11-9(c)所示。

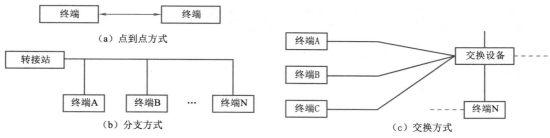

图 11-9　点到点、点到多点和多点交换方式

11.1.4 通信系统的性能指标

通信系统的性能指标包括信息传输的有效性、可靠性、适应性、经济型、标准型及维护使用方便等。由于通信的主要目标是传递信息，从信息传递角度讲，通信系统有两个主要指标：有效性和可靠性。

1. 有效性

有效性体现了通信系统传输信息的数量，指的是给定信道和时间内传输信息的多少。数字通信系统的传输效率通常用码元速率 R_B、信息速率 R_b 和频带利用率来描述。

码元传输速率 R_B 简称传码率，又称符号速率等。它表示单位时间内传输码元的数目，单位是波特（Baud），记为 B。例如，若 1 秒内传 2 400 个码元，则传码率为 2 400 B。数字信号有多进制和二进制之分，但码元速率与进制数无关，只与传输的码元长度 T 有关。设码元宽度为 T，则码元速率为 $R_B = 1/T$（B）。

信息传输速率 R_b 指单位时间（每秒）内传送的信息量（比特数），单位为比特/秒（bit/s）。对于 N 进制数字信号，码元速率 R_B 和信息速率 R_b 之间的关系为：$R_b = R_{BN} \log_2 N$，其中 R_{BN} 为 N 进制数字信号的码元速率（N 进制的一个码元可以用 $\log_2 N$ 个二进制码元去表示）。

例如，一个数字通信系统中，每秒传输 600 个二进制码元，它的信息速率为 $R_b = 600$ bit/s，在二进制信号传输时，码元速率等于信息速率；若每秒传输 600 个八进制码元，则其信息速率为 $R_b = 600 \log_2 8 = 18\ 700$ bit/s。

频带利用率 η 指单位频带内的传输速率。在比较不同的数字通信系统的效率时，仅仅看它们的信息传输速率是不够的。因为即使是两个系统的信息传输速率相同，它们所占的频带宽度也可能不同，从而效率也不同。所以用单位频带内的传输速率衡量数字通信系统的传输效率，即 $\eta = R_B/B$（B/Hz），对于二进制传输，则可以表示为 $\eta = R_b/B$（bit/s/Hz）。

2. 可靠性

可靠性体现了通信系统传输信息的质量，指的是接收信息的准确程度。衡量数字通信系统可靠性的指标是差错率，常用误码率和误信率表示。

误码率（码元差错率）P_e 是指发生差错的码元数在传输总码元数中所占的比例，更确切地说，误码率是码元在传输系统中被传错的概率，即 $P_e = n_e/n$（$n \rightarrow \infty$），其中 n 表示系统传输的总码元数，n_e 表示传输出错的码元数。

误信率（信息差错率）P_b 是指发生差错的比特数在传输总比特数中所占的比例，更确切地说，误信率是比特在传输系统中被传错的概率，即 $P_b = n_{be}/n_b$（$n_b \rightarrow \infty$），其中 n_b 表示系统传输的总比特数，n_{be} 表示传输出错的比特数。显然，在二进制中有 $P_b = P_e$。

例如，已知某八进制数字通信系统的信息速率为 $R_{b8} = 3\ 000$ bit/s，则 $R_{B8} = R_{b8}/\log_2 8 = 1\ 000$ B，假设在接收端 10 分钟内共测得出现 18 个错误码元，则该系统的误码率为 $P_e = n_e/n = 18/(1\ 000 \times 10 \times 60) = 3 \times 10^{-5}$。

11.2 通信网络及其相关概念

通信系统模型是描述点到点单向传输系统的理论模型，通信网络则是指多用户系统互联的通信体系，也即 m 多点中的任意两点间的双向或单向传输。因此广义的通信网络指的是信息交换和共享的各种通信和网络系统的统称，其交换和传递的信息可以是数值数据、文本、语音、视频、图像、邮件、文件等，用户可以通过固定电话、移动电话、电视机机顶盒、计算机等设备访问通信网络。

通信网络按照不同的分类准则有不同的分类办法。例如，按照拓扑结构可以分为网状、星状、环状、总线状、复合型等；按照功能可分为业务网、支撑网、传送网；按地域覆盖可以分为核心宽带网、接入网和用户驻地网；按照独立的构建方式可以分为电话网、有线电视网、计算机网、蜂窝移动通信网等。

11.2.1　通信网络的拓扑结构

在通信网络中，节点之间需要互连，所谓拓扑结构，是指构成通信网的节点之间的互连方式。网络的基本的拓扑结构有网状、星状、环状、总线状、复合型等，如图 11-10 所示。

网状　　　　星状　　　　复合型　　　　环状　　　　总线

图 11-10　网络的基本的拓扑结构

网状网线路冗余度大，网络可靠性高，任意两点间可直接通信；但是线路利用率低（N 值较大时传输链路数将很大），网络成本高，另外网络的扩容也不方便，每增加一个节点，就需增加 N 条线路。网状网络通常用于节点数目少，又有很高可靠性要求的场合。

星状网又称辐射网，与网状网相比，降低了传输链路的成本，提高了线路的利用率；但是网络的可靠性差，一旦中心转接节点发生故障或转接能力不足时，全网的通信都会受到影响。星状网通常用于传输链路费用高于转接设备、可靠性要求又不高的场合，以降低建网成本。

复合型网的结构是由网状网和星形网复合而成的。它以星形网为基础，在业务量较大的转接交换中心之间采用网状网结构。复合型网络兼并了网状网和星形网的优点，整个网络结构比较经济，且稳定性较好。规模较大的局域网和电信骨干网中广泛采用分级的复合型网络结构。

环状网络中所有节点首尾相连，组成一个环。N 个节点的环网需要 N 条传输链路。环网可以是单向环，也可以是双向环。环形网络结构简单，容易实现，且双向自愈环结构可以对网络进行自动保护；但是节点数较多时转接时延无法控制，并且环形结构不利于扩容。目前主要用于计算机局域网、光纤接入网、城域网、光传输网等网络中。

总线网属于共享传输介质型网络，网中的所有节点都连至一个公共的总线上，任何时候只允许一个用户占用总线发送或接送数据。总线形网络需要的传输链路少，节点间通信无需转接节点，控制方式简单，增减节点也很方便；但是网络服务性能的稳定性差，节点数目不宜过多，网络覆盖范围也较小。主要用于计算机局域网、电信接入网等网络中。

11.2.2　业务网、支撑网和传送网

一个完整的现代通信网络都具有信息传送、信息处理、信令机制、网络管理功能。因此，从功能的角度看，一个完整的现代通信网可分为相互依存的 3 部分：业务网、支撑网、传送网，如图 11-11所示。

1. 业务网

业务网负责向用户提供各种通信业务，如基本话音、数据、多媒体、租用线、VPN（Virtual Private Network，虚拟专用网络）等，采用不同交换技术的交换节点设备通过传送网互连在一起就形成了不同类型的业务网。

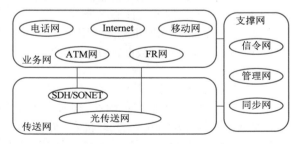

图 11-11　业务网、支撑网和传送网

构成一个业务网的主要技术要素有以下几方面内容：网络拓扑结构、交换节点技术、编号计

划、信令技术、路由选择、业务类型、计费方式、服务性能保证机制等,其中交换节点设备是构成业务网的核心要素。

2. 传送网

传送网是随着光传输技术的发展,在传统传输系统的基础上引入管理和交换智能后形成的。传送网是由传输线路、传输设备组成的网络,所以又称为基础网。传送网独立于具体业务网,为各类业务网、支撑管理网提供业务信息传送手段,负责将节点连接起来,并提供任意两点之间信息的透明传输。传送网还包含相应的管理功能,如电路调度、网络性能监视、故障切换等。构成传送网的主要技术要素有传输介质、复用体制、传送网节点技术等。目前主要的传送网有 SDH/SONET 和光传送网(OTN)等类型。

3. 支撑网

支撑网负责提供业务网正常运行所必需的信令、同步、网络管理、业务管理、运营管理等功能,以提供用户满意的服务质量。支撑网包含三部分:

同步网处于数字通信网的最底层,负责实现网络节点设备之间和节点设备与传输设备之间信号的时钟同步、帧同步以及全网的网同步,保证地理位置分散的物理设备之间数字信号的正确接收和发送。

对于采用公共信道信令体制的通信网,存在一个逻辑上独立于业务网的信令网,它负责在网络节点之间传送业务相关或无关的控制信息流。

管理网的主要目标是通过实时和近实时来监视业务网的运行情况,并相应地采取各种控制和管理手段,以达到在各种情况下充分利用网络资源,以保证通信的服务质量。

11.2.3 核心网、接入网和用户驻地网

从网络的物理位置分布来划分,通信网还可分成核心网、接入网和用户驻地网 3 部分。核心网(Core Network,CN)由现有的和未来的宽带、高速骨干传输网和大型中心交换节点构成,而且核心网包含业务、传送、支撑等网络功能要素。用户驻地网(Customer Premises Network,CPN)被认为是业务网在用户端的自然延伸,一般是指用户终端至用户 – 网络接口之间所包含的内部局域网,由完成通信和控制功能的用户驻地布线系统组成,以使用户终端可以灵活方便地进入接入网。

而接入网(Access Network,AN)被看成传送网在核心网之外的延伸,泛指用户 – 网络接口(User Network Interface,UNI)与业务节点接口(Service Node Interface,SNI)间实现传送承载功能的实体网络。以上三大网络的关系如图 11-12 所示。

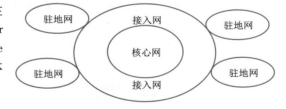

图 11-12 核心网、接入网和
用户驻地网之间的关系

1. 核心网

核心网通常被称为骨干网,它由所有用户共享,负责传输骨干数据流。核心网通常是基于光纤的,能实现大范围(在城市之间和国家之间)的数据流传送。这些网络通常采用高速传输网络(如 SONET 或 SDH)传输数据,高速包交换设备(如 ATM 和基于 IP 的交换)提供网络路由。

2. 接入网

接入网提供通常说的最后一公里的连接——即用户和骨干网络之间的连接。由于核心网一般采用光纤结构,传输速度快,因此,接入网便成为了整个网络系统的瓶颈。接入网的接入方式包括铜线(普通电话线)接入、光纤接入、光纤同轴电缆(有线电视电缆)混合接入和无线接入等几种方式。传统接入网的主要接入方式有 V5 接入、无源光网络接入(PON)、xDSL 接入(ADSL、HDSL、VDSL 等)和光纤/同轴混合网接入(HFC)。光纤接入时根据光接入节点位置不同,又分为FTTH(Fiber TO The Home)光纤到户、FTTB(Fiber TO The Building)光纤到建筑大楼、FTTC(Fiber

TO The Curb）光纤到路边和 FTTO（Fiber TO The Office）光纤到办公室。接入网分类如图 11-13 所示。

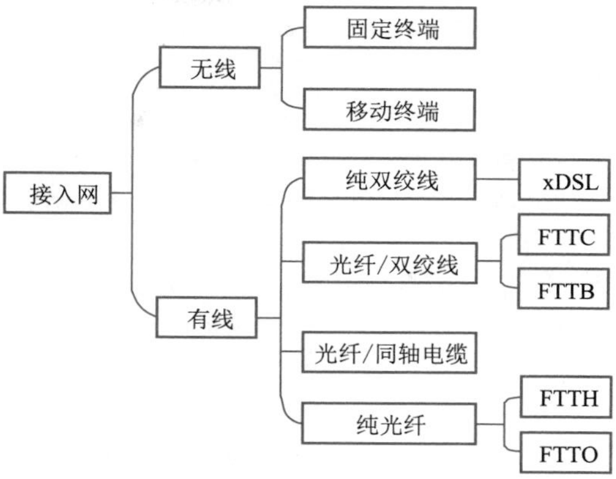

3.用户驻地网

用户驻地网一般是指用户终端至用户网络接口所包含的机线设备（通常在一个楼房内），由完成通信和控制功能的用户驻地布线系统组成，以使用户终端可以灵活方便地进入接入网。属于 CPN 范围的有普通铜缆双绞线；同轴电缆；5 类双绞线（UTP5）；楼内综合布线系统（PDS）（Premises Distribution System）；光纤到户等。

图 11-13　接入网分类

11.2.4　按照独立的构建方式分类

按照物理上相对独立的功能和构建方式，通信网络可分为电话网络、计算机网络、有线电视网络、无线网络。

1.固定电话网络

第一次语音传输是苏格兰人亚历山大·贝尔在 1876 年用振铃电路实现的。这时是没有电话号码的，相互通话的用户之间必须由物理线路连接；并且，在同一时间只能有一个用户讲话（半双工）。发话方通过话音的振动来激励电炭精麦克风从而产生电信号，电信号传到远端后通过振动对方的扬声器发声，从而传到对方的耳朵里。由于每对通话的个体之间都需要单独的物理线路，如果整个电话网上有 10 个人，其中一人想与另外 9 个人通话，他就需要铺设 9 对电话线。同时整个电话网上就需要 $10 \times (10 - 1)/2 = 45$ 对电话线，如图 11-14（a）所示。

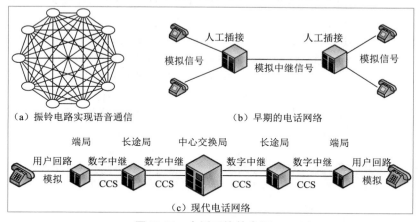

（a）振铃电路实现语音通信　　（b）早期的电话网络

（c）现代电话网络

图 11-14　电话网络的发展

但是，为每对要通话的节点之间均铺设电话线是不可能的。因此，一种称为交换机（Switch）的设备诞生。用户想打电话时，先拿起电话连接到管理交换机的接线员，由接线员负责接通到对方的线路。这便是最早的基于人工插接的电话交换网，如图 11-14（b）所示。

20 世纪 60 年代初以来，脉冲编码调制（PCM）技术成功地应用于传输系统中，它通过将"模拟"的信号数字化，提高了通话质量、增加了传输距离，同时，节约了线路成本。电话网络数字化之后，交换全部采用程控数字交换机。电话网的交换方式是电路交换，其特点是通过呼叫连接端到端的物理电路连接，在通信期间，电路被两个通信的用户独占，即使不传输数据，该电路也不能被其他用户使用，直到通信结束，连接拆除，才释放电路，如图 11-14（c）所示。用户的模拟语音信号经过端局的数字化，进入到核心的电话交换网络中，以数字信号的方式传输。网络采用公共信道信令(CCS)方式传递控制信号。这时便出现了现代意义的 PSTN 网络。PSTN 网络把世界上各个角落的人们都联系在了一起,很显然,有时一个通话需要穿越好多台交换机。

ISDN 是在 PSTN 上为支持数据业务扩展形成的,通过普通的铜缆以更高的速率和质量传输语音和数据。ISDN 的基本功能与 PSTN 一样,提供端到端的 64 kbit/s 的数字连接以承载话音或其他业务。在此基础上,ISDN 还提供更高带宽的 N×64 kbit/s 电路交换功能。也就是说,ISDN 的综合交换节点还应具有分组交换功能,以支持数据分组的交换。综合业务数字网除了可以用来打电话,还可以提供诸如可视电话、数据通信、会议电视等多种业务,从而将电话、传真、数据、图像等多种业务综合在一个统一的数字网络中进行传输和处理,这也就是"综合业务数字网"名字的来历。

ISDN 有窄带和宽带两种。窄带 ISDN 有基本速率(2B + D,144 kbit/s)和一次群速率(30B + D,2 Mbit/s)两种接口。基本速率接口包括两个能独立工作的 B 信道(64 kbit/s)和一个 D 信道(16 kbit/s),其中 B 信道一般用来传输话音、数据和图像,D 信道用来传输信令或分组信息。B 代表承载,D 代表控制。而基于异步传输模式 ATM 的宽带 B-ISDN 可以向用户提供 1.55 Mbit/s 以上的通信能力。

2. 有线电视网络

有线电视网络是一种采用同轴电缆、光缆或者微波等媒介进行传输,并在一定的用户中分配或交换声音、图像、数据及其他信号,能够为用户提供多套电视节目乃至各种信息服务的电视网络体系。

(1)有线电视网络的发展历程

早期的有线电视系统,可以追溯到 20 世纪 40 年代末期出现在美国山村的公共天线系统(Master Aerial Television,MATV)。当时(1948 年),宾夕法尼亚州有一个位于山谷的曼哈尼城,大多数居民住在当地三个电视台的阴影区,电视信号被阻挡,收看效果极差。有一位专营电视装置的约翰·华生,想到了在山边的制高点上,安装增益较高、性能良好的电视接收天线,又征得电力公司的许可,架设了一些同轴电缆,将天线接收的电视信号分送给阴影区的每一用户,这便是世界上最早的公共天线系统,尽管十分简陋,但对于扩大无线电视的覆盖、改善收视质量,效果却非常明显。20 世纪 50 年代初,这种收视系统被移植到了城市里,有效地解决了城市中开路电视个体接收所存在的若干问题(如接收重影严重影响收视质量、开路发射天线的零点区信号微弱无法正常接收、天线林立影响市容等)。当时的系统已经拥有了非常简单的前端,可以实现少数几个开路电视频道的直接混合和信号的有效分配,这便是早期的共用天线系统(Community Antenna Television,CATV)。技术的进步改善了系统的功能和质量,刺激了消费者的欲望和需求;而用户不断提出的新要求,又进一步促进了技术的发展和完善。到 20 世纪 70 年代初,随着通信卫星传送电视信号进入实用阶段,利用 CATV 系统来实现卫星电视的共同接收,便成为了一个切实可行的方案。从此以后,CATV 的功能有了很大的改变,传送的节目套数得到了极大的丰富,系统的覆盖范围也在进一步扩大。在整个七、八十年代的飞速发展过程中,CATV 逐渐发展成为了今天真正意义上的有线电视系统(或称电缆电视系统)。

(2)有线电视系统的物理模型

有线电视系统是由信号源、前端、传输系统和用户分配网络 4 部分组成的,如图 11-15 所示。信号源是指提供系统所需各类优质信号的各种设备;前端则是系统的信号处理中心,它将信号源输出的各类信号分别进行处理,并最终混合成一路复合射频信号提供给传输系统;传输系统将前端产生的复合信号进行优质稳定的远距离传输;用户分配网则准确高效地将传输系统传送过来的信号分送到千家万户。

图 11-15　有线电视系统的物理模型

从系统结构上看,前端是信号源与传输系统之间的"接口",它既是信号源所提供的各种信号的"接受者",又是传输系统所要求的高质量复合射频信号的"提供者",同时还是与用户进行特殊双向交流的"对话者",也是系统实现各种控制的"管理者"。前端所处的位置和所扮演的角色决定了它应有的功能和系统对它的技术要求。

(3)传统有线电视系统

传统有线电视系统是指采用邻频传输方式,只传送模拟电视节目的单向有线电视系统。

传统的有线电视系统的节目来源通常包括多个卫星转发的卫星电视信号、当地电视台发送的开路电视信号、当地微波台发射的微波电视信号、其他有线电视网通过某种方式传输过来的电视信号、自办电视节目、自办或转播的音频节目等,接收或产生这些节目信号的设备共同组成了系统的信号源部分。

前端是位于信号源和干线传输系统之间的设备组合。其任务是把从信号源送来的信号进行滤波、变频、放大、调制、混合等,使其适于在干线传输系统中进行传输。一般说来,一个有线电视系统只有一个本地前端,但却可能有多个远地前端和多个中心前端。

干线传输系统的任务是把前端输出的高频复合电视信号优质稳定地传输给用户分配网,其传输方式主要有光纤、微波和同轴电缆 3 种。光纤传输是通过光发射机把高频电视信号转换至红外光波段,使其沿光导纤维传输,到接收端再通过光接收机把红外波段的光变回高频电视信号。微波传输是把高频电视信号的频率变到几 GHz 到几十 GHz 的微波频段,或直接把电视信号调制到微波载波上,定向或全方位向服务区发射。在接收端再把它变回高频电视信号,送入用户分配网。电缆传输是技术最简单的一种干线传输方式,具有成本较低、设备可靠、安装方便等优点。但因为电缆对信号电平损失较大,每隔几百米就要安装一台放大器,故而会引入较多的噪声和非线性失真,使信号质量受到严重影响。过去的有线电视系统几乎都采用同轴电缆传输,而现在一般只在较小系统或大系统中靠近用户分配系统的最后几公里中使用。

用户分配网的任务是把有线电视信号高效而合理地分送到户。它一般是由分配放大器、延长放大器、分配器、分支器、用户终端盒(也称系统输出口)以及连接它们的分支线、用户线等组成。

(4)现代有线电视网络的基本组成

现代有线电视网络在组成上要比传统有线电视系统复杂得多,在体系上也有了很大的变化,传统系统只相当于现代网络的模拟单向传送部分。现代有线电视网络已是一个庞大的完整体系,集电视、电话和计算机网络功能于一体。从提供的业务来说,既有基本业务,又有增值业务和扩展业务;从传送的信号类型来说,既有模拟电视信号,又有数字电视信号和 IP 数据信号;为了实现多种综合业务,系统不再是自成一体的独立结构,而是通过上一级的数字光纤骨干环网和本地的光纤骨干环网实现与其他各有线电视系统的联网,另外,它与公共电信网也实现了互通互联;本地的传输覆盖网则采用 HFC 模式构成双向传输分配网,其中,光纤传输部分采用空间分割(空分复用)的方式,即上、下行的信号分别用不同的光纤传输。数字电视信号源主要是数字卫星电视 TS 流、视频服务器和业务生成系统等;数字电视前端实际上是一个数字电视多媒体平台,包括复用器、条件接收系统(CAS)、数字调制器等,数据前端则主要是 Cable Modem 的前端控制器 CMTS。现代网络与传统系统的不同之处,除了上面所说的数/模并存、双向传输、互通互联等几个方面外,还有一个更为典型、更为重要、也更具有标志性的区别,那就是综合业务的实现要求现代网络具有复杂完善的计算机管理控制系统,包括用户管理、用户授权、系统管理、网络管理、设备管理、条件接收、节目播出管理、媒体资源管理、收费管理等一系列子系统,以确保系统的正常运转,业务的可靠实现和信息的相对安全。另外,在现代有线电视网络中,用户端必须加机顶盒才能收看数字电视,才能获得授权享受个性化的视频服务和其他增值服务;必须加 Cable Modem 才能与计算机进行通信,实现 Internet 的接入,才能提供 IP 电话等功能,如图 11-16 所示。

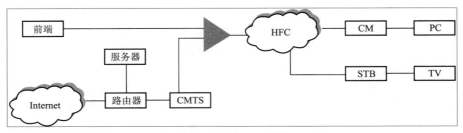

图 11-16　现代有线电视系统简化示意图

3.计算机网络

计算机网络是指将地理位置不同的具有独立功能的多台计算机及其外围设备,通过通信线路连接起来,在网络操作系统、网络管理软件及网络通信协议的管理和协调下,实现资源共享和信息传递的计算机系统。

20 世纪 60 年代,美苏冷战期间,美国国防部领导的远景研究规划局 ARPA 提出要研制一种崭新的网络对付来自前苏联的核攻击威胁。因为当时,传统的电路交换[图 11-17(a)]的电信网虽已经四通八达,但战争期间,一旦正在通信的电路有一个交换机或链路被炸,则整个通信电路就要中断,如要立即改用其他迂回电路,还必须重新拨号建立连接,这将要延误一些时间。这个新型网络必须满足一些基本要求:①不是为了打电话,而是用于计算机之间的数据传送;②能连接不同类型的计算机;③所有的网络节点都同等重要,这就大大提高了网络的生存性;④计算机在通信时,必须有迂回路由。当链路或结点被破坏时,迂回路由能使正在进行的通信自动地找到合适的路由;⑤网络结构要尽可能地简单,但要非常可靠地传送数据。根据这些要求,一批专家设计出了使用分组交换的新型计算机网络。而且,用电路交换来传送计算机数据,其线路的传输速率往往很低。因为计算机数据是突发式地出现在传输线路上的,比如,当用户阅读终端屏幕上的信息或用键盘输入和编辑一份文件时或计算机正在进行处理而结果尚未返回时,宝贵的通信线路资源就被浪费了。

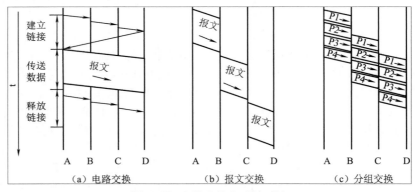

图 11-17　3 种交换方式的对比

分组交换是采用存储转发技术,如图 11-17(c)所示。把要发送的报文分成一个个的"分组",在网络中传送。分组的首部是重要的控制信息,因此分组交换的特征是基于标记的。分组交换网由若干个结点交换机和连接这些交换机的链路组成。从概念上讲,一个结点交换机就是一个小型的计算机,但主机是为用户进行信息处理的,结点交换机是进行分组交换的。每个结点交换机都有两组端口,一组是与计算机相连,链路的速率较低。一组是与高速链路和网络中的其他结点交换机相连。注意,既然结点交换机是计算机,那输入和输出端口之间是没有直接连线的,它的处理过程是:将收到的分组先放入缓存,结点交换机暂存的是短分组,而不是整个长报文,短分组暂存在交换机的存储器(即内存)中而不是存储在磁盘中,这就保证了较高的交换速率。再查找转发表,找出到某个目的地址应从哪个端口转发,然后由交换机构将该分组递给适当的端口转发出去。各结点交换机之间也要经常交换路由信息,但这是为了进行路由选择,当某段链路的通信量太大或中断时,结点交换机中运行的路由选择协议能自动找到其他路径转发分组。通信线路资源利用率提高:当分组在某链路时,其他段的通信链路并不被通信的双方所占用,即使是这段链路,只有当分组在此链路传送时才被占用,在各分组传送之间的空闲时间,该链路仍可为其他主机发送分组。可见采用存储转发的分组交换实质上是采用了在数据通信的过程中动态分配传输带宽的策略。

1969 年美国国防部创建了第一个分组交换网 ARPAnet,只是一个单个的分组交换网,所有想连接在它上的主机都直接与就近的结点交换机相连,它规模增长很快,到 20 世纪 70 年代中期,人们认识到仅使用一个单独的网络无法满足所有的通信问题。于是 ARPA 开始研究很多网络互联的技术,这就导致后来的互联网的出现。1983 年 TCP/IP 协议称为 ARPAnet 的标准协议。

从地理范围划分,可以把各种网络类型划分为局域网、城域网、广域网和互联网 4 种。局域网一般来说只能是一个较小区域内的网络互联,城域网是不同地区的网络互联,不过在此要说明的一点就是这里的网络划分并没有严格意义上地理范围的区分,只能是一个定性的概念。下面简要介绍这几种计算机网络。

(1)局域网

局域网(Local Area Network,LAN)是最常见、应用最广的一种网络。局域网随着整个计算机网络技术的发展和提高得到充分的应用和普及,几乎每个单位都有自己的局域网,有的甚至家庭中都有自己的小型局域网。很明显,所谓局域网,就是在局部地区范围内的网络,它所覆盖的地区范围较小。局域网在计算机数量配置上没有太多的限制,少的可以只有两台,多的可达几百台。一般来说在企业局域网中,工作站的数量在几十到两百台次左右。在网络所涉及的地理距离上一般来说可以是几 m 至 10 km 以内。局域网一般位于一个建筑物或一个单位内,不存在寻径问题,不包括网络层的应用。

这种网络的特点就是:连接范围窄、用户数少、配置容易、连接速率高。目前局域网最快的速率要算现今的 10 GB 以太网了。IEEE 的 802 标准委员会定义了多种主要的 LAN 网:以太网(Ethernet)、令牌环网(Token Ring)、光纤分布式接口网络(FDDI)、异步传输模式网(ATM)以及最新的无线局域网(WLAN)。

(2)城域网

城域网(Metropolitan Area Network,MAN)一般是指在一个城市,但不在同一地理小区范围内的计算机互联。这种网络的连接距离可以在 10 ~ 100 km,它采用的是 IEEE802.6 标准。MAN 与 LAN 相比扩展的距离更长,连接的计算机数量更多,在地理范围上可以说是 LAN 网络的延伸。在一个大型城市或都市地区,一个 MAN 网络通常连接着多个 LAN 网。如连接政府机构的 LAN、医院的 LAN、电信的 LAN、公司企业的 LAN 等。由于光纤连接的引入,使 MAN 中高速的 LAN 互连成为可能。

城域网多采用 ATM 技术做骨干网。ATM 是一个用于数据、语音、视频以及多媒体应用程序的高速网络传输方法。ATM 包括一个接口和一个协议,该协议能够在一个常规的传输信道上,在比特率不变或变化的通信量之间进行切换。ATM 也包括硬件、软件以及与 ATM 协议标准一致的介质。ATM 提供一个可伸缩的主干基础设施,以便能够适应不同规模、速度以及寻址技术的网络。ATM 的最大缺点是成本太高,所以一般在政府城域网中应用,如邮政、银行、医院等。

(3)广域网

广域网(Wide Area Network,WAN)也称远程网,所覆盖的范围比城域网(MAN)更广,它一般是在不同城市之间的 LAN 或者 MAN 网络互联,地理范围可从几百 km 到几千 km。因为距离较远,信息衰减比较严重,所以这种网络一般是要租用专线,通过 IMP(接口信息处理)协议和线路连接起来,构成网状结构,解决循径问题。这种城域网因为所连接的用户多,总出口带宽有限,所以用户的终端连接速率一般较低,通常为 9.6 kbit/s ~ 45 Mbit/s 如邮电部的 CHINANET、

CHINAPAC和CHINADDN网。

4.无线网络

无线网络(Wireless Networks)是一种非常重要的网络,无线表示通过无线信道进行通信,不需要提前布线。在无线网络发展中,关键的无线网络技术包括以下几个方面。

(1)移动电话网络

移动通信(Mobile Communication)是移动体之间的通信,或移动体与固定体之间的通信。移动体可以是人,也可以是汽车、火车、轮船、收音机等在移动状态中的物体。

第一代蜂窝电话(1G)是由AT&T在1980年代早期研制成功的。当时的电话机又大又笨重,而蜂窝电话的广告中则有一个人手提一个装着电池的小箱子,站在一辆携带着天线的汽车旁边。何谓"蜂窝"? 因为频段和无线电的覆盖范围都是有限的,因此就要把整个地区划分为蜂窝状的许多小区,每个小区的频率不同,如A、B、C、D等,以免互相干扰。在其他单元,频率可以重用。如图11-18所示,可以将每个这样的小区想象为六边形,然后中央有一个基站,相邻的小区之间通过基站相连。打电话时,手机会与最近的基站通信。当用户移动到另一个小区时,进行中的通话就由原来的小区移交给新小区,但这个切换用户一般觉察不到。由于接收功率会随着距离的二次方衰减,所以位于既定频段中的频带在不相邻的小区内可以重用,而不会相互干扰。

蜂窝移动通信系统主要由交换网络子系统(NSS)、无线基站子系统(BSS)和移动台(MS)三大部分组成,如图11-19所示。NSS主要完成交换功能和客户数据与移动性管理、安全性管理。BSS是在一定的无线覆盖区域内与MS进行通信的设备,它只有负责完成无线发送接收和无线资源管理等功能,功能实体可以分为基站控制器(BSC)和基站手法信台(BTS)。

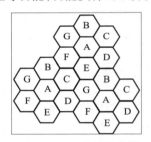

图11-18 移动电话蜂窝模型

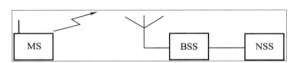

图11-19 蜂窝移动通信系统的主要组成

从美国发明第一个1G移动通信系统,到现在已经经历了从1G到2G再到2.5G过渡到现在的3G和开始普及发展的4G,如图11-20所示。第二代数字蜂窝移动通信(2G)简称GSM移动通信,是指利用工作在900/1 800 MHz频段的GSM移动通信网络提供的话音和数据业务的系统,其无线接口采用TDMA技术。

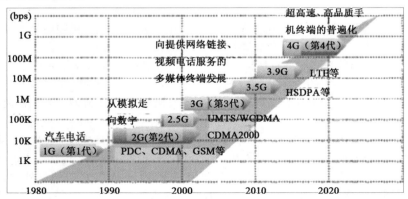

图11-20 移动通信系统的发展

第三代移动通信技术(3G)是指支持高速数据传输的蜂窝移动通讯技术。3G 以宽带 CDMA (码分多址技术)技术为主,能够同时传送话音、数据、视频图像等业务。第三代数字蜂窝移动通信业务主要特征是可提供移动宽带多媒体业务,其中高速移动环境下支持 144 kbit/s 速率数据传输,步行和慢速移动环境下支持 384 kbit/s 速率数据传输,室内环境支持 2Mbit/s 速率数据传输,并保证高可靠服务质量(QoS)。

国际电信联盟(ITU)定义 4G 的标准为:符合 100 Mbit/s 传输数据的速度。达到这个标准的通信技术,理论上都可以称为 4G。ITU 将 LTE-TDD、LTE-FDD、WiMAX 以及 HSPA + 四种技术定义于现阶段 4G 的范畴。4G 技术支持 100 Mbit/s ~ 150 Mbit/s 的下行网络带宽,也就是 4G 意味着用户可以体验到最大 12.5 Mbit/s ~ 18.75 Mbit/s 的下行速度。其技术核心为正交频分复用(OFDM)。第四代移动通信标准比第三代标准具有更多的功能,第四代移动通信可以在不同的固定、无线平台和跨越不同的频带的网络中提供无线服务,可以在任何地方用宽带接入互联网(包括卫星通信和平流层通信),能够提供定位定时、数据采集、远程控制等综合功能。此外,第四代移动通信系统是集成多功能的宽带移动通信系统,是宽带接入 IP 系统。

(2)地面电视广播及卫星电视广播

地面电视广播是指利用超短波进行传输、覆盖的一种广播方式,即在发送端,将电视信号经专用传输线路由电视中心传送到地面发射台,调制到射频后由发射天线以空间电磁波的形式向周围空间辐射;在接收端,空间电磁波经接收天线变成感应电流,并在接收机中进行解调,变成原始的视、音频信号。

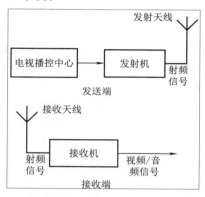

图 11-21 地面电视广播系统的组成

地面电视广播系统的组成如图 11-21 所示。制作、播出的电视节目由电视播控中心传送到发射台。通常,发射台的主要构成部分是发射塔,发射塔的下方是发射机房,顶端安装有发射天线。发射机的主要任务是对电视及伴音信号进行射频调制,发射天线用于将射频信号变成电磁波并向周围空间辐射。在电磁波覆盖区域,可利用接收天线和接收机将电磁波转换成视、音频信号,并通过扬声器和显示器将其还原成声音和图像。

我国模拟电视广播的视频信号带宽为 6 MHz,射频带宽为 8 MHz(包括图像和伴音)。也就是说,一套电视节目在传输时需占据 8 MHz 的带宽。

地面电视广播使用的频段属于超短波范围,我国规定为甚高频波段(VHF)的 48 ~ 223 MHz 和特高频波段(UHF)的 470 ~ 960 MHz 范围,共安排了 68 个频道。在 VHF 波段中有 12 个频道,在 UHF 中有 56 个频道。需要指出的是,VHF 中的第 5 频道与调频广播(87.5 ~ 108 MHz)的部分频带有重叠,为了保证调频广播优先,实际上已将第 5 频道取消。

卫星电视广播系统是以卫星转发为主要传输方式的广播系统,由于其覆盖面积大、通信容量高、通信质量好、成本低等特点,近年来得到了很快发展。卫星电视广播系统的基本构成如图 11-22 所示,主要由广播卫星、上行地球站、地球接收站、测控站组成。

广播卫星是在赤道上空的同步轨道上运行的人造卫星,其绕地球一周的时间正好等于地球自转的周期,因此,从地球上看,该卫星在天空中似乎是静止不动的,故也称静止卫星。广播卫星是卫星广播系统的核心,

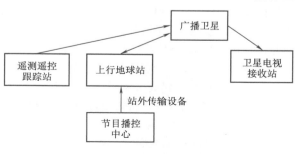

图 11-22 卫星电视广播系统组成

其星载广播天线和转发器的主要任务是接收来自上行地球站的广播电视信号,并经低噪声放大、下变频及功率放大等处理后,再转发到所属的服务区域。

上行地球站的主要任务是将电视台或播控中心传来的广播电视节目信号进行基带处理、调制、上变频和高功率放大,然后通过天线向广播卫星发送信号,此信号称为上行信号。另外,上行站也可以接收卫星转发的信号(即下行信号),用以监视卫星广播的传输质量。上行站有两种,一种是固定上行站,另一种是移动上行站。固定上行站是主要的广播卫星上行站,一般规模较大,功能较全。移动上行站通常为车载式或组装型设备,功能较单一,常用于特定活动或特定地区情况下的现场直播或节目传送。

地球接收站用来接收广播卫星转发的广播电视信号。根据应用的不同,接收站可分为两种类型,即集体接收站和个体接收站。集体接收站通常具备大口径的接收天线和高质量的接收设备,接收到的信号可送入共用天线电视系统(SMATV)供集体用户收看,也可以作为节目源,供当地电视台或差转台进行地面无线电广播,或者输入到当地有线电视系统(CATV)前端,并通过光缆和电缆分配到各个用户。个体接收站是个体用户用小型天线和简易接收设备进行接收,这种情况要求下行信号在覆盖区的功率足够大。

接收站通常可分为室外单元和室内单元两部分,如图11-23所示,室外单元主要包括卫星接收天线、高频头、第一中频电缆等;室内部分主要由功率分配器、卫星接收机等组成。其中,高频头的作

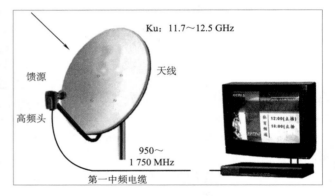

图 11-23　地球接收站组成

用是对接收到的信号进行低噪声放大和下变频;第一中频电缆用于将卫星信号从室外传送到室内;功率分配器的作用是将一路信号分为多路,以便给多个接收机提供信号;卫星接收机的作用是将中频信号经过处理后变成视音频信号或射频信号。接收机输出的信号就可送往电视机。

测控站的任务是测量卫星的各种工程参数和环境参数,测控卫星的轨道位置和姿态,对卫星进行各种功能状态的切换。

(3)无线局域网

无线局域网(Wireless Local Area Networks,WLAN)是一种便利的数据传输系统,它是指利用射频(Radio Frequency,RF)技术,使用电磁波取代旧式双绞铜线所构成的局域网络,在空中进行通信连接。通过配置无线网卡,无线局域网可以方便地把本地区域的移动终端或固定终端接入网络中。无线局域网的标准是802.11系列,通常用820.11代表无线局域网。无线局域网络示意图如图11-24所示。图11-24(a)是有基站的配置方式。基站在局域网中又被称为接入点(Access Point,AP),在这种配置下,所有的通信都要经过AP进行。AP可以介入到有限主干网络,提供高带宽服务。图11-24(b)是一种不用AP的方式,网络中的计算机直接进行通信,这种自由组合无基站的通信方式,被称为自组织网络。

无线局域网的常见标准有以下几种:

IEEE802.11a:使用5 GHz频段,传输速度54 Mbit/s,与

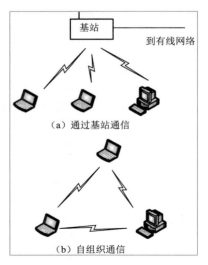

图 11-24　无线局域网络示意图

802.11b 不兼容；

IEEE 802.11b：使用 2.4 GHz 频段，传输速度 11 Mbit/s；

IEEE802.11g：使用 2.4 GHz 频段，传输速度主要有 54 Mbit/s、108 Mbit/s，可向下兼容 802.11b；

IEEE802.11n：使用 2.4 GHz 和 5 GHz 两个频段，理论速率最高可达 600 Mbit/s（目前业界主流为 300 Mbit/s）。802.11n 主要是结合物理层和 MAC 层的优化来充分提高 WLAN 技术的吞吐。主要的物理层技术涉及 MIMO、MIMO-OFDM、Short GI 等技术，从而将物理层吞吐提高到 600 Mbit/s。

（4）其他无线通信网络

除了上述无线通信技术外，WiMax（802.16）是一种新的宽带无线通信网络技术，从其设计开始就考虑到传输多媒体流数据。WiMax 从早期的固定位置的宽带无线传输，到现在和未来的移动宽带无线传输，其技术发展迅速，也许是下一代移动通信的核心技术之一。WiMax 是一种面向城域网的宽带无线接入技术，能提供面向互联网的高速连接。支持非视距连接，主要用于远距离、高速度的通信环境，定义的是城域网络（MAN），性能可媲美电缆、DSL、T1 专线等传统的有线技术。有效距离高达 50 km，并可提供比 Wi-Fi 高得多的传输速率。借助 802.16a，无线宽带接入技术，服务提供商只需几天时间和更少的成本即可提供与有线宽带解决方案相同的无线网络服务。

UWB（Ultra Wide Band）是一种无载波通信技术，利用纳秒至微微秒级的非正弦波窄脉冲传输数据。有人称它为无线电领域的一次革命性进展，认为它将成为未来短距离无线通信的主流技术。通过在较宽的频谱上传送极低功率的信号，UWB 能在 10 m 左右的范围内实现数百 Mbit/s 至数 Gbit/s 的数据传输速率。UWB 具有抗干扰性能强、传输速率高、带宽极宽、消耗电能小、发送功率小等诸多优势，主要应用于室内通信、高速无线 LAN、家庭网络、无绳电话、安全检测、位置测定、雷达等领域。

RFID 射频识别技术（电子标签、无线射频识别），可通过无线电讯号识别特定目标并读写相关数据，而无需识别系统与特定目标之间建立机械或光学接触。

ZigBee 主要用于距离短、功耗低且传输速率不高的各种电子设备之间进行数据传输以及典型的有周期性数据、间歇性数据和低反应时间数据传输的应用。

蓝牙（Bluetooth）也是一种点距离的无线网络，其最大特点是低功耗和方便连接。通过蓝牙可以把耳机、手机、照相机或其他设备连接到计算机上，不需要电缆和驱动安装，只要把它们聚在一起，就可以连网传输。

11.3 多媒体通信网络

11.3.1 多媒体传输的特殊需求

多媒体系统的要求高度依赖于最终应用。例如视频点播（VOD）对延迟的要求相对较高，而视频会议则对延迟有精确的高要求。因此，要实现有效的多媒体数据传输，需要部分或全面地考虑以下几个方面的需求：

1. 高带宽需求

多媒体应用需要网络提供足够的带宽，带宽可用压缩方法来改善，如数字视频未压缩时需要 140 Mbit/s 以上带宽才能传输，目前大部分的网络达不到这种要求，必须以压缩形式传输。但是需要注意的是多媒体通信的数据量往往很大，即使经过压缩后仍然很大。一般地，通过多媒体网络传输压缩的数字图像信号要求 2 ~ 15 Mbit/s 以上的速率，传输 CD 音质的声音信号需要 1 Mbit/s 以上的传输速率。

2. QoS 保证

传统的 IP 网络主要针对一些传统的网络应用,只提供尽力而为的服务,QoS 的彻底实现需要网络的全面支持,不仅 OS 和应用程序需要支持 QoS,网络中的路由器和交换机也必须支持 QoS。QoS 要解决的主要问题是通信中的两个问题:延迟和抖动。

(1)延迟:主要来自路由器转发时产生的延迟。对于多媒体单向信息流的应用(如视频点播)而言,由于各个分组转发的时延是固定的,因此延迟不是很大的问题。但对于需要实时交互的多媒体应用(如视频会议)而言,延迟则会大大影响感观效果,因此需要网络支持实时传输。

(2)抖动:主要由于报文在分组交换网络中传递时,可能每个报文沿着不同的路由路径到达目的地,使得每个报文的延迟各不相同。

3. 多点播送

在多媒体交互和分配应用中,除点播外,还需有广播与多播功能。广播是指将信息从一个发送端传送到所有潜在接收端,如电视信号传送。多播(即组播)是指将媒体信息从一个发送端传到接收端一个逻辑子集。现在的多媒体应用一般基于组播传输服务,而传统的数据通信实现的是点对点通信,因而为了使基于传统 IP 网络现多媒体应用,需要提供组播技术支持。

4. 差错率

多媒体应用在一定程度上允许网络存在错误,其主要原因在于人的感知能力有限,例如在一个冗余的视频流中个别组块存在传输的错误,是不会被人眼感知的,或者相对于反馈重发带来的延迟,接收者更愿意接受少量的错误,而不是相对较大的延时。

5. 同步

在时间约束方面,除了时延限制,就是同步的要求。同步是指时间上的同步。多媒体通信就是多种媒体在通信网络上的传输,这些媒体之间需要同步。例如,音频媒体要与视频媒体同步,否则会造成音画不同步。同步还有其他的形式,比如单个媒体内部也有同步关系,例如视频帧单元,每秒钟要传递 25 帧或 30 帧,帧间间隔不能过长。

6. 交互性

交互性包括两个方面你的内容:多媒体网络节点与网络系统的交互通信,以及用户与多媒体网络节点或系统的交互性。多媒体网络通信应该是双向及多点的,用户可以灵活的控制和操作通信过程或媒体内容。

┃11.3.2 多媒体通信网络与三网融合

1. 三网融合

三网融合是指电信网、广播电视网、互联网在向宽带通信网、数字电视网、下一代互联网演进过程中,三大网络通过技术改造,其技术功能趋于一致,业务范围趋于相同,网络互联互通、资源共享,能为用户提供语音、数据和广播电视等多种服务。三网融合并不意味着三大网络的物理合一,而主要是指高层业务应用的融合。三网融合应用广泛,遍及智能交通、环境保护、政府工作、公共安全、平安家居等多个领域。也就是说,电视、计算机、移动终端(手机等)均可以实现打电话、上网、看电视等功能,形成你中有我、我中有你的格局,如图 11-25 所示。

三网融合打破了此前广电在内容输送、电信在宽带运营领域各自的垄断,明确了互相进入的准则——在符合条件的情况下,广电企业可经营增值

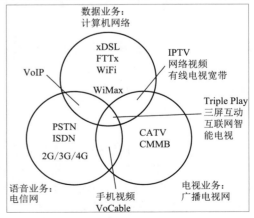

图 11-25　三网融合涉及的业务体系

电信业务、比照增值电信业务管理的基础电信业务、基于有线电网络提供的互联网接入业务等；而国有电信企业在有关部门的监管下，可从事除时政类节目之外的广播电视节目生产制作、互联网视听节目信号传输、转播时政类新闻视听节目服务，IPTV 传输服务、手机电视分发服务等。

三网融合带来的好处包括：①信息服务将由单一业务转向文字、话音、数据、图像、视频等多媒体综合业务。②有利于极大地减少基础建设投入，并简化网络管理，降低维护成本。③将使网络从各自独立的专业网络向综合性网络转变，网络性能得以提升，资源利用水平进一步提高。④三网融合是业务的整合，它不仅继承了原有的话音、数据和视频业务，而且通过网络的整合，衍生出了更加丰富的增值业务类型，如图文电视、VoIP、视频邮件和网络游戏等，极大地拓展了业务提供的范围。⑤三网融合打破了电信运营商和广电运营商在视频传输领域长期的恶性竞争状态，各大运营商将在一口锅里抢饭吃，看电视、上网、打电话资费可能打包下调。

2. NGN 和 NGB

打造一张高品质的实现三网业务传送和接入的融合网络是电信、互联网及广电运营商的共同目标，近年各运营商在网络建设方面积极朝三网融合方向努力。在传送网层面，广电部门正在积极开展 NGB 网络建设，电信方面也在积极研究部署软交换、NGN（Next Generation Network）、IMS 等新的网络融合技术。在接入网方面，"光进铜退"已是大势所趋，电信运营商加大了对宽带光纤接入网的投资力度，广电运营商也利用光纤接入及 EoC（Ethernet Over Cable）技术加快实施有线网的双向改造。

（1）NGN

NGN 是"下一代网络（Next Generation Network）"或"新一代网络（New Generation Network）"的缩写。NGN 从传统的以电路交换为主的 PSTN 网络，逐渐迈向以分组交换为主的网络，它承载了原有 PSTN 网络的所有业务，把大量的数据传输转移到 IP 网络中以减轻 PSTN 网络的重荷，又以 IP 技术的新特性增加和增强了许多新老业务，如图 11-26 所示。从某种意义上讲，NGN 是基于 TDM（Time Division Multiplexing，时分复用）的 PSTN 语音网络和基于 IP/ATM 的分组网络融合的产物，它使得在新一代网络上语音、视频、数据等综合业务成为了可能。

NGN 提供包括电信业务在内的多种业务，能够利用多种带宽和具有 QoS 能力的传送技术，实现业务功能与底层传送技术的分离；它允许用户对不同业务提供商网络的自由接入，并支持通用移动性，实现用户对业务使用的一致性和统一性。它是以软交换为核心的，能够提供包括语音、数据、视频和多媒体业务

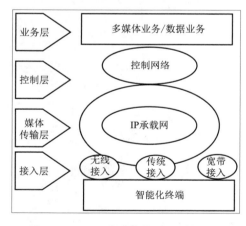

图 11-26 下一代网络的分层结构

的基于分组技术的综合开放的网络架构，代表了通信网络发展的方向。NGN 具有分组传送、控制功能从承载、呼叫/会话、应用/业务中分离、业务提供与网络分离、提供开放接口、利用各基本的业务组成模块、提供广泛的业务和应用、端到端 QoS 和透明的传输能力通过开放的接口规范与传统网络实现互通、通用移动性、允许用户自由地接入不同业务提供商、支持多样标志体系，融合固定与移动业务等等特征。NGN 的九大支撑技术包括 IPv6、光纤高速传输、光交换与智能光网、宽带接入、城域网、软交换、3G 和后 3G 移动通信系统、IP 终端、网络安全。

（2）NGB

NGB（Next Generation Broadcasting Network，中国下一代广播电视网）是由科技部和广电总局联合组织开发建设，以有线电视网数字化整体转换和移动多媒体广播电视（CMMB）的成果为基础，以自主创新的"高性能宽带信息网"核心技术为支撑，构建的适合我国国情的、"三网融合"的、

有线无线相结合的、全程全网的下一代广播电视网络。

NGB 技术体系包括网络体系和业务支撑体系,如图 11-27 所示。NGB 网络体系是基于已有的有线电视网络架构,包括骨干网、城域网和接入网。NGB 网络核心传输带宽将超过每秒 1 千 kbit/s、保证每户接入带宽超过每秒 60 bit/s,具有可信的服务保障和可管可控网络。

NGB 的骨干网是基于 ASON 的电路交换;城域网采用全分布式无阻塞交换结构——大容量的宽带远程接入路由器,交换容量达到 640 GB,单点覆盖 6 万户。NGB 采用了以大容量高性能路由器为核心的大规模接入汇聚与接入网络对接的架构,直接将高速网推到用户门口。

NGB 技术体系的另一个重要的部分就是 NGB 的业务平台体系。它是 NGB 的运营支撑平台,包括内容交换与保护技术、运营支撑技术、安全监控技术等。需要强调的是,NGB 的概念不仅仅是指网络,它还包涵网络上所承载的业务体系。

NGB 双向互动架构、超高速带宽、可管可控可信的能力以及开放的业务平台,可承载多种多样的三网融合业务,为用户提供精细化的服务。大致包括以下业务类型:互动电视类,社区服务类,电子商务类,在线娱乐类,个人通讯类,可视医疗类,教育类,在线医院,互动教室,金融证券类等。NGB 体系结构如图 11-27 所示。

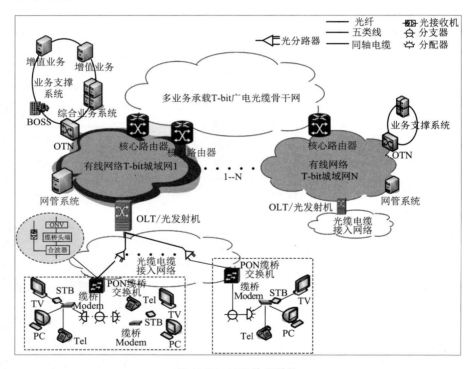

图 11-27　NGB 体系结构

11.4　常用的多媒体传输技术

11.4.1　超媒体

超媒体是一种采用非线性网状结构对块状多媒体信息(包括文本、图像、视频等,如图 11-28 所示)进行组织和管理的技术。超媒体在本质上和超文本是一样的,只不过超文本技术在诞生的初期管理的对象是纯文本,所以叫做超文本。随着多媒体技术的兴起和发展,超文本技术的管理对象从纯文本扩展到多媒体,为强调管理对象的变化,就产生了超媒体这个词。"超媒体"开创了"整合资源"的新模式,是新媒体意识与新商业思维的有机聚合。

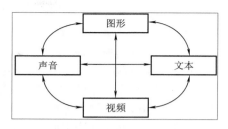

图 11-28　超媒体技术

超媒体系统的基本特性体现在:①超媒体的数据库是由"声、文、图"类节点或内容组合的节点组成的网络,内容具有多媒体化,网状的信息结构使它的信息表达接近现实世界。②屏幕中的窗口和数据库中的节点具有对应关系。③超媒体的设计者可以很容易地按需要创建节点,删除节点,编辑节点等,同样也可生成链接、完成链接、删除链接、改变链的属性等操作。④用户可对超媒体进行浏览和查询。⑤具备良好的扩充功能,接受不断更新的超媒体管理和查询技术。

超文本与超媒体的组成要素包括节点、链、网络。

节点是表达信息的单位,是围绕一个特殊主题组织起来的数据集合。节点的内容可是文本、图形、图像、动画、音频、视频等,也可以是一般计算机程序。节点分为两种类型:一种称为表现型,记录各种媒体信息,表现型节点按其内容的不同又可分为许多类别,如文本节点和图文节点等;另一种称为组织型,用于组织并记录节点间的联结关系,它实际起索引目录的作用,是连结超文本网络结构的纽带,即组织节点的节点。

超媒体链又称超链,是节点间的信息联系,它以某种形式将一个节点与其他节点连接起来。由于超媒体没有规定链的规范与形式,因此,超文本与超媒体系统的链也是各异的,信息间的联系丰富多彩,引起链的种类复杂多样。但最终达到的效果却是一致的,即建立起节点之间的联系。链的一般结构可分为 3 个部分:链源、链宿及链的属性。链源是导致浏览过程中节点迁移的原因,可以是热标、媒体对象或节点等。链宿是链的目的所在,可以是节点,也可以是其他任何媒体的内容。链的属性决定链的基本类型。

超媒体的另一个要素是网络。超文本由节点和链构成的网络是一个有向图,这种有向图与人工智能中的语义网有类似之处。语义网是一种知识表示法,也是一种有向图。宏节点是指链接在一起的节点群,更准确地说,一个宏节点就是超文本网络的一个有某种共同特征的子集。当超媒体信息网络十分巨大时,或者该信息网络分散在各个物理地点上时,仅通过一个层次的超媒体信息网络管理会很复杂,因此分层是简化网络拓扑结构最有效的方法。

多媒体信息量大,类型多,关系复杂,而超媒体结构又很灵活,且一个大型的超媒体系统会有数百万乃至数千万个节点,因此若没有良好的导航工具,查找信息如大海捞针,迷航在所难免,因此导航技术便显得特别重要。导航工具要易学、易用,具有一致性、灵活性,一般都是智能化的交互式图形界面。通过导航工具,用户能方便地找到所需要的信息,并在迷路时能返回原地。现有的导航工具主要有直接组织器、映像图和图形组织器、联机指南或帮助、传统的索引。

11.4.2　多媒体同步

维持多媒体的同步关系是对多媒体通信的一个重要要求,也是多媒体通信区别于传统通信的一个重要特征。一个多媒体系统至少应该能够支持一种连续媒体。

媒体之间的相互依存关系,不只是显示时才有,在捕获、存储、传输和处理过程中也是存在的。不同媒体对象之间的相互依存关系可概括为 3 类:

①内容关系。根据某一组数据既可以列出表格,同时又可以画出曲线,那么,在计算机中只需要保存一份数据,而将表达这组数据的方式另作定义,这称为指定数据间的内容关系。同一组数据可以对应于几个不同的内容关系。

②空间关系。主要指不同媒体对象在显示中所处的相互位置关系,通常它们分别在不同的窗口中显示,而每个窗口又允许有缩放、移动、激活等功能,这些复杂的相对位置关系需要有一定

的方法来描述。

③时间关系。电视中的伴音要求很好地和人的口形、动作相吻合，幻灯片的解说词应该与正在显示的图像相对应，这是媒体对象之间必须保持一定时间关系的典型例子。

因此，媒体同步指的是上述3种关系的确立。显然，在集成了多种媒体的多媒体系统中，同步是一个关键性问题。系统的各个组成部分，如操作系统、数据库、文件系统、传输数据的通信系统，甚至于应用程序等，都需要不同层次上支持媒体的同步。而多媒体通信同步就是使得经网络传输后的多媒体对象序列仍能保持原来的约束关系，在目标结点上仍能得到和源结点相同的多媒体表现。

随着高速网络的发展，多媒体流在网络上或分布式系统中的同步问题变得非常突出，开展这方面的研究也极为活跃，并提出了一些同步方法。

1. 分层同步法

分层同步法是基于分层同步模型基础上的一种同步方法，主要基于两种同步操作：一种是动作的串行同步；另一种是动作的并行同步。该方法的优点是易于操作并且应用广泛，但其限制是每一个动作只能在起点和终点进行同步。这就使得分层同步法不能支持多媒体对象内部结构的适当抽取，从而无法实现灵活的交互操作。另外，还存在一些不能由分层结构来描述的同步情况。

在分层同步法中，把多媒体对象看成一个树形结构，由串、并行演示子树组成。主要基于动作的串行同步和动作的并行同步两种操作。动作可以是原子的，也可以是复合的。原子动作管理着一个媒体或一个用户输入或一个延时的播放，复合动作是原子动作和同步操作的组合。

分层同步法层次清晰、管理方便，但同步仅在动作开始和结束时进行。

2. 时间轴同步法

时间轴同步法是基于时间轴同步模型，是将所有独立的对象依附在一个时间轴上进行描述，去掉任何一个对象都不会影响其他对象的同步。这种同步方法是维持一个整体时间，每个对象可以将整体时间映射到它的局部时间，并由此局部时间表现。当局部时间与整体时间的误差超出一个指定门限时，则需要重新与整体时间进行同步。通过时间轴方法同步的对象可以较好地从单媒体对象和多媒体对象的内部进行抽取。然而，多媒体流之间的相关性使得基于整体时间的同步方法不能有效地表述不同流之间的同步情况。

时间轴同步法将互相独立的多媒体对象附加在一个时间轴上，丢掉一个对象不影响其他对象的同步，它维持一个全局的时间，每个对象都能得到它。每个对象可以从全局时间映射到局部时间，沿局部时间运行。当全局时间和局部时间误差超过一个给定的范围时，两者要重新进行同步。

3. 参考点同步法

借助参考点的同步可把多媒体对象分为两类基本对象。动态基本对象由播放对象的序列（视频中帧）组成，周期性出现。每个播放对象的索引叫一个参考点。这样的单一媒体序列的同步叫做对象的内部同步。静态基本对象播放仅有两个参考点，即播放开始和结束。基本对象间的同步由参考点定义。一个参考点及其对应的基本对象称为一个同步元素，两个或两个以上的同步元素可结合为一个同步点。一个完整的对象之间同步由全部同步点组成的表定义。如果一个多媒体播放中对象总是变化的，则用参考点同步就会出现问题。例如，要插入或删除视频图像中的一帧，就可能丢失同步。

4. 时间戳同步法

时间戳同步法把每个媒体间的数据流单元加进统一的时间戳（时间码），具有相同时间戳媒体单元同时进行播放，以达到媒体间同步的目的。时间戳同步法又分为绝对时间戳同步和相对时间戳同步。绝对时间戳同步使用绝对时间标识。相对时间戳同步使用全局时间和局部时间标识，它既可用于实时多媒体通信，也可用于多媒体信息存取，还可适应于多点通信，即同一信源发往不同目的地，不同信源发往同一接收地。

5. 同步标记法

同步标记法是在发送端发出一个同步标记,接收端接收同步标记,用来对各个媒体进行同步处理以达到双方通信同步的目的。分为两种同步标记方法:辅助同步信道方法各媒体在不同信道上传输,专门增加一个信道来传输媒体各路同步标记信息,指示各个媒体信道中的同步参考点。各同步点到达时才开始输出。辅助信道还可传输控制信息;插入同步标记方法,发送端在每个媒体流中插入同步标记,每个媒体流通过不同信道传输,在接收方缓冲存储数据,直到所有信道中的同步都到达,才将已同步化的数据提交给用户。

6. 多路复用同步法

多路复用同步法将多个媒体流的数据复用到一个数据流或一个报文中,从而使它们在多媒体传输中自然保持着媒体间的相互关系,以达到媒体间同步的目的。例如,分组交换网多媒体会议系统中,为每个会议建立一个多媒体虚电路,发送者将所有媒体流多路复用到该电路上,复合成一条顺序组织的分组报文流,保证了媒体间的同步。到接收端把各种媒体流解复用出来,提交给用户进程。虚电路多路复用同步方法,接收端无须重新同步,无须全网络同步时钟,也无须附加同步信道,故实现较简单。

11.4.3　流媒体技术

视频传输服务涉及连接至网络中的两个及以上的用户,它要求视频服务器将视频内容发送给客户端播放。目前,有两种通用的传输方案:"下载 – 播放"和"流式播放"。"下载 – 播放"是指通过网络将整个视频文件传送到客户端并存储到客户端的存储设备中,在全部内容传输完成以后才可以播放;"流式播放"是指声音、影像或动画等时基媒体由音视频服务器向客户机连续、实时传送,用户不必等到整个文件全部下载完毕,而只需经过几秒或十数秒的启动延时即可进行观看。当视音频在客户机上播放时,文件的剩余部分将在后台从服务器内继续下载。

所谓流媒体技术(Media Streaming),就是把连续的影像和声音信息经过压缩处理后放上网站服务器,让用户一边下载一边观看、收听,而不要等整个压缩文件下载到自己的计算机上才可以观看的网络传输技术。该技术先在用户端的计算机上创建一个缓冲区,在播放前预先下载一段数据作为缓冲,在网络实际连接速度小于播放所耗的速度时,播放程序就会取用一小段缓冲区内的数据,这样可以避免播放的中断,也使得播放品质得以保证。简单来说,采用流媒体技术,就可实现流式传输。在运用流媒体技术时,音视频文件要采用相应的格式,不同格式的文件需要用不同的播放器软件来播放。

流式传输技术可分两种,一种是顺序流式传输,另一种是实时流式传输。

1. 顺序流式媒体

顺序流式传输是顺序下载,在下载文件的同时用户可以观看,但是,用户的观看与服务器上的传输并不是同步进行的,用户是在一段延时后才能看到服务器上传出来的信息,或者说用户看到的总是服务器在若干时间以前传出来的信息。在这个过程中,用户只能观看已下载的部分,而不能要求跳到还未下载的部分。

顺序流式传输多是基于 Web 服务器和 HTTP 协议的服务结构,如图 11-29 所示,用户在浏览器端单击视频/音频链接后,链接指向服务器上的一个元文件,该元文件中包含了实际视频/音频文件的 URL。Web 服务器返回 HTTP 响应消息,该消息包含元文件及其描述媒体文件的 content-type 首部行。客户端浏览器根据这个 content-type 首部行调用一个合适的媒体播放器,并把元文件交付给媒体播放器。媒体播放器根据这个元文件与 Web 服务器建立连接,由于是 Web 服务器,只能通过 HTTP 交互,请求视频/音频文件,下载到本地,由媒体播放器播放。

顺序流式传输比较适合高质量的短片段,因为它可以较好地保证节目播放的最终质量。它适合于在网站上发布的供用户点播的音视频节目。

2. 实时流式媒体

在实时流式传输中,音视频信息可被实时观看,这需要通过专门的流媒体服务器来执行流媒体的服务,如图 11-30 所示。在这种结构中,有两台服务器,一台是 Web 服务器,执行 HTTP;另一台是流媒体服务器,提供流媒体服务。为了提供高质量的媒体服务及交互,流媒体服务器与媒体播放器执行专门的协议,媒体流的传送采用的是 UDP 而不是 TCP。用户在浏览器端单击视频/音频链接后,链接指向服务器上的一个表现描述文件,该文件可以引用多个连续媒体文件,以及它们之间的同步关系描述(如同步多媒体集成语言描述 SMIL)。Web 服务器同样返回 HTTP 响应消息,该消息包描述媒体文件的 content-type 首部行。客户端浏览器根据这个 content-type 首部行调用一个合适的媒体播放器,并把表现描述文件交付给媒体播放器。媒体播放器通过实时流传送协议(RSTP)与流媒体服务器交互(播放、暂停、快进、快退等),以媒体流的形式接收流媒体服务器发送的视频/音频包,边接收、边解码、边播放。为了去除时延抖动,在客户端一般需要设置播放缓冲区,因此在接收端开始播放之前,需要等待几秒到几分钟的时间。

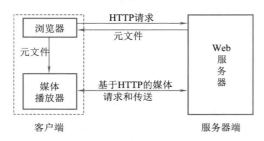

图 11-29　顺序流式传输

图 11-30　实时流式传输

在实时流媒体传输时,在观看过程中用户可快进或后退以观看前面或后面的内容。但是在这种传输方式中,如果网络传输状况不理想,则收到的信号效果比较差。

从功能上看,流媒体系统可分为两大类:视频点播(Video on Demand, VoD)和实时流媒体(也称直播,Live Streaming)。虽然它们之间有些相同的原理,但各有其自身特殊的问题。视频点播是一种交互式的多媒体服务,用户可以在任何时候观看其所需求的任何内容,具有时序异步特性。通常在等待短暂的启动延时之后,它允许用户选择任意时间开始观看任意的视频,允许用户有类似 VCR 的操作,如播放、停止、快进、倒带等,同时并行地下载视频。实时流媒体是指直播内容被实时地从服务器端发送到所有接收用户的服务方式,具有时序同步的要求。实时流媒体服务允许用户通过网络观看不同的电视频道。但与视频点播不同,直播系统允许用户的操作较少,用户唯一能操作的就是频道切换,即选择不同的视频片段。由于节点之间存在异构性和网络环境动态变化等原因,同一节目片段在各节点收看的时刻可能会存在一定的差异。

11.4.4　内容缓存技术

随着互联网在世界范围的普及以及主干网带宽的快速提升,网络连接情况得到了极大改善,这促进了网络应用情况的变化。Internet 内容服务从传统的网页和小文件下载的形式转变为大文件交换和在线流媒体等高速高性能服务。中国互联网络发展状况统计报告中指出,截至 2016 年 12 月,中国域名总数为 4 228 万个, 网站总数为 482 万个,国际出口带宽为 6 640 291 Mbit/s,半年增长率为 23.1% 。我国网民规模达 7.31 亿,全年共计新增网民 4 299 万,互联网普及率为 53.2% ,较 2015 年底提升 2.9 个百分点。网民中使用手机上网的群体占比达 95.1% ,较 2015 年增长 5.0 个百分点。在互联网应用的使用率上,排名前 6 的分别是即时通信、搜索引擎、网络新闻、网络视频、网络音乐、网络支付。现在的网络内容提供商所面对的是大规模海量用户的服务需求。

这种大规模海量用户服务需求的不断增大,使得传统 Client/Server 架构构建的内容服务系统面临的问题日益突出,即服务器端本身性能和其接入网络带宽容易成为系统可扩展性和服务性能的瓶颈：由于 Internet 的 IP 协议"尽力而为"的特性，服务器进行内容发布的质量保证是依靠在各用户和应用服务器之间能提供充分的、远大于实际所需的带宽来实现的。由于网络访问对于带宽的要求呈现端对端的形式，某段网络带宽瓶颈的限制将造成整个网络的拥塞。如当大量用户同时访问同一台服务器时，一方面，对连接服务器的链路带宽要求将更高，这使得大量宝贵的骨干带宽被占用；另一方面，ICP 的应用服务器负载也变得非常沉重。尽管服务器的部署方式也已从传统的单一服务器，发展到现在集群服务器、并行服务器以及分布式服务器等方式，但其面临的服务压力也日趋增大，在很多领域难以满足不断增长的应用需求。正是由于这个原因，当发生一些热点事件或出现浪涌流量时，就会产生局部热点效应，从而使应用服务器或其链路过载而退出服务，直接影响到网民的正常生活、工作和学习。

为了解决这些问题，网站运营者们一直在不断尝试各种网站加速技术，为此出现了内容缓存技术。另外，为解决互联网内容分发问题，两种新型的内容分发架构应运而生。它们是对等网络（Peer-To-Peer Networks，P2P）和商用内容分发网络（Content Delivery Networks，CDN）。其中，对等网络从客户的角度出发，侧重于把客户端组织起来，以互相协作的方式来解决内容服务问题。P2P 网络最大的特点就是用户之间是直接共享资源的，这也是提高网络可扩展性、解决网络带宽问题的关键所在，其核心技术是分布式对象的定位机制。CDN 则是从服务商的角度出发，构建专用的网络将要分发的内容推送到网络的边缘，从而减少了核心网流量并提高了用户的访问速度。

1. CDN

CDN（Content Delivery Network，内容分发网络）的基本思路是尽可能避开互联网上有可能影响数据传输速度和稳定性的瓶颈和环节，使内容传输的更快、更稳定。在现有的互联网基础之上通过在网络各处放置节点服务器所构成的一层智能虚拟网络，CDN 系统能够实时地根据网络流量和各节点的连接、负载状况以及到用户的距离和响应时间等综合信息将用户的请求重新导向离用户最近的服务节点上。其目的是使用户能够就近取得所需要的内容，解决 Internet 网络拥挤的状况，提高用户访问网站的响应速度。

CDN 采取了分布式网络缓存结构，通过在现有的 Internet 中增加一层新的网络架构，将网站的内容发布到最接近用户的 Cache 服务器内；通过 DNS 负载均衡的技术，判断用户来源就近访问 Cache 服务器取得所需的内容，解决 Internet 网络拥塞状况，提高用户访问网站的响应速度。CDN 如同提供了多个分布在各地的加速器，以达到快速、可冗余的为多个网站加速的目的。

目前，国内访问量较高的大型网站如新浪、网易等，均使用 CDN 网络加速技术，虽然网站的访问巨大，但无论在什么地方访问都会感觉速度很快。

在网站和用户之间加入 CDN，用户不会有任何与原来不同的感觉。一个典型的 CDN 用户访问调度流程如图 11-31 所示。

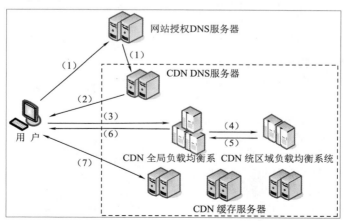

图 11-31　引入 CDN 之后的典型用户访问网站过程

①当用户单击网站页面上的内容 URL,经过本地 DNS 系统解析,DNS 系统会最终将域名的解析权交给 CNAME 指向的 CDN 专用 DNS 服务器。

②CDN 的 DNS 服务器将 CDN 全局负载均衡系统设备 IP 地址返回给用户。

③用户向 CDN 全局负载均衡设备发起内容 URL 访问请求。

④CDN 全局负载均衡设备根据用户 IP 地址,以及用户请求的内容 URL,选择一台用户所属区域的区域负载均衡设备。

⑤区域负载均衡设备会为用户选择一台合适的缓存服务器提供服务,选择的依据包括:根据用户 IP 地址,判断哪一台缓存服务器距离用户最近;根据用户所请求的 URL 中携带的内容名称,判断哪一台缓存服务器上有用户所需内容;查询各个服务器当前的负载情况,判断哪一台服务器尚有服务能力。基于以上这些条件的综合分析之后,区域负载均衡设备向全局负载均衡返回一台缓存服务器的 IP 地址。

⑥全局负载均衡设备把选中的缓存服务器的 IP 地址返回给用户。

⑦用户向缓存服务器发起请求,缓存服务器响应用户请求,将用户所需内容传送给用户终端。如果这台缓存服务器上并没有用户想要的内容,而区域均衡设备已将它分配给了用户,那么这台服务器就向它的上一级缓存服务器请求内容,直至追溯到网站的源服务器将内容拉到本地。

使用 CDN 服务的网站,只需将其域名解析权交给 CDN 的 GSLB 设备,将需要分发的内容注入 CDN,CDN 采用智能路由和流量管理技术,及时发现能够给访问者提供最快响应的加速节点,并将访问者的请求导向到该加速节点,由该加速节点提供内容服务。利用内容分发与复制机制,CDN 客户不需要改动原来的网站结构,就可以加速网络的响应速度。

2. P2P

P2P(对等网络,也称对等计算)打破了传统的客户机/服务器模式,网络中每个参与者(也称为节点)的地位是对等的。每个节点既充当服务器,为其他节点提供服务,同时也享用其他节点提供的服务。自从 1999 年世界上第一款基于 P2P 技术的应用——Napster 被推出以来,P2P 网络迅速发展成为 Internet 上最新潮的思想、最流行的技术和最具影响力的应用之一。P2P 网络技术已经渗透到绝大多数 Internet 应用领域中来,如文件共享、网络音频、网络视频、协同计算、虚拟社区等,并且 P2P 网络技术在其中的很多领域占据支配性的地位。P2P 网络流量已占据当前 Internet 超过一半的带宽资源。

P2P 系统的提出消除了集中服务器的概念,系统中每个节点既是服务的提供者,又是服务的消费者,所有数据的交换都是在节点间完成的。每个节点为系统提供有限的计算能力或存储资源,节点之间共同协作为其他节点提供服务,将服务器的负载压力分散到各个节点中去。加入系统的节点越多,节点为系统贡献的资源也越多,整个系统总的服务能力也就越强,从而有效地减轻了服务器的负担,极大地提高了系统的可扩展性。

P2P 通信架构是由一组位于物理网络的节点形成的,这些节点在物理网络之上形成一个抽象网络,称为覆盖网络(Overlay Network),如图 11-32 所示。覆盖网络是指运行于现有 Internet 物理网络之上的逻辑网络,在该逻辑网络中,通过定义有别于底层 Internet 网络节点间路由连通关系的逻辑邻域关系来形成自己的网络拓扑,逻辑邻域关系信息一般包括节点自身信息、邻居节点信息、节点拥有资源信息、邻居节点拥有资源信息等。由于覆盖网络建立在网络层和传输层之上,是面向应用层

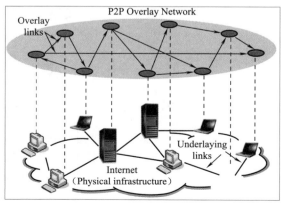

图 11-32　P2P 覆盖网结构

的,因此也称为应用层网络。覆盖网络与底层的物理网络是独立的,其结构如图 11-32 所示。由于抽象层采用 TCP 协议栈,每个 P2P 系统用 TCP 或 HTTP 建立连接,所以覆盖网络不会反映物理连接的情况。覆盖网络为了实现自己的路由策略来传送消息,在节点与节点之间建立起逻辑隧道。

在 P2P 覆盖网络中,用户之间通过网络以交换他们的资源和服务的方式直接进行互动。P2P 系统在应用层用覆盖网拓扑维持了它们各自物理网络的独立性。与传统的客户机/服务器模式形成鲜明对比,在 P2P 系统中每个用户(或节点)既是一个服务器,又是一个客户端。随着加入系统的节点越多,P2P 系统的需求在增加,系统的能力也在增加。P2P 网络不会出现单点失败问题,所有节点上载能力共享避免了瓶颈的出现,并且系统有很好的可扩展性。相比于传统的客户机/服务器模式,P2P 覆盖网络的主要优点在于:去中心化、成本降低、资源聚集、可扩展性、动态性、抗错性、自组织性等。各节点之间相对于集中式和层次结构是平等关系,各节点负载相同、重要性相同,运行于其上的软件的功能也都是相同的。

P2P 网络为我们提供了一种快速且高效的方式分享电影、音乐和软件程序等资源。在 Napster 之后,出现了一系列广泛流行的 P2P 网络软件和应用。P2P 网络的应用类型主要包括文件分享、协作与分布式计算和流媒体。其中,文件分享是 P2P 技术的第一类应用。从 Napster 开始,文件分享应用是 P2P 网络最流行的领域之一。同时,P2P 拥有的优势使其已经成为一个视频流媒体很有前途的解决方案。

11.4.5　CDN 流媒体

虽然流媒体 CDN 与 Web CDN 的工作原理和实现机制基本相同,但两者之间的差异使得对流媒体 CDN 和 Web CDN 系统设计存在较大差异。现在已投入商用的 CDN 系统,基本都是同时提供 Web CDN 能力和流媒体 CDN 能力,而且这两者能力的实现在系统内部几乎都是互相隔离的。在流媒体应用中,用户不必等到整个文件全部下载完毕,而只需经过短暂的启动延时即可播放。当音视频媒体在客户端播放时,后台继续下载,即边下载边播放。流媒体实现的关键技术是流式传输,它与传统的以固定大小的文件方式提供的 Web 图片或文字内容差别很大。流媒体业务具有实时性、连续性、时序性的特点。与传统 Web 加速相比较,流媒体业务对 CDN 提出了更高的要求。流媒体 CDN 与传统 Web CDN 的差异对比如表 11-1 所示。

表 11-1　流媒体 CDN 与传统 Web CDN 的差异对比

主要差异点		传统 Web CDN	流媒体 CDN
业务差异	用户行为	下载后浏览	边下载边播放,拖拽暂停等 VCR 播放控制
	内容类型	小文件、固定大小、QoS 要求低	大文件、实时流、QoS 要求高
	内容管理	内容冷热度差异不明显,内容生命周期短	内容冷热度差异明显,内容生命周期长
	回源要求	回源比例大	回源比例小

流媒体 CDN 系统总体上符合 CDN 系统通用架构,由流媒体服务子系统、内容管理子系统、负载均衡子系统和管理支持子系统组成,如图 11-33 所示。

流媒体服务子系统是指为用户提供流媒体服务的各种设备组成的服务系统,其主要关注的技术是对不同流媒体协议、不同编码格式、不同播放器、不同业务质量要求等的适应。通常,CDN 服

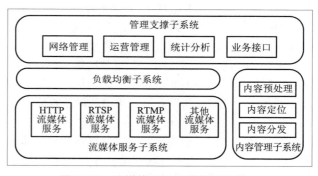

图 11-33　流媒体 CDN 系统架构框图

务商会在流媒体子系统中采用垂直部署业务能力的方式，即从中心 Cache 到区域 Cache、边缘 Cache 统一部署单独的业务能力。业务能力可以根据不同流媒体协议的适配和对用户提供服务的能力进行细分，也可以根据直播、点播这样的大业务类别来划分。不同的业务能力在实现方式、设备要求、组网方式上往往差别较大，彼此之间无法交叉互通，因此垂直部署的方式更有利于系统功能扩展和日常运维。服务商可以采用专用的流媒体协议服务器来组网，也可以采用私有协议封装不同流媒体协议的方式来组网。

内容管理子系统负责对整个 CDN 网络的内容分布情况进行管理，从内容进入 CDN 网络开始，内容管理子系统就负责对内容进行预处理，以适应 CDN 内部分发要求和业务层面的要求。内容位置管理，用于访问调度时的内容定位；内容在 CDN 全网的分发，保证冷热内容的合理分布，从而使得 CDN 系统对用户提供服务的质量和成本得到优化。

负载均衡子系统负载用户访问调度，根据对用户位置、设备负载、内容位置等信息的判定，执行预先设置的负载均衡策略，将用户调度到最合适的节点设备上进行服务。在流媒体 CDN 系统中，用户访问的调度会更多考虑内容命中，因为流媒体内容文件体积大，业务质量要求高，如果从其他节点拉内容再向用户提供服务会带来额外的延迟，影响用户体验。为了提供命中率，流媒体 CDN 系统普遍采用了对热点内容实施预先 PUSH 的内容分发策略。因此，负载均衡子系统与内容管理子系统之间会有比较频繁的交互查询行为。此外，由于流媒体 CDN 系统通常规模比较大，节点数目多，其调度精确性要求比传统的 Web CDN 更高，这对负载均衡子系统的性能、算法、灵活性都提出了更高的要求。

管理支撑子系统是 CDN 系统的网络管理和业务管理系统，主要功能包括网络管理、运营管理、统计分析和业务接口。

网络管理：提供拓扑管理、节点管理、设备管理、配置管理、故障管理、性能管理以及网络安全管理等，该模块不仅负责对整个系统的日常运维，还负责收集执行业务策略所需的实时统计数据。

运营管理：负责客户管理、客户自服务实现、产品/业务能力管理、工单管理、认证管理、计费和结算管理等。

统计分析：包括日志管理功能和数据筛选、分析功能，以及报表生成功能。统计分析功能按照不同的指标对 CDN 网络运行情况和服务情况进行统计分析，同时以灵活的、有针对性的方式向客户呈现。譬如，网站客户可能比较关注他的网站用户分布在哪些区域，这些区域的人喜欢什么内容，不喜欢什么内容。这些数据只能从 CDN 中提取，网站自己很难获得。CDN 系统的统计分析结果对客户有着非常重要的参考价值。

业务接口：负责和其他系统之间的接口适配功能，包括与外部系统的接口、与门户系统的接口，并向 SP 提供自助服务接口。

11.4.6　P2P 流媒体

P2P 流媒体的基本原理是：系统中存在大量用户和一个或多个存储有视频的服务器，服务器将视频切成许多的小片段，然后分别发送这些片段给某些用户，再让用户之间互相交换数据，最终所有用户都接收到视频流的所有片段。

构建和维持一个高效的 P2P 覆盖网络，需要考虑 3 个主要问题：一是覆盖网的拓扑结构；二是如何管理覆盖网络内的参与节点，尤其是当用户出现不一样的能力和行为时，即异构性；三是覆盖网在不可预测互联网环境下路由和调度媒体数据的适应能力。与此相对应，P2P 媒体传输系统有 3 个重要的组成部分，即内容路由和索引策略、拓扑搭建策略和数据调度策略。

内容路由和索引策略是 P2P 覆盖网络构建的基础。它主要用于检索互联网上具有相同感兴趣数据的节点位置，从而与这些节点形成覆盖网络。内容路由与索引主要包括三种模式：集中式、分布式（Gossip）、混合式索引。

拓扑搭建策略是构建 P2P 覆盖网络拓扑的机制,是数据传输的路线图。根据不同的 QoS 目标和管理方式,可以构建不同的拓扑结构。P2P 网络主要包括两种拓扑结构:树状结构和网状结构。

数据调度策略是在构建好的覆盖网络上去解决如何减少数据传输延迟、最大化解码视频质量、减少数据拥塞影响等问题。目前数据调度主要有两种策略:稀少优先策略和基于率失真的优先级调度。

以上各种策略的研究,主要是按照 P2P 流媒体的 QoS 问题进行分类。不同的文献会有不同的分类方法和名称,但总体目标都是一致的,即如何提高 P2P 流媒体的服务质量 QoS。

自 2000 年初期国内出现第一款 P2P 流媒体系统以来,网络上已经有许多该类软件或系统,同时 P2P 流媒体的用户数量也急剧增加。如 P2Cast 系统(基于树状结构构建应用层组播来提供视频点播服务)、ZigZag 系统(采用层次化结构构造自适应组播树来提供直播流媒体服务)、SplitStream 系统(采用构建多组播树的方式进行流媒体直播服务)、CoolStreaming 直播系统(采用网状拓扑结构的流媒体内容分发系统)等。下面对几种典型的 P2P 流媒体系统和软件进行介绍。

（1）P2Cast 系统

P2Cast 是基于树状结构构建应用层组播来提供视频点播服务。在 P2Cast 中,用户按照到达时间进行分组,然后构成不同的会话;在一定时间阈值内到达的用户构成一个组播树(即会话);对于每个会话,服务器均从节目的开始部分对流媒体数据进行分发;对于同一会话中较晚加入的节点,需要寻找一个较早加入的节点以获取其加入时间点之前的数据,即所谓补丁(Patching)。在 P2Cast 中的每个节点要同时提供两种转发服务,一个是分发由服务器提供、包含完整媒体内容的基本流,另一个是为后来的用户提供补丁流。由于采用单棵树组播,P2Cast 在抗扰动性和带宽利用方面存在弊端。

（2）ZigZag 系统

ZigZag 系统是采用层次化结构构造自适应组播树来提供直播流媒体服务。它通过把节点分配到不同的层次来创建层次型拓扑结构,从最低层开始顺序编号,每个层次的节点都被分成多个节点集簇,通常物理位置较近的节点位于同一个集簇中。每个集簇都有一个簇首节点。依据集簇的拓扑结构选择中心的节点作为簇首节点。该节点到其他节点的距离之和在这个集簇的所有节点中最小。节点层次化的规则如下:所有节点都属于最低层次;将最低层的节点分成多个集簇,并选择出每个集簇的簇首节点,这些簇首节点便构成其上一层的成员节点,依次类推。通过定义每个集簇下属节点和外部下属节点,组播树中每个节点只向其外部下属节点转发数据。集簇的维护成本低且独立于节点总数,同时,将由节点离开或失效而造成的组播树的修复工作限制在局部区域,不会给数据源节点带来任何负担。其控制协议开销低,新节点可快速加入到组播树中。

（3）SplitStream 系统

SplitStream 采用构建多组播树的方式进行流媒体直播服务,提高了系统的容错性。在服务器端利用多描述编码(Multiple Description Coding,MDC)对视频节目数据进行编码;一个单棵组播树对应传输一个 MDC 子码流;通过 MDC 编码可以降低节点动态性对系统中其他节点播放质量的影响;另外,该系统通过 Pastry 结构化内容路由方式进行索引,并使用 SCRIBE 建立组播树。相对基于单组播树的内容分发方案,基于多组播树的内容分发可以充分利用系统中每个节点的带宽资源,但同时其系统维护开销要大于单棵树组播方案,并且在系统实现上多组播树的方案具有更高的实现难度。

（4）CoolStreaming 直播系统

X. Zhang 等人发表在 INFOCOM'05 会议上的 CoolStreaming 系统,也称 DONet,是采用网状拓扑结构的流媒体内容分发系统,在 P2P 流媒体系统的发展历程上具有重要意义。在 2004 年 5 月欧洲杯期间,CoolStreaming 原型系统就已在 Planet-Lab 平台上试用获得成功,在 3 台服务器上并发用户迅速积累到 25 万人,奠定了 P2P 直播技术进入工业界的基础。

Coolstreaming 系统中节点的通用系统结构框图如图 11-34 所示,主要包含 3 个模块:①负责维护系统中部分在线节点的成员节点管理模块(Membership Manager);②负责与其他节点建立协作关系的邻居节点管理模块(Partnership Manager);③负责和邻居节点进行数据交换的数据调度模块(Scheduler)。其中,数据调度模块是根据当前节点的缓冲区图(Buffer Map,BM)的情况选择当前节点没有的数据块进行调度。每个节点利用 Gossip 协议和其邻居节点周期性地交换数据可用性信息;然后通过分析数据可用性信息有选择地以"拉"(Pull)的方式向邻居节点请求并获得数据。在 CoolStreaming 之前,基于 Gossip 协议的 P2P 流媒体系统理论和设计已经相当完善,但始终缺乏现实的说服力,而 CoolStreaming 则通过其实践证实了这种说服力。Coolstreaming 所采用的模式具有健壮、高效、可扩展性好、且易于实现等特征,

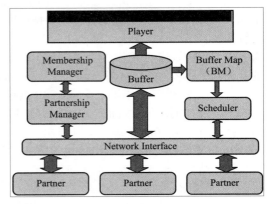

图 11-34　CoolStreaming 中节点的通用系统图

在学术界和工业界均得到了广泛推广。类似的系统还有 PRIME、Bullet、GridMedia 等。

11.5 多媒体网络传输的典型应用

1. VoIP

VoIP(Voice over Internet Protocol)简而言之就是将模拟声音信号(Voice)数字化,以数据封包(Data Packet)的形式在 IP 网络(IP Network)上做实时传递。VoIP 最大的优势是能广泛地采用 Internet和全球 IP 互连的环境,提供比传统业务更多、更好的服务。VoIP 可以在 IP 网络上便宜的传送语音、传真、视频、和数据等业务,如统一消息业务、虚拟电话、虚拟语音/传真邮箱、查号业务、Internet 呼叫中心、Internet 呼叫管理、电话视频会议、电子商务、传真存储转发和各种信息的存储转发等。

VoIP 的基本原理如图 11-35 所示。通过语音的压缩算法对语音数据编码进行压缩处理,然后把这些语音数据按 TCP/IP 标准进行打包,经过 IP 网络把数据包送至接收地,再把这些语音数据包串起来,经过解压处理后,恢复成原来的语音信号,从而达到由互联网传送语音的目的。IP 电话的核心与关键设备是 IP 网关,它把各地区电话区号映射为相应的地区网关 IP 地址。这些信息存放在一个数据库中,数据接续处理软件将完成呼叫处理、数字语音打包、路由管理等功能。在用户拨打长途电话时,网关根据电话区号数据库资料,确定相应网关的 IP 地址,并将此 IP 地址加入 IP 数据包中,同时选择最佳路由,以减少传输延时,IP 数据包经 Internet 到达目的地的网关。在一些 Internet 尚未延伸到或暂时未设立网关的地区,可设置路由,由最近的网关通过长途电话网转接,实现通信业务。

图 11-35　VoIP 传输过程

早期的 VoIP 是通过个人计算机上的软件实现的。当时的 VoIP 电话只能在 PC 和 PC 之间进行通话,通话质量也不好,仅仅被看作是互联网的一种应用。

2000—2002 年间,VoIP 技术开始向电信领域渗透。出现了基于 IP 网络的电话服务。这时的

VoIP 发展非常迅速,VoIP 已经可以在 PC – 电话、PC – PC、电话 – 电话之间实现。这时出现了很多的 VoIP 电话服务商,VoIP 的语音质量也在不断提高。

2003 年以来,VoIP 发展为宽带电话。VoIP 作为一种商用业务,与传统的固定电话开始进行竞争。VoIP 的语音质量已经近似、甚至高于传统的固定电话。

随着移动互联网的发展,VoIP 技术也有了新的发展趋势:①出现了 VoIP 技术和无线网络的融合。无线网络主要包括 3G(The 3rd Generation Mobile Communications,第三代移动通信)、LTE(Long Term Evolution,长期演进)和 WLAN(Wireless Local Area Network,无线局域网)。其中,基于 WLAN 的 VoIP 发展尤为迅猛。在无线 VoIP 中,信号的最后接入是采用 WLAN,其他部分仍然采用有线网络进行传输。②出现了 VoIP 和 P2P(Peer-to-Peer,端到端)的融合。P2P 技术综合利用分散的网络资源,使得语音呼叫的接通率、语音质量甚至超过了传统的电话网络。

2. 视频会议

视频会议是指位于两个或多个地点的人们,通过通信设备和网络,进行面对面交谈的会议。根据参会地点数目不同,视频会议可分为点对点会议和多点会议。日常生活中的个人,对谈话内容安全性、会议质量、会议规模没有要求,可以采用如腾讯 QQ 这样的视频软件来进行视频聊天。而政府机关、企业事业单位的商务视频会议,要求有稳定安全的网络、可靠的会议质量、正式的会议环境等条件,则需要使用专业的视频会议设备,组建专门的视频会议系统。由于这样的视频会议系统都要用到电视来显示,也被称为电视会议、视讯会议。

使用视频会议系统,参会者可以听到其他会场的声音、看到其他会场现场参会人的形象、动作和表情,还可以发送电子演示内容,使与会者有身临其境的感觉。

视频会议系统由视频会议终端、视频会议服务器(Multipoint Control Unit,MCU)、网络管理系统和传输网络 4 部分组成,如图 11-36 所示。视频会议终端位于每个会议地点的终端,其主要工作是将本地的视频、音频、数据和控制信息进行编码打包并发送;对收到的数据包解码还原为视频、音频、数据和控制信息。终端设备包括视频采集前端(广播级摄像机或云台一体机)、显示器、解码器、编译码器、图像处理设备,控制切换设备等。

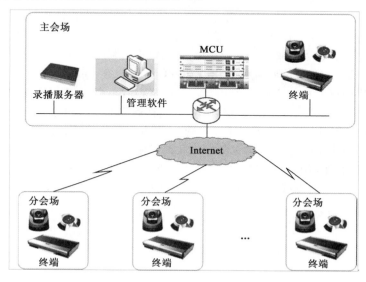

图 11-36 视频会议系统示意图

作为视频会议服务器,MCU 为两点或多点会议的各个终端提供数据交换、视频音频处理、会议控制和管理等服务,是视频会议开通必不可少的设备。3 个或多个会议电视终端就必须使用一个或多个 MCU。MCU 的规模决定了视频会议的规模。

网络管理系统是会议管理员与 MCU 之间交互的管理平台。在网络管理系统上可以对视频会议服务器 MCU 进行管理和配置、召开会议、控制会议等操作。

会议数据包通过网络在各终端与服务器之间传送,安全、可靠、稳定、高带宽的网络是保证视频会议顺利进行的必要条件。

传输设备主要是使用电缆、光缆、卫星、数字微波等长途数字信道,根据会议的需要临时或固定组成。

3. IP 电视

国际电联联盟 IPTV 焦点组(ITU-T FG IPTV)于 2006 年 10 月 16 至 20 日在韩国釜山召开第二次会议,确定 IPTV 定义为:IPTV 是在 IP 网络上传送包含电视、视频、文本、图形和数据等,提供 QoS/QoE(服务质量/用户体验质量)、安全、交互性和可靠性的可管理的多媒体业务。更通俗易懂地定义为:IP 电视即互联网协议电视,利用宽带网络的基础设施,以家用电视机或计算机作为主要终端设备,集互联网、多媒体通信等多种技术于一体,通过互联网络协议(IP)向家庭用户提供包括数字电视在内的多种交互式数字媒体服务的技术。

IPTV 的系统结构主要包括流媒体服务、节目采编、存储及认证计费等子系统,主要存储及传送的内容是以 MPEG-4、H.264 或其他编码方案为编码核心的流媒体文件,基于 IP 网络传输,通常要在边缘设置内容分配服务节点,配置流媒体服务及存储设备,用户终端可以是 IP 机顶盒 + 电视机,也可以是 PC。

在运营模式上,IPTV 有以电信为主导的运营模式和以广电为主导的运营模式。在第一种模式中,电信运营商主要把持运营和管理,而广电运营商主要提供内容和牌照;而在第二种模式中,由广电运营商所把持运营,电信运营商只提供宽带网络的支撑和运维。

在网络建设模式上,有互联网 IPTV 建网方式和专网 IPTV 建设模式。第一种方式在原城域网基础上扩容改建,将其建设成为一张多业务承载网。从承载网技术层面看,现有城域网的网络架构与网络部署都是基于普通上网业务,作为 IPTV 业务整体考虑,构架高效的 CDN 网络,辅之以高 QoS 的组播通道是互联网 IPTV 承载网技术的关键。互联网 IPTV 网络改造涉及从骨干到接入的设备更替,几乎相当于建设一张新网,建设成本高昂,除了少数发达城市,地市级运营商一般无力独立承担。而且,多业务承载技术非常复杂,对网络运营维护人员要求更高,必然导致运营商增加培训费用、人力成本、运维成本。专网 IPTV 建设模式则利用原城域网承载原有宽带业务,接入网扩容,BRAS 改造,接入网同时承载 IPTV 和 PC 上网业务,在汇聚层分离,进入不同的核心网。由于专网提供的业务相对封闭,对路由与控制策略相对不高,相应地对于高端设备需求大大减少。由于只涉及原城域网的接入层改造,IPTV 专网扩展更加方便,即使未来城域网向城域以太网方向演化,IPTV 专网对其影响也要小于互联网 IPTV 对其的影响,因为目前的互联网 IPTV 改造采用的是基于 IP 广域网的方法。同时也更好地保护了原供应商的投资。由于相对封闭,业务容易控制,还可以根据企业需求,通过控制接入带宽等方式,提供集团用户的 VPN 业务等,并且不会影响到 IPTV 组播业务。所以选择合适的技术建设专网,能使专网方案相对于原城域网改造大大节约建设成本与维护成本。

本章小结

各种多媒体应用,本质上都属于信息传递的具体形式,均是基于通信系统的具体应用。本章正是以此为线索,在简单介绍了通信系统的模型、分类、通信方式、性能指标的基础上,探讨了多媒体传输的特殊需求,并就三网融合进行了简单介绍。除此之外,本章还着重介绍了超媒体、多媒体同步、流媒体技术等关键的多媒体传输技术,在此基础上介绍了 VoIP、视频会议和 IPTV 3 种多媒体网络传输的典型应用。

本章习题

1. 画出通信系统的一般模型,描述各部分功能。
2. 什么是数字通信系统和模拟通信系统?
3. 单工、半双工及全双工通信的区别是什么?
4. 通信系统的两个主要的性能指标是什么?
5. 为了传输多媒体信息,还需要特别考虑哪些因素?
6. 什么是流媒体? 有哪两种传输方式?
7. CDN 和 P2P 的含义是什么?
8. 什么是三网融合? 有哪些业务形式?
9. 除了本章中给出的实例,举例说明多媒体网络传输的应用有哪些?

第 12 章
人机交互技术及应用

　　包括手机语言交互、图像交互和体感交互等多模态地人机交互技术空前的繁荣，已成为人类与世界沟通的最好的交互认知手段。本章首先介绍人机交互的概念、发展历史等概述内容，而后从交互设计和视觉交互技术两个方面介绍人机交互技术与应用。

12.1 人机交互概述

1. 人机交互定义

人机交互(Human – Computer Interaction,HCI)是关于设计、评价和实现供人们使用的交互式计算机系统,且围绕这些方面的主要现象进行研究的科学。广义上讲,人机交互以实现自然、高效、和谐的人机关系为目的,与之相关的理论和技术都在其研究范畴,是计算机科学、心理学、认知科学以及社会学等学科的交叉学科。狭义上讲,人机交互技术主要是研究人与计算机之间的信息交换,它主要包括人到计算机和计算机到人的信息交换两部分。一部分是对于人到计算机的信息控制:人借助键盘、鼠标、操纵杆、眼动跟踪器、位置跟踪器、摄像头、kinect 等交互设备,用手、脚、声音、姿势或身体的动作、眼睛以及脑电波等向计算机传递信息;另一部分是计算机到人的信息显示:计算机通过打印机、绘图仪、显示器、头盔式显示器(HMD)、音箱等输出或显示设备给人提供信息。

2. 人机交互的研究内容

人机交互的研究内容十分广泛,概括为:

①人机交互界面表示模型与设计方法(Model and Methodology):交互界面是用户可见的,用户通过人机交互界面实现人与操作端的双向信息通信。因此交互界面友好性对软件开发的成功与否有着重要的影响。研究人机交互界面的表示模型与设计方法是人机交互的重要研究内容之一。

②可用性分析与评估(Usability and Evaluation):人机交互系统的可用性分析与评估的研究主要涉及支持可用性的设计原则和可用性的评估方法等,它关系到人机交互能否达到用户期待的目标以及实现这一目标的效率与便捷性,也是人机交互的重要研究内容。

③多通道交互技术(Multi-Modal):多通道交互(也成多模态交互)主要研究多通道交互界面的表示模型、多通道交互界面的评估方法以及多通道信息的融合等。在多通道交互中,用户可以使用语音、手势、眼神、表情甚至于脑电波等自然的交互方式(见图 12-1)借助视觉交互技术、语音交互技术等,与计算机系统通信,提高人机交互的效率和用户友好性。

图 12-1　多通道输入

④虚拟现实中的人机交互:虚拟现实(Virtual Reality,VR)是借助于视觉、听觉和触觉等多通道交互技术及硬件设备创建出一个新的环境,让人产生身临其境感觉的一种技术(见图 12-2)。虚拟现实设备 Oculus Rift 在 2014 年被 FaceBook 以 20 亿美元收购的事件标志着虚拟现实技术迎来了火爆发展的时代。虚拟现实技术具有真实感、沉浸感和交互性 3 个鲜明特征,这里交互性侧重指参与者通过声音、动作、表情等自然方式与虚拟世界中的对象进行自由交互,它强调了人在虚拟环境中的主导作用,是人机交互内容和交互方式的革新。

图 12-2　人与虚拟世界或者混合世界的交互

　　粗略地分，人机交互技术研究内容可分为交互设计和多模态的人机交互技术。交互设计指以满足用户的目标为导向设计恰当的行为实现用户的目标，涵盖了交互界面表示模型与设计方法和可用性评估。多模态的人机交互技术研究重心为智能化交互、多模态－多媒体交互、虚拟交互以及人机协同交互等方面，实现"以人为中心"通过视觉、听觉、触觉、嗅觉、味觉等方式实现人与计算机智能交互的技术。基于此本章第 2 节和第 3 节主要介绍交互设计和以视觉通道的交互技术与应用。

3. 人机交互的发展

　　人机交互的发展与计算机发展息息相关，经历了早起的命令行阶段，到主流的图形用户界面阶段，并逐渐过渡到自然和谐的人机交互阶段。

　　①命令行界面早期的人机交互是通过命令语言的输入输出实现人机的交互。交互形式是用户借助手眼，通过键盘和命令行界面实现与计算机信息的交互。这个阶段的人机交互技术较少考虑人的因素，只有接受过计算机科学的教育者才能较好地使用。

　　②图形用户界面 GUI。图形用户界面（Graphical User Interface，GUI）技术以窗口（Windows）、图标（Icon）、菜单（Menu）和指点装置（Pointing Device）为基础，主要特点是桌面隐喻、直接操纵和"所见即所得（What You See Is What You Get，WYSIWYG）"。该技术的出现极大地推动了人机交互技术的发展，形成了 WIMP（Windows，Icon，Menu，Pointer）为基础的第二代人机界面。该阶段的人机交互形式是用户通过鼠标和键盘，通过 WIMP 界面实现与计算机的交互，使不懂计算机但接受过初等教育者的普通用户就可以熟练地使用。

　　③自然和谐的人机交互阶段－多通道用户界面。为适应目前和未来的计算机系统要求，人机界面应能支持时变媒体（Time-Varing Media），实现三维、非精确及隐含的人机交互，而多通道用户界面（Multimodal User Interface，MUI）是达到这一目标的重要途径。多通道用户界面采用视线、语音、手势等多种新的交互通道、设备和交互技术，以自然、并行、协作和智能方式完成人机的交互。该技术通过整合来自多个通道的、精确的和不精确的输入来捕捉用户的交互意图，提高人机交互的自然性和高效性。例如视觉通道的交互技术，包括生物特征识别技术（如人脸检测跟踪与识别、步态识别和虹膜识别等）、人脸表情识别、视线跟踪（眼动）技术、唇读、势识别与交互、躯体行为识别；语音交互技术主要体现"听、说"的能力，包括语音识别/语音合成技术/自然语言理解等技术，代表性的产品有微软小冰、百度度秘和京东智能客服等；此外，还有笔式交互、触觉式交互和脑式交互等交互技术。其中，脑式交互通过一台脑电图扫描器（EEG）将非侵入性的电极贴在头皮上，捕捉和记录脑波信号并加以分析，以实现对人脑意念的读取。

　　2011 年微软推出的 Kinect（见图 12-3 左图）通过左右两端红外线发射器和红外线 CMOS 组成的 3D 深度感应器、RGB VGA 摄像头和一个阵列麦克风获取视觉和听觉通道信息，并依靠先进的智能处理算法读懂了人在自然状态所传递的命令、视频和语音等技术，促进了自然的智能的人机交互技术发展。无人驾驶汽车的发展进一步推动着自然的人机交互技术的发展，如图 12-3 右图的 Google 无人驾驶车，通过多通道协作达到人机交互的自然性、高效性。

　　该阶段人机交互的形式如图 12-4 所示。

图 12-3　多通道协作的产品

人机之间的交互在未来的计算机系统中,将更加强调"以人为本""自然、和谐"的交互方式,希望人机之间的交互类似于人与人交流一样自然,从而实现人机的高效合作。新一代的人机交互技术的发展趋势将主要围绕以下几个方面:多通道融合集成化、网络化、非精确信息交流的智能化和标准化。

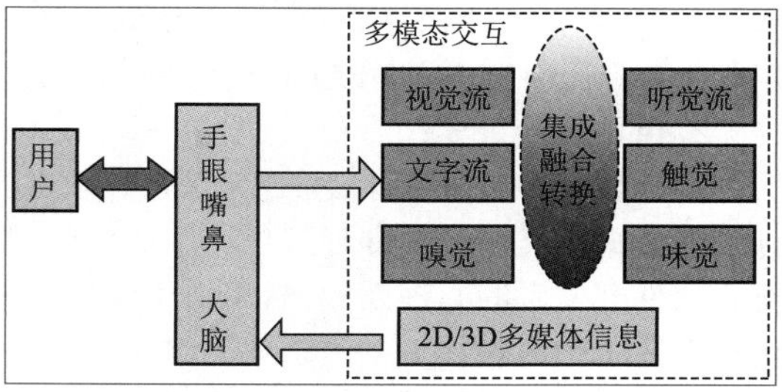

图 12-4 多通道人机交互形式

12.2 交互设计

即使进入多通道多媒体的智能人机交互阶段,人机交互界面依然是整个人机交互系统中最重要的一个环节。20 世纪 80 年代后期,"用户界面设计"成为计算机科学的正式课程,"可用性"和"用户体验"的理念进入学术研究领域。到目前人机交互领域已经扩展成为一门新兴的科学——交互设计。交互设计还是一门多学科交叉任务,涉及平面设计、工业设计、认知心理学、计算机、人机工程学、信息架构和可用性测试等。

12.2.1 交互设计定义

从理论来看,交互设计这一概念慢慢地从人机工程学中独立出来,与人机工程学不同,交互设计更加强调认知心理学、行为学和社会学这些社会类学科的理论指导。人们普遍认可,交互设计的定义是设计人和物体(设备)的交流与对话;同时,设计师进行交互设计的目的是通过设计提升产品的有用性、改善易用性、增强吸引力。因此,交互设计是以满足用户的目标为导向,设计恰当的设计行为实现用户的目标。

交互设计和其他设计方法共同之处在于,它是对外形和形式进行设计。然而,与其他设计所不同的是,交互设计更专注于行为的设计。阿兰·库伯(Alan Cooper)对交互设计有如下定义:"交互设计是人工制品、环境和系统的行为,以及传达这种行为的外观元素的设计和定义。交互设计首先规划和描述事物行为的方式,然后描述传达这种行为的最有效形式。交互设计关注的是传统设计不太涉及的领域,即行为的设计"。

从用户角度来说,交互设计是一种如何让产品易用有效而让人愉悦的技术。它致力于了解目标用户和他们的期望,了解用户在与产品交互时的心理和行为特点。因此交互设计归根结底是关于创建新的用户体验的问题。用户体验是经常被忽略的一项因素,而事实上这一因素恰恰能决定产品是否能成功。用户已经不再仅仅满足通过使用无法理解的操作和界面来达成目标,而是希望在整个使用的过程中得到良好的体验,能够顺畅,易操作易理解地达成目标,也使得用户体验的思想开始进驻到人机交互系统的设计中。

12.2.2 用户体验

1. 用户体验定义

加瑞特(Jesse James Garrett)在《用户体验要素》中有如下说明:"用户体验是指产品如何与外界发生联系并发挥作用,也就是人们如何解除和使用产品。"比如,我们在设计某个按钮时,如果按钮的响应不能以视觉反馈的形式呈现给用户,用户将无法知道该操作是否执行,这会使用户在使用该产品时产生困惑,极大地影响了用户体验。为了改善体验,可以将按钮设计成按下后在界面上出现操作完成的视觉反馈信息,或者改变按钮的颜色来进行提示。因此,用户体验所描述的是人们如何"接触"和"使用"产品。当人们询问某个产品或服务时,他们问的是使用的体验,比如用起来难不难、使用感觉如何等。因此,用户体验设计通常解决的是与应用环境有关的一系列综合问题:视觉设计选择合适的按钮形状和材质,功能设计保证这个按钮在设备上触发适当的动作,用户体验设计则是要综合以上两者,兼顾视觉和功能两方面,同时解决产品所面临的其他问题。

2. 用户体验重要性

在计算机等人机交互设备发展初期,软件或应用系统的信息架构以及界面布局通常由软件开发者根据自己的经验和理解设计完成,这样制作的系统以完成任务目标为导向,操作过程往往符合软件开发者的心理期望,然而由于软件开发者与实际用户对于系统认知的不对等,导致实际用户在使用中困难重重。由于缺乏对系统目标用户的行为习惯和认知习惯的分析,导致设计制作出的交互系统仅仅满足软件设计者自身对于实现软件功能的认知模型(即实现模型),而不符合目标用户的心理模型。随着人机交互的发展,计算机图形界面不断完善,软件系统被制作得越来越复杂,用户在实际体验上与软件开发者的差异越发明显地体现出来。一些产品在使用过程中经常带给我们困扰以及不必要的麻烦(如老旧操作系统中弹出无法理解的代码式警告),有时甚至带来灾难性的后果。这些不愉快的使用过程都表明,我们在用户体验方面的关注有所欠缺,而更多地在关注产品将用来做什么。

互联网企业及手机应用企业之间的激烈竞争,同类型软件和应用层出不穷,想要获得用户,留住用户,在众多同类型软件中脱颖而出就必须认真分析用户需求和用户心理,根据用户体验来设计功能和开发应用,将用户体验思想在交互界面和交互方式中体现出来。只有尊重用户体验的交互系统才能真正便于使用,提高产品效率受到目标用户的青睐。当前各大互联网及软件企业都深刻认识到了用户体验对于产品成败的影响,在软件和应用开发过程中都设立了专门的用户调研和交互设计环节,并成立用户体验部门专门研究用户行为和心理需求以制定正确的交互方案。以上都足以看出用户体验思想对于人机交互系统开发和发展的重要性。也只有尊重用户体验的交互系统才能真正便于使用,受到目标用户的青睐。

3. 用户体验的要素

加瑞特(Jesse James Garrett)在《用户体验要素》中提到用户体验的开发,主要关注五个方面,分别为表现层(Surface)、框架层(Skeleton)、结构层、范围层(Scope)、战略层(Strategy)。用户体验五要素模型被世界范围内的交互设计从业者奉为经典,能辅助设计师更有逻辑性地观察整个用户体验。对于设计产品来说,则可以按照从下往上的框架来做,如图12-5所示。

(1)战略层

战略层包括来自团队外部的用户需求,以及团队内部对产品的期望目标。产品目标可以是商业目的,如下一年度有400万元销售收入,或是其他类型的目标。

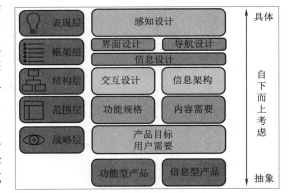

图12-5　用户体验的五个层面

(2)范围层

产品一般可分为功能型产品和信息型产品。在功能型产品中,这一层级所代表的是创建功能规格,即对产品的功能组合进行详细描述。而在信息型产品中,范围层以内容需求的形式出现,即对各种内容元素要求的详细描述。

(3)结构层

在功能性产品中,结构层关注交互设计。在信息型产品中,结构层是信息架构。信息架构和交互设计都在强调一个重点,即确定各个将要呈现给用户的元素的顺序和模式。信息架构关注将信息表达给用户的元素,而交互设计更关注将影响用户执行和完成任务的元素。这时,需求采集和需求分析的工作是必须的,决定产品具体的功能范围和其需求优先级层次。

（4）框架层

在框架层中，无论是什么类型的产品，都必须要完成信息设计。这是一种促进理解的信息表达方式。功能型产品在框架层中还包括了界面设计，信息层产品在框架层中包括导航设计——将屏幕上的某些元素组合起来，允许用户在信息架构中穿行。

（5）表现层

各类产品在表现层中关注点一致，那就是为最终的产品创建触觉、视觉、听觉等感知体验。

综上，以用户为中心的设计要求在设计的每一环节都考虑到用户体验，结合用户体验五要素，可以概括为产品分析→交互设计→表现设计→输出。

12.2.3 交互设计的流程及设计原则

1. 交互设计流程

交互设计包含于产品设计的设计阶段，对应用户体验五要素的结构层和框架层。目前主流交互设计强调以用户为中心的设计，即 UCD（User-Centered Design），是指在设计过程中以用户体验为设计决策的中心，强调用户优先的设计模式，主张设计应该将重点放于用户，使其依照现有的心智习性，自然地接收产品，而不是强迫用户重新构建一套心智模式。即要求设计者深入了解目标用户，基于目标用户的认知，情感和行为做出设计决策。根据"交互设计之父"Alan Cooper 在《About Face3：交互设计精髓》中的阐述，交互设计基本流程可以总结为：用户调研及处理；需求分析及目标确定；竞品分析；信息架构及层次设计；原型界面设计；可用性测试及交互评估；修整方案并输出最终原型。

1）用户研究

为了确定用户对于产品功能和设计上的需求，以及掌握用户的使用行为和习惯，贯彻以用户为中心的设计理念，用户研究是不可或缺的，设计团队需要对用户体验信息进行收集和分析。收集信息之前，我们必须明确两个问题——确定目标用户群体及确定信息收集的途径和方法。所以在定义需求以前必须定义出用户。一旦知道了用户，就可以对他们调研——询问他们的问题，观察他们的行为。

（1）用户细分

Alan Cooper 在《交互设计之路》中指出，如果想让一种产品满足广大用户，逻辑告诉我们应该在产品中提供很多功能，然而实际上只为一个人设计的产品成功的机会更大。目标用户越多，偏移目标的可能性就越大。

要想明白用户需要什么，就必须先知道他们是谁。用户研究的领域致力于收集必要的信息达成共识。确认用户的需求是复杂的，不同的用户群体之间存在很大的差异性，即使我们设计的是一个仅供企业内部使用的网站，也仍然需要大范围地考察用户的需要。如果设计一款服务于所有用户的手机应用，那无疑需要考虑的各种可能性。

Alan Cooper 在《About Face3：交互设计精髓》指出用户可以分为三类：新手、专家和中间用户。大多数用户不是新手，也不是专家，而属于中间用户。在确定目标用户群体时，应当首先考虑用户群体有一定的类似产品使用经验。之后，我们仍需要进一步选择合适的用户，选择有自我意识、愿意合作、能够顺畅表达自己想法的用户。选择这一类人群来收集用户体验信息，同时采用人口统计学的标准来进一步细分用户（见图 12-6）：性别、年龄、教育水平、婚姻状况、收入等。例如，未婚、女性、大学毕业、25～34 岁、年薪 10 万。这样的划分可以节省时间成本、精力和信息预算，能有效地提高研究效率，缩短流程运行时间。

（2）研究工具

在确定用户群体之后，一般选择

依据人口统计学细分用户

图 12-6 用户细分示意图

市场调研和网络调研的方式来了解用户信息，按类别划分用户群体并做记录，并且通过访谈、观察、小组讨论等手段，获得交互过程中的用户体验信息。根据《人机交互：以用户为中心的设计和评估》，在进行系统设计前期的用户试验时，有以下几种试验方法可供选择：个人采访法，集体讨论法，观察、聆听和讨论法，问卷研究法和决策中心法。其中问卷研究法在交互设计流程初期属于被广泛使用的用户研究方法，因为问卷法在某种程度上可以说是相当方便的，同时，其能获取的大量数据也是同类方法不能比拟的优势。

2）人物建模

Alan Cooper 提出了一个有力的工具——人物角色（Personas，又称用户角色、用户画像），设计师往往通过收集数据来构造真实用户的虚拟代表模型，这样可以更直观有效地获取用户的目标、需求、特征、行为习惯等。在进行用户画像时，一个比较受认可的方法是角色卡，即将用户分为不同的类型，然后每种类型中取出一些典型的特征，根据这种特征创造人物，给他们赋予名字、照片、习惯以及一些场景描述，将用户调查及用户细分过程中得到的分散资料重新关联起来，这样就形成了一个人物原型。

使用人物角色工具的好处：

①确定产品应该做什么，以及产品应具有的行为，人物角色的目标和任务提供设计的基础。

②与利益相关者、开发者和其他设计者交流。人物角色为讨论设计决策提供了一种共同语言，并且可以有效地保证设计过程中的每一个阶段均已用户为中心。

③在设计中达成意见一致和承诺，共同的语言带来了共同的理解。

④衡量设计的效率。设计者可以在人物角色上测试设计方案进行，虽然这不能替代真实用户测试的需要，但却为设计师提供了强有力的现实检查工具，从而帮助设计者解决设计问题。

⑤促进产品其他方面的工作，如市场推广和销售规划。

在实际的使用过程中，可以使用人物角色卡的方式来展现人物角色，如图 12-7 所示，是在校园便利系统项目中实际制作并使用的。

图 12-7　人物角色卡

3）需求定义

（1）场景剧本

在 20 世纪 90 年代，HCI（人机交互）专业人士们围绕面向用户的软件设计的概念进行了大量的工作。从这个工作中，出现了场景剧本的概念，通常被用来通过具体化来解决设计问题的方法，即将某种故事应用到结构性的和叙述性的设计解决方案中。

基于人物角色的场景剧本，是使用产品来实现具体目标的一个或者多个人物角色的简明叙述性描述，我们以某个用户角色的角度通过一个故事描述其理想体验，并由此开始设计。

场景剧本根据不同的设计阶段，可以分为 3 种：

①情境场景剧本。被创造于任何设计开始之前，并且是以某个用户角色视角写的，专注人类活动、感知和愿望。

②关键线路场景剧本。一旦设计团队定义好了产品的功能和数据元素，并且开发了一个设

计框架,一个情境场景剧本就通过更多的描述用户与产品交互和使用产品语言的方式被修改为一个关键线路剧本。

③验证场景剧本。在开发过程中设计团队使用验证场景剧本在各种各样的情况下测试设计方案,这些剧本没有那么详细,然而对可能的解决方案使用大量的"如果……,会……"的问题。

（2）确定需求

在对情境场景剧本的初稿完成后,可以开始分析它并且提取人物角色的需求,这些需求包括对象、动作以及其他。例如,直接从手机相册中将图像分享给某个人。需求主要分为数据的、功能的和情境的需求。

①数据需求。人物角色的数据需求是必须在系统中被描绘的对象和信息,如账号、人、邮件、歌曲,以及它们的属性如状态、日期、大小、创建者、主题等。

②功能需求。功能需求是针对系统对象必须进行的操作,它们最终会转换为界面控件,这可以被看作是产品的动作。功能需求也定义了界面中的对象或者信息应该在何位置和容器内被显示。

③其他需求。业务需求、品牌和体验需求、技术需求等。

4）框架定义

（1）功能与数据元素

功能和数据元素是界面中要展现给用户的功能和数据,每一个元素的定义要针对先前定义的具体需求,这样才能保证我们正在设计的产品的方方面面具有清晰的意图。

数据元素（也称信息结构）是交互产品中的一些基本主体,并且是服务器端技术人员创建数据库的依据,是数据结构的辅助文件。功能元素是指对数据元素的操作及其在界面上的表达。

（2）信息架构

信息架构（Information Architecture）诞生于数据库设计领域。信息架构的对象是信息,通过设计结构、决定组织方式及归类,以达到让使用者容易寻找与管理的目的。简单的说,就是给予合理的组织方式来展现信息,为信息与用户之间搭建一座畅通的桥梁,是信息直观表达的载体。在互联网的领域,信息架构首先在网站的建设方面发挥了很大的作用,随着 Web 2.0 时代的到来,信息变得越来越繁杂无乱,业务流程和分支越来越多,对垂直搜索和导航的需求越来越高。于是,网站的负荷越来越大,优化网站的架构是解决这些问题的有效途径之一,专职的网站信息架构师也随之诞生,也可以说是互联网行业最早的交互设计师。

在进行框架设计时,权衡好深度和广度,要考虑的因素有很多,包括产品的核心价值、内容的数量、用户的熟练程度、内容组织的有效性、目标内容的使用频率、内容之间语义相似性、使用情景特征,甚至是手机的反应时间等。

一个产品的框架用深度和广度的组合方式来体现,主要包含浅而广、浅而窄、深而广、深而窄四种,如图 12-8 所示。

复杂的产品有时不得不面对深而广这样的方式,但在手机这样的环境下却不太适合。人们在使用智能手机移动互联网应用时,一般会受到以下 5 个客观条件的限制:手机设备屏幕较小、网络性能偏低、电池续航时间短、输入方式多为拇指或触摸输入、移动设备使用场景复杂多变。因此,移动互联网应用信息架构要尽量做到占用时间短、功能简单、操作简便以及信息量小等特点。选用合理的

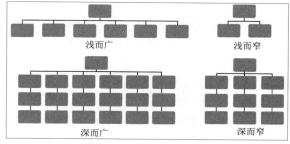

图 12-8　信息架构的方式

信息架构的方式整理产品的功能与信息结构,可以画出产品的结构图帮助整理思维。

（3）流程图

流程图是一种很有趣的对流程的抽象表示，是一种不同于数学公式的算法表达，他使用的是可视化的形状、箭头和文字。在进行原型设计之前，需要通过流程图对应用有一个全面的了解。流程图的种类有很多，一般常用的有任务流程图（Task Flow）和页面路程图（Page Flow）。

（4）导航设计

优秀的产品框架设计可以减少用户迷路的概率，而导航系统可以帮助用户走出迷宫，协助用户在内容上行动自如，告诉用户如何迅速合理地浏览信息。移动端的导航系统并不像我们表面看到的那么简单，主要有标签式、辐射式、列表式、平铺式和抽屉式等导航方式，如图12-9所示。

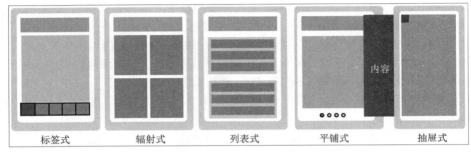

图 12-9　几种导航方式

5）原型设计

（1）概念设计

在概念设计阶段，不必深究产品的交互细节，建议使用白板或者纸绘原型，从主到次，从大到小，边画边说出概念。这个阶段我们的草图多用粗略的方块图来表达并区分每个视图。这个阶段一定要看到整体且高层次的框架，不要被界面上某个特殊区域的细节分散了精力。在以后的阶段中，再来详细地探索细节上的设计，过早的探索会局限我们的思维。概念设计比低保真原型成本低很多，又可以收集来自多角度的智慧，发现现有概念的不足，给予更多的点子。

（2）低保真原型

在进行了大量的思考和铺垫之后，即可开始画原型，低保真原型不像视觉设计师那样要最终完成的界面，每一个元素都有细腻的表现语言，低保真的原型一般由线条和黑白灰色块组成，也称之为"框架图"（见图12-10）。包含的内容有：

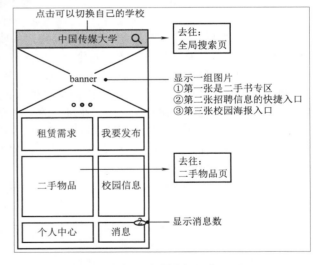

图 12-10　校园淘首页低保真原型

①每一个界面的布局，以及解释该布局的文案。

②每一个控件的操作方式。如果这个操作涉及界面跳转，那么便连接到下一个界面。

③在不同情况下，界面发生的局部变化。例如，弹出框或者提示语，以及无网络状态等特殊情况的处理。

（3）高保真原型

MartyCagan把高保真产品原型当作描述产品的最基本方式，产品原型可以验证产品的创意，加深产品经理对产品的理解，避免开发团队浪费时间和精力开发没有把握的产品。

　　高保真原型的定义,在很多公司都不太一样,搜狐新闻客户端 UED 团队将其定义为不包含视觉的设计稿,他们认为交互文档中添加颜色和效果的文档对视觉设计师而言并没有实际的参考价值,最后实际的视觉效果和交互文档中所用的可能毫无关联。反而交互文档中不必要的视觉细节会让观看者不自觉地从视觉层面上进行思考。这个观点的初衷应该是没有错的,为了便于大家看懂交互文档,同时不被眼花缭乱的颜色所影响,所以使用黑白色是可以理解的。因为搜狐新闻 UED 团队是由交互设计师和视觉设计师组成,交互的原型可以交给视觉以后形成定稿用来进行用户测试。但是个人项目或者小团队的项目中,不一定有视觉设计师来辅助设计输出视觉稿,所以可以适当地加入视觉成分输出交互原型方便可用性测试。

　　《启示录:打造用户喜爱的产品》的作者 MartyCagan 指出,现在使用高保真原型的成本已经大大降低,把高保真产品原型看作描述产品的最基本方式,而通过它得到的反馈信息绝对物超所值,借此验证产品的创意。过去使用主要有两个阻碍,其一是缺少制作原型的工具,制作原型非常耗时;其二是管理层不明白原型和真实产品的区别。使用原型是验证产品的一种简单有效的方法,它强调在正式开发软件前验证产品设计,因为设计总有考虑不周、出人意料的情况。

6) 可用性测试及评估

　　在经过用户调研、分析用户需求,并制定出交互系统设计方案后,若直接进行系统的开发和投入市场使用,一旦在用户使用时发现交互方案存在问题,再回过头来进行修改,则会造成后期大量的开发成本浪费。因此在交互方案初步成型并投入实际开发应用之前,进行可用性测试就尤为重要。对于开发者而言,可用性测试的主要作用是:为将来的产品建立可用性基准;尽量减少用于后期用户指导和帮助的开支;增加用户黏性;提高产品竞争力;规避风险。而对用户而言,可用性测试可以降低产品学习的难度,提供反馈,增强产品的可用性,减少使用时的挫败感,提升使用产品的满意度。

　　可用性是交互式 IT 产品/系统的重要质量指标,实际从用户角度所看到的产品质量,是产品竞争力的核心。可用性测试是指测试者邀请特定用户使用可交互产品原型或开发完成的产品完成操作任务,对用户在使用产品过程中的行为和数据进行记录和分析,从而对交互流程和界面给出评估和改进意见的一种评估方法。可用性测试对界面给出的评估意见较为全面和客观,因此在业界使用比较广泛。这种评估方式适用于产品交互原型设计的中后期,也可能在开发完成后进行迭代评估。

　　如何衡量其交互界面交互方式的好坏,如何通过合适的指标和方法来测试交互方案的可行性,是可用性测试研究的主要问题。只有通过设置科学的测试指标和测试方法,通过实际用户的使用测试来验证交互方案的可行性,才能及时发现交互方案的问题并及时进行修改,从而避免不必要的后期开发时间和人力物力损失。

　　Jakob Nielsen 认为可用性包括以下要素:易学性;交互效率;易记性;出错频率和严重性;用户满意度。并在 1995 年提出了一套用于交互系统评估的启发评估方法(常用于开发阶段中后期),在普遍范围内接受程度较广,且被验证为有效方法,这套方法在现今依然是适用的。这套方法提出的标准如下:

　　①用户是否可以对目前的情景和环节有清晰的了解并可以掌控? 例如,信息加载是否已经执行完成?

　　②界面的各个构成和元素的反应是否与用户对系统的预判相同或接近相同? 例如,点击"赞"按钮后颜色发生改变。

　　③用户是否能即时退出当前流程? 系统是否会给用户压迫感?

　　④界面各元素内容是否一致? 例如,两个外观相同的按钮是否指向几种不同的功能。

　　⑤界面上是否有容易让用户出错的元素?

　　⑥系统是否依赖于用户对于上一步的记忆?

⑦交互系统的导航设计是否灵活且简便？用户是否需要大量的努力去掌握它？

⑧内容是否繁杂，是否会让用户产生迷惑感？

⑨系统提示用户错误时是否友好？是否有指导性意见？

⑩是否在适合的位置和时间给出重要信息和问题解答？

（1）可用性测试方法

MartyCagan 建议规划多次迭代测试，确保实现最佳的用户体验效果。但在 1989 年，Jakob Nielsen 写了一篇名为 *Usability Engineering at a Discount*（打折的可用性工程）的论文，指出没有必要那样做，不需要可用性实验室，而且，就算测试的用户很少，也能得到同样的结果。《点石成金：访客至上的网页设计秘笈》的作者 Steve Krug 也呼应这种方法，提出一种"跳楼大减价"的简易可用性测试。可用性测试的流程大致如下：研究员先设定产品的测试目标并依据此指定一些交互流程操作任务；邀请5～10 名用户来进行可用性测试，让其完成之前设定好的操作任务，在此过程中研究员需要观察用户使用产品的行为习惯并予以记录实际，对于受邀用户在操作过程中遇到的问题要细致地观察分析原因。研究员在此次测试结束后会针对用户遇到的问题，对界面和交互流程进行评估并提出相应的改进建议。

（2）可用性评估

通过人机交互学科研究的发展，可用性评估最终概括为主观客观两大方面，并分为有效性（Effective-ness）、效率（Efficiency）和用户主观满意度（Satisfaction）三大指标。

①客观绩效。在《用户体验度量》一书中，客观绩效指标被分为 5 种基本的度量类型，并分别给出了相应的度量和呈现方法：

a. 任务成功：二分式成功度量法及成功等级度量法。

b. 任务时间：计时效率度量。

c. 错误：控制条件下的错误机会分析。

d. 效率：认知努力度量及迷失度测量。

e. 易学性：用户熟悉时间测量。

有效性（effective-ness）：即产品能否实现一定的功能及交互界面能否有效支持产品功能，包括用户能否完成任务、出错频率及严重性。有效性主要通过任务完成率、出错频度，和求助频度来进行测试。

效率（efficiency）：指的是产品的有效性与完成任务所耗费的资源的比率，包括用户绩效，交互过程的稳定性安全性、易记性和易学性。效率指标通过计算用户达成任务的有效性与达成任务的时间的比率来进行度量，任务有效性一般是用户的任务完成率，任务时间为用户完成任务的时间。有效的产品应当能够让用户在较短时间内以较高的成功率完成任务。

②主观评价。

用户主观满意度（satisfaction）：即用户对产品体验的主观满意程度。满意度指标主要通过进行用户访谈及问卷调查来获得。主要刻画的是用户使用的主观感受。目前有多种广泛使用的标准问卷，如 SUMI、ASQ、SUS 等。

2. 交互设计的一般原则

人机交互界面普遍存在于各行各业中，但所有界面都具有一个共同的特征——为使用而存在。Ben Shneiderman 提出了 8 条交互设计法则，这些法则适用于大多数的交互系统：

①力求保持一致性。这条原则指的是在设计界面时使用相似的操作，并且为相似的任务使用相似的元素。

②满足普遍可用性。没有产品是为全部人设计的。产品的使用者可以被分成三类：新手用户、中间用户和专家用户。一般情况下，设计者会主动适应中间用户的需求，因为这类用户处于正态分布的波峰。但界面设计需要做到一定的可塑性，添加适当的适合新手用户的特征（如注

解)和专家用户的特征(如快捷方式和更快的操作步骤)都会提高整个产品的可用性和亲和度。

③提供及时有效的反馈。对每个用户操作都应有对应的系统反馈信息。

④设计对话框结束信息。应当把操作序列分成几组,包括开始、中间和结束 3 个阶段。一组操作结束后应有反馈信息,这可以使操作者产生完成任务的满足感和轻松感,而且可以让用户放弃临时的计划和想法,并告诉用户,系统已经准备好接受下一组操作。例如,用户在使用网络空间相册上传照片时,每张照片在上传完毕时系统都会有所提示,这样在使用过程中,用户就能明确了解完成任务的进度。

⑤预防错误。应当尽可能地设计不让用户犯严重错误的系统。如果用户犯了错误,界面应当检测到错误,并提供简单的、有建设性的、具体的指导来帮助恢复。

⑥允许后退。操作应尽可能地允许反向。比如在一些计算机软件上常用的 Ctrl + Z 就是"撤销操作"的快捷键。

⑦让用户掌握控制权。操作者非常希望能控制界面,并希望界面对他们的操作进行反馈。如果用户在任务进程中出现了问题或错误,或者不希望执行某个任务,他应该被给予随之终止或推出的权利。

⑧减少使用者的记忆负担。由于人凭借短时记忆进行信息处理存在局限性并且短时记忆一般不超过一分钟,所以在进行交互设计中,要尽可能多地为用户提供帮助。

围绕用户体验而设计的交互界面和交互方式成为软件系统的"表现模型",即设计者如何选择将程序功能展现给用户的方式。表现模型在软件开发者的"实现模型"与实际用户的"心理认知模型"之间起到了沟通桥梁的作用。交互设计原则也强调表现模型应该尽可能接近用户"心理认知模型",这样用户就会感觉程序容易使用和理解,让用户变得更有效率(见图 12-11)。完美设计不在于无以复加,而在于无可删减,以简御繁,万事莫不如此。

图 12-11　设计原则－用户界面基于心理模型而不是实现模型

3.移动端的人机交互界面设计

当今社会,随着智能手机等移动设备,相关硬件软件及新型交互设备的飞速发展,人们的日常生活越来越与交互界面密不可分,更多新型的交互方式(如手势交互)也越来越被人所利用。据智研咨询 2017 年 3 月发布的《2017—2022 年中国智能手机市场供需预测及投资战略研究报告》显示,网络与智能手机的高效联动为推动手机成为必选消费品。到 2016 年,中国的手机普及率超 96 部/百人,中国手机网民占总网民比大幅攀升,从 2007 年的 24% 迅速攀升至 2009 年的61% ,再到目前的 90% 以上。移动设备使用的增长说明人们每天接触到的人机交互界面时间和频率都在增加。

作为典型交互式产品,对手机端界面的交互设计得到了越来越多的关注。用户对手机的交互需求已经从过去简单的功能实现,发展到了今天对于用户体验的高要求。有研究指出,手机的使用环境、手机用户的特点和需求、手机软件和硬件的匹配,显著影响手机用户体验。移动设备平台有自己的特点,在设计时不能直接将计算机端体验原封不动移植到手机屏幕上。

(1)移动端的用户体验模型

当前,移动通讯迅猛发展,智能手机已成为市场主流,手机在互联网终端设备中超越计算机,成为人们使用最多的设备。用户对手机的交互需求已经从过去简单的功能实现,发展到今天对于用户体验的高要求。

在大多数移动端应用设计开发阶段,开发者最常关注的是该这个产品最后会被用来做什么,即产品的功能构成。反之,另一个极为关键的因素却经常被开发者所忽略,即产品如何工作,而这一因素恰恰是左右产品是否成功的关键所在。在实际使用中,用户在任何一个环节遇到挫折,都会使用户对产品的综合满意度有所下降。因此移动端产品交互流程的设计应着眼于用户体验的所有环节,对用户的性格、特征、爱好等有较全面的了解,同时对用户使用产品时的情境以及可能的行为做出预判。有了对用户行为的预期,我们才能更好地避免交互环节上的可能的困扰,从而提升用户体验。

(2)移动端人机交互设计相关原则及方法介绍

当前,移动通讯迅猛发展,智能手机已成为市场主流。移动端人机交互设计除了遵循交互设计的一般原则外,自身也存在一些特定的设计准则:

①应注意在"移动"的场景下,用户的操作习惯和行为特征。尽量适应单手持握操作,尽量减少用户精确点击,利用触屏手机多种手指和手势操作的特点,防止误操作。设计多种手势操作。对相关信息的布局进行调整,对信息层级进行合理架构,在不牺牲良好阅读性的前提下,最大限度地减少信息获取成本。

②遵循移动设备的界面设计规范。较为主流的智能手机操作系统如 iOS、安卓等都制定了自己系统相应的界面设计规范,在进行设计时应当依据设计规范以达到应用与系统的交互形式相统一。

③对于一个任务的完成可能需要两个或多个信息来源,这些来源应该是互相兼容的,且有一定程度上的内部联系,即遵循最大兼容性原则。通过相近的颜色、图案、形状等,降低用户获取信息的成本。

④用户应当能够较容易地通过不同信息来源获取信息,例如听觉和视觉信息同时呈现,而不全部只使用一种类型的信息。

12.2.4 脸谱 APP 的交互设计案例分析与实现

本案例旨在设计一款非工具类移动应用,从介绍和展示中华古典文化符号——脸谱的角度出发,同时穿插部分娱乐性功能,使用户在了解中华文化的同时,能通过一系列的交互行为,进一步感受文化符号的魅力。本设计的目的不在于给用户提供生活上便捷的帮助或者纯粹的休闲娱乐,而在于在目前此类应用较少的情况下,做出一种非商业性的尝试,介绍我国优秀的文化瑰宝,向用户展现文化的底蕴和精髓,并且探寻多元化应用生态的可能性。

1. 用户调研

本案例主题为面向全体用户的中华文化符号介绍与普及,因此在开始准备任务分析时,应当考虑研究参与者的全面性,选择的参与者缺乏总体代表性是没有任何意义的。由于应用程序设计者生活于大学校园,周围人群在年龄、背景方面比较一致,这种环境下,选取周围人群作为受访者或者问卷对象是不合适的,有可能对系统最终的设计造成误导。综上,本课题最终选择网络投放的方式发放用户调研问卷,调查对象群为所有能使用网络的用户。希望从调查问卷中分析出具体的目标期望、功能需求和行为模式,同时明确量化各要素的重要性和优先级,从而确保交互框架和流程的设计合理性。

在确定了用户研究方式后,我们需要对中华文化符号这一主题进行详细的分析,从而整理出准确、有针对性的用户调研问卷问题。问卷问题主要集中在以下方面:调研对象主要信息以及移动端软件使用大致情况,对教育类应用熟悉程度,对人文类应用的熟悉程度以及看法,对中华文化符号的熟悉程度以及对相关应用软件的看法。问卷采用选择题的形式提问,全部采取网络发放的形式,实际发放问卷 90 份,有效回收问卷 90 份。允许用户有一定选择性的同时确保能得到足够多的数据点。下面列出部分问题的调查结果与分析:

(1)调研对象主要信息以及移动端软件使用大致情况

在参与调查的人群中,男性占比 34.44%,女性占比 65.56%;18 岁以下占 3.33%,18 至 24 岁占

60%,25 至 34 岁站 24.44%,35 至 55 岁占 11.11%,55 岁以上仅有一人,占 1.11%,如图 12-12 所示。

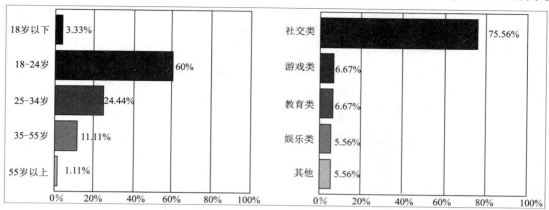

图 12-12　调研对象主要信息以及移动端软件使用大致情况

参与调查的人群中,使用 iOS 系统的占到 37.78%,使用 Android 系统的占 56.67%,其余有 5 人使用 Windows Phone 系统,占 5.56%,没有人使用其他系统。有 75.56% 的人最常使用的 APP 为社交类 APP,选其他 4 种类别的 APP 的人数大致均匀分布。

根据数据结果可以发现,使用网络的年轻人明显比年长者要多,可推测使用智能联网手机的年轻人要比年长者多。同时所有调研对象都使用了 iOS、Android 或 Windows Phone 系统,其中 iOS 和 Android 系统使用人数又远高于 Windows Phone 使用人数,说明目前智能手机普及度已达到比较高的水平,且人群在系统选择的结果上相对聚集。另外,人群普遍频繁使用社交类软件。

结论:此课题最好以 iOS 或 Android 作为开发平台,并且应符合对应平台下的设计尺寸及规范。

这里需要指出的是教育类应用、人文类应用、传统文化、中华文化符号是本问卷中出现的关键名词,它们互相具有一定关联。此处需要澄清,人文类应用不一定是教育类应用,但在本问卷中,所指的人文类应用都是教育类应用下面的一个类别,即一个子集,其余比较常用的教育类应用包括外语、公开课、考试、幼教和中小学类别。而介绍传统文化的 APP 又属于一种类型的人文类应用,中华文化符号同理也是传统文化的一个分支。通过名词区域的逐级缩小,所提的问题也能逐步精确。本问卷旨在通过这样一种方式,引导用户来明确问卷的主题,给出准确的选择。

（2）对人文类应用熟悉程度以及看法

有 37.78% 的调研对象经常使用特定的个别人文类应用,不常使用的人群仅占 16.67%。超过半数的人群在家或者学校使用人文类应用,在交通工具上使用的人数也很多,占 43.33%,其次是商业性建筑或工作场所,如图 12-13 所示。

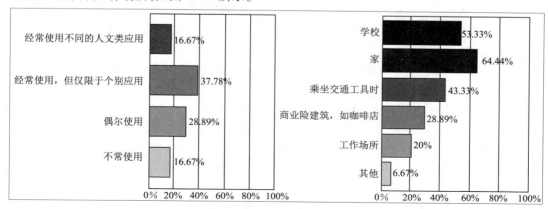

图 12-13　使用人文类应用的频率及场合

关于优秀的人文类应用需满足的条件这一问题,内容是否丰富是人群最为看重的一点,其次是美观的界面,较强的趣味性,全面的功能,便捷的操作。仅有 27.78% 的调研对象认为独具风格也需满足。相应的,有最多的调研对象认为人文类应用中经常出现的问题时内容不充实,不能得到想要的信息,其次是界面和动画的设计感差,以及软件中频繁出现 Bug 等问题,如图 12-14 所示。

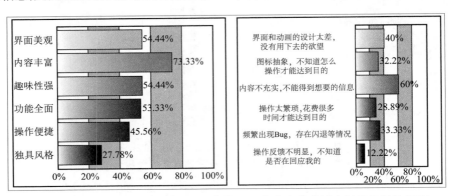

图 12-14 好的人文类应用应满足的条件以及在人文类应用中经常出现的问题

同时,超过半数的调研对象对人文类应用的整体评价为一般,仅有 4 人认为非常满意。

结论:通过以上数据可以看出,人文类应用有一定群众基础,但在一些方面存在问题。最为突出的是内容上的匮乏,用户能得到的信息量不够丰富,从而影响了用户体验。同时调研对象对界面、动画的设计以及功能的完善上提出了一定要求。从中我们可以吸取经验:一个好的人文类应用,应该在内容和设计上下足功夫,同时操作应易完成,方便不同认知层次的用户使用。

(3) 对中华文化符号的熟悉程度以及对相关应用软件的看法

有 77.78% 的调研对象使用网络和电视学习传统文化,67.78% 的调研对象使用书籍报刊学习传统文化,通过课堂教学和周围人介绍了解的相对较少,如图 12-15 所示。

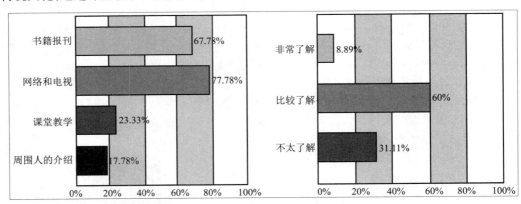

图 12-15 调研对象学习传统文化的途径以及对中华文化符号的了解程度

在中华文化符号的推广中,人群认为起到最大影响力的是电视节目和网络,其次是学校的教学,而新闻报道和书籍介绍影响力不大,分别仅占 4.44%。同时,仅有 5.56% 的调研对象对目前社会为传统文化的普及和推广所做的工作感到非常满意,认为一般的人群占到 41.11%。

结论:目前数字媒体在传播信息方面起到更大作用,人群倾向于借助数字媒体获取新信息,传统媒体在传统媒体的推广上力度相对较小。总体来说,社会对传统文化的推广不尽如人意。

2. 用户模型建立

经过完整的问卷调查以及分析,可以从中分析得出用户的使用习惯、行为特点、态度特点、需求期望等,对用户群体进行细分。依据前面介绍的交互设计流程,接下来是建立用户模型。由于此案例建立的对象为一小型的交互系统,未考虑巨大的商业用途,并且前期所做的用户调研人数有限,因此经过适当权衡,以仅建立首要用户模型和次要用户模型为宜。

（1）首要用户模型

● 目标用户特征

18 至 24 岁年轻人,多为在校大学生受过优良教育。手机控,能熟练使用智能手机。学习能力较强,文化素质较高,对新奇好玩的东西充满好奇,能较快掌握和运用科技产品。每天都从手机和计算机上获取大量信息,使用 APP 和网络协助完成生活中方方面面的事情,如背单词、学 PS。对当今潮流比对传统文化更了解,但不排斥在轻松的情况下补习传统文化。

● 行为习惯

通常在宿舍、家和出行时使用手机应用,来解决各类问题,不仅仅将手机作为电话使用,特别是爱使用社交应用,对新知识、新鲜事物有一定渴求。平均每次使用教育类应用的时长为 10 至 30 min,经常使用人文类应用,但仅限于个别应用。

● 用户期望

希望能使用美观、有信息量、功能全面的人文类应用,希望能通过使用人文类应用了解更多的人文类知识,扩展知识面。希望社会能为传统文化的普及和推广做更多工作。这个群体的用户期望能在人文类应用中看到少量动画效果,以增加趣味性和吸引力。同时,他们也能接受付费下载一款十分具有吸引力的人文类应用。

（2）次要用户模型

● 目标用户特征

35 至 55 岁年龄段,多为具有稳定工作的中年人。平时手机多用于工作,多使用 Android 系统。有长期坚持的爱好,如跑步。关注时事,关注社会发展。有一定的精神追求,也会使用手机下载新的 APP 来使用,比如给孩子下载幼教游戏。更倾向于选择实用、耐用的东西,对物件外表的关注度较年轻时减少。

● 行为习惯

通常在家使用手机应用,除了社交类应用外,使用的应用类型多种多样,平均每次使用教育类 APP 的时间不超过 30 min,平时爱看书籍报刊、网络电视。不喜欢不易上手的应用程序,习惯使用可用性强、易操作的应用程序。

● 用户期望

平时工作繁忙,希望能使用一款轻松、休闲、寓教于乐的人文类应用程序,又能放松身心,又能获取足够信息。希望社会能为传统文化的普及和推广做更多工作。

3. 场景剧本建立

在建立好用户模型之后需要构建剧情。剧情能提供一种快速、有效的方法来想象使用中的设计概念。20 世纪 90 年代,HCI（人机交互）专业人士们围绕面向用户的软件设计的概念进行了大量的工作,在这个工作中,出现了场景剧本的概念,通常被用来描述通过具体化来解决设计问题的方法,即将某种故事应用到结构性的和叙述性的设计解决方案中。在这里笔者使用场景剧本,把人物角色置身于上下文环境中去,将来再把它们带到现实生活中。选定剧本的人物角色为首要用户模型张小萌,情境场景剧本如下。

①早上七点起床,七点半去学校食堂吃早饭。张小萌边排队边打开该手机应用,显示今天推荐介绍的京剧脸谱。大概排了一两分钟队,轮到了张小萌。这时她退出应用,刷卡吃饭。

②下午张小萌要出去购物。在公交站等公交时,张小萌已刷完最新的新闻、微博和朋友圈,于是她打开该手机应用,内置的娱乐游戏环节比较轻松,同时还顺便了解了最常见的几种脸谱样式。这时候,车来了。

4. 交互系统需求确定

经过上一步骤中对于目标用户的调研分析,笔者得出了交互系统所面向的目标用户的基本用户行为、态度和期望,接下来将针对这些结果确定出本项目,即中华文化符号交互系统的整体产品需求。

(1)系统定义

本课题旨在设计一款教育类移动应用,从介绍和展示中华古典文化符号的角度出发,集中展示书法、脸谱和云纹 3 种典型文化符号,同时穿插部分娱乐性功能,使用户在了解中华文化的同时,能通过一系列的交互行为,进一步感受文化符号的魅力。本设计的目的不在于给用户提供生活上便捷的帮助或者纯粹的休闲娱乐,而在于在目前此类应用较少的情况下,作出一种非商业性的尝试,介绍我国优秀的文化瑰宝,向用户展现文化的底蕴和精髓,并且探寻多元化应用生态的可能性。

本案例设计面向的用户群体为所有年龄段、对传统文化感兴趣的人群。鉴于在课题设计中,所使用的某一软件(Quartz Composer)主要面向 iOS 平台,因此初期计划系统建立在智能手机的主流操作平台 iOS 上,暂不考虑 Android 平台。最终的设计成果为基于 iOS 平台的中华文化符号移动端应用交互系统。

(2)行为需求

①是全体用户群都能在短时间内掌握本系统使用方法,并能快速熟悉整套交互模型,使用中不出现困扰。

②在大部分情境下都可以使用,可满足一部分用户在碎片时间使用的习惯,也能满足部分用户想连续使用本系统 10 min 以上,想从本系统中获得大量信息的需求。

③允许用户使用过程中被其他事件干扰、打断或放弃任务。再次使用时不会被上次使用的最终状态影响。

(3)操作需求

①界面布局合理,考虑到部分用户会在乘坐交通工具或处理其他事情时使用系统,操作设计应尽量适合单手持握。

②尽量简化操作流程。

③界面内控件尺寸大小以及之间距离要适当,降低误操作可能性。

④页面内在与控件进行交互时,尽量做到顺滑和流畅。

⑤引导和反馈要及时提供给用户。

(4)内容需求

①内容的分类应当明确合理。重点信息突出展示。

②内容必须具有准确性。

③适当添加游戏环节,增加系统趣味性。

④应当通过适当环节的设计介绍各脸谱的背景知识。

⑤脸谱之间有相似之处但又各不相同,帮助用户认清它们,感受它们的变化。

5. 同类型应用分析与对比

为了设计出更加贴近市场,更成熟的中华文化符号交互系统,有必要与其他相类似的应用进行分析与对比,取其精华,再在标准化交互原型的基础上进行进一步的用户研究分析,对原型进行功能和设计上的调整。这样的流程可以使得设计者无需"再造轮子"。为了确定同类应用的市场关注度,一个具有广泛认可度的平台调查是必要的。作为 iOS 的应用商店,App Store 在排行榜区可以通过类别查看各付费应用和免费应用的人气指数排序,这无疑是最适合我们挖掘市场用户信息的平台。

由于人文类应用类型特殊,优秀的应用并不多,在此笔者首先选出"胤禛美人图""紫禁城祥瑞"和"榫卯"3 个应用进行多方面的分析。这三个应用虽与本系统主题不同,但都属于人文类应用并且从各方面来说都是很成熟的产品。从中,笔者着重研究系统定位和界面设计风格,为本课题的设计提供参考。总体来看,虽然以上 3 个应用的主题不同,但它们的优点主要集中于优质的 UI 呈现和交互的细腻程度上,而缺点是,在考虑了高品质的 UI 设计和交互设计之后,3 个应用的信息量都在不同程度上受到了影响,用户可能无法得到足够多的信息。并且由于应用较大,设计复杂,对移动设备有较高要求,在某些机型上使用时可能会出现延迟、缓慢,甚至闪退的情况。

　　综合考虑工作量、系统前景和个人能力等因素,本系统将在接下来的工作中得到完整的信息架构和系统流程,尽可能在较大的信息量和较好的交互性之间达到平衡,并且研究使用一定的动效增加系统的吸引力。

　　6. 系统流程与框架

　　设计框架制定基于用户体验设计的整体结构,从界面中各元素和控件的组织,底层组织原则及各个交互行为,到选取何种感官形式、视觉风格来表现概念、功能、数据和产品形象等。基于以上完成的工作,可以得到本系统的总体信息框架。

　　根据中华文化符号的信息架构,可以开始使用软件制作系统的框架图。以下的框架图示并不是第一稿,而是在反复的修改与思考之后,结合内容、布局、整体结构、技术实现度、视觉美观度等诸多方面之后产生的设计方案。由于涉及内容众多,绘制脸谱框架图示实现如下:脸谱部分有今日脸谱、脸谱合成。用户进入今日脸谱,不仅可以看到当日推荐的脸谱和背景知识,还可以查看前六天的推荐;在脸谱合成模块,用户选择一张照片,即可和特定的脸谱进行贴图,得到合成照片,如图 12-16 所示。

　　7. 系统 UI 设计

　　系统的流程图与框架图确定了产品行为在整体上的结构,而和行为有关的外形,则必须要有一个并行的过程来关注视觉上的设计。本系统的主题具有一定特殊性,不同于常见的工具类、社交类移动端软件,在做交互设计中可以以灰度模块的低仿真效果基本呈现出最终产品的功能以及视觉风格。这是由于目前的移动端 APP 实行扁平化趋势,工具类 APP 可以方块代替按钮,以占位符代表图片,而在视觉上被误解的概率偏低,反而能够更清晰、更简洁地展示交互的过程,方便后期不断调试,以及工程师的开发。然而,在展示中华文化符号这样的课题中,低仿真原型

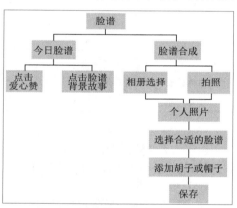

图 12-16　脸谱的信息架构

会与最终产品效果有着很大差别,这是由于为了配合内容的呈现,视觉设计上会更风格化。因此本课题中,视觉界面的设计与交互设计配合展开,并不互相区分(见图 12-17)。

　　界面设计是单独的一门学科,在设计中华文化符号系统界面时,应参照移动端交互设计的原则及比较同类型的应用。在视觉界面设计中,布局要采用正确而有效率的逻辑路径,用户沿着逻辑路径与界面进行交互。一般的逻辑路径是自上而下,从左至右的。因此在本交互系统中也考虑到了这一阅读习惯。

图 12-17　脸谱的原型设计及应用界面截图

8.可用性测试结果分析及系统改进意见

在为可用性研究选择度量时,需要考虑很多方面的问题,包括研究目标和用户目标,现有收集和分析数据的方法技术、预算以及交付结果的时间。因为每一个可用性研究都有其特有的属性,所以我们无法为每一个类型的可用性研究精确地指定可用性度量。相反,我们鉴别出十种主要的可用性研究类型,并针对每种类型提出了与度量相关的建议。一些也许对研究非常重要的可用性度量可能没有列入其中。

十种通常的可用性场景如表 12-1 所示。

表 12-1　十种通常的可用性研究场景和相应最适合的可用性度量

可用性研究场景	任务成功	任务时间	错误	效率	易学性	基于问题的度量	自我报告式的度量	行为和生理度量	组合与比较式度量	在线网站的度量	卡片分类数据
完成一个业务	×			×		×	×			×	
比较产品	×			×			×		×		
评估同一产品的频繁使用	×	×		×	×		×				
评估导航和(或)信息架构	×		×	×							
增加产品知晓度							×	×		×	
问题发现						×					
使重要要害产品的可用性最大化	×		×	×							
创造整体正面的用户体验							×	×			
评估微小改动的影响										×	
比较替代性的设计	×	×				×	×		×		

(1)测试者

由于本系统用户群体分布广泛,因此征集了 20 名从事各种职业,年龄分布从 15 至 55 的人群,男女各 10 人。全部测试者都有智能手机使用经验,且来自湖北、湖南、北京、天津、青海等不同区域。

(2)测试任务

通过让测试者完成规定的操作任务,观察测试者在操作时的状态,记录测试者在操作各任务过程中出现的错误、疑惑或是误操作次数,同时观察出错位置。记录测试者完成各任务的时间以及任务完成度,对于任务完成度设定为出现疑惑求助 1 次则任务完成度下降 10% 。在测试完成后,对测试者进行用户评估系统可用性量表调查。系统可用性量表(System Usability Scale,SUS)包括 4 个陈述句,参加者需要对他们同意这些句子的程度进行评分。其中一半的陈述句是正向叙述,而另一半则是负向叙述的。最后经过一定计算得到一个百分制分数。

根据整个系统的结构,最终设定可用性测试任务主要针对脸谱的主要功能和环节设计、页面跳转以及信息查找几大方面。任务按栏目顺序列出,避免因任务的跳跃性造成的用户理解问题。具体任务如下:

①查看 3 月 30 日推荐的京剧脸谱,并点赞。

②选择一张照片进行个人头像与脸谱的合成。

③重新选择一张照片进行个人头像与脸谱的合成。

④查看制作人员及 APP 信息,然后回到首页。

(3)测试过程

测试开始前,多次检查以及测试了以上任务的可操作性,确保任务是可以被受测试者完成的。随后,笔者向所有测试者向测试者说明测试的目的内容和规则。由于手机交互仿真模型并不能实现真正交互系统的所有功能,因此需要被测试者在某些步骤中对操作指令进行说明,并及时做出手动反应,同时观察测试者在使用过程中的操作动作和疑惑、出错等状态。在进行完任务后,进一步对用户的使用感受、满意程度进行调查。

(4)测试评估:交互界面可用性结果

根据测试结果数据(见表 12-2)可以得到,测试者在完成各项任务时出错次数较少,部分任务没有一次出错纪录,整体平均值不超过 1 次。任务完成度非常高,部分任务完成度接近 100%。这说明对于主要的系统任务,测试者在完成度上没有太大的问题。

表 12-2　交互界面可用性测试结果

任　务	1	2	3	4
平均完成度(%)	98	97.5	99.5	100
平均出错次数(次)	0.3	0.15	0	0
任务时间方差	25.19	14.90	3.59	0.43

整体来看,测试者在任务 4 上表现非常好,完成度 100%,出错概率很小,而且用时差异不大,说明这四项任务涉及的系统可用性很高,用户在使用和操作中几乎没有问题。结果较差的任务 1和 2,平均完成度不够高,出错也更频繁,同时测试者完成任务的时间也较为分散,说明在这几项任务过程中,测试者碰到了一定的问题,导致他们产生疑惑(并未寻求帮助),操作变慢,甚至错误操作。笔者在测试中记录了这些求助节点,并观察了测试者频繁产生疑惑的操作点。

针对用户体验度量,已有许多学者研究出许多著名的调查问卷,如系统可用性量表(System Usability Scale,SUS)、用户界面满意度问卷(Questionnaire for User Interface Satisfaction,QUIS)、计算机系统可用性问卷(Computer System Usability Questionnaire,CUSQ)等。实证研究表明,SUS 可以对相对小的样本产生一致性的评分结果,具有很高的信度,并且问卷只有 4 个问题,可以在较短的时间内完成。最后给出的分值也较直观和醒目。因此在用户满意度评价阶段采取 SUS 问卷调查的方式。笔者进行了针对测试者的用户主观满意度调查,用户对系统可用性尺度 SUS 的主观感受评价均值为 80.75,属于较高的评价值,如表 12-3 所示。

表 12-3　系统可用性尺度 SUS 主观感受评价量表分析

测试者编号	SUS 评分	测试者编号	SUS 评分	测试者编号	SUS 评分
1	87.5	8	87.5	15	82.5
2	77.5	9	65	16	65
3	60	10	95	17	92.5
4	97.5	11	87.5	18	87.5
5	65	12	62.5	19	77.5
6	77.5	13	77.5	20	87.5
7	92.5	14	90	均值	80.75

量表作者 John Brooke(Digital Equipment Corporation,UK,1986)对 SUS 测试分数有一个定义,即 SUS 测试结果均值在 73 以上为良好,85 分为优秀。参照该定义,测试用户对系统的交互方案主观满意度较高。

(5)系统改进意见

从 SUS 主观测试数据看出,整体上来说,中华文化符号系统的仿真原型设计完成度较高,用户满意度较高,对于系统的主体信息架构和框架,无需做大的改进。但从可用性测试的数据中,能发现一些问题,这些问题困扰了用户,并给使用带来了不便。

①在任务 1 中查看 3 月 30 日推荐的京剧脸谱,并点赞。部分用户以为左侧的退出按钮是用来向左翻页的,于是错误操作退回了脸谱栏目首页;还有部分用户在首次使用中错误地向右翻页。在本系统的设计中,从 4 月 1 日往 3 月 30 日,应当是一个向前翻页的过程,这一点契合普通人群翻书的习惯,也在很多应用程序中得以应用。但在测试中不止一名测试者有向右翻页的企图,可能是一种长时间使用 APP 产生的惯性。笔者认为退出按钮需要重新设计,而向左翻页的操作惯性,用户可以快速习得,不需要修改。

此页面左上角按钮应为退出按钮,用户点击后直接返回脸谱首页。在实际操作中,想查看其他日期的推荐脸谱的用户易误认为点击后转到其他日期。改进建议为将该退出按钮改为叉形按钮,放置于左下角,提示用户点击后会关闭当即页面,即返回首页,如图 12-18 所示。

②在任务 2"选择一张照片进行个人头像与脸谱的合成"进行时,任务完成度不够高,部分用户在选择照片时产生了疑惑并寻求帮助。具体原因为仿真原型的设计不够完善。在相册页面,笔者将所有照片的缩略图都以灰度图来代替,而在选择完照片以后,下一页上所选照片的显示为一女人头像。这会给用户造成认知上的困扰,虽说并不会影响未来程序的开发,但此处仿真度不够高依然影响了任务的进行。改进方法是,将相册中对应的那张灰度图替换为女人头像,保持认知上的一致性,如图 12-19 所示。

图 12-18 改进前和改进后的今日脸谱页面

图 12-19 出现可用性问题的照片选择页面

12.3 基于视觉的自然人机交互技术与应用

12.3.1 视觉交互技术

人们从外界接收的各种信息中 80% 以上是通过视觉获得的。因此本部分选取最重要的交互通道——视觉通道来介绍自然的人机交互技术。视觉交互技术实际上已渗透到我们身边,比如我们熟知的人脸打卡、手势识别和基于全身交互的 kinect 传感器等。基于视觉的智能交互技术涉及了图像处理和机器学习等技术。近几年以深度学习为代表的机器学习方法异军突起,推动着人工智能新一次技术变革,可以说机器学习、云计算和大数据成就了人工智能。2016 年 3 月的人机大战 AlphaGo 围棋事件把人工智能推到了高科技领域的风口浪尖。工业界 Google 的 DeepMind 已经建立了一个可以像常规的图灵机一样访问外部存储器的"神经网络图灵机",其结果是这个"神经网络图灵机"可以模拟人类大脑的短期记忆;Watson 是 IBM 认知计算平台,代表的是一种名为"认知计算"的计算模式,具体包括三个方面:理解、推理和学习。

机器学习的一个重要任务是通过学习的方法,建立输入与输出之间的映射关系:

$$y = f(x) \tag{12-1}$$

这里,x 是输入图像,y 是图像的类别。$f(x)$ 是通过机器学习方法求取的输入与输出之间映射函数。

以 2006 年 Hinton 提出深度学习网络为分水岭,机器学习方法可分为浅层的机器学习和基于多层神经网络的深度学习方法,以图像分类为例介绍两类方法的原理:浅层的机器学习方法对训练样本 x 提取手工设计的特征 $g(x)$(如经典的尺度不变特征等),而后在特征空间通过 SVM 等方法求取分类面。而深度学习是通过对海量样本不同层次、重复出现模式的学习自动地提取特征并依据监督数据自动完成图像的分类,深度学习方法是目前机器学习的热点方法之一,如图 12-20 所示。

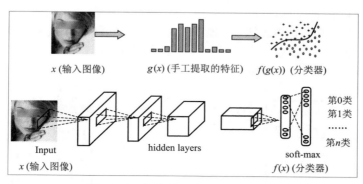

图 12-20　机器学习方法原理示意图

12.3.2　个性化脸谱生成系统

脸谱是中国传统戏曲中舞台表演演员带有特殊谱式图案的面部化妆艺术。在众多传统戏曲中,京剧作为中国的国粹,形成了相当完整的艺术风格和表演形式,是我国传统艺术的瑰宝。京剧脸谱也是当今戏曲舞台上谱式最多、最完整的脸谱体系,是演绎、传播中国传统文化的重要手段。随着京剧被列为非物质遗产,越来越多的人开始对京剧脸谱产生兴趣,所以对脸谱进行数字化研究,使之走进大众,是艺术、文化、生活相融合的有益尝试。在前部分的交互设计案例中已经介绍了脸谱的交互设计,这里侧重介绍实现个性化脸谱生成背后的视觉交互技术。

1. 算法流程

为了将脸谱映射到人脸上,首先应进行人脸特征点的定位,从图像中获得有效人脸的特征点是映射的重要前提。在得到有效的特征点后,进行后续的三角剖分、仿射变换的图像映射流程。本算法输入是脸谱图像与含有人脸的图像,输出是将脸谱映射到人脸上的结果图像。算法的流程如图 12-21 所示。

2. 系统实现

iOS 是现在主流的移动操作系统之一,至 2014 年 7 月份,iOS 移动平台市场占有率达 44.19%,因此本 APP 开发平台选用基于 iOS 平台。针对不同的屏幕分辨率,开发者不必为每种屏幕设计一套界面,苹果提供了 3 种屏幕适配的方法:相对布局、AutoLayout 布局和 Size Classes。

应用内部流程结构如图 12-22 所示:视图(UIView)接受用户的操作,控制器负责响应用户的操作,并把数据通过 AppDelegate 类传递给图像算法(MapFace)模块。图像处理结束后,通过 AppDelegate 将数据传回控制器模块,控制器更新视图,显示结果。

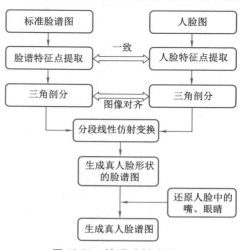

图 12-21　脸谱映射流程

3. 实验结果

应用程序中采用开普敦大学 MUCT 人脸训练集进行人脸模型训练，里面有 3 755 张人脸，76 个人工标注的特征点，其光线、年龄和种族划分更加的全面和多样化。所有的实验都在 Intel(R) Core(TM)i3 - 3240 CPU，3.40 GHz，4.00 GB 内存的 PC 上完成，实验环境为 Microsoft Visual Studio 2010，使用 OpenCV 开源库进行初步的人脸检测，以及各种图像处理的算法。使用 C + +语言进行各项算法以及整个过程的程序实现。图 12-23 中分别给出只有人脸部分脸谱映射的完整结果。通过结果可以看出，人脸部分的脸谱映射比较平滑和完整，能通过露出来的眼睛和嘴巴分辨不同的人以及表情。髯口的覆盖结果也能做到无缝贴合，边缘流畅，近似于实际京剧舞台演出的效果。映射算法的输入是真实人脸图片和京剧脸谱图片（京剧角色人物从上到下依次是：张飞、马谡、包公和姜维），输出是自动映射后的个性化脸谱图：

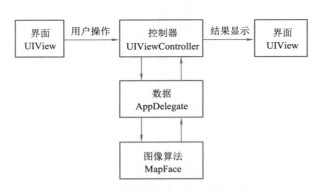

图 12-22　脸谱 App 的系统流程框图

图 12-23　算法的输入：人脸（左）与脸谱（中）算法的输出（右）

12.3.3　基于文化符号识别的线上线下展示系统

在参观文化场馆时，公民利用移动终端摄像头进行二维码扫描或图像识别即可完成用户与服务的互联，这是最为直接的 O2O 入口方式。二维码识别技术相对成熟，可直接应用于公共文化云服务模式，但由于条件所限，并非所有线下展品都有唯一标识的二维码，对展品图像进行识别以实现线上线下互通，将带来更优的互动体验。在基于图像识别的 O2O 连接技术中，由于图像采集过程中光照条件、拍摄视角和距离有所不同、展品自身的非刚体形变以及其他物体的部分遮挡，使展品的表观特征产生较大变化，给图像识别算法带来了较大的困难。但同时，以公共文化服务云平台的创新服务模式为导向，研究面向智能终端、基于图像识别的线上线下融合技术，为公民提供一站式的区域公共文化云服务平台，可不受空间和时间局限、随时随地获取公共文化服务信息、游览公共文化服务场馆、享受公共文化服务资源，使公共文化真正成为公民"身边的文化"。

1. 算法流程

该软件实现包括两大部分：一是客户端，指的是智能移动终端；另一部分是线上服务器端，即云端。客户端和服务端的通信过程如图 12-24 所示。

在图 12-24 中，线上云端的图像识别技术制约着这个系统的性能，这里我们采用深层和浅层相结合的机器学习进行文化符号的识别。具体技术路线如图 12-25 所示：其具体思路是一种基于浅层学习和深度学习结合的中国传统视觉文化符号识别的方法，其思想是，首先利用深度学习中卷积神经网络来训练分类模型；其次在训练好的模型中提取各层的视觉文化符号特征，并利用 Softmax 回归来计算每一层的权重，将每一层的特征合并成一个长向量，作为每一类图像的图像特征表示；再将提取后的特征经过 PCA 降维并归一化后送入到浅层学习 SVM 中进行分类；最后再利用集成学习的思想，将深度学习的识别结果和深浅结合的识别结果利用回归树有机结合，得到最终的分类结果。

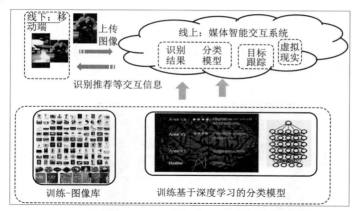

图 12-24　基于文化符号识别的线上线下系统原理示意图

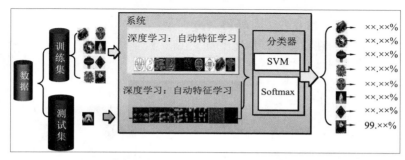

图 12-25　基于机器学习技术的文化识别算法流程

2. 系统实现

在总体设计上,为了能够实现实用简单的目标,达到系统的松耦合,这款应用程序只用了一个自定义的界面。界面包括 1 个摄像头实时浏览区域,1 个选项卡和 3 个按钮,分别是"图库选择图片""拍照快门""历史纪录浏览"。图 12-26是系统结构图。

程序打开后首先进入主界面(见图 12-27),这是程序的入口,在主界面里可以选择不同的功能。当点击"图库"按钮,系统会自动调用本身自带的图片浏览器,用户选择相应的图片,此时会根据选项卡中选择的功能进行图像处理,比如当前选择的是一张含有文字的图片,那么在选项卡中选中文字功能,这样点击"确定"按钮后会将这张图片进行文字识别处理。在逻辑实现这方面,应用程序会先对图片进行

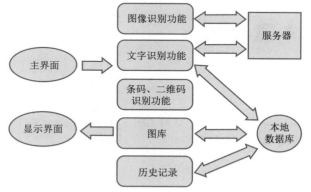

图 12-26　基于文化符号识别线上线下系统结构图

一系列的预处理,比如裁剪、灰度化、二值化、质量压缩等。裁剪是因为文字通常为横向排列的,所以我们设置了一个小型的选择区域,拍摄的图片只会截取在这个选择区域内的图像。灰度化的作用就是去掉原本图片的背景色,这样文字和周围背景颜色的对比就更加明显,然后使用二值化处理,图像的二值化处理的原理就是设置一个阈值,大于这个值的像素点就设置为纯白色,小于这个阈值的像素点就设置为纯黑色。质量压缩是使用 Android 系统中自带的bitmap Compress( )方法进行压缩,可以获得视觉损失最小的情况下进行最大压缩的图片。这些方法就是图像的预

处理的操作。在功能的整体架构上采用了一个主界面 Activity 加上多个功能的 Fragment 的组合。

3. 实验结果

以熊猫识别为例（见图 12-28），用户通过拍照或者相册获取熊猫图像作为输入，而后将图像传输至服务器（云端），服务器接收移动端传过来的图像并借助图像识别模块进行图像的分类，根据分类结果将服务器存放的对应类背景介绍材料发送至移动端，并在移动端 APP 的展示界面上进行展示。

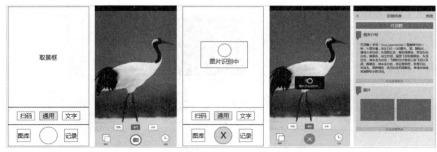

图 12-27　系统的主界面（右图为展示界面）

严格来讲，图像识别的性能要进行性能度量。在信息检索、分类、识别、翻译等领域两个最基本的指标是查准率（Precision Rate）和查全率（Recall Rate）。

查准率 P 与查全率 R 分别定义为：

$$R = TP/(TP + FN)$$
$$P = TP/(TP + FP) \qquad (12\text{-}2)$$

这里 TP（Truth Positive）表示真正例的样例数。FN（False Negative）表示假反例的样例数。FP（False Positive）表示假正例的样例数，TN（Truth Negative）表示真反例的样例数。本实例的识别算法在由 6 078 张正负样本构成的测试集中，平均正确率为 96.74%。

左图：移动端App的　　右图：服务器反馈回来的
　　输入图像　　　　　　输入图像的背景资料

图 12-28　熊猫识别实验

本章小结

本章从交互设计和视觉通道为主的自然人机交互技术两个方面展示介绍：给出了交互设计流程、设计原则及设计案例，同时通过实际应用案例直观地展现视觉通道的自然人机交互技术与应用。基于语音、笔式、触觉和脑式等非视觉通道交互技术由于篇幅有限未在本章详细论述，感兴趣的读者可查阅 ACM CHI（Human-Computer Interaction）会议和 ACM（Transaction on Human-computer）期刊资料。

本章习题

1. 什么是人机交互？
2. 人机交互主要研究哪些内容？
3. 为什么人机交互的用户体验很重要？
4. 人机交互设计流程包括哪些内容？
5. 请以校园某应用系统为原型开展基于用户体验的交互设计。
6. 简述人工智能技术在自然的智能的人机交互中的应用？

第13章
媒体与网络安全技术及应用

　　本章将以媒体内容与网络安全技术为核心，以古典密码、现代密码、水印算法与信息隐藏和网络安全为主线，详细介绍密码学的历史、单表代换密码算法、多表代换密码算法、栅栏密码算法、中国剩余定理、DES 密码算法、RSA 密码算法、时域数字水印、频域数字水印以及网络安全相关技术。

13.1 密码学的历史

迄今为止,我们所了解到的最早的编码与加密方法是在古埃及人的坟墓中发现的,如图 13-1 所示。古犹太人也开发了 3 种不同的以替换为基本工作原理的加密法。斯巴达克人是最早将加密技术应用于军事信息传递的人之一。他们发明了一种称为 skytale 的工具(见图 13-2),这种工具使用一根有固定面的木棍,加密者将一条羊皮纸缠绕在该工具上,然后在固定面书写信息。写完信息的羊皮纸从木棍上取下,字母顺序变化后无法阅读。还原明文的方法是将有密文的羊皮纸缠到与加密者使用的 skytale 类似的木棍上,密文即可还原成明文。从本质上来说,这种方法是一种换位加密法。这种方法与古犹太人使用的加密方法有着本质的不同。斯巴达克人没有用密文去替换明文,他们只是重新排列了明文字母的顺序。

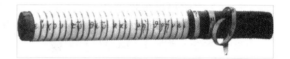

图 13-1　金字塔密文　　　　　　　　图 13-2　skytale 工具

在欧洲的文艺复兴时代之前,包括密码学在内的所有科学技术发展缓慢。但是当欧洲进入文艺复兴时代以后,密码算法经历了一个快速发展的阶段。欧洲各个国家政府成立了大型的间谍网络,并开发了不少加密法以便于他们之间的通信联络。因此出现了一个新的政府组织——保密局。保密局的主要工作就是对解密分析法进行研究。

第二次世界大战期间,美国和英国的保密局都成功破获了多轮机编码方法。美国政府能阅读日本的大多数密文,而英国则能阅读德国恩尼格玛密码机加密的密文。这对于联军取得最终的胜利起到了很大的作用。而如今美国有了世界上技术最强的保密局——美国国家安全局。该机构负责开发新的加密法并且已有对加密法的分析。现在我们经常使用的加密算法包括 DES (Data Encryption Standard)、AES(Advanced Encryption Standard)、RSA、RC4、RC5 等,已经应用到网络生活的各个方面。

13.2 古典加密算法

13.2.1 单表代换密码

单表代换密码通常是指密钥被选定后,每个明文字母对应的数字都被加密变换成对应的唯一数字,即对每个明文字母都用一个固定的明文字母表到密文字母表的确定映射。典型的古典加密算法有加法密码、乘法密码、仿射密码等。

1. 加法密码

移位密码的加密和解密代换公式如下:

$$c = E_k(m) \equiv m + k (\bmod 26), 0 \leq m \leq 25 \tag{13-1}$$

$$m = D_k(c) \equiv c - k (\bmod 26), 0 \leq c \leq 25 \tag{13-2}$$

其中 k 为移位密码的密钥。

设 $k = 3$,则加法密码算法通过将字母按顺序推后 3 位起到加密作用。比如将字母 A 换做字母 D,将字母 B 换做字母 E,若明文为 please confirm receipt,则密文为 SOHDVE FRQILUP UHFHLSW。

2. 乘法密码

乘法密码算法利用与它的加密和解密变换如下:

$$c = E_k(m) \equiv km \pmod{26} \tag{13-3}$$

$$m = D_k(c) \equiv ck^{-1} \pmod{26} \tag{13-4}$$

其中 k 是密钥,为满足 $0 \leqslant k \leqslant 25$ 和 $\gcd(k,26) = 1$ 的整数。k^{-1} 表示 k 的乘法逆元,即 $k^{-1} \cdot k \equiv 1 \bmod 26$ 。

3. 仿射变换

它的加密和解密变换如下:

$$c = E_{a,b}(m) \equiv am + b \pmod{26} \tag{13-5}$$

$$m = D_{a,b}(c) \equiv (c - b)a^{-1} \pmod{26} \tag{13-6}$$

其中 a 、b 是密钥,为满足 $0 \leqslant a$ 、$b \leqslant 25$ 和 $\gcd(a,26) = 1$ 的整数。a^{-1} 表示 a 的乘法逆元,即 $a^{-1} \cdot a \equiv 1 \bmod 26$ 。

13.2.2　多表代换算法

单表代换算法使用单个密码表对明文进行加密。多表代换算法使用多个密码表对明文进行加密。每个明文字母可以用密文中的多个字母替换,比如明文 a 可以替换成 e,也可以替换成 g;每个密文字母也可以表示多个明文,比如密文 e 可以表示明文 a,密文 e 也可以表示明文 c。

例如,有两个字母表的置换如下:

(1)向前移一位,如图 13-3 所示。

a	b	c	d	e	f	g	h	i	j	k	l	m	n	o	p	q	r	s	t	u	v	w	x	y	z
b	c	d	e	f	g	h	i	j	k	l	m	n	o	p	q	r	s	t	u	v	w	x	y	z	a

图 13-3　偏移量为 1 移位表

(2)向前移两位,如图 13-4 所示。

a	b	c	d	e	f	g	h	i	j	k	l	m	n	o	p	q	r	s	t	u	v	w	x	y	z
c	d	e	f	g	h	i	j	k	l	m	n	o	p	q	r	s	t	u	v	w	x	y	z	a	b

图 13-4　偏移量为 2 移位表

则对明文 cryptography 的二表替代密码先将明文每两个字母分为一组,每组第一个字母使用表 2 密码表,每组第二个字母使用表 3 密码表。以此方法加密的密文结果如图 13-5 所示。

多表代换算法在应用时首先将明文 M 分为由 n 个字母构成的分组 $M_1, M_2, \cdots, M_j$,然后分别对每个分组 M_i 的加密为

$$C_i = AM_i + B \pmod{N}, i = 1, 2, \cdots, j$$

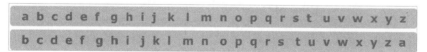

图 13-5　二表替代密码加密结果

其中 (A,B) 是密钥,A 是 $n \times n$ 的可逆矩阵,满足 $\gcd(|A|,N) = 1$ ($|A|$ 是行列式)。$B = (B_1, B_2, \cdots, B_n)^T$, $C = (C_1, C_2, \cdots, C_n)^T$, $M_i = (m_1, m_2, \cdots, m_n)^T$ 。

对密文分组 C_i 的解密为 $M_i \equiv A^{-1}(C_i - B) \pmod{N}, i = 1, 2, \cdots, j$ 。

维吉尼亚算法比较有代表性的是多表加密算法,有兴趣的读者参考网络资源进行学习和了解。

13.2.3　栅栏加密算法

美国南北战争时期(1861—1865)军队曾使用过一种"栅栏"式密码。比如使用展览密码对 send help 进行加密。

首先去掉字母间符号:sendhelp;然后纵向书写:$\begin{array}{|cccc|} s & n & h & l \\ e & d & e & p \end{array}$ 最后得到加密结果:snhledep。

13.2.4 中国剩余定理

中国剩余定理:设 $m_1,m_2,m_3,\cdots,m_r$ 是两两互素的正整数,设 $a_1,a_2,a_3,\cdots,a_r$ 是整数,则同余方程组 $x \equiv a_i(\mathrm{mod}m_i)$,$i = 1,2,3,\cdots,r$ 模 $M = m_1,m_2,m_3,\cdots,m_r$ 有唯一解 $x = \sum\limits_{i=1}^{r} a_i M_i y_i \mathrm{mod}M$,其中 $M_i = M/m_i,y_i = M^{-1}{}_i \mathrm{mod}m_i$,$i = 1,2,3,\cdots,r$。

例求下列方程组的解:

$$\begin{cases} x \equiv 1\mathrm{mod}2 \\ x \equiv 2\mathrm{mod}3 \\ x \equiv 3\mathrm{mod}5 \end{cases}$$

解由上述方程组可知:

$$b_1 = 1,b_2 = 2,b_3 = 3$$
$$m_1 = 2,m_2 = 3,m_3 = 5$$

所以:

$$M = m_1 \cdot m_2 \cdot m_3 = 2 \times 3 \times 5 = 30$$
$$M_1 = M/m_1 = 30/2 = 15$$
$$M_2 = M/m_2 = 30/3 = 10$$
$$M_3 = M/m_3 = 30/5 = 6$$

因而有:

$$\begin{cases} 15y_1 \equiv 1\mathrm{mod}2,y_1 = 1 \\ 10y_2 \equiv 1\mathrm{mod}3,y_2 = 1 \\ 6y_3 \equiv 1\mathrm{mod}5,y_3 = 1 \end{cases}$$

可得:

$$\begin{aligned} x &= b_1 M_1 y_1 + b_2 M_2 y_2 + b_3 M_3 y_3 \\ &= 1 \times 15 \times 1 + 2 \times 10 \times 1 + 3 \times 6 \times 1 \\ &= 15 + 20 + 18 \\ &= 53 \equiv 23(\mathrm{mod}\ 30) \end{aligned}$$

13.3 现代加密算法

13.3.1 对称密码体制

对称密钥密码体制以同一密钥作为加密和解密密钥,进行通信的双方必须选择和保存他们共同的密钥,各方必须信任对方不会将密钥泄露出去,这样可以实现数据的机密性和完整性。对于具有 n 个用户的网络,需要 $n(n-1)/2$ 个密钥,在用户数量不是很大的情况下,对称加密系统是有效的。但是对于大型网络,当用户群很大,分布很广时,密钥的分配和保存就会变得复杂。对称密钥密码技术从加密模式上可分为两类:序列密码和分组密码。

对称密钥密码体制加解密表示为 $E_k(M) = C$ 和 $D_k(C) = M$,如图 13-6 所示。

序列密码也称为流密码,是通过有限状态机产生性能优良的伪随机序列,使用该序列加密信息流,逐位加密得到密文序列。分组密码体制也称为块密码体制,是将明文消息分成各组或者说各块,每组具有固定的长度,然后将一个分组作为整体通过加密算法产生对应密文的处理方式。通常各分组密码体制使用的分组是 64 bit。

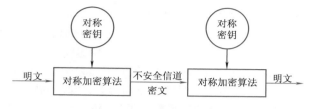

图 13-6　对称密钥加解密

对称密码算法的优点是计算开销小,加密速度快。它的局限性在于它存在通信双方之间确保密钥安全交换的问题,需要安全的密钥传递方式。此外,若通信的某一方维持着几个通信线路,那么就需要维护几个专用密钥。另外,由于对称加密系统仅能用于对数据进行加解密处理,提供数据的机密性,不能用于数字签名。

13.3.2　非对称密码体制

非对称密码也称公钥密码,是由 Diffie 和 Hellman 于 1976 年首次提出的一种密码技术(见图 13-7)。与对称密码体制相比,公钥密码体制有两个不同的密钥,分别实施加密和解密。一个密钥称为私钥,需要秘密的保存好。另一个称为公钥,不需要保密,可以公开。

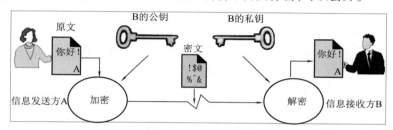

图 13-7　非对称密钥加解密

公钥密码学是为了解决传统密码中最困难的两个问题,即密钥分配问题和数字签名问题。

密钥分配问题:很多密钥分配协议引入了密钥分配中心。一些密码学家认为,用户在保密通信的过程中,应该具有保持完全保密性的能力。引入密钥分配中心,违背了密码学的精髓。

数字签名问题:能否设计出一种方案,就像手写签名一样,确保数字签名是出自某一特定的人,并且各方对此没有异议。

公钥密码体制的加密和解密过程有如下特点:

(1)密钥对产生器产生出接收者 B 的一对密钥:加密密钥 PK_B 和解密密钥 SK_B。发送者 A 使用的加密密钥 PK_B 就是接受者 B 的公钥,它向公众公开。而 B 所用的解密密钥 SK_B 就是接收者 B 的私钥,对其他人都保密。

(2)发送者 A 用 B 的公钥 PK_B 通过 E 运算对明文 X 加密,得出密文 Y,发送给 B。

$$Y = E_{PK_B}(X)$$

B 用自己的私钥 SK_B 通过 D 运算进行解密,恢复出明文,即

$$D_{SK_B}(Y) = D_{SK_B}(E_{PK_B}(X)) = X$$

13.3.3　DES 算法

DES(Data Encryption Standard,数据加密标准)是一种使用密钥加密的块算法,1977 年被美国联邦政府的国家标准局确定为联邦资料处理标准(FIPS),并授权在非密级政府通信中使用,随后该算法在国际上广泛流传开来。需要注意的是,在某些文献中,作为算法的 DES 称为数据加密算法(Data Encryption Algorithm,DEA),已与作为标准的 DES 区分开来。

DES 是一个 16 轮的 Feistel 型结构密码,采用混乱和扩散的组合。它的分组长度为 64 比特,

用一个 56 比特的密钥来加密一个 64 比特的明文串,输出一个 64 比特的密文串。其中,使用密钥为 64 比特,实用 56 比特,另 8 位用作奇偶校验。加密的过程是先对 64 位明文分组进行初始置换,然后分左、右两部分分别经过 16 轮迭代,然后再进行循环移位与变换,最后进行逆变换得出密文。加密与解密使用相同的密钥,因而它属于对称密码体制。

随着计算机计算能力的不断提升,DES 的破解时间也不断缩短。1998 年 7 月电子前沿基金会(EFF)使用一台 25 万美元的计算机在 56 小时内破译了 56 比特密钥的 DES。1999 年 1 月 RSA 数据安全会议期间,电子前沿基金会用 22 小时 15 分钟就宣告破解了一个 DES 的密钥。DES 逐渐被 3-DES 和 AES 所取代。

13.3.4 RSA 算法

对称密码加密算法存在两个问题:

①密钥的生成、管理和分发等都很复杂。由于对称密码算法的加密和解密都使用相同密钥,所以在加解密两端如何生成并分享密钥是一个难题;同时在密钥管理过程中,需要加解密系统维护大量密钥。比如在 n 个用户的应用场景下,加密系统需要维护 $n(n-1)/2$ 个密钥。

②无法实现数字签名。在消息分发应用中,需要对消息进行验证。而对称加密算法无法实现消息验证。

为了解决如上两个问题,需要在加解密时分别采用不同密钥,即非对称加密算法。

非对称加密算法加密与解密的密钥不同,且由其中一个不容易推出另一个:$P = D(\mathrm{KD}, E(\mathrm{KE}, P))$,也称双密钥算法或公开密钥算法。

加密密钥是公开的,称为公开密钥。解密密钥上保密的,称为私钥。加密算法和解密算法都是公开的,每个用户有一个对外公开的加密密钥和对外保密的解密密钥。私钥由公钥决定,但却不能由公钥计算出来。理论上解密密钥可由加密密钥推算出来,但这种算法设计实际上是不可能的,或者即使能够推算出来,但要花费很长的时间而成为不可行的。所以公开加密密钥也不会危害私钥的安全。

公钥密码学的出现使大规模的安全通信得以实现,解决了密钥分发问题;公钥密码学还可用于另外一些应用:数字签名、防抵赖等。

RSA 算法是一种公钥密码算法。它是第一个既能用于数据加密也能用于数字签名的算法。它易于理解和操作,也很流行。算法的名字以发明者的名字命名:RonRivest, Adi Shamir 和 Leonard Adleman。但 RSA 的安全性一直未能得到理论上的证明。

RSA 的安全性依赖于大数分解。公钥和私钥都是两个大素数(大于 100 个十进制位)的函数。据猜测,从一个密钥和密文推断出明文的难度等同于分解两个大素数的积。

RSA 加密算法步骤如下:

①密钥对的产生。选择两个大素数 p 和 q。计算:

$$n = p * q$$

②随机选择加密密钥 e,要求 e 和 $(p-1) * (q-1)$ 互质。最后,利用 Euclid 算法计算解密密钥 d,满足

$$e * d = 1 \bmod((p-1) * (q-1))$$

其中 n 和 d 也要互质。数 e 和 n 是公钥,d 是私钥。两个素数 p 和 q 不再需要,应该丢弃,不要让任何人知道。

③加密信息 m(二进制表示)时,首先把 m 分成等长数据块 $m_1, m_2, \ldots, m_i$,块长 s,其中 $2^s \leq n$,s 尽可能的大。对应的密文是:

$$c_i = m_i^e (\bmod n) \tag{13-7}$$

解密时做如下计算:

$$m_i = c_i^{\ d}(\bmod n) \tag{13-8}$$

RSA 可用于数字签名,方案是用式(13-7)签名,用式(13-8)验证。具体操作时考虑到安全性和 m 信息量较大等因素,一般是先作 HASH 运算。

RSA 的安全性依赖于大数分解,但是否等同于大数分解一直未能得到理论上的证明,因为没有证明破解 RSA 就一定需要做大数分解。假设存在一种无须分解大数的算法,那它肯定可以修改成为大数分解算法。目前,RSA 的一些变种算法已被证明等价于大数分解。无论如何,分解 n 是最显然的攻击方法。现在,人们已能分解 140 多个十进制位的大素数。因此,模数 n 必须选大一些,因具体适用情况而定。

13.3.5 混合加密方法

鉴于对称密钥密码算法具有算法简单、加解密速度快,但密钥管理复杂、不便于数字签名的特点;非对称密钥密码算法具有算法复杂、加解密速度慢、密钥管理简单、可用于数字签名的特点,所以将两者优点结合起来,扬长避短形成混合加密方法,即发送者将明文用对称加密算法加密后传给接收者,再将对称加密的密钥用接收者的公钥加密传给接收者,接收者再用自己的私钥解密得到对称加密的密钥,从而解密明文。

13.4 信息隐藏与数字水印

13.4.1 信息隐藏与数字水印的基本概念

信息隐藏不同于密码学。密码技术主要是研究如何将机密信息进行特殊的编码,以形成不可识别的密文进行传递,即密码技术隐藏了信息的内容。而信息隐藏则主要研究如何将某一机密信息秘密隐藏于另一公开的载体中,然后通过公开载体的传输来传递机密信息,即信息隐藏技术隐藏了信息的存在。

从广义上看,信息隐藏有多种含义:一是信息不可见,二是信息的存在性隐蔽,三是信息的接收方式和发送方法隐蔽,四是传输的信道隐蔽。

根据信息隐藏的应用、特点及要求,现有文献中有如下的分类结果,如图 13-8 所示。

图 13-8 信息隐藏技术分类

从狭义上看,信息隐藏就是将某一机密信息秘密隐藏于另一公开的非保密载体中,然后通过公开信息的传输来传递机密信息。这里的载体可以是图像、音频、视频,也可以是信道,甚至是某套编码体制或整个系统。狭义上的信息隐藏技术通常指隐写术、数字水印以及数字指纹等。

数字水印技术是一种信息隐藏技术,它的基本思想是在数字图像、音频和视频等数字产品中嵌入秘密信息,以保护数字产品的版权,证明产品的真实可靠性、跟踪盗版行为或提供产品的附加信息。

粗略来看,数字水印系统包含嵌入器和检测器两大部分。图 13-9 给出了数字水印处理系统基本框架的详细示意图。

13.4.2　LSB 算法

1. 位平面定义

对于一幅用多个比特表示其灰度值的图像来说,其中的每个比特可看作表示了一个二值的平面,也称为图像的位平面。

2. LSB 算法原理

LSB(Least Singificant Bit,最不重要比特位)算法利用了数字图像处理中位平面的原理,即改变图像的最低位的信息,对图像信息产生的影响非常小,人眼的视觉感知系统往往不能察觉。

图 13-9　数字水印处理系统基本框架

以一幅 256 灰度的图像为例,256 灰度共需要 8 个位来表示,但其中每一个位的作用是不一样的,越高位对图像的影响越大,反之越低的位影响越小,甚至不能感知。

图 13-10 所示为原始图像和将原始图像最低位平面置 0 后的图像,两幅图像的差别是非常小的,人眼的视觉感知系统很难感知。基于这个原理,如果将最低位替换成数字水印的数据,人眼也难以察觉加入数字水印前后的图像的变化,这样就能实现数字水印的不可感知性。

LSB 算法简单实现容易,同时可以保证数字水印的不可见性,由于可以在最低位的每个像素上都插入数字水印信息,因此有较大

图 13-10　原始图像与最低位平面置 0 的图像

的信息嵌入量。但是由于数字水印位于图像的不重要像素位上,因此很容易被图像过滤、量化和几何型变等操作破坏,以致无法恢复数字水印。

3. LSB 算法的实现

LSB 算法实现较为简单,下面简单介绍如下:

(1)考虑嵌入的数字水印的数据量,如果嵌入最低的 1 位,则可以嵌入的信息量是原始图像信息量的 1/8,如果适用最低两位则可以嵌入的信息量是 1/4,以此类推。使用的最低位越多,嵌入的数字水印的信息量越大,同时对图像的视觉效果影响也越大。

(2)适当调整数字水印图像的大小和比特位数,以适应数字水印图像数据量的要求。

(3)将数字水印数据嵌入原始图像的最低位即可。

13.4.3　DCT 数字水印算法

1. DCT 图像变换原理

首先将图像分量分割成不相重叠的 8×8 块,然后对每一块进行单独的 DCT 变换。对于 $(x, y = 0, 1 \cdots 7)$ 的像素块 $f(x, y)$ 的 DCT 变换公式为:

$$F(u, v) = \frac{1}{4} C(u) C(v) \sum_{x=0}^{7} \sum_{y=0}^{7} f(x, y) \cos \left[\frac{\pi(2x + 1)u}{16} \right] \cos \left[\frac{\pi(2y + 1)u}{16} \right]$$

对于 $u = 0, 1, \cdots, 7$ 和 $V = 0, 1, \cdots, 7$,这里

$$C(u) = \begin{cases} \dfrac{1}{\sqrt{2}} & u = 0 \\ 1 & u \neq 0 \end{cases}, C(v) = \begin{cases} \dfrac{1}{\sqrt{2}} & v = 0 \\ 1 & v \neq 0 \end{cases}$$

例如,一个 8×8 图像块像素矩阵 $f(x, y)$ 如下:

$$f(x,y) = \begin{pmatrix} 130 & 130 & 130 & 129 & 134 & 133 & 129 & 130 \\ 130 & 130 & 130 & 129 & 134 & 133 & 130 & 130 \\ 130 & 130 & 130 & 129 & 132 & 132 & 130 & 130 \\ 129 & 130 & 130 & 129 & 130 & 130 & 129 & 129 \\ 127 & 128 & 127 & 129 & 131 & 129 & 131 & 130 \\ 127 & 128 & 127 & 128 & 127 & 128 & 132 & 132 \\ 125 & 126 & 129 & 129 & 127 & 129 & 133 & 132 \\ 127 & 125 & 128 & 128 & 126 & 130 & 131 & 131 \end{pmatrix}$$

其中,矩阵中的数值表示具体的像素值,$f(x, y)$ 按照公式得到 DCT 变换频率系数矩阵 $F(u, v)$ 如下:

$$F(u,v) = \begin{pmatrix} 1\,035.9 & -7.60 & 0.53 & 1.16 & -0.88 & -0.81 & 0.35 & 1.11 \\ 7.16 & 5.25 & -3.86 & 4.90 & 0.97 & -5.26 & 1.10 & 1.31 \\ 0.73 & -1.63 & -0.27 & 0.57 & -0.30 & 0.1 & 2.41 & -0.02 \\ -0.58 & -1.58 & 0.50 & -0.63 & 0.70 & -0.47 & -2.01 & 0.20 \\ -1.13 & 1.32 & -0.99 & 0.87 & 0.63 & 0.38 & 0.55 & -0.19 \\ 0.16 & 0.63 & -0.01 & -1.66 & -0.99 & -0.38 & 0.50 & -0.16 \\ -0.45 & 0.58 & 1.66 & 0.38 & 0.26 & -0.06 & 0.27 & -0.62 \\ 0.45 & -1.38 & -1.22 & 0.33 & 0.40 & 0.07 & -0.49 & 0.50 \end{pmatrix}$$

从中可以看出,频谱系数主要成分集中在比较小的范围,且主要位于低频部分,并且矩阵左上角数值较大,称为 DC 分量,它代表图像信息的低频分量,是图像信息的主体,即图像亮度变化的主体部分,它在本质上是输入的 8×8 像素块中 64 个像素乘以在公式中所示的尺度因子 $1/4C(u)C(v)$ 后的总和;其余 63 个系数为 AC 分量,数值比较小,由左上至右下频率渐次升高,它表示图像信息的高频分量幅值小,它主要反映图像的细节部分。人眼对图像的亮度信息有较高的视觉敏感度,而对图像的细节,即图像的高频分量敏感精度较低。AC 分量的分布和大小也可以反映亮度起伏的剧烈程度。若系数较大,说明亮度变化较大,该区域图像轮廓较精细;若系数小,则说明区块内亮度变化平缓;若系数值全为零表示交流分量为零,区域内无亮度变化。因此,对大多数自然图像,DCT 能将最多的信息放到最少的系数上去。

(a)原始载入图像

2. DCT 水印算法

(1)载体与水印说明

比如原始载体图像选择 JPEG 格式的 lena 图像,尺寸为 512×512,灰度级为 256,如图 13-11(a)所示;嵌入的水印图像是中国传媒大学的校徽图案,尺寸为 64×64 的灰度图,如图 13-11(b)所示。

(b)嵌入水印的图像

图 13-11 原始载体图像与水印图像

(2)嵌入过程

算法流程如下:

步骤说明:

①读入载体图像,并将载体图像分为 8×8 大小的块。

②将每个 8×8 大小的分块进行 DCT 变换,得到各块处理后的系数 $\mathrm{Coef}(i, j)$(i, j 分别表示图像的系数坐标)。

③将各块系数 $\mathrm{Coef}(i, j)$ 以步长 $\mathrm{step} = 1$ 量化,按 $S = 15$ 取模,得到各块处理后的系数 $\mathrm{Coef}'(i, j)$(其中,step 和 S 的大小可根据对不可感知性和健壮性的需求自己调节)。

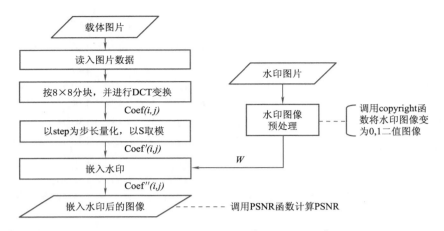

④根据水印信息 W 控制各个分块中的 $\text{Coef}'(1,1)$ 系数的嵌入强度。

$$\text{Coef}''(1,1) = \begin{cases} \text{Coef}'(1,1) + S/4 & \text{if } W = 0 \\ \text{Coef}'(1,1) + 3S/4 & \text{if } W = 1 \end{cases}$$

（3）提取过程

算法流程如下：

步骤说明：

①读入含水印的图像（或者是经过攻击后的含水印图像）。

②将图像按 8×8 分块，并进行 DCT 变换，得到各块系数 $\text{Coef}(i,j)$。

③将各个分块的系数 $\text{Coef}(1,1)$ 按步长 $\text{step} = 1$ 量化，并以 $S = 32$ 为模求余数 R。

④若余数值在 $(0, S/2)$ 之间，则嵌入的水印信息 W 为 0；若余数值在 $[S/2, S)$ 之间，则嵌入的水印信息 W 为 1。

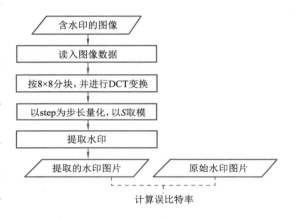

13.5 网络安全相关技术

由于网络的开放性，以及现有网络协议存在的安全缺陷，使得任意一种网络系统都或多或少的存在一定的安全隐患。不法分子利用网络宣传极端恐怖主义、窃取国家机密、盗取网银账号、传播盗版数字作品、组建僵尸网络给国家安全、社会稳定、人民财产安全带来了巨大危害。

13.5.1 网络安全威胁

所谓安全威胁，是指对系统安全性的潜在破坏。一个系统可能受到多种安全威胁，只有认识到这些威胁的存在具体形式，才有可能采取相应的防范措施，以保证系统的安全。在开放的网络环境中，可能面临的网络威胁包括以下方面：

①身份假冒：一个实体通过身份假冒而伪装成另一个实体。

②非法连接：实体与网络资源之间建立非法的逻辑连接。

③非授权访问：入侵者违反访问控制规则越权访问网络资源。

④操作抵赖：用户否认曾发生过的数据发送或接受操作。

⑤信息泄露：未经授权的用户非法获取了信息，造成信息泄露。

⑥数据篡改或破坏：对网络中的数据和数据库中的数据进行非法修改或删除。

13.5.2 网络攻击技术

1. 计算机病毒

病毒是一种人为蓄意制造的、以破坏为目的的程序,它寄生于其他应用程序或系统的可执行部分,通过部分修改或移动程序,将自我复制加入其中或占据宿主程序的部分而隐藏起来,是计算机系统最直接的安全威胁。

当前计算机病毒具有以下特点:

①计算机病毒通过钓鱼网站、游戏网站、P2P 资源网站以及电子邮件进行传播,具有传播速度快、范围广的特点。

②计算机病毒利用系统安全漏洞进行计算机破坏,特别是利用那些应用范围广的计算机操作系统漏洞进行破坏的病毒具有波及面广的特点。

③计算机病毒通常具有隐蔽性,能够躲避杀毒软件的检测。

2. 木马

木马(特洛伊木马)是在执行某种功能的同时进行秘密破坏的一种恶意程序。木马可以完成非授权用户无法完成的功能,使施种者可以任意毁坏、窃取被种者的文件,甚至远程操控被种者的计算机。木马程序具有短小精悍、隐蔽性强、技术含量高的特点,与计算机病毒的区别在于,木马程序一般不具有传播功能,很少破坏计算机系统。

常用的木马植入手段如下:

①渔叉式攻击。将木马程序隐藏在各种文件中,通过电子邮件等方式定向传送给目标用户,引诱目标用户点击,进而在所使用的计算机上植入木马程序。

②诱骗式攻击。将木马程序隐藏在 Web 网页文件、FTP 文件、图片文件或者其他文件中,引诱用户单击访问,进而在所使用的计算机上植入木马程序。

③利用预留后门。利用预留在计算机上的系统后门植入木马程序。

通常已经植入木马的计算机在启动时,木马程序随系统进程加载而自动激活,主动向外发出连接请求,与控制台建立网络连接。这时目标计算机便受控于控制台,等待执行控制台命令,并返回执行结果。

3. 分布式拒绝服务攻击

分布式拒绝服务攻击是一种常见的网络攻击技术,能迅速导致被攻击网络的服务器系统瘫痪,网络服务中断。攻击者在实施攻击之前首先扫描和寻找网络中有安全漏洞的计算机,植入受控程序,使之成为僵尸主机。然后将所有的僵尸主机组织成僵尸网络。攻击者控制僵尸网络对目标服务器进行攻击,使目标服务器资源迅速耗尽,使目标系统过载进而崩溃。

13.5.3 网络检测与防范

1. 防病毒软件

目前的计算机防病毒软件一般都采取被动杀毒和主动杀毒相结合的策略,将静态扫描杀毒和实时监控杀毒有机结合起来,静态扫描杀毒功能查杀各种已知病毒,但不具备病毒防范功能,只能被动地杀毒。实时监控杀毒功能将动态地检测计算机用户操作,包括上网浏览、接收电子邮件、打开网络文件等。在这些过程中,能够动态检测和查杀病毒,防止系统被病毒感染,这是主动的防病毒测试,从而提高了计算机病毒检测和查杀能力。

2. 防火墙

防火墙是一种用来加强网络之间访问控制的特殊网络互联设备,它对网络之间传输的数据包和链接方式按照一定的安全策略进行检查,以此决定网络之间的通信是否被允许。防火墙的功能主要有两个:阻止和允许。阻止就是阻止某种类型的通信量通过防火墙,允许的功能与阻止的功能正好相反。

防火墙工作原理：

如果外网的用户要访问内网的 WWW 服务器,首先由分组过滤路由器来判断外网用户的 IP 地址是不是内网所禁止使用的(见图 13-12)。如果是禁止进入节点的 IP 地址,则分组过滤路由器将会丢弃该 IP 包;如果不是禁止进入节点的 IP 地址,则这个 IP 包被送到应用网关,由应用网关来判断发出这个 IP 包的用户是不是合法用户。如果该用户是合法用户,该 IP 包被送到内网的 WWW 服务器去处理;如果该用户不是合法用户,则该 IP 包将会被应用网关丢弃。

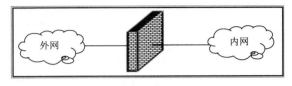

图 13-12　防火墙工作原理

3. 入侵检测

入侵检测主动地从计算机网络系统中的若干关键点收集信息并分析这些信息,确定网络中是否有违反安全策略的行为和受到攻击的迹象,并有针对性地进行防范。入侵检测被设置在防火墙的后面,它的作用是发现那些已经穿过防火墙进入到内网或是内部的黑客。其工作原理如图 13-13 所示。

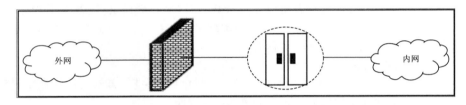

图 13-13　入侵检测工作原理

入侵检测技术主要基于误用检测和异常检测。误用检测按照预先模式搜寻与已知特征相悖的事件,异常检测是将正常用户的行为特征轮廓与实际用户进行比较,并标识出正常和异常的偏离。

本章小结

本章介绍了密码算法、数字水印以及网络安全技术相关知识。其中古典密码算法部分介绍了单表代换密码、多表代换密码、栅栏加密算法、中国剩余定理;现代加密算法介绍了对称密码体制和非对称密码体制,以及对称加密典型算法 DES 和非对称加密算法 RSA,对称密码与非对称密码的混合加密方法;信息隐藏与数字水印部分介绍了相关基本概念以及 LSB 水印算法和 DCT 水印算法;网络安全技术部分对网络安全威胁进行了归纳,对病毒、木马、分布式拒绝服务攻击等网络攻击技术进行了分析,并对相应防范措施进行介绍。

本章习题

1. 古典加密算法有哪几种?
2. 现代加密算法有哪几种?
3. 信息隐藏技术与密码技术的区别是什么?
4. 信息隐藏技术主要有哪些算法?
5. 网络安全威胁有哪些方面?
6. 网络攻击有哪些技术?
7. 在实际应用中如何保证网络安全?

第 14 章
数字媒体存储技术及其应用

　　数字媒体信息具有数据量大、对带宽要求高等特点,这些信息的存储需要大容量的存储技术支持。媒体信息的存储技术分两个方面,一方面是存储介质,包括磁带、光盘与硬盘;另一方面是网络存储技术,其中包括 DAS、NAS 和 SAN 的传统的网络存储技术,也有近年发展的 IP SAN 技术。

　　在存储技术应用方面,本章介绍了虚拟存储的发展、存储技术在媒资管理系统中的应用,还有最新流行的云存储的有关概念。

　　通过本章的学习,读者可以初步了解数字媒体存储有关的技术原理及其应用,为更好地学习数字媒体技术打下基础。

14.1 数字媒体存储技术概述

数字媒体存储的对象是数字媒体信息。我们知道数字媒体信息包括数字化的文本、图形、图像、音频、视频、动画等多媒体信息。但无论什么媒体信息，最终存储的都是数据。所以在存储层面上说，数字媒体存储技术本质上就是数据存储技术。而媒体信息的数据与一般数据在存储上又有其特别之处，主要体现在两个方面，一是数据量大，二是要满足实时传输的需求。

关于媒体信息的大小，可以有以下对比：

①一条短信可发汉字（包括标点符号）为 70 个，最大长度为 160 B。

②一幅 800×600 的图片经 JPEG 压缩之后大约为 100 KB 左右。

③一段一分钟的语音，按 8 kHz 的采样，4 倍的压缩率，大约为 240 KB。

④一段一分钟的标清视频，按 H.264 编码，大约为 4 MB。

以上只是民用级的多媒体数据的大小，如果是广播级的编辑用音视频码流，按 2 到 4 倍的压缩率计算，一般需要 25~100 Mbit/s 左右的带宽，所以其数据容量也有更大的需求。

由此可见，媒体信息的字节数远大于一般文字信息的容量，因此，在企业级应用中，当我们面对数以百万计的图片、成千上万小时的视音频素材时，我们需要大容量的存储设备及有关技术的支持。

在容量方面，单个存储介质容量再大，其数量也是有限的。通常的做法是将多个存储介质连接在一起，并加以适当管理，可以将容量扩充到足够的海量，如 PB 级。同时又因为每个存储介质都有输出接口，连接后增加了输出带宽，即提高了输出速度。到目前为止，常用的大容量的存储介质主要有 3 种：磁带、磁盘和光盘，将同一类存储介质连接起来，就有了磁带库、磁盘阵列和光盘塔及相应的管理技术。

对于专业的视频编辑来说，一般是在局域网环境下进行工作。局域网可以提供理想的网络带宽，能最大限度地提高编辑效率，以保证编辑的质量。但随着广域网技术发展，在广域网条件下进行视频编辑的条件也在不断成熟，这也给存储技术带来新的课题。

在网络条件下的存储设备，最初是依附于服务器，后来发展成网络上的独立设备；再后来发展了专门的存储网络。随着云计算技术的发展，专门针对存储而设计的云存储技术也随之发展起来。云存储是一种易扩充、更友好的存储服务。

在电视传媒领域，高清和超高清视频技术正在发展中；而在互联网领域，基于大数据的各种应用也在不断涌现。这些都需要更大容量的存储技术的支持。

14.1.1 数字媒体存储的基本概念

数字媒体存储的概念来源于数据存储。数据存储技术（Data Storage Technology）就是根据不同的应用环境，通过采取合理、安全、有效的方式将数据保存到合适的存储介质上，并能保证有效的访问。数据存储包含两个层面的内容：首先是在物理层面上，即提供数据临时或长期驻留的物理媒介，该媒介必须保证数据存放的安全可靠性，以及数据访问接口的有效性；另一个是在系统层面上，为保证数据能够完整、有效、安全地被访问所使用的方法或行为。数据存储技术就是把这两个层面结合起来，为客户提供数据存放的解决方案。

数字媒体具有数据量大、数据带宽高等特点，所以，在数据存储技术中，数字媒体对存储的要求比通常数据的存储容量更大、带宽更高。数字媒体的存储技术要解决两方面的问题，一是大容量数据的存储——大容量数据存储介质和安全高效的数据接口；二是基于高带宽网络的数据共享——网络存储技术。

14.1.2 数字媒体存储的有关技术

1. 大容量数据存储技术

数据存储离不开存储介质。存储介质是指存储数据的载体。存储介质有很多种，可分为 3

类,一是基于半导体器件的存储器,如 USB 盘、闪存等;二是基于磁性材料的存储器,如磁盘、磁带等;三是基于光学材料的存储器,如光盘等。

按照使用的方式分类,有可移动存储设备和非移动存储设备之分;另外一个分类方法是分为内嵌存储设备和外挂存储设备。个人用户一般使用硬盘(或磁盘)和固态硬盘(非移动的内嵌设备)、USB 盘和光盘(可移动的外挂设备)等;而企业用户(尤其是规模较大的数字媒体数据的存储用户)中绝大多数存储设备,由于数据量巨大,并且不需要移动,所以都是非移动存储设备。对于大容量的存储媒介而言,其存储介质主要有硬盘、光盘和磁带三大类。

在存储设备接口方面,除了常见的 3 种硬盘接口(ATA、SATA、SCSI)外,新的一些接口类型也是层出不穷,如 FC(光纤通道)、SAS(串行 SCSI)、ESCON(企业级系统连接)等。

主要存储接口介绍:

SCSI 接口:在硬盘的接口方面,除了常规的 SATA 硬盘以外,另一类专业级的硬盘是 SCSI(Small Computer System Interface,小型计算机系统接口)硬盘。SCSI 硬盘性能好,但价格高,因此在专业的网络存储中普遍均采用此类硬盘产品,但普通 PC 上不常使用。

FC 接口:FC(Fibre Channel,光纤通道)之所以称为通道,意思是一个底层的传输接口,有点到点、环形和交换 3 种拓扑结构,数据传输效率比较高,上层可以支持 IP 协议或 SCSI 协议。

2. 网络存储技术

通常的数据存储结构由 3 个部分组成:主机 I/O 连接、连接数据线和存储设备接口。网络存储技术是对数据存储方式进行基于网络的扩展。最初的网络存储是将存储设备附加在服务器上,通过服务器进行数据共享。后来,存储设备作为网络上的独立设备与网络上的其他设备进行数据交换。

在网络存储的体系架构中涉及诸多接口标准主流的网络协议,如 TCP/IP、Ethernet、InfiniBand 等。

14.2　大容量数据存储技术

大容量存储技术的发展是基于大容量的存储介质。一般来说,大容量存储介质主要有磁带、光盘和硬盘。磁带是最早也是最廉价的存储介质;硬盘的访问快速而高效,是数据存储的主力军;光盘是后起之秀,因为其对环境要求低,便于携带而被重视。下面我们介绍这 3 种存储技术,并着重介绍硬盘存储技术,因为硬盘是大容量存储技术中最主要的存储介质。

14.2.1　磁带存储技术

早在 20 世纪 20 年代,德国就诞生了世界上第一个用于记录声音的发明——磁带。计算机发明以后,磁带存储是最早一代大容量数据存储技术。1952 年 IBM 公司发布了计算机业内第一台数据磁带机,开启了用磁带记录数据的历史。

磁带可以说是最古老的存储介质,自从硬盘问世以后,磁带这种线性寻址访问方式,由于速度慢,并对环境要求高等缺点使其退出了民用市场,但在工业级的应用中,磁带存储设备仍然有其用武之地。

磁带是所有存储器设备发展中单位存储信息成本最低、容量最大、标准化程度最高的常用存储介质之一。近年来,由于采用了具有高纠错能力的编码技术和即写即读的通道技术,大大提高了磁带存储的可靠性和读写速度。

1. 磁带存储的工作原理

磁带格式是指磁带中数据的记录方式。当前,主流的磁带格式主要分为线性记录和螺旋记录两大阵营,两种技术各有所长。采用线性记录的磁带格式主要有 DLT、SuperDLT、LTO 等,而采用螺旋记录磁带格式的主要有 DAT、AIT 等。下面对磁带存储的工作原理做简单的介绍。

（1）线性记录读写技术

以线性记录方式读写磁带上数据的磁带读写技术与录音机基本相同，平行于磁头的高速运动磁带掠过静止的磁头，进行数据记录或读出操作。如图 14-1 所示，这种技术可使驱动系统设计简单，读写速度较低，但由于数据在磁带上的记录轨迹与磁带两边平行，数据存储利用率较低。为了有效提高磁带的利用率和读写速度，人们研制出了多磁头平行读写方式，提高了磁带的记录密度和传输速率，但驱动器的设计变得极为复杂，成本也随之增加。

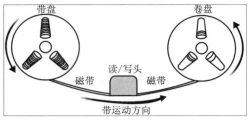

图 14-1　数据流磁带的线性记录方式

（2）螺旋扫描读写技术

以螺旋扫描方式读写磁带上数据的磁带读写技术与录像机基本相似，磁带缠绕磁鼓的大部分，并水平低速前进，而磁鼓在磁带读写过程中反向高速旋转，安装在磁鼓表面的磁头在旋转过程中完成数据的存取读写工作。其磁头在读写过程中与磁带保持 15°倾角，磁道在磁带上以 75°倾角平行排列。采用这种读写技术在同样磁带面积上可以获得更多的数据通道，充分利用了磁带的有效存储空间，因而拥有较高的数据存取密度。

磁带存储凭借可靠性高、单位存储价格低、容量扩展方便等诸多优势，成为目前解决企业数据保存问题行之有效的方法。从国际上看，发达国家都非常重视磁带存储备份技术，并将其充分利用。

数据磁带系统有一定的缺点，例如：①磁存储媒介易受电磁辐射而损坏；②磁带上的数据信号会随时间推移变弱，需要定期检查和刷新；③磁带会磨损，受潮发霉。由于磁带的种种问题，给磁带的保存和使用提出了较高的要求。

2. 磁带机与磁带库

（1）磁带机

磁带机（Tape Drive）一般指单驱动器产品，通常由磁带驱动器和磁带构成，是一种经济、可靠、容量大、速度快的备份设备。这种产品采用高纠错能力编码技术和写后即读通道技术，可以大大提高数据备份的可靠性。根据装带方式的不同，一般分为手动装带磁带机和自动装带磁带机，即自动加载磁带机。

（2）自动加载磁带机

自动加载磁带机（见图 14-2）是一个位于单机中的磁带驱动器和自动磁带更换装置，它可以从装有多盘磁带的磁带匣中拾取磁带并放入驱动器中，或执行相反的过程。它可以备份 100 GB ~ 200 GB 或者更多的数据。自动加载磁带机能够支持例行备份过程，自动为每日的备份工作装载新的磁带。一个拥有工作组服务器的小公司可以使用自动加载磁带机来自动完成备份工作。

图 14-2　自动加载磁带机

（3）磁带库

磁带库是像自动加载磁带机一样的基于磁带的自动数据备份系统，它能够提供同样的基本自动备份和数据恢复功能，但同时具有更先进的技术特点。它的存储容量可达到数百 PB（1PB = 1 000 000 GB），可以实现连续备份、自动搜索磁带，也可以在驱动管理软件控制下实现智能恢复、实时监控和统计，整个数据存储备份过程完全摆脱了人工干涉。图 14-3 所示为目前世界上最大的磁带库，可容纳 50 100 卷 LTO 磁带，最大压缩容量达到 313 PB。

图 14-3　数据流磁带库

▍14.2.2　光盘存储技术

光盘存储技术在 20 世纪 70 年代研究成功的。1971 年,IBM 公司与 RCD 公司合作制造出了世界上第一片只读光盘,开创了光盘的发展历史。1985 年飞利浦与索尼公司共同制定的光盘记录数据的黄皮书,奠定了光盘的技术标准——CD - ROM。随后,CD - ROM 得到了极大的普及,光盘技术也得到了迅速发展,各种光盘技术层出不穷。DVD 及可擦写的磁光盘,以及大容量的蓝光盘相继问世。在大容量的多媒体数据的存储技术中,光盘技术日益受到重视。

光盘具有以下特点:

①光盘容量从 650 MB 到 25 GB。

②存储寿命一般在 10 年以上。

③接触式读/写和擦,光头不会磨损或划伤盘面。

④信息的载噪比(CNR)高可达 50 dB 以上,且经多次读写不降低。

⑤单位信息的价格低。

与硬盘系统相比,光盘具有成本低、便于携带、对保存环境要求低等优点;同时也有读写速度较慢,保存不当易于产生划痕等问题。

1.光盘存储器基本结构

如图 14-4 所示,光盘的基本结构与硬盘存储系统类似,光盘存储系统由光盘和光盘驱动器所组成。光盘的主要指标为最小光道间距、最小记录长度、扫描速率和存取时间等。

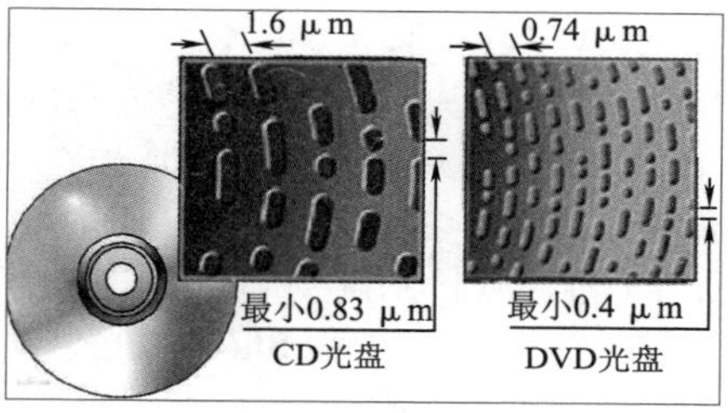

2.光盘存储器分类

光盘有多种类型,按读写方式有如下 3 种类型:

只读型:只读存储器(Read Only)。

一次写型:只写一次式存储器(Write Once),又称写入后直接读出式 DRAW(Direct Read After Write)。

图 14-4　光盘的基本结构

可重写型:又称可擦式(Erasable)或可逆式(Reversible),可以不断重复地写入的类型。

3.光盘存储器的主要性能指标

光盘的主要性能指标如下:

光盘直径:在一定程度上决定光盘机的大小规模及用途。

存储密度:指在存储媒体的单位长度和单位面积内所存储的二进制位数。由最小光道间距、最小记录长度等指标决定。光盘的线密度一般可达 1 000 位/mm,道密度为 600 道/mm,密度为 $10^7 \sim 10^8$ 位/cm^2。

存储容量:可存储在光盘中的数据总量。直径 120 cm 的光盘单面的存储容量从 650 MB 到 8.5 GB。

数据传送率:单位时间内从数据源传送到光盘的二进制位数或字节数,一般可达20 ~ 50 Mbit/s。

存取时间:把信息写入或从光盘上读出信息所需的时间。光盘的存取时间一般为 100 ~ 500 ms,平均在 250 ms 左右。

信噪比:信噪比越大,可靠性越高。

误码率:在光盘上读出信息时,出现差错的位数与读出的总位数之比。光盘的原始误码率很高,一般为 $10^{-4} \sim 10^{-5}$,通过各种误码校正措施可将误码率降低到 $10^{-10} \sim 10^{-11}$ 的水平。

光盘有很多种格式,下面列出市场主流的几种格式:

(1)只读型

①CD - ROM。CD - ROM 格式是比较经典的只读光盘。由飞利浦、索尼和微软于 1988 年公布的多媒体数据存储格式,能在直径为 5 in 的光盘上存储 650 MB 的数据。

②DVD－ROM。DVD－ROM 格式是 DVD 家族中最基本的格式。它是 DVD－Video 和 DVD－Audio的基础。DVD－ROM 是数据型光盘,它的容量是 CD－ROM 容量的 7 倍,数据传输率则是 CD－ROM 的 9 倍。它被广泛应用于计算机领域。DVD－ROM 的文件系统采用 UDF 和 ISO9660 标准,与电脑的操作系统兼容,它在数据存取、多媒体、计算机游戏方面有广泛应用。

（2）可重写型

①DVD－RW。DVD－RW 是于 1999 年由 Pioneer 公司主导的 DVD－RW 联盟推出的可重写光盘,被 DVD 论坛认可。直径有 120 mm 和 80 mm 两种,直径为 120 mm 的光盘单面存储容量为 4.7 GB,双面为 9.4 GB;直径为 80mm 的光盘单面存储容量为 1.46 GB,双面为 2.92 GB。DVD－RW可反复刻录 1 000 次,兼容性好,以 DVD 视频格式来保存数据。可用于影碟机和计算机多媒体。缺点是格式化时间较长。

②DVD－RAM。DVD－RAM 是由东芝和松下等 DVD 论坛的数家公司推出的可重写光盘。其容量单面 4.7 GB,适合于数据存储,但兼容性较差。最大的优点是可重写次数可达 10 万次,且格式化时间较短。

③DVD＋RW。DVD＋RW 是由众多 IT 巨头所倡导的,具体是由 Philips、Sony、Yamaha、Mitsubishi、HP、Thomson、Ricoh 七大厂商为主导的 DVD＋RW 联盟制定的。于 1999 年推出第一个标准,其容量单面 3 GB,双面 6 GB,到 2003 年,其信息容量单面为 4.7 GB,双面达到 9.4 GB。DVD＋RW 对与 DVD－RW 的技术进行了很好的改进,保持了 1 000 次的重复刻录次数,并主要用于数据保存。在该光盘中还埋入了一种"Media ID"的数据,能有效防止非法翻版。DVD＋RW 正逐步取代 DVD－RW 成为只读 DVD 中的主流格式。

（3）新一代光盘技术

①蓝光盘。蓝光(Blu－ray)或称蓝光盘(Blu－ray Disc,BD)利用波长较短(405 nm)的蓝色激光读取和写入数据,并因此而得名。而传统 DVD 需要光头发出红色激光(波长为 650 nm)来读取或写入数据,通常来说波长越短的激光,能够在单位面积上记录或读取更多的信息。因此,蓝光极大地提高了光盘的存储容量,对于光存储产品来说,蓝光提供了一个跳跃式发展的机会。

蓝光是目前最先进的大容量光碟格式,BD 激光技术的巨大进步,使你能够在一张单碟上存储 25 GB ~ 50 GB 的文档文件,这是现有(单碟)DVD 的数倍。在速度上,蓝光允许 1 ~ 2 倍或者说每秒 4.5 ~ 9 MB 的记录速度。

蓝光光碟拥有一个异常坚固的层面,可以保护光碟里面重要的记录层。在技术上,蓝光刻录机系统可以兼容此前出现的各种光盘产品。蓝光产品的巨大容量为高清电影、游戏和大容量数据存储带来了可能和方便,将在很大程度上促进高清娱乐的发展。各光盘系列性能对比如表 14-1 所示。

表 14-1　各光盘系列性能对比表

光存储类型	记录波长 （nm）	单面容量 （GB）	光道间距 （μm）	最小记录长度 （μm）	存取时间 （ms）	数据传输率 （Mbit/s）
CD 系列	780	0.6 ~ 0.8	1.6	0.83	100	4.32
DVD 系列	630/650	4.7	0.74	0.44	30	26 ~ 27
Blu－ray 系列	405	20 ~ 35	0.32	0.2	10 ~ 20	50 ~ 100

4.光盘塔与光盘库

（1）光盘塔

光盘塔(见图 14-5)是由多个 SCSI 接口的 CD－ROM 驱动器串联而成的,光盘预先放置在 CD－ROM驱动器中,事实上相当于多个 CD－ROM 驱动器的"堆砌"。光盘塔一次可共享的 CD－ROM光盘的数量与其所拥有的 CD－ROM 驱动器数量相等。用户访问光盘塔时直接访问

CD – ROM 驱动器中的光盘,访问速度较之光盘库稍快。

（2）光盘库

光盘库（见图 14-6）是一种带有自动换盘机构（机械手）的光盘网络共享设备。光盘库一般由放置光盘的光盘架、自动换盘机构（机械手）和驱动器 3 部分组成。近年来,由于单张光盘的存储容量大大增加,光盘库相较于常见的存储设备如磁盘阵列、磁带库等价格性能优势越来越显露出来。光盘库作为一种存储设备已开始渐渐被运用于各个领域,如银行的票据影像存储、保险机构的资料存储,以及其他所有的大容量的资料存储的场合。

图 14-5　光盘塔

图 14-6　光盘库

14.2.3　硬盘存储技术

利用磁的性质记录信息的方式是数据存储的主要方式,基于磁的数据记录方式主要为磁盘与磁带,硬盘最早是由 IBM 公司在 20 世纪 50 年代发明的存储介质,是磁盘的一种（磁盘一般分为硬盘和软盘,但本章中所提磁盘均指硬盘）。但真正在市场上得到广泛应用的硬盘是在 20 世纪 70 年代。从那以后一直到现在,无论是个人还是专业用户,它一直是数据存储领域中的主流存储设备,是计算机中必不可少的存储设备。

与其他存储介质相比,硬盘具有定位迅速、访问速度快、存储容量大、可靠性好等优点,不足之处就是造价相对较高,携带不太方便。

有关硬盘的知识,我们先从它的结构及其特点,以便后面的进一步讨论。

1. 硬盘的结构

硬盘是高精密度的机电一体化产品,主要由硬盘片、主轴和主轴电机、磁头和移动臂等部分组成。其中硬盘片的组织结构为盘面、磁道和扇区（见图 14-7）:

盘面:盘片的上下两个面,又名磁头号,按上到下的顺序从 0 依次编号（一个硬盘最多有 255个磁头,即盘面）。

磁道:硬盘在低级格式化时被划分成的同心圆轨迹,按外到里的顺序从 0 依次编号（每一个盘片最多有 1 023 个磁道）。

扇区:每段圆弧为一个扇区,从 1 开始编号,每个扇区中的数据作为一个单元同时读出或写入（每个磁道的扇区数最大为 63）。

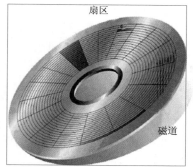

图 14-7　磁盘片的磁道与扇区

柱面:硬盘中各盘片上同一位置的磁道构成一个柱面。每个圆柱上的磁头由下而上从 0 开始编号。数据的读写是按照柱面进行。

只有在同一柱面所有的磁头全部读写完毕后磁头才转移到下一柱面,因为选取磁头只需要通过电子切换,而选取柱面则必须通过机械切换,即寻道、换道。

硬盘读写时都是以扇区为最小寻址单位的,扇区的大小固定为 512 字节。

柱面、磁头、扇区三者简称 CHS,扇区的地址又称 CHS 地址。现在 CHS 编址方式已经不再使用,而转为较为灵活的 LBA 编址方式。LBA 编址方式不再划分柱面和磁头号,其数据的含义由操作系统内部解释,而对外提供的是一个线性地址。较早的 LBA 地址是 28 位,寻址范围为137 GB。目前均采用 48 位线性地址,理论上寻址范围为 144 PB(144 000 TB = 144 000 000 GB)。不过,在 32 位的操作系统下,由于受系统寻址能力的限制,一般只能访问到 2.2 TB(2 200 GB)的容量。

硬盘必须格式化后才能使用。所谓硬盘的格式化操作,就是在盘面上划分磁道和扇区,并在扇区中填写扇区号等信息的过程。

硬盘上的信息的平均存取时间为 AST(Average Seek Time),计算如下:

$$AST = 寻道时间 + 旋转等待时间 + 数据传输时间$$

寻道时间:磁头沿径向移动,移到要读取的扇区所在磁道的上方所需时间(大约 7.5 ~ 14 ms);

旋转等待时间:指定扇区旋转到磁头下方所需要的时间(大约 4 ~ 6 ms,转速:4 200/5 400/7 200/10 000 r/min)。旋转等待时间一般按平均旋转等待时间计算,例如一个 7 200 r/min 的硬盘,每旋转一周所需时间为 60 × 1 000/7 200 ≈ 8.33 ms,则平均旋转延迟时间为 8.33 ÷ 2 = 4.165 ms(最多旋转 1 圈,最少不用旋转,平均情况下,需要旋转半圈)。

数据传输时间:完成传输所请求的数据所需要的时间(大约 0.01 ms/扇区)。

2. 影响硬盘性能的指标

对于硬盘来说,一次硬盘的连续读出或者写入叫做一次 I/O。

影响硬盘性能的因素有:

转速:是影响硬盘连续 I/O 时吞吐量性能的首要因素。

寻道速度:是影响硬盘随机 I/O 性能的首要因素。

单碟容量:容量高密度越大,在相同的转速和寻道速度条件下,会显示出更高的性能。

接口速度:都已经能满足从硬盘所能达到的最高外部传输带宽。

关于硬盘性能主要的评价指标有两个:IOPS(I/O per Second)和吞吐量(throughput),两个指标互相独立又相互关联。

IOPS:每秒能进行 I/O 的次数,指的是系统在单位时间内能处理的最大的 I/O 频度。有时在传输过程中,由于信道的原因,一个数据块会被分割成多块(Block),但对于硬盘来说,也被视为一个 I/O。IOPS 的计算方法:

$$IOPS 的理论最大值 = 1\ 000\ ms/(寻道时间 + 平均旋转等待时间)$$

假设硬盘平均物理寻道时间为 3 ms,硬盘的转速为 7 200 r/min,按前面的计算方法,其平均旋转等待时间为 4.17 ms。则 IOPS 理论最大值为 1 000/(3 + 4.165) ≈ 140。

这个理论最大值只是理论上的一个估算值,在实际运行中,硬盘的 IOPS 的值并不是固定的,它与被传输的 I/O 数据块的大小有关。如果在不频繁换道的情况下,每次 I/O 都写入很大的一块连续数据,则此时 IOPS 是比较低的;如果磁头频繁换道,但每次 I/O 的数据如果较大,IOPS 可接近最低值;如果在不频繁换道的条件下,每次写入最小的数据块,如 512 字节,那么此时的 IOPS 将接近最高值。

吞吐量是用来计算每秒在 I/O 流中传输的数据总量。这个指标在一般的硬盘性能计算工具中都会显示(如文件复制中的传输速度),一般用 Kbit/s、Mbit/s 或 Gbit/s 来表示。广义上的吞吐量在用来表述硬盘传输的性能时常常等同于"带宽"。但带宽会包括通道中所有数据的总传输量的最大值,包括 I/O 包头等所有的冗余信息,而吞吐量则是只包括被传输的实际数据,两者还是有些许区别的。当然这些冗余信息相对数据量来说还是比较小的,一般可以忽略。

IOPS 和吞吐量之间存在线性的变化关系,而决定它们变化的变量就是每个 I/O 的大小(每次 I/O 的数据量)。其关系可由以下公式表示:

$$吞吐量 = IOPS \times 平均每个 I/O 的大小$$

从该公式可以看到,当被传输的 I/O 次数比较少的情况下,每个 I/O 所需传输的时间就会比较少,因此单位时间内传输的数据量(吞吐量)就多;反之,吞吐量就少(见图 14-8)。

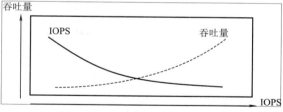

对于同一个硬盘,随着每次 I/O 读写数据大小的不同,IOPS 的数值也在做相应的改变。例如,每次 I/O 写入或者读出的都是连续的大数据块时,IOPS 相对会低一些;在不频繁换道的情况下,每次写入或者读出的数据块小,相对来讲 IOPS 就会高一些。也就是说,IOPS 也取决于 I/O 块的大小,采用不同 I/O 块的大小测出的 IOPS 值是不同的。对一个具体的 IOPS,可以了解它当时测试的 I/O 块的尺寸。并且 IOPS 都具有极限值,表 14-2 列出了各种硬盘的 IOPS 极限值。

图 14-8　IOPS 与吞吐量的关系

表 14-2　不同硬盘类型的 IOPS 值

硬盘类型	IOPS	硬盘类型	IOPS
FC 15 000 r/min	180	SATA 10 000 r/min	290
FC 10 000 r/min	140	SATA 7 200 r/min	80
SAS 15 000 r/min	180	SATA 5 400 r/min	40
SAS 10 000 r/min	150		

3. 磁盘条带化技术

硬盘系统对 IOPS 是有限制的。当达到这个限制时,后面需要访问硬盘的进程就需要等待,这就是所谓的硬盘冲突。当多个进程同时访问同一个硬盘,超出了 IOPS 的限制时,会出现进程等待的现象,即发生了硬盘冲突。

避免硬盘冲突是优化 I/O 性能的一个重要目标,而 I/O 性能的优化与其他资源(如 CPU 和内存)的优化有很大的区别,I/O 优化最有效的手段是将 I/O 最大限度地进行平衡,其中比较有效的技术手段是条带化技术。

条带(Stripe)是一种通过硬件控制器将多个硬盘驱动器合并为一个卷的方法。条带的一般做法是在各硬盘相同的偏移处横向进行逻辑分割,从而形成条带。条带完全是由程序实现的,是一个逻辑映射。

将多个硬盘连接在一起,由一个硬盘控制器来控制其 I/O 操作的方法称为磁盘阵列。通过条带化技术,把每段数据分别写入到阵列中的不同硬盘上,比单个硬盘所能提供的速度要快很多。磁盘阵列的技术最初是为了节省成本,用多个廉价的小硬盘来替代一个昂贵的大硬盘。随着存储技术的成熟,人们发现这种技术不仅可以节省成本,而且由于数据是被并行地写入所有硬盘的,可以实现系统的 I/O 负载分担,从而提高其数据吞吐量。图 14-9 展示了磁盘阵列访问各硬盘的方式。

条带的有关概念:

条带深度:一个条带所占用的单块硬盘上的区域,也称条带单元。条带深度为整数倍的扇区容量。

条带宽度:是指同时可以并发读或写的条带数量,一般指条带上的硬盘数量。

条带长度:一个条带横跨过的扇区或块的个数或字节数。

条带元素:在硬盘分区(盘片上的逻辑区域)中,划分成多个大小相等、地址相邻的块,成为组成条带的元素。

在磁盘阵列中,条带元素的大小是根据硬盘的吞吐能力来决定的,以扇区为基本单位。条带大小等于条带元素大小乘以组中的硬盘数。例如：假设条带元素大小为 128 个扇区（默认）。如果组中有 5 个硬盘，则条带大小 = 5 × 128 = 640 个扇区。

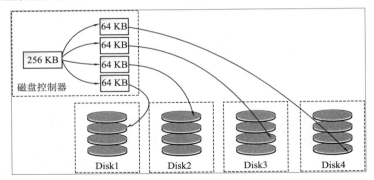

图 14-9   磁盘阵列访问磁盘的方式

条带化技术就是一种利用条带自动地将 I/O 的负载均衡到多个物理硬盘上的方法，具体做法就是将一块连续的数据分成很多个小部分，并把他们分别存储到不同硬盘上去。这就能使多个进程同时访问数据的多个不同部分而不会造成硬盘冲突，而且在需要对这种数据进行顺序访问的时候可以获得最大程度上的 I/O 并行能力，从而获得非常好的性能。很多操作系统、硬盘设备供应商、各种第三方软件都能做到条带化。

4. 磁盘阵列与 RAID 技术

将多个硬盘组织起来，可提供比单个硬盘更多的存储容量和更高的带宽服务，被称为磁盘阵列。磁盘阵列（见图 14-10）以有无硬盘控制器来分类，可分为 JBOD（无控制器）和 RAID（有控制器）两种。

严格意义上讲，JBOD 不能称之为"阵列"，因为 JBOD 内部既没有控制器，也没有缓存，硬盘之间也没有提高性能和安全性的任何手段。

与 RAID 阵列相比较，JBOD 最主要的问题是在单独的硬盘出现故障的恢复能力。一个驱动器的故障就可能导致整个 JBOD 的失效。其主要的优势在于它的低成本，可以将多个硬盘合并到共享电源和风扇的盒子中，因此它提供了一种经济的节省空间的配置存储方式。随着更高容量的硬盘驱动器投入市场，采用具有几百 GB 的硬盘建立 JBOD 配置也成为可能。

图 14-10   磁盘阵列

RAID"Redundant Array of Inexpensive Disk"是指带硬盘控制器的磁盘阵列，该技术诞生于 1987 年，由美国加州大学伯克利分校提出，最初研制它的目的是为了组合小型的廉价硬盘来代替大的昂贵硬盘，以降低大批量数据存储的费用。同时也希望通过冗余信息的方式，使得单一硬盘失效时不会丢失数据，因此开发出不同级别的 RAID 数据保护技术，并在此基础上逐渐致力于提升数据访问速度。对于大型存储系统来说，一方面要求数据能够高速访问，另一方面，也要求数据必须有良好的安全性，因此，RAID 技术应运而生。

RAID 的基本思想是基于条带技术，将多个硬盘连接成为一个磁盘阵列组，使性能达到甚至超过一个价格昂贵、容量巨大的硬盘；另外，通过增加冗余硬盘的方式，便于实现硬盘数据被破坏后的恢复，以保证数据安全。RAID 通常被用在服务器的附属存储设备，或作为独立的存储设备在网络上共享。RAID 使用完全相同的硬盘组成一个磁盘阵列，并对其进行统一的数据管理。数据冗余可以有多种不同的方式，因此 RAID 可分为不同的类型。各种类型均在数据可靠性及读写性能上做了不同的权衡。在实际应用中，用户可以依据自己的实际需求选择不同的 RAID 方案。

RAID 针对不同的应用可使用不同的技术，称为 RAID 等级。目前业界公认的标准是 RAID 0 至 RAID 7。值得注意的是，RAID 等级并不代表技术的高低，最终选择哪一种 RAID 等级的产品，完全视用户的操作环境及应用而定,与等级的高低没有关系。下面介绍几种主流的 RAID 等级。

（1）RAID 0

RAID 0 也称无容错设计的条带磁盘阵列,是最简单的 RAID 结构。其实现方式就是把多块硬盘串联在一起创建一个大的卷集,由 RAID 控制器将数据分割成大小相同的数据条带,同时写入阵列中的磁盘。磁盘之间的连接既可以使用硬件的形式通过智能磁盘控制器实现,也可以使用操作系统中的磁盘驱动程序以软件的方式实现。RAID 0 的结构如图 14-11 所示。

RAID 0 具有成本低、读写性能高、存储空间利用率高等特点,适用于临时文件的转储等对速度要求极其严格的特殊应用。但由于没有数据冗余,其安全性大大降低,构成阵列的任何一块硬盘的损坏都将带来灾难性的数据损失。这种方式其实没有冗余功能和安全保护,只是提高了磁盘读写性能和整个服务器的磁盘容量。

（2）RAID 1

RAID 1 又被称为镜像双工磁盘阵列,每一个磁盘都具有一个对应的镜像盘。对任何一个磁盘的数据写入都会被复制到镜像磁盘中。系统可以从一组镜像盘中的任何一个磁盘读取数据。显然,磁盘镜像肯定会提高系统成本,因为我们所能使用的空间只是所有磁盘容量总和的一半。如果一块磁盘的数据发生错误,或者硬盘出现了坏道,另一块硬盘可以弥补由于磁盘故障而造成的数据损失和系统中断。RAID 1 的结构如图 14-12 所示。

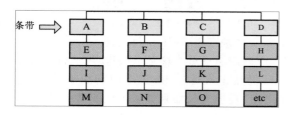

图 14-11　RAID 0（无容错设计的条带磁盘阵列）结构示意图　　图 14-12　RAID 1（镜像双工磁盘阵列）结构示意图

RAID 1 和 RAID 0 是两个极端情况,RAID 0 对数据没有任何保护措施,RAID 1 则对虚拟逻辑盘上的每个物理 Block,都在物理上进行了一份镜像备份,也就是说数据有两份。对于 RAID 1 的写操作来说,如果使用两个完全独立的磁盘控制器,则与单块磁盘的写性能相同。而对于 RAID 1 的读操作请求,可以像 RAID 0 一样并发,速度得到了提升。

（3）RAID 3

RAID 3 称为奇偶校验并行传输磁盘阵列,每 4 位增加 1 位校验信息。数据与 RAID 0 一样是分成条带存入磁盘阵列中,这个条带深度的单位为字节/扇区而不再是比特。如果一块磁盘失效,奇偶校验盘及其他数据盘通过奇偶校验运算可以重新产生数据;如果奇偶校验盘失效则不影响数据使用。RAID 3 的结构如图 14-13 所示。

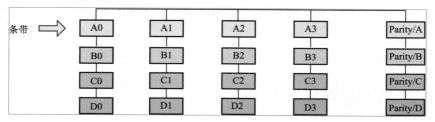

图 14-13　RAID 3（奇偶校验并行传输磁盘阵列）结构示意图

RAID 3 只能查错不能纠错。它一次处理一个条带,像 RAID 0 一样以并行的方式来处理数据。因为校验位比较少,因此计算时间相对而言比较少,写入速率与读出速率都很高。RAID 3 对于大量的连续数据可提供很好的传输率,但对于随机数据来说,奇偶盘会成为写操作的瓶颈。利用单独的校验盘来保护数据虽然没有镜像的安全性高,但是硬盘利用率得到了很大的提高,为$(N-1)/N,N$是一个条带上的磁盘数。

（4）RAID 5

RAID 5 也被称为分布式奇偶校验阵列,是目前应用最广泛的 RAID 技术。它与 RAID 3 不同的是没有固定的校验盘,而是按某种规则把奇偶校验信息均匀地分布在阵列所属的硬盘上,所以在每块硬盘上既有数据信息也有校验信息。这一改变解决了争用校验盘的问题。RAID 5 也是以数据的校验位来保证数据的安全,任何一个硬盘损坏,都可以根据其他硬盘上的校验位来重建损坏的数据。RAID 5 的结构如图 14-14 所示。

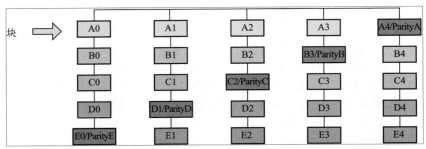

图 14-14　RAID 5（分布式奇偶校验阵列）结构示意图

RAID 5 的存储单位也是块,与 RAID 3 相比,其重要区别在于 RAID 3 每进行一次数据传输,需涉及所有的阵列盘。而对于 RAID 5 来说,大部分数据传输只对一块磁盘操作,可进行并行操作。其优点是提供了冗余性,支持一块磁盘掉线后仍然正常运行,磁盘空间利用率较高,为$(N-1)/N$,读取速度较快为 $N-1$ 倍。不足之处是仍有"写损失",而且如果 1 块硬盘出现故障,整个系统的性能将大大降低。

RAID 技术还有很多种,还可以将两种技术混合使用,如 RAID 0 和 RAID 1 结合的 RAID 10；RAID 1 和 RAID 5 结合的 RAID 15 等。表 14-3 是以上几种 RAID 技术的对比表。

表 14-3　几种常用 RAID 等级比较

RAID 等级	优　点	缺　点	适用领域
RAID 0	成本低、存储空间利用率高、读写速度最快、设计使用简单	没有数据容错能力	视频生成、图像编辑等需要大带宽的应用
RAID 1	两倍的读取速率、100% 完全容错	成本高	金融和财务等对数据的安全性要求极高的应用
RAID 3	读写速率高,尤其是对大量连续数据；硬盘利用率高	没有多任务功能、控制器设计较复杂	用于多媒体、动画、图形等以连续性档案写入为主,一次存取的数据量较大的应用
RAID 5	具备多任务及容错功能、硬盘利用率高	具有写损失、控制器设计复杂、价格较高	适合于企业档案服务器、Web 服务器、在线交易系统等多任务、存取频繁,且数据量不是很大的应用

14.3　网络存储技术

当前,数字媒体信息技术发展迅速,在对存储容量的需求增长的同时,各种应用对存储系统的要求也越来越高。应用系统除了对存储容量的需求以外,还包括数据访问性能、数据传输性能、数据管理能力、存储扩展能力等多个方面。可以说,存储网络平台的综合性能的优劣,将直接影响到整个应用系统的正常运行。因此,发展一种可共享、可管理,并可兼顾成本和效益的存储方式就成为必然,于是就产生了网络存储技术。

14.3.1　网络存储技术的基本概念

所谓网络存储技术(Network Storage Technologies),就是以大容量存储器为基础,以网络为传输手段来实现大规模数据的保存与共享。数据可以保存在远程的专用存储设备上,也可以是通过服务器来进行存储。对于媒体数据来说,数据共享一定要考虑到流媒体的支持能力。

在网络存储技术的发展中,大致可以分为 3 个阶段:总线存储阶段、存储网络阶段和虚拟存储网络阶段。

早期的总线存储阶段主要指以服务器为中心并基于 SCSI 总线的存储系统。此种存储体系结构缺乏灵活性,存在一些缺点,如原始容量限制、没有扩展性、所有的数据存储受服务器性能的限制、无法集中管理等。

随着存储系统的发展,越来越需要一种在网络上独立的存储设备,它与其他设备构成了存储网络。在存储网络阶段采用面向网络的存储体系结构,使数据处理和数据存储分离;网络存储体系结构包括网络和 I/O 的精华,将 I/O 能力扩展到网络上,特别是灵活的网络寻址能力,远距离数据传输能力,高效的 I/O 性能;通过网络连接服务器和存储资源,消除了不同存储设备和服务器之间的连接障碍;提高了数据的共享性、可用性和可扩展性,并方便管理。

14.3.2　直接附加存储 DAS

早期的存储架构为直接附加存储(Direct Attached Storage,DAS),它是指存储设备只用于与独立的一台主机服务器连接,其他主机不能使用这个存储设备。如 PC 中的磁盘或只有一个外部 SCSI 接口的 JBOD 都属于 DAS 架构。

在 DAS 架构中,所有的存储操作都要通过 CPU 的 I/O 操作来完成。由于存储是直接依附在主机服务器上,存储设备与主机的操作系统紧密相连,其典型的管理结构是基于 SCSI 的并行总线结构,存储共享是受限的。另外,因为 CPU 必须同时完成磁盘存取和应用运行的双重任务,系统负担沉重,也不利于 CPU 指令周期的优化,其结构如图 14-15 所示。

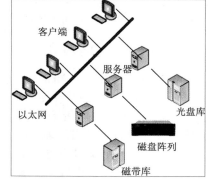

图 14-15　直接附加存储 DAS

此种方式中,由于直接将存储设备连接到服务器上。这导致它有以下几方面的缺点:

传递距离:一般 SCSI 电缆允许的传递距离最大为 25 m。

连接数量:一方面,SCSI 连接器的尺寸限制了连接服务器的数量;另一方面,每台服务器最多也只能连接 16 个 SCSI 阵列。

传输速率:目前并行 SCSI 最大运行速度为 320 Mbit/s,且只能以半双工方式。在网络带宽足够的情况下,服务器本身成为数据输入/输出的瓶颈。因此,当存储容量增加时,DAS 方式很难扩展,这对存储容量的升级是一个很大的难题;另一方面,由于数据的读取都要通过服务器来处理,必然导致服务器的处理压力增加,数据处理和传输能力将大大降低。此外,当服务器出现故障时,也会波及存储数据,使其无法使用。

14.3.3　网络附加存储

网络附加存储(Network Attached Storage,NAS)被定义为一种特殊的专用数据存储服务器,包括存储设备(如磁盘阵列、光盘库或磁带库)和内嵌系统软件,可提供跨平台文件共享功能。

NAS 通常在一个 LAN 上占有自己的节点,它通过网口与以太网连接,支持通用的数据传输协议 TCP/IP,无需应用服务器的干预,允许用户在网络上存取数据具有文件系统的功能,自己管理存储空间。在 NAS 架构中,主服务器和客户端可以非常方便地在 NAS 上存取任意格式的文件。

NAS 是一种特殊的专用数据存储服务器,它对文件服务器系统进行了优化并加上大容量存储,以文件 I/O 方式进行数据传输,是一种专用的网络文件存储及备份设备。

NAS 以数据为中心,将存储设备与其他应用服务器分离,体系结构如图 14-16 所示。存储设备在功能上完全独立于网络中的其他应用服务器。客户机与存储设备之间可以直接进行数据访问而不需要文件(应用)服务器的干预,因此不仅响应速度快,而且数据传输速率很高;同时也降低对服务器的要求和成本,这使得 NAS 的部署更加方便且性价比较高。

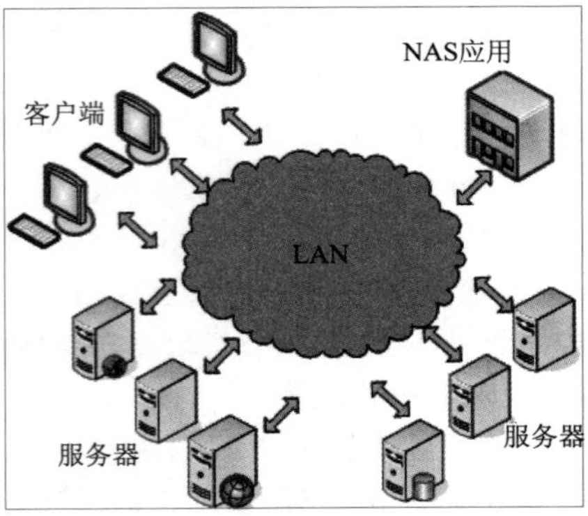

虽然 NAS 具有较好的可扩展性、可访问性、低价位、部署简单、易于管理等优点,但也存在以下不足:

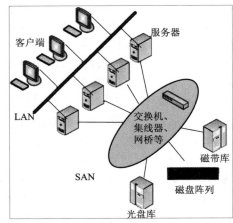

图 14-16　网络附加存储 NAS

在文件访问的速度方面:NAS 采用的是文件 I/O 方式,这带来巨大的网络协议开销。正是基于这个原因,NAS 不适合对访问速度要求高的应用场合,如数据库应用、在线事务处理等。

在数据备份方面:需要占用 LAN 的带宽,浪费宝贵的网络资源,严重时甚至影响客户应用的顺利进行。

在资源的整合和 NAS 的管理方面:NAS 只能对单个存储设备之中的磁盘进行资源的整合,目前还无法跨越不同的 NAS 设备。难以将多个 NAS 设备整合成一个统一的存储池,因而难以对多个 NAS 设备进行统一的集中管理,只能进行单独管理。

14.3.4　存储区域网

存储区域网(Storage Area Network,SAN)是一种利用光纤通道(Fibre Channel,FC)协议连接起来的可以在存储资源和服务器之间建立直接的数据连接的高速计算机网络。用 FC 网络替代了 SCSI 总线,I/O 指令也是直接发送到存储设备。

SAN 没有采用文件共享存取方式,而是采用块(Block)级别存储。根据数据传输过程采用的协议,可分为 FC SAN 和 IP SAN。

(1)FC SAN

FC SAN 存储系统位于服务器后端,采用 FC 协议来传输数据,是为连接服务器、磁盘阵列等存储设备而建立的高性能专用网络。它由 3 个基本的组件构成:接口(如 FC)、连接设备(如交换机、路由器)和传输协议(如 IP)。这 3 个组件再加上附加的存储设备和服务器就构成一个 SAN 系统,体系结构如图 14-17 所示。FC SAN 提供一个专用的、高可靠性的基于光通道的存储网络,将存储设备从传统的以太网中分离出来,成为独立的存储区域网络,服务器可以访问存储区域网上的任何存储设备,同时存储设备之间以及存储设备与 SAN 交换机之间也可以进行通信。

图 14-17　存储区域网 SAN

FC SAN 存储区域网络的优点:①可实现大容量存储设备共享;②可实现性能服务器与高速

存储设备的高速互联;③可实现灵活的存储设备配置要求;④可实现数据快速备份;⑤提高了数据的可靠性和安全性。

FC SAN 也存在一些不足:①不同产品的设备之间的互操作性较差;②需要接受过专门训练并有丰富经验的专业人员维护,加大了维护成本;③连接距离受限(10 km 左右)且网络互连设备昂贵。

(2) IP SAN

IP SAN 是基于 IP 网络实现数据块级别存储方式的存储网络,它允许用户在已有的以太网上创建存储网络,并可在任何网络节点上实施部署,因此保存的数据量更大,应用范围更广。IP SAN 采用 10 Gbit/s 以太网交换机代替传统的专用存储交换机,降低了部署成本;同时采用传统的 IP 协议,突破了传输距离的限制。

在 IP SAN 存储领域中,较为成熟的是 iSCSI 技术。iSCSI 是基于 IP 网络实现的 SAN 架构,它既具有 IP 网络配置和管理简单等优点,同时又提供了 SAN 架构所拥有的强大功能和可扩展性。iSCSI 是连接到一个 TCP/IP 网络的直接寻址的存储库,通过使用 TCP/IP 协议对 SCSI 指令进行封装,可以使指令能够通过 IP 网络进行传输,而过程完全不依赖于地点。iSCSI 存储的优点:

①建立在 SCSI、TCP/IP 这些稳定和熟悉的标准上,安装成本和维护费用较低。

②iSCSI 支持一般的以太网交换机而不是特殊的光纤通道交换机,从而降低了构建成本。

③iSCSI 通过 IP 传输存储命令,因此可以在整个 Internet 上传输,没有距离限制。

iSCSI 存储的缺点:

①存储和网络是同一个物理接口,同时协议本身的开销较大。

②协议本身需要频繁地将 SCSI 命令封装到 IP 包中,以及从 IP 包中将 SCSI 命令解析出来。

这两个因素都造成了带宽的占用和主处理器的负担,但随着专门处理 iSCSI 指令的芯片的出现以及 10 Gbit/s 以太网的普及,这两个问题将得到缓解。因此,iSCSI 有着较好的发展空间。

14.3.5　FC SAN 及 IP SAN

FC SAN 和 IP SAN 基于的协议不同,其区别比较明显:

网络架构方面:FC SAN 需要构建一个独立的光纤网络,每台服务器都要增加 HBA 卡(主机总线适配器),而 IP SAN 使用现有的 IP 网络,因此 IP SAN 构建技术相对容易。

传输距离方面:FC SAN 受到光纤传输距离的限制最多 10 km,而 IP SAN 理论上没有距离限制。

使用和维护方面:FC SAN 技术较复杂,建立时需要专业人员进行,维护需要经过长时间的培训和学习,而 IP SAN 与其他 IP 网络设备一样操作简单。

成本方面:FC SAN 需要购买光纤交换机、HBA 卡、光纤磁盘阵列等,这些设备都非常昂贵,构建和维护时需要有丰富经验并接受过专门训练的专业人员,这大大增加了构建和维护费用,而 IP SAN 的成本要低得多。

兼容性方面:FC SAN 设备的互操作性较差,不同的产品提供商的光纤通道协议的具体实现是不同的,这造成了不同产品之间难以互相操作。而 IP SAN 可以将存储设备合并为存储池,能很好地整合各种存储设备,同时有效保护了以往的投资。

容灾方面:FC SAN 需要另外购买与高端设备搭配的容灾软件,而 IP SAN 本身包括本地和异地数据容灾的功能,且成本较低。

从上面几个方面来看,FC SAN 似乎不占优势,但从网速上比较,FC 采用的是通道技术,一般可提供 1 ~16 Gbit/s 的带宽,传输效率高,而 IP SAN 构建在以太网的平台上,虽然有千兆,甚至 10 Gbit/s 的以太网问世,但由于以太网的传输效率不高,网络带宽不稳定,所以对于需要稳定的高带宽需求的多媒体编辑与播出网络来说,FC SAN 还是首先要考虑的解决方案。

14.4 存储技术的应用

14.4.1 虚拟存储

虚拟存储(Storage Virtualization)就是把多个存储介质模块(如硬盘、RAID)通过一定的手段集中管理起来,所有的存储模块在一个存储池中得到统一管理。这种可以将多种、多级、多个存储设备统一管理起来、并能为使用者提供大容量、高速数据传输性能的存储系统,就称之为虚拟存储。

基于网络的虚拟化是近来存储行业的一个发展方向。与基于主机和存储子系统的虚拟化不同,基于网络的虚拟化功能是在网络内部完成的。这个网络一般指的是存储区域网(SAN)。具体的虚拟功能的实现可以在交换机、路由器、存储服务器进行,同时也支持带内(in-band)或者带外(out-of-band)的虚拟。

①带内虚拟,也称对称虚拟,是在应用服务器和存储的数据通路内部得以实现。在标准的设置中,在存储服务器上运行的虚拟软件允许元数据(如名称、属性、内容描述等)和媒体数据在相同的数据通路内传递。存储服务器接受来自主机的数据请求,随后存储服务器会在其后台的存储设备中搜索数据(被请求的数据可能分布于多个存储设备中),当数据被找到后,存储数据传送给主机,完成一次完整的请求响应。在用户看来,带内虚拟存储服务器好像是直接附属在主机上的一个存储设备(或子系统)。

②带外虚拟,又称不对称虚拟,是在数据通路外的存储服务器上实现的虚拟功能。元数据和媒体数据在不同的数据通路上传输。一般情况下,元数据存放在使用单独通路连接到应用服务器的存储服务器上,而媒体数据在另外的通路中传递(或者直接通过存储网络在服务器和存储设备间传递)。带外虚拟减少了网络中的数据流量,一般需要在主机端安装客户软件。

根据应用环境的不同,按照存储虚拟的实现方案来分类,主要有以下 3 种:

a.基于存储设备的虚拟一般是存储厂商实施的,如同真实的设备一样,对用户和管理员透明。

b.基于主机的虚拟存储依赖于代理或管理软件,它们安装在一个或多个主机上,实现存储虚拟化的控制和管理。

c.基于网络的虚拟的实施,介于服务端和设备端之间,其特点为充分利用网络资源,在实现过程中,既能使用户感觉不到虚拟化的存在,而且操作上屏蔽各种细节,具有很高的扩展性、灵活性,是目前存储技术的发展趋势。

14.4.2 媒资管理系统中的分级存储模式

媒资管理是媒体资产管理(Media Asset Management,MAM)的简称。媒体资产(视音频、动画、图形、文本等)是有关企业所拥有的有价值的媒体信息资料。媒资管理系统是一个端到端的对各种类型的媒体资产(视音频、动画、图形、文本等等)进行其生命期内全面管理的总体解决方案。它完全满足媒体资产拥有者收集、保存、发布各种媒体信息的功能要求和工作流程管理,为媒体资产的消费者提供了对媒体内容在线检索、提取的方法,实现了安全、完整地保存媒体资产和高效、低成本地利用媒体资产。

对于媒体企业来说,媒资管理系统是媒体数字化以后媒体的生产线和保管箱,它可以监督管理媒体从素材到加工成产品的整个流程,也可以将媒体资产有效地保存起来,并提供方便的检索手段,使媒体信息成为媒体企业的有交换价值的资产。而存储子系统在整个媒资管理系统中扮演着基础的角色。但这个角色并不好扮演,因为存储方案的选择一方面关系到整个系统的数据承载及其输入/输出的能力,另一方面也是整个系统硬件造价的主要部分。特别是对于大型的媒资管理系统来说,如何经济有效地进行搭建整个存储系统,是媒资系统设计的重要一环。

为了充分利用存储资源,在保证媒资系统正常工作的前提下尽可能地减少成本,宜采用在线、近线和离线的三级存储管理模式,即所谓分级存储系统。分级存储系统的成本性能关系见图 14-18。

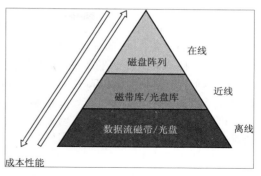

图 14-18　媒资系统中的分级存储管理

尽管分级存储中的各级存储设备并不相同,但可以通过分级存储管理软件将其虚拟成一个统一存储体。媒体数据在各级存储设备间的迁移,都由分级式存储管理系统负责,不需手动操作,完全自动化。

由于广播级视音频数据码率较高,为保证系统存储性能,视音频数据分级存储交换必须建立在SAN(Storage Area Network)的结构上。在 SAN 上实现数据存储调度要考虑的方面不仅仅是硬件层面的支持,还需要综合考虑系统平台、文件系统、SAN 文件共享软件、分级存储管理软件等多方面因素。

1. 在线存储

在线数据:存放高优先级的媒体数据,要求访问的效率特别高(称为热数据),要有足够的读写速度和网路带宽,以保证用户的即时访问。在电视台应用中,在线的要求是能够实时地显示视音频素材。所以在线存储一般采用 FC 磁盘阵列以保证访问的效率。

在线存储根据应用系统对数据流的不同需求采用不同的网络架构,具体可采用 SAN、iSCSI、NAS 等存储方式。

2. 近线存储

近线数据:存放的媒体数据无实时访问要求,访问的频率相对较低,所以对速度和带宽的要求相对比较低(称为温数据)。对电视台来说,这类数据一般是已播出不久,近期可能有再利用价值的媒体数据,其数据量远比正被访问的热数据来得多。

由于数量庞大,又没有实时性要求,所以,这部分数据存储主要考虑低成本的保存方式。同时需要考虑与在线系统的数据交换性能、可靠性、运行成本、系统的可扩展性(容量与性能)等因素。

近线存储系统一般由存储软件、存储服务器和自动化数据流磁带库组成,存储介质为数据流磁带。存储性能主要取决于带库性能、分级存储服务器的数据交换性能及与在线系统间的网络传输性能。

3. 离线存储

离线数据:所存放的数据确定在相当一段时间内肯定不会再使用的数据,但这些数据又具有一定的保存价值(称为冷数据)。例如某些历史记录或者是数据备份等。这些数据由于暂时不会访问,所以不必挂在线上,将其存放在低成本的磁带库或制成光盘保存。如果是数据备份,则要求其物理位置应远离在线系统,以保证数据安全。

超出磁带库容量的数据流磁带及其他存储介质如 DVD 可做离线保存、管理,系统将记录其存储排架位置,通过人工将磁带放入系统进行数据输出。采用这种方式,将大大节约存储成本。整个管理由软件完成。离线存储概念的引入使得媒体资产管理系统的存储可以无限扩展。

14.4.3　云技术与云存储

云计算技术(Cloud Computing Technology)是将各种计算资源和商业应用程序以互联网为基础,利用分布式处理、并行计算、网格计算技术,提供给用户的计算服务,这些服务将数据的处理过程从个人计算机或服务器转移到互联网的数据心，将 IT 技术外包给云服务提供商来减少硬件、软件和专业的投资。云技术有 3 种重要的服务模式：

①软件即服务（Software-as-a-Service，SaaS）：以服务的方式将应用程序提供给互联网用户。用户不需要在自己的电脑上安装这些软件，而是以租赁方式使用网络上的软件。

②平台即服务（Platform-as-a-Service，PaaS）：以服务方式提供应用程序开发和部署平台。用户不需要直接购买这样的平台，可在网络上租赁这些平台进行自有程序的开发与部署。

③基础设施即服务（Infrastructure-as-a-Service，IaaS）：以服务的形式提供服务器、存储和网络硬件以及相关软件。用户不需要直接购买这些硬件，而可以通过网络租赁这些硬件设施。

可以看出，所谓云技术，就是将原来需要用户自己购买的软件、平台或基础设施，以租赁方式通过互联网提供给用户。因此，云技术就是一种基于互联网的计算技术租赁服务模式。

在云技术的发展之初，各种云技术模式统称为云计算。随着云技术的成熟，大家普遍认同将云技术分为 3 个组成部分：云服务、云计算、云存储。云系统通过利用节点的计算能力来计算用户提交的数据（云计算），将满足用户要求的数据返回给客户（云服务），同时客户也可能需要将数据存放在云存储部件之上（云存储）。云存储是云计算的基石，云计算所需的数据需要从云存储上获取，同时云计算的计算结果也需要存储在云存储之上。另外云存储还需要为云服务提供数据存储服务，同时云服务中的很大部分需要依靠云计算的计算能力。根据这个定义，SaaS 和 PaaS 属于云服务范畴，IaaS 提供海量数据的存储设备或高性能计算设备，分别属于云存储或云计算领域。

云存储专注于向用户提供以互联网为基础的在线存储服务。用户无需考虑存储容量、存储设备类型、数据存储位置以及数据的可用性、可靠性、安全性等烦琐的底层技术细节，只用根据需要付费，就可以从云存储服务提供商那里获得自己所需的存储空间和企业级的服务质量。从目前典型的云存储系统来看，云存储可以整合位于互联网上的大量存储资源，并将这些存储资源组织为可供用户透明访问的资源池的一整套资源管理与访问控制技术所组成。

为保证高可用、高可靠和经济性，云存储采用分布式存储的方式来存储数据，采用冗余存储的方式来保证存储数据的可靠性。另外，云计算系统需要同时满足大量用户的需求，并行地为大量用户提供服务。因此，云存储的数据存储技术必须具有高吞吐率和高传输率的特点。为实现这个目的，云存储以集群应用、网格技术或分布式文件系统等功能为技术基础，通过存储虚拟化技术将网络中大量各种不同类型的存储设备通过应用软件集合起来协同工作，共同对外提供数据存储和业务访问功能的一个系统。其层次结构如图 14-19 所示。

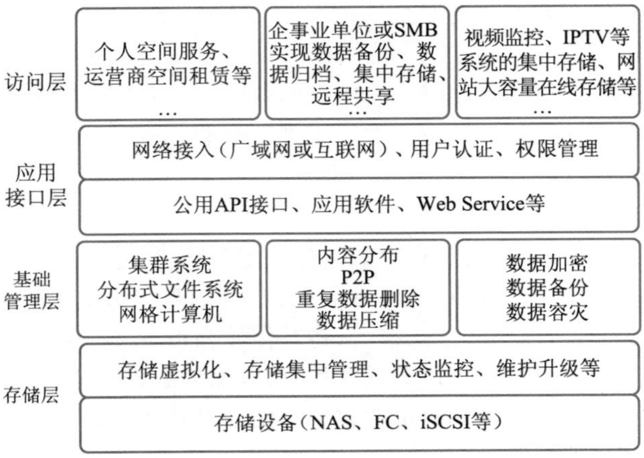

云存储不是存储，而是服务。它的核心是应用软件与存储设备相结合，通过应用软件来实现存储设备向存储服务的转变。

云存储的优势：

①云存储能够更加高效、简单、节约地存储传统媒体的资源，并且能减少数据存储的冗余和数据维护的资源。

图 14-19　云存储的层次结构图

②云存储系统采用开放式架构，能够方便快捷地进行资源的上传、管理和共享。

③云存储系统具有良好的可扩展性，以及和多种协议的兼容性。

④三网融合趋势下,云存储系统的建设有利于对互联网和电视网上分散的海量资源进行良好的整合和调度。

14.4.4　数字媒体存储技术的发展趋势

随着数字媒体技术的不断发展,大容量的存储技术以及网络存储技术也在不断进步之中。一方面在网络的存储功能上会不断增强,另一方面系统的应用效率也会不断提升。对于存储技术的发展,可以在以下几个方面加以关注:

①在光纤为基础的存储技术方面,主要在信息数据的传输效率上高,在未来的发展中会有很大的潜力。

②在未来的网络存储技术会逐渐走向融合,从而将存储的效率不断提升。随着新一代以太网的推出,基于宽带以太网的 iSCSI 技术也越来越受到业内追捧,并促进了 SAN 与 NAS 的融合发展。

③网络存储技术的发展正在向着智能化以及虚拟化的方向迈进。虚拟化的网络存储技术能够把不同接口协议的物理存储设备进行整合,然后再结合主机加以创建本地逻辑设备虚拟存储卷,这样就能实现存储的动态化管理,存储的效率水平就得到了进一步提升。

④近几年,云计算技术的快速发展导致存储技术面临新的需求、新的挑战,推动了高性能存储技术的飞跃发展,产生了如谷歌公司、Apache 公司、亚马逊公司等一些主流的云存储技术,并且部署在云平台上投入商用。

本章小结

存储技术是数字媒体技术的基石之一,本章从存储介质、存储网络和存储应用 3 个方面介绍了存储技术的基本原理和发展趋势。存储介质主要是磁带及磁带库、光盘及光盘塔、磁盘及磁盘阵列;存储网络有 DAS、NAS、SAN 及其 IP SAN;存储的应用方面包括虚拟存储、媒资中的三级存储以及云存储等方面。

存储技术的发展促进了数字媒体技术的发展,而存储技术与 IT 技术的进步息息相关,所以,随着 IT 技术的发展,存储技术也在不断推陈出新,以满足不断发展的数字媒体新的需求。

本章习题

1. 什么是数据存储? 主要有哪几种技术?
2. 什么是网络存储? 主要有哪几种技术?
3. 什么是虚拟存储?
4. 什么是媒资管理系统? 它的存储有什么特点?
5. 云存储的特点是什么?

第 15 章
互动业务系统设计

  互联网技术、云计算与大数据技术、人工智能技术等不断演进发展,为国家大力发展现代服务业提供了技术创新和服务方式创新的来源,也为国家、社会经济发展提供了内部动力。互动业务系统作为实现现代服务业的手段途径需要得到系统化的阐述和分析。本章基于上述背景,结合后续的《互动业务系统》课程对互动业务系统的定义、问题、方法等进行初步介绍,互动业务系统是以人机交互为基本属性的服务系统,是可用的、可运营、可管理的服务系统,是多种技术方法的综合应用,是多种不同功能用途的软硬件产品组成的,是具有明确商业模式和服务方式的服务系统。互动业务系统也应是满足国家网络空间安全的整体要求和信息安全的基本要求。本章内容也为我们全面了解数字媒体技术的相关技术、理论、方法的关系,并在实际应用中充分考虑技术、非技术要素提供了引导。

15.1　互动业务系统的定义

互动业务系统(Interactive Service System，ISS)中的"互动"与"交互"的英文表述相同，都是 interaction，"业务"与"服务"的英文表述也相同，都是 service，"互动业务"也可以叫做"交互服务"。互动业务系统与服务系统紧密相关。百度百科中定义服务系统为"可看作一种社会化的技术系统，是自然系统与制造系统的复合"。服务系统是对特定的技术或组织的一种网络化配置，用来提供服务以满足顾客的需求和期望。在服务系统中，服务的提供者与服务的需求者之间按照特定的协议、通过交互以满足某一特定顾客的请求，进而创造价值，彼此之间形成协作生成关系。好的服务系统使得那些没有经验的服务提供者能够快速准确地完成复杂的服务任务。"

互动业务系统是以人机交互为基本属性的服务系统。人机交互即（Human Computer Interaction，HCI）。国际计算机学会（Association for Computing Machinery，ACM）把人机交互定义为"面向人类使用的交互计算机系的设计、评估与实现"，维基百科定义为"研究设计和计算机技术的使用，尤其是面向用户与计算机之间的界面的设计与计算机技术的使用。人机交互领域的研究者既要分析人类与计算机交互的方式，也要设计人类与计算机交互的新方式"。

以基于 Web 或者智能终端（如手机、平板、机顶盒等）的互动业务系统为例。人们通常认为人机交互指的就是操作人员与可辨识、可操作"界面"（interface）之间的交互，强调界面的设计与实现。在语音、手势、眼动、表情、脑波等人类自然信息交流方式被不断感知和识别的今天，传统的人机交互从这种可辨识、可操作的"界面"扩展为基于语音识别、手势识别、眼动识别、表情识别、脑波识别的自然人机交互，如基于 Kinect 的手势识别进行游戏交互就是一个典型的例子。

除了交互界面、自然人机交互，在互动业务系统中，人机交互还包括更多的内容。交互界面、自然人机交互由于直接获取和识别最终用户的操作行为，并通过输出设备将信息与处理结果反馈给最终用户，因此可以称之为一级交互。在一级交互之上，可以对消费者或使用者在使用过程中采集、识别的信息与行为数据进行深入分析，形成二级交互。这种分析一方面可以综合多个最终用户的一级交互信息，形成总体的规律判断与决策支持，另一方面也可以对个人的交互行为，以及其互联网行为进行深入分析，并有可能结合多用户的总体规律判断结论，形成对个人的状态判定和偏好预测。在大数据、云计算盛行的今天，系统的计算能力、存储能力得到了极大的提升，上述二级交互第一种情况的常见例子就是决策支持系统与舆情分析系统，第二种情况常见的例子就是用户画像与个性化推荐系统。比如就业信息推荐系统或广电影视推荐系统，正是基于对个人、群体行为的进一步分析给出可能的行为预测或者偏好预测，由系统反向主动向用户推送信息的支持系统。

①互动业务系统是可用的、可运营、可管理的服务系统。"业务"与"服务"相比，更加强调可运营性，即"互动业务系统"强调面向服务需求者(大众或者某一个特定消费群体)，提供实际可以使用、可以运营、可以管理的系统，而不是实验室的创意和实验品。从实验室的创意和实验品走向实际的商用、实际的运营，还有很多技术、非技术的因素要考虑。互动业务系统的非技术因素包括但不限于服务体系、品牌、销售、服务支持、运营支持、风险管控等内容。

除了业务与服务的关系，与之相关的概念还包括产品、解决方案等。产品一般是指软硬件实体，用于提供有形或无形的价值，比如 MPEG2 编码器、独立加扰器等。业务与服务就是构建在产品之上的。解决方案强调业务与服务的总体设计，强调产品与技术的集成策略与方法，用于满足用户的实际业务需求，比如云媒体编辑系统解决方案等。互动业务系统正是相关解决方案的具体实现。

互动业务系统可管理性包括自我管理维护、第三方管理等内容。自我管理维护是互动业务系统运营商设定和部署的辅助功能，用于对互动业务系统的运营状态进行监测、评估与响应处理。自我管理维护具体可以包括管理维护的规章制度、人员部署、监测与评估系统等。除了自我管理维护,互动业务系统通常还应接受由运营方与第三方共同实施的运营管理与监控,用于行业维护健康发展和国家实施应急响应,比如互联网电视业务中基于关于牌照的规定、关于内容监管的规定、关于隐私保护的规定等而构建的相关辅助系统。

②互动业务系统是多种技术方法的综合应用,是多种不同功能用途的软硬件产品组成的。互动业务系统不是单一的技术或软硬件。本书的第 2 章到第 7 章主要集中在图像、视频、图形语音处理技术与应用上,可以简单称为信号处理与图像智能。本书的第 8 章到第 14 章主要集中在交互、数据、网络、存储等技术与应用上,可以简单称为交互设计与数据智能。所有这些技术及其相关产品都可以用于设计满足某种特定需求的解决方案,并构建互动业务系统。此外,在将实验室的想法、创意逐渐转变成可用的、可运营、可管理的互动业务系统过程中又会遇到许多新的问题,需要一些新的技术来支撑,比如跨平台跨终端开发技术、虚拟化与云计算技术、互动业务信息安全技术等,也需要技术与艺术要素的结合来设计开发符合人类认知特点和行为习惯的技术产品与业务系统。

在互动业务系统的设计、开发、部署中,我们需要从单一技术的研究与应用中跳出来,从观察"树木"到俯瞰"森林",站在更高层次的系统界面上,综合地审视或者应用这些技术,来为创意实现、业务运营提供支撑。以整个广播电视网络环境为例,其业务系统的构建和运营就包括诸如视频技术、音频技术、图像技术、网络技术、存储技术,甚至物联网技术、云计算技术、数据分析技术等。除了技术要素外,艺术要素在广播电视系统的运营中也不可或缺,比如在内容的编辑、特效的制作、频道的包装等。作为技术工程人员,如果希望能够好地服务于互动业务系统的使用者,势必也需要培养自己的艺术素养,加强对系统中艺术要素的感知以及与艺术设计人员的协作沟通能力。

③互动业务系统是具有明确商业模式和服务方式的服务系统。互动业务系统的设计与构建,需要解决很多现实问题。包括技术是否成熟、技术方案是否可行? 是否具有清晰的服务方式与商业模式? 商业模式是指企业盈利的模式,是企业与用户、供应商、合作伙伴之间的存在的"交易关系和连结方式"(百度百科),它建立了"需求"与"资源"之间的某种价值联系,是对"机会"的把握、对"需求"的厘清和对"资源"的界定。服务方式是指服务提供者向服务对象提供服务的具体形式与方法,其关键在于如何适应或引导消费者的需求,吸引其使用并购买服务。在生产者 - 消费者日益模糊的现在,服务方式也变得双向化。商业模式是互动业务系统的运营赖以生存发展的关键,好的商业模式是互动业务系统成功的基础保障。服务方式,尤其是创新的、具有吸引力的服务方式是互动业务系统建立的基础,好的服务方式可以挖掘、引导、满足社会经济各方面的需求。

随着信息处理、互联网的发展,商业模式、服务方式与技术创新耦合在一起,互联网、云计算、大数据、人机交互、人工智能等新技术对商业模式、服务方式的变革创新具有重要意义,催生了一大批新的如零售业的网络化、P2P(点到点对等模式)、O2O(线上与线下结合模式)、C2C(消费者到消费者模式)商业模式和服务方式。与此同时,现代服务业的概念被提出和实施。国家科技部发布的第 70 号文件指出"现代服务业是指以现代科学技术特别是信息网络技术为主要支撑,建立在新的商业模式、服务方式和管理方法基础上的服务产业。它既包括随着技术发展而产生的新兴服务业态,也包括运用现代技术对传统服务业的改造和提升。"现代服务业中强调利用新的信息技术改造或构建服务业,强调商业模式、服务方式等方面的创新,而互动业务系统正是现代服务业得以实施的方法和途径。同样,互动业务系统也自然具备了现代服务业所要的创新商业模式、服务方式和管理方法等属性标签。

除了上面基本特征外,互动业务系统还应满足国家网络空间安全的整体要求和信息安全的基本要求,包括保密性、完整性、不可否认性、持续可用性等。随着云计算、大数据等技术的应用和发展,人们以从未有过的程度依赖互联网。但是人们在获得更具个性化的服务时,其隐私也越来越受到侵害,隐私保护越来越受到关注。隐私破坏对个人、家庭带来了负面影响,伤害了其利益,进而对国家社会稳定和经济健康发展也产生了严重挑战。除了隐私保护外,知识产权保护、系统安全防护也是互动业务系统必须要考虑的安全问题。随着国家网络空间安全相关平台、系统、制度、人才培养基地等的建设,势必形成一体化的安全保障体系,互动业务系统即作为安全的网络空间中运行的应用系统,同时也将具备满足自身特殊安全需求的安全子系统,甚至将互动业务系统构建在隐私保护等基本的安全约束条件之上,其技术方案、算法与结构、系统实现与部署等将进行重构。

15.2　互动业务系统举例

15.2.1　基于 Web 的互动业务系统

以图 15-1 所示的一种网站主页为例介绍基于 Web 的互动业务系统。从页面内容来看,网站中应用了视频压缩技术、图形处理技术、Web 开发技术、媒资管理技术、流媒体技术、交互设计技术等。

任何一个 Web 页面,一个 APP 都有一个主题和焦点。这个网站主页的主题是视频内容,焦点是视频播放区,加上主页的特殊地位,使访问者形成了对网站定位和要传达内容的第一认识。在这个主页上最醒目的是视频播放区域,可以用于动画、影视作品等艺术作品的展出,有时也会有重大新闻视频。所有视频内容都需要根据预期用户终端网络环境等因素进行压缩后存储和播出。网站上的图标、背景,甚至一些特殊的文字,在前期都需要专门制作,进行图形图像变换,如果是动画,还需要大量渲染等工作,为相关要素的最终呈现做好准备。

所有的视音频、文字等网站资源及其元数据被存储、索引,同时也允许被高效地访问、修改。这些需要内容管理技术及相关的内容管理系统(Contents Management System, CMS)的支持。随着视音频、文字等资源数量的越来越多,逐渐会给存储、检索等带来压力,同时随着用户访问量的上升,网站可用性问题也越来越重要,采用云计算技术、负载均衡等技术可以有效地解决这方面的问题。

此外,很多网站都提供用户注册、登

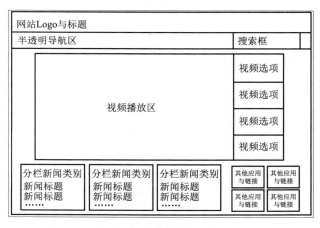

图 15-1　基于 Web 的互动业务系统举例

录功能,以方便为用户提供更加个性化的服务。这至少需要一个用户信息管理系统,采用存储技术、权限管理技术等完成对用户信息的有效组织管理和角色权限控制。

大数据技术在这个网站中是否已经应用?有人说,随着管理的视音频、新闻量越来越多,就可以叫做“大数据”了。其实,真正叫做大数据,并不单单是数据量上的巨大,还要充分考虑数据的 5V 特点(IBM 提出),并利用新的处理模式,针对性的进行数据整理与关联分析,并形成对网站内容创作与聚合、服务方式的指导,甚至由此影响内容的呈现以及与用户的进一步互动。互动业务系统在当前信息技术发展阶段,任务之一就是要分析挖掘数据的价值,并由此为互动业务系统的行为做出决策。

▌15.2.2 交互数字电视系统

图 15-2 给出的是一种交互数字电视首页界面。在交互数字电视系统设计中,除了需要考虑在家庭电视操作环境下特殊的交互设备(如遥控器等)和交互方式(如按键、单手操作等)外,还需要考虑与界面呈现相关的软硬件技术问题。比如界面信息的描述数据结构、网络传输方法、信息更新协议等,以及网络接口的支持、机顶盒中间件技术的支持、服务器端数据库系统支持等。通过这些技术、系统的协调配合,最终在数字电视用户面前呈现出了可交互的、注重用户体验的电视界面。

典型的交互数字电视系统的交互设计,一方面注重电视交互界面的设计,一方面注重遥控器等操作设备的设计。这些交互设计首先要考虑的是数字电视操作使用的场景环境特点,比如运距离、宽视角、被动心态等。在电视交互界面的设计上,除了一般的交互设计原则外,针对交互场景特点,提供更简化的界面布局、更迅速的焦点移动非常关键。在遥控器等操作设备的设计上,一般首先要考虑导航问题,也就是提供最为方便的方式

图 15-2　交互数字电视系统举例

使得用户可以浏览、定位所需要的电视栏目与内容,常用的方法就是十字方向键加确定键。

除了基于传统遥控器方式实现电视用户对数字电视节目内容进行控制以外,基于手势、基于语音、基于复杂的键控器(带扩展键盘的遥控器)也是交互数字电视的交互设计中被广泛考虑的。如 AppleTV、Xbox、GoogleTV 等都引入了这些交互模式。

图 15-3 给出了交互数字电视系统一般系统架构,从用户直接接触的交互遥控器、机顶盒,到数字电视运营商的网络服务门户

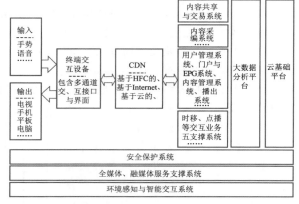

图 15-3　交互数字电视系统一般系统架构

和内容管理系统,在相关协议和标准的支持下,整合产业的上下游各技术产品环节,形成为用户服务的交互数字电视系统。

除了基本的交互数字电视系统结构外,图 15-3 也包括了部分扩展的服务内容,甚至进一步可以扩展为面向全媒体、融媒体以及未来智能媒体的基本框架。

▌15.2.3　基于自然人机交互的视频业务系统

基于触摸的视频业务系统随着 Apple 的 iPhone 的面世,触摸屏和触摸技术的应用大行其道。触摸技术也被应用到视频业务的人机交互中,广泛应用在视频展示、视频会议、移动视频的操作控制上。触摸技术在不断的发展,从单点触摸、二点触摸,到五点触摸和更多点触摸,但是真正体现触摸技术价值的是基于触摸的应用。通过触摸技术,可以采集到指点的位置以及运动变化信息,如压力、方向等,进而可以识别两指相向运动、单指左右运动等。基于这些触摸行为的识别,视频业务系统的设计者可以为这些触摸行为设定系统响应和信息反馈,比如,将两指或更多指的左右同向运动指定为视频的快进或快退,而将单指的左右运动指定为视频节目或频道的切换等。基于触摸的视频业务服务使得使用者操作视频的方式更加自然、流畅,同时也使得操作的主动性更强。

在基于手势的视频业务系统中,综合静态手势、动态手势、单指手势、多指手势的识别与操作设定,可以实现与触摸相同的功能。基于手势的视频业务系统,更加适合远距离、简单环境下的视频操作,如客厅电视。当然除了视频业务以外,手势识别也被广泛应用于家庭娱乐、智能驾驶,以及与智能穿戴、虚拟现实、混合现实等结合起来形成对虚拟物体的操作。

在基于脑机交互的视频业务系统中,可以通过人脑波直接控制电视的频道切换等操作,为语言障碍、行动障碍的人员提供了可能的数字电视交互方式。在这个系统中,作为脑机接口的脑波仪或相关设备完成了对大脑信号的采集工作,通过与之连接的脑波分析模块帮助系统尝试理解操作人员的操作意图。真正实现对操作人员意图的理解,还需要其他技术的支持来共同完成,比如脑波实时传输技术、大脑意识识别技术、意识搜索与匹配技术、情感分析技术等。作为完整的交互业务系统,还需要根据人员意图进行响应并反馈相关信息,通过交互设计方法(包含设计与评估)给出具有人性化属性的交互模式,符合语言障碍、行动障碍人员的交互约束条件要求。

所有上述人类行为信息的识别,除了可以设备内嵌算法模块的方式实现外,还可以利用网络和远程服务器进行分析识别,比如利用云计算实现大规模并行化分析、利用机器学习模块降低系统开发难度、提升识别准确度等。目前很多产品,如微软的机器翻译、科大讯飞的语音识别、谷歌的 AlphaGo 等都是基于这种远程模式的成功案例。

15.2.4　基于 VR/AR 的互动业务系统

虚拟现实(VR)、增强现实(AR)、混合现实(MR)等技术正在受到追捧,创业者、投资商蜂拥而至,希望在正在兴起的虚拟世界里淘金。虚拟现实技术、增强现实技术、混合现实技术自 1963年开始被研究至今已经有 50 多年,时至今日,其技术上依然存在阻碍应用的瓶颈,一些科学问题也还没有得到很好的解决。但是这些瓶颈无法阻挡大众对更新交互体验的需求、无法隐藏VR/AR可能带来的巨大市场价值。利用 VR/AR 设计开发数字游戏正是其中广受关注的应用热点之一。在设计开发基于 VR/AR 的数字游戏过程中,并不需要过多的 VR/AR 技术本身的研究,更多的是游戏本身的创意,以及从设计、开发的角度更好地选择、利用 VR/AR 工具,设计具有良好游戏体验的交互场景和支持系统。这样的变化,也促使了 VR/AR 向产业化应用发展,而且形成产业链。产业链上较底层的一部分企业侧重于基础和关键技术研究、基础技术转化,形成 VR/AR 的服务系统和工具库;较高层的另一部分企业侧重于应用、业务开发、系统集成等。对于发展较为成熟、并且更看重未来业务可持续创新的企业来说,如微软、IBM、华为、阿里、百度、谷歌等,更加看重前者,形成 VR/AR 应用开发与系统运营服务平台。

穿戴计算作为信息计算发展的重要一支,其中的交互式眼镜属于 AR 的一种应用,它利用微型投影仪把信息投影到眼镜片上,并与视觉画面中的物体叠加,可以是静态叠加、动态叠加,也可以是跟随叠加、不跟随叠加。交互式眼镜对视觉画面的识别来源需要摄像头采集,与微型投影仪输出信息配套构成基本的交互接口。

Google 有 GoogleGlass,Sony 有 SmartEyeglass,联想有 M100,百度有 Baidu Eye,三星有 Galaxy Glass,这些交互式眼镜的组成就是眼镜、摄像头、投影仪吗?不是,基本的交互式眼镜包括头戴式交互式眼镜本身和交互信息服务系统两大部分。头戴式交互式眼镜是我们直观看到的终端硬件,它一般包括微型投影仪、摄像头、传感器、存储模块、网络模块、操控模块、计算单元等。

此外,在互动业务系统中需要对采集的视觉画面及其运动进行识别,可以利用图像/视频分析技术完成,更可以结合定位和搜索引擎来辅助完成。互动业务系统是真正呈现交互式眼镜价值的关键所在。

15.2.5　偏好分析与信息推荐系统

互动业务系统的交互性分为两级:一级交互和二级交互,其中二级交互站在更高层面上进行数据整合与分析。随着人工智能的发展,二级交互的作用愈加明显。在二级交互中,偏好分析与信息推荐技术已经被广泛应用到各种个性化服务中,而且正朝着更加智能化、系统化、持续化方向发展。

与信息推荐技术与系统相关的几个概念包括行为分析、用户画像、偏好分析。行为分析来自于心理学,由美国心理学家亨特提出,用以"描述和解释、预测和控制有机体对外在的,主要是社会环境的外显行为"。在互动业务系统中,行为分析更强调网络(互联网)行为分析。网络行为分析既是提高网络安全性的手段,也是提供满足大众需求甚至个性化需求的基本方法。行为分析的概念比较广泛,而用户画像、偏好分析更加强调对用户(群)的特征、与领域相关的消费喜好等方面的分析、建模等。用户画像与偏好分析的区别在于消费相关性和领域相关性。用户画像是对用户自身特征的分析与标签化,这种画像往往是与消费领域无关的;偏好分析具有很强的消费相关性和领域相关性。作为未来发展方向之一,充分结合用户画像和偏好分析的跨领域、场景化的信息推荐将是研究与应用重点。

举例1:旅游个性化导览服务

通过个性化推荐技术和基于位置的服务(LBS),将线下公园实景区域的相关信息进行数字化迁移,并且通过移动客户端与游客交互,在大数据平台上对用户游览数据进行筛选、分析和整合,从而对游客进行多样化的智能导览;同时还可以根据游客当前所处环境对游客进行实时的个性化关联信息推荐等,最终实现园区游览的定制化和个性化服务。基本旅游个性化导览服务系统包括存储园区景点信息的存储系统、游客信息采集系统、数据分析系统、园区内高精度地理定位服务系统、游客个性化推荐服务系统、移动客户端应用等。

举例2:影视信息推荐服务

以个性化节目推荐服务为目标,可以建立一个基于高度灵活和可扩展体系结构的个性化电视节目推荐系统,通过研究用户行为,判断用户收视喜好和爱好,然后向用户提供主动推荐服务;自动跟踪用户兴趣变化,完成对推荐的节目和服务进行调整。通过收集用户静态信息和动态反馈,为用户建立个性化的喜好模型,在用户登录时调用基于显性喜好或隐性喜好的推荐算法,主动为用户推荐符合用户兴趣的节目。

15.3 互动业务系统设计问题

互动业务系统设计的过程中需要考虑5方面的问题,即系统解决的需求、服务的提供者和对象、软硬件系统、支撑资源、提供的商业(盈利)模式与服务方式。

1.解决的需求

互动业务系统设计者需要提炼并明确服务需求,明确受众需要什么样的服务,明确业务的功能定位。比如大学生就业信息服务系统解决的核心需求就是就业信息在大学生与用人单位之间传递和使用效率不高问题,由此关联问题还包括专业建设和就业决策问题。综合这些问题的解决,形成解决宏观意义上大学生就业难策略的重要组成部分。

2.服务的对象和提供者

服务的对象一般来说是指最终使用互动业务系统的受众。通常情况下,一个互动业务系统面向的服务对象不会是全体人类或者通常意义下的大众,它都有一个相对较窄的受众群体。比如基于移动终端的互动业务应用、网络自媒体等通常都是根据其面向的受众群体的服务需求、定位,设定相关应用场景和功能。在这里,互动业务系统平台可以独立形成一个"支持互动业务系统的系统",如阿里云、百度云等,为构建互动业务系统提供资源、平台、软件工具等方面的基础支持。这些平台的服务对象是互动业务系统的拥有者、开发者。互动业务系统服务对象的高端小众化越来越受到关注,深度挖掘高端小众的需求,提供满足他们的高质量服务越来越突出。服务的提供者不仅仅是指服务的设计者,更多的是指其系统运营者和相关服务实体机构。比如基于电子商务的互动业务系统,除了业务系统本身的运营者之外,还包括电子商务平台、金融机构、第三方监管部门等,这些构成了服务提供者的服务实体。在基于电子商务的互动业务系统中,电子商务平台建立了系统与消费者之间的可信服务平台,形成了系统、金融机构之间的中介,由它来进行信息交换的中转协调,保证整个服务的安全可信。

3. 软硬件系统

互动业务系统的设计者基于对服务提供者与对象的分析,提炼交换信息、建立系统模型,确定数据流向,设计交互协议,并实现相关的软硬件系统运行实体。比如基于电子商务的互动业务系统,消费者的订购信息(买什么东西)、支付信息(如何花钱)在各服务实体之间的传输交换协议与软件模块。比如混合现实头戴式显示器(典型的是微软的 HoloLens)包含混合现实的场景感知与叠加模块、主体运动定位和眼动跟踪模块、手势与语音等识别模块等。混合现实头戴式显示器是构成混合现实应用的重要一环,传统的交互业务及其支持系统,比如新闻浏览、游戏、视频收看等,都可以与之结合,提供更加逼真、沉浸感更强、无处不在的交互体验。当然一些专属的交互业务也可以针对混合现实头戴式显示器的交互特点设计开发,比如辅助建模、虚拟工作场景等。此外,在统一的操作系统支持下,我们可以方便地实现跨终端类型的混合现实体验。

4. 支撑资源

支撑资源包括技术资源、平台资源、人力资源、关系资源、金融资源等。比如电子商务中如何在保证支付信息安全和隐私安全的情况下还让商家知道我的订单和支付情况,让银行知道我的支付信息以及与订单的关系,这就需要加密、数字证书、安全传输等,这些技术综合起来为电子商务保驾护航。在信息推荐系统中,更精准的、覆盖率更高的推荐算法、更加人性化的推荐技术出现,作为技术引擎加载到业务系统中与系统其他部分协调运作起来。再比如,超高清的节目传输对压缩技术就是一个很大的挑战。除了拥有的技术资源外,其他非技术资源也同样对互动业务系统的成败具有重要作用。以创业者为例,往往根据自身拥有的支撑资源进行重组和部署,设定商业模式和服务方式,实现资源价值的最大化。

5. 提供的商业模式与服务方式

通常情况下,商业模式与服务方式分为公益性、商业性两大类,需要从广度(参与数量、覆盖率等)、深度(成功率、管理优化程度等)方面描述如何为主体提供价值,又为国家、政府、管理单位、用户、其他服务对象提供价值。对于公益性的商业模式与服务方式,还需要从国家、政府、管理单位需要付出的直接成本、间接成本方面进行运营成本估计。对于商业性的商业模式与服务方式,需要从企业、管理单位需要付出的直接成本、间接成本方面进行运营成本估计。不管是自有资源的价值最大化还是引入投资等关系抓住市场机会从而产生价值,商业模式与服务方式都是决定互动业务系统成败的关键要素。比如微信的成功建立了完整的以朋友圈为核心的移动社交服务方式和价值生态系统的商业模式上。商业模式与服务方式不是一成不变的,基本原因在于用户的需求是在不断变化的。时刻保持对用户潜在需求的敏感性以及不断更新调整商业模式与服务方式,是互动业务系统能够持续发展演变、扩大效益的关键。对商业模式与服务方式的思考一定要先于对系统的构建,一定要对最终的使用者带来价值。

15.4 互动业务系统设计方法

互动业务系统的设计首先需要建立系统化的意识,从交互界面设计到云计算编程,从前端开发到后台数据库管理等,不要孤立某项技术和系统的存在,应该围绕互动业务系统设计问题的解决,从复杂系统、信息交换、逻辑控制等角度形成较为完善的技术方案。当然,互动业务系统自身的过程性特点也需要高度关注,任何系统的构建都不可能一次就位,除了自身功能、性能都方面的完善外,不断挖掘潜在的用户需求,改进调整互动业务系统架构也是必要的。快速原型开发、系统与模块迭代、瀑布流、复用与重构等都是在实际的互动业务系统设计中经常被使用的软件工程方法。目标就是使得在机会、需求高速转换的时代,能够兼顾质量的快速生成反映商业模式与服务方式的互动业务系统,以便在实际的系统运营过程中,尽快体现其设定的价值,并在使用中不断获得应用反馈和信息再聚合,促进系统不断向更大平台、更广需求覆盖上演进。

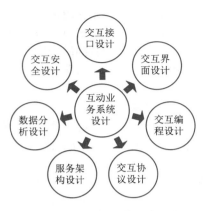

图 15-4　互动业务系统设计方法

具体来说,互动业务系统设计一般包括交互接口设计、交互界面设计、交互编程设计、交互协议设计、服务架构设计、数据分析设计、交互安全设计等几部分,如图 15-4 所示。

1. 交互接口设计

这里首先需要对交互形式的特点有所认识,比如语音交互、触摸交互、WIMP 交互、脑机交互等,交互形式的重要作用就是采集用户交互基本操作行为并关联其具体含义,需要对各种交互形式的适用范围、技术成熟度、实现成本及其之间的关系(如多通道交互的信息关联)加以评估研究,并对目标互动业务系统的交互场景和交互形式要求进行界定,从而形成对交互形式的选择,进而借助拥有的技术资源等实现相关的交互接口原型。

2. 交互界面设计

交互界面是互动业务系统用户操作和获得信息反馈的中心。交互界面分为软界面和硬界面两种。软界面可以是有形的图形用户界面(如移动终端的应用界面),也可以是无形的语音用户界面(如 Siri、Cortana 等),或者两者的结合。交互界面设计不是美术,抽象画式的界面是无法被普通大众接受和使用的,也会带来很多误解和延迟,严重影响交互体验。简洁、高效、与使用场景匹配是交互界面设计的基本原则。交互界面设计也不是交互业务功能的简单堆砌,定位和焦点的重要性必须得到体现。层次化以及与交互接口的配合也是在交互界面设计中需要考虑的。在交互界面设计中,需要对常见的交互设计模型及其组件要有清晰的认识,需要从人机工程学上分析、评估交互的流程与界面。以 WIMP 模型为例,每一种窗口、控件都有什么交互特点,应该如何利用这些特点,使得用户得到一种非常自然的体验,用户接受信息比较容易,也愿意去反馈自己的感受和相关信息。比如应用到信息推荐系统中,需要考虑如何利用 WIMP 模型及其组件,类似 Facebook 在新用户注册等环节,方便采集用户的个人信息、观看行为、明确的兴趣偏好,并引导用户以较高的热情参与到整个推荐流程中去。要注意交互模型及组件的滥用,比如无限制偏好选择项,会给用户带来疲劳和挫败感。此外,为了提高交互界面设计的工作效率,掌握一两种设计工具还是必要的,如 AxureRP 等。

3. 交互编程设计

在互动业务系统的接口、界面设计指导下,需要利用交互编程技术进行实现。交互编程一方便需要考虑前端、后端的集成化设计、开发,完善互动业务系统的功能、性能外。另一方面也需要考虑积木化、可视化的编程方式,来降低交互编程门槛,加速互动业务系统服务方式等的原型呈现。在第一方面,全栈式开发受到中小创业者的青睐。全栈式开发者对互动业务系统中前后端的相互配合及其信息走向非常清楚,对各种开发工具、系统模型也具有辨别优劣和综合运用的能力。与全栈式开发者关联的一个基础概念是编程范式。各种编程语言都不同程度地支持交互编程,而编程范式从总体上把编程语言进行了归类,并给出了学习、应用的方向性指导。

4. 交互协议设计

当互动业务系统涉及多个实体间信息交换或者利用互联网、Web 等实现服务时,交互协议的应用甚至定制就必不可少。交互协议可以包括业务信息交换协议、远程数据存取协议、信息安全协议等类别。交互协议的设计是基于互动业务系统架构的,来自于架构中关联实体的信息交换需求及其控制需求。在交互协议设计中,除了明确交互协议执行的实体外,还需要定义协议的数据包格式、时序关系等内容,进而实现交互协议的双端接口。为了实现信息交换的通用性,以便在不同的系统部件实现方之间交换信息,协议的标准化工作也不可少。通过标准化,对交互协议的设计目标、格式时序、应用场景等可以给出更加准确全面的定义。此外,交互协议现在实现中,需要充分考虑异构网络、不同操作系统的区别,屏蔽掉差异性。

5. 服务架构设计

作为构成互动业务系统的后台部分,对于最终用户往往是透明的,难以直观体会到其构成与内部关系,但是对于互动业务系统的运行以及与其他系统的合理关联和部署却至关重要。比如在基于二级交互的互动业务系统中,外部数据和交互数据的处理与分析非常依赖于系统后台的处理能力。再比如在面向消费者、内容生产者等多种用户角色的互动业务系统(如轻量级采编与制播系统)中,系统后台需要在多个角色功能之间建立信息的交换、融合、存储、检索等机制。在服务架构设计中,云计算(包含虚拟化、并行计算、分布式存储与检索)基础架构、大数据分析基础平台被广泛关注和应用,以适应需求多变、业务融合、智能化等方面的需求。比如利用公有云(如阿里、百度)、私有云把现有服务器的迁移到云端,利用云平台实现在运营中的业务资源适配(计算资源、存储资源等)。构建云有很多的方法,如 Hadoop、Spark 等,但各有优缺点,需要了解云存储的理论和方法,以及高效利用云的编程方式,如 map-reduce 等。

6. 数据分析设计

在服务架构设计中数据分析越来越多地被引入进来,辅助决策与实现个性化服务,并希望打造数据智能中心。数据分析以及衍生的数据智能中心一般都建立在云计算基础上或高性能计算基础上。随着数据分析的分布式、泛在性、及时性、隐私保护等要求的出现,也出现了小型化高性能的数据处理设备与芯片。数据分析设计可以综合考虑这两种类型的软硬件实现机制,设计、选择相关分析方法,评估分析效果与能力(如处理延时、吞吐量等)。

7. 交互安全设计

交互安全设计即交互安全与隐私保护。在整个互动业务系统各环节中,随时保障各种信息传递、使用、存储的安全以及相关系统环境的安全很有必要。此外,隐私保护也越来越受关注,它与推荐系统、数据分析等一定程度上也构成了矛盾关系。从数据分析者的角度来说要想更精准地进行分析和推荐,需要了解更多更细致的个人信息。从用户角度来说,要想获得更符合个人需要的信息,得到更加优质的体验,往往也不得不主动暴露更多的个人隐私。如何构建安全可控的系统运营环境、解决隐私保护与个性化服务等的矛盾关系值得提出相关解决方案,并研究解决相关技术难点。

上述 7 个方面,构成了互动业务系统设计的基本方法体系。希望这些方法能对我们构建一个可运营、可管理、安全可靠的互动业务系统,实现我们的创新价值提供技术方向引导。除了这 7 个方面作为具体方法指导,最重要的还是需要我们保持创新与实践的理念与心态,使我们能够不断的去研究技术创新、发现市场需求与机会,转化为可行的服务模式与商业模式。

15.5　互动业务系统设计举例

15.5.1　网络电视系统

网络电视在百度百科上的定义是"网络电视又称 IPTV,它基于宽带高速 IP 网,以网络视频资源为主体,将电视机、个人计算机及手持设备作为显示终端,通过机顶盒或计算机接入宽带网络,实现数字电视、时移电视、互动电视等服务,网络电视的出现给人们带来了一种全新的电视观看方法,它改变了以往被动的电视观看模式,实现了电视以网络为基础按需观看、随看随停的便捷方式。"从广义上说,网络电视包括所有数字化电视节目的生成、制作、分发与使用。有线电视、移动电视都属于网络电视范畴。但是通常意义上对网络电视的定义是基于互联网的电视,更准确一些是基于 IP 网络的电视。

网络电视的需求最早来自于对视频内容的分享。很多网站都开始投入到这里,用户的聚集度非常高、黏度也非常高。借助互联网、借助 Web 科研分享和获取更加丰富的内容资源,得到更好的内容体验。由此诞生了互联网视频服务,如国外的 Hulu、Youtube,国内的优酷、土豆等都属于互联网视频的先驱。早期这些网站用来提供用户与用户之间的视频分享(在线或离线),后来网站上会提供一些精致的自制或购买的视频内容,如转播的、网站自己制作的(网剧)、购买版权的(大片),进一步来增强用户的黏度和吸引力。这里就出现了对内容版权的掌控,以及对用户群的掌握。归根到底,是为视频用户提供越来越高品质、越来越个性化的需要的满足。

技术方面,网络电视系统主要由 4 个平台来支撑,即源平台、传输平台、终端平台、管控平台。在这 4 个平台之间电视节目内容以 IP 流媒体的格式进行传输交换,并基于这 4 个平台可以实现跨异构网络交换以及全媒体融合。这 4 个平台串联协作,形成网络电视服务的不同技术环节,完成网络电视系统的构建与运营。

①源平台:包括视频内容编码压缩、流化与封装、转码与播出等。网络视频都是实时的以流的方式来传递的,与传输平台的质量保证相配合为用户提供更好的视频交互体验。网络为了适应对不同的网络接入环境、不同的终端类型和处理能力,需要对视频流在不同的码率之间转换、不同的封装格式之间转换,并提供播出安排与调度能力,以及字幕增加、通知公告等辅助功能。

②传输平台。包括网络电视发布、内容分发网络、内容传输与质量保证等。从服务器到网络电视客户端之间不是局域网。网络视频节目通过互联网发布、传输、转发、缓存,并到达用户终端,其中经过了内容分发网络(CDN)和缓存节点。此外,传输平台与终端平台联动,根据终端带宽和解码能力匹配相对应码率的视频。基于这种环境自适应的视频服务质量控制,减少了因为带宽、处理能力等不匹配而产生的观看卡顿等问题,增强了用户体验。

③终端平台。包括交互终端软硬件、交互业务中间件等。交互终端软硬件可以是机顶盒、手机应用、PC 应用等。这些终端设备硬件方面,还包括有网络模块(能够收取来自视频传输网络的视频流数据包)、硬件解码器等。终端设备的软件方面首先是操作系统。国家新闻出版与广电总局制订了 TVOS 标准,所有的机顶盒、智能电视都必须遵循相关标准进行研发实现,基于 TVOS 构建上层的网络电视应用。其他的类似操作系统还有 AndroidTV、WebOS 和 tvOS 等,以及大量衍生和深度定制的操作系统。终端平台的中间件是为了方便电视互动业务的实现,把公用的模块添加到操作系统与业务应用之间,封装成系统调用,配合消息传递机制,提供更加高效的终端各模块的实现能力和信息交换能力。中间件有基于 HTML 的、有基于 Java 的等,不管哪一种都会提供 API 接口,方便业务系统的终端应用的开发,提高开发效率,快速迭代生产。

④管控平台:包括运营管理系统、监测与控制系统、业务与内容的保护。管控平台一方面作为第三方属于维护行业领域有序发展和国家政治经济稳定的重要平台,网络电视运营商需要服从管控平台的技术要求和运营要求,提供相关数据回传、监测、控制接口。另一方面,管控平台也包括业务与内容保护部分,是运营商非常关注的焦点之一,是维护其内容控制力和用户权益的关键。如果缺少保护,任何黑客都可以不经授权的接入业务、获取内容,盗版就会更容易。比如计算机网络中我们的网卡都有一个嗅探模式,可以获取在网络上传输的任意数据包,很容易把网络上传输的不加保护的视频内容下载并保存起来。

除了上述技术平台,在构建网络电视系统时,还需要设计优秀的交互方式,创新收费、免费等各种商业模式,需要考虑牌照问题、带宽问题、开放问题的解决。

根据国家广电总局于 2009 年正式下发的《关于加强以电视机为接收终端的互联网视听节目服务管理有关问题的通知》和 2011 年的《持有互联网电视牌照机构运营管理要求》,在视频内容提供必须先取得"以电视机为接收终端的视听节目集成运营服务"的《信息网络传播视听节目许可证》,也就是通俗所说的获取牌照。带宽问题与系统支持的用户并发数量有关,支持的用户并发数量越多,需要的带宽越大,可以考虑借助 CDN 或流媒体分片的分布式存储帮助解决。开放问题涉及终端的开放、后台数据的开放、业务的开放。大多数的移动终端都支持开发自定义的应用,满足更个性化的业务需求,提供更加富有创意的服务。但是开放也会带来碎片化问题,很多衍生的网络电视终端操作系统都构建在 Android 之上,但不同的厂商都会或多或少的对开放的终端平台进行定制调整,试图凸显自己的特点与优势,事实上造成了开放向私有化的转变。开放问题可能远比牌照问题和带宽问题更难以解决。在数据或者信息的开放上,允许第三方进行深度的数据分析和为消费者提供个性化的支持。数据开放需要行业或国家制定相应的开放标准与接口规范,并把维护消费者的隐私作为基本的约束条件。

15.5.2　大学生就业信息服务系统

准确、可靠、及时的就业信息是大学生成功就业的前提,也是保证社会稳定的重要手段,更是衡量政府为毕业生提供公平、公正、公开就业环境的重要指标。大学生的求职竞争也是获取就业信息的竞争。大学生就业信息服务系统要求在保证隐私安全的基础上,提供职位推荐、职业帮助等服务。其中职位推荐基于大学生的个人信息,包括大学期间的学习情况、实践经历都可以作为信息源输入到系统中。系统根据这些静态的、动态的信息,结合职位相关信息筛选出符合学生职业特点的招聘信息。

大学生就业信息服务系统的使用者包括大学生、用人单位和管理部门等。以大学生用户为例,该系统在学生方以智能终端应用的形式呈现,实现职位推荐、职业帮助等功能。最初出现的是大多数学生关注的热门职位信息,但是随着不断使用和对学生个人能力的精准把握,每个学生终端应用中呈现的推荐职位信息将不同,学生的差异化、数据分析的小众化逐渐体现出来。

大学生就业信息服务系统根据对就业信息服务特点与需求、就业信息服务模式影响因素的分析,选择、构建、评估相关技术关键资源,为建立就业信息服务系统、实现就业信息服务模式提供支撑。其中面向网络融合和服务融合的高效云计算平台形成技术关键资源的基础设施,为构建其他关键技术资源和就业服务体系提供高效、可管、可控的基础服务。面向就业个性化及趋势分析的数据智能技术、针对就业创业过程优化的网络虚拟现实技术、增强就业创业信息体验的异构终端交互技术分别从个性化、智能化、交互体验角度,充分利用提供的数据资源、网络资源、交互资源,研究构建解决就业信息服务中相关需求的服务机制。面向就业信息服务体系建设的服务计算技术综合底层关键技术资源,从服务架构、服务交付、业务整合与管理等方面形成对大学生就业信息服务模式全方位的运行时支持。除了上述技术资源,大学生就业信息个性化服务系统也涉及与国家、高校大学生就业信息公共服务平台的对接。

大学生就业信息服务系统的服务方式与商业模式(简称服务模式)分为 4 类,即面向学生的全流程免费就业信息服务、面向用人单位的统一验证与一站式服务、面向教育部省市和高校的垂直管理与信息共享服务、面向企业的用于增值服务运营的数据服务等。

在充分分析论证就业信息服务工作的价值需求、重要性、特殊性的基础上,通过对云计算、数据挖掘、智能推荐和虚拟现实等新技术的研究和先进网络技术的集成,将按照政府主办、以学生为本、以市场需求为导向、具有示范带动作用、具有鲜明的行业特色,提出面向全国大学生和不同管理层的"政产学研用"相结合的、可管、可运营、可扩展的大学生就业信息公共服务新模式体系,建设国家级就业信息公共服务平台,为教育部领导、省级管理部门,各高校就业管理部门、大学生和各类用人单位等信息用户提供统一的就业信息服务,以面向学历教育的免费方式向在校大学生提供信息服务,以适当收费的扩展增值服务方式面向高校就业指导部门以及网络实训等专项功能用户提供信息服务,以市场方式向企业用户提供就业信息服务。

就业信息的公益服务模式方面,从国家层面大力推动就业、强化就业信息服务的公益性、扩大就业信息服务的覆盖范围出发,研究以基础公益性免费服务为核心的就业服务模式。借助于教育部、省区市和高校三级网络架构,就业信息服务覆盖全国所有高校学生。基于就业信息服务公共基础设施的形式提供跨网络、跨终端的信息共享与数据管理能力。以模块化方式集成提供面向学生的全流程就业信息服务、面向用人单位的统一验证与一站式服务、面向教育部高校的垂直管理与共享服务等。政府主导的公益性就业信息服务,属于国家层面重要的战略性和统筹性资源,无法单纯从直接经济效益角度去衡量其服务价值,其社会价值,以及间接经济效益是其价值体现的重点。

与就业信息的公益服务模式相比,增值商业模式在信息服务的提供者和服务内容上都有所扩展,包括面向企业的用于增值服务运营的数据服务、针对大学生个性化定制需求的增值服务、针对用人单位优先使用与个性化需求的增值服务、针对管理单位全方位就业信息与政策需求的增值服务等。在增值模式的各个要素中,服务的提供者以信息服务企业为主,服务对象则是包括大学生、学校、用人单位在内的信息使用者。与公益服务相区别的是,信息用户不再满足于基本的就业信息,而是对信息有个性化的需求。因此,信息服务企业根据用户特定的需要,有针对性地从信息平台上大量的原始资料中抽取有价值的部分,经过专业的整理和分析,最终向用户提供定制化的信息。在这个过程中,数量庞大的原始资料获得了价值的增值,可以产生更大的经济和社会效益。

15.6 互动业务系统设计课程安排

15.6.1 课程简介

"互动业务系统"课程是面向数字媒体技术、计算机技术、广播电视工程、网络工程等开设的专业课。课程将从系统化角度介绍互动业务系统的基本概念和结构,从交互接口设计、交互界面设计、交互编程设计、交互协议设计、服务架构设计、数据分析设计、交互安全设计等各环节对互动业务系统设计的相关技术、方法进行系统性的介绍,对互动业务系统的商业模式与服务方式进行讨论。通过该课程的学习,了解经典系统案例的设计理念与方法,掌握相关的技术方法,并锻炼互动业务系统设计实践能力。

互动业务系统分为课堂教学与实践实验两部分。课堂教学包括基本概念与交互创意、交互设计篇、业务系统篇。交互设计篇主要包括交互接口设计、交互界面设计、交互编程设计、交互协议设计等内容;业务系统篇主要包括服务架构设计、数据分析设计、交互安全设计、商业模式与服务方式等内容。实践实验主要配合课堂教学内容,从交互设计工具应用、交互编程开发、交互协议设计分析、云计算环境搭建等方面开展实验,并依托课外创新实践项目和后续的综合实践课强化创意创新和研究实践能力。

15.6.2 课程内容安排

1. 课堂教学学时(有效学时共 32 h)

(1)引导篇(互动业务系统概述、交互创意)

互动业务系统概述:互动业务系统相关基本概念(互动业务、人机交互、多级交互等)、典型互动业务系统简介、互动业务系统设计问题、商业模式与服务模式等。

交互创意：分组讨论交互创意，探讨解决的需求、服务的提供者与对象、软硬件系统、支撑资源、提供的服务模式等。

(2)交互/互动篇(交互接口设计、交互界面设计、交互编程设计、交互协议设计)

交互界面设计：交互设计的目标与原则、各类交互形式的设计方法、交互设计工具介绍与比较、用户体验与交互心理概述。

交互设计模型：WIMP 模型、预测模型、动态建模、语言模型、系统模型等。

交互编程设计：开发交互式服务需要的编程语言与特点、编程语言与开发框架对交互的支持、编程语言范式、可视化语言与交互式编程等。

交互协议设计：分析协议的交互过程与描述方式、时序、数据结构等；应用层交互协议设计的基本方法。

(3)服务/业务篇

服务架构设计：服务计算、虚拟化与云计算。

数据分析设计：数据智能与推荐系统。

交互安全设计：数字版权保护、隐私保护、系统与网络安全等。

2. 实验实践安排(有效学时共 16 h)

交互设计工具应用：AxureRP 等交互设计工具。

交互编程开发：编程范式与跨平台开发方法。

交互协议分析与设计：基于 wireshark 的协议分析、面向实际应用的交互协议设计实践。

云计算环境搭建：Hadoop 或 Spark 环境搭建，map – reduce 编程初步。

本章小结

本章首先介绍了互动业务系统的定义，给出了互动业务系统的主要特征，并分别从 Web、数字电视、自然人机交互、VR/AR 应用、偏好分析与推荐等方面介绍了常见的互动业务系统。然后，基于上述互动业务系统的介绍，本章进一步分析说明了互动业务系统设计的问题、方法，并以网络电视系统、大学生就业信息服务系统为例初步介绍了相关方法的应用。最后，本章对后续课程"互动业务系统设计"的目标、定位、课程内容与教学方法安排等做了简介，以方便学生预习后续相关内容。

本章习题

1. 什么是互动业务系统？互动业务系统的基本特征是什么？
2. 互动业务系统与现代服务业的关系如何？
3. 通过 Internet 调研，常见的商业模式有哪些？
4. 举例说明互动业务系统的设计思路，以及数字媒体技术在其中所起的作用。
5. 举例说明互动业务系统设计的过程中需要考虑 5 方面的问题。
6. 互动业务系统设计的主要设计环节和方法有哪些？
7. 如果打算继续学习互动业务系统设计课程，对课程内容有何建议？
8. 根据对新技术、服务需求等方面的认识，创意、设计一种互动业务系统。

参 考 文 献

[1] TERZOPOU1OS D. The computerof visib1e surface representations. IEEE Trans. on PAMI,1988,10(40):417~438.

[2] 马颂德,张正友. 计算机视觉:计算理论与算法基础[M]. 北京:科学出版社,1998.

[3] LIU Y, HUANG T S. Estimation of rigid body motion using straight line correspondeness. CVGIP,1988,43:37~52.

[4] CLOWES M B. On seeing things. AI,1971,2:79~116.

[5] BROOK R A. Intelligence without representation. Artificial Intelligence,1991,47:139~159.

[6] 贾云得. 机器视觉[M]. 北京:科学出版社,2000.

[7] 章毓晋. 图象工程(上册)—图象处理和分析[M]. 北京:清华大学出版社,1999,76~78.

[8] KROTKOV E,MARTIN J P. Range from focus. Proc. IEEE Int. Conf. on R&A,1986:1093~1098Bajesy R,Lieberman L. Texture gradient as a depth cue. CGIP,1976,15:52~67.

[9] 吴晓雨,张宜春,沈萦华,等. 基于运动捕捉技术的民族舞蹈的三维数字化方法研究[J]. 计算机与现代化,2013,(1):112-114.

[10] 沈萦华,吴晓雨,吕朝辉. 基于运动捕捉技术的民族舞蹈的保护[J]. 中国传媒大学学报自然科学版,2013,20(3),72-75.

[11] 唐泰川. 基于人体运动捕捉数据的三维角色动画生成方法的研究[D]. 中国传媒大学,2011.

[12] 维克托·迈尔·舍恩伯格,库克耶. 大数据时代:生活、工作与思维的大变革[M]. 盛杨燕,周涛,译. 浙江:浙江人民出版社,2013.

[13] 郑毅. 证析:大数据与基于证据的决策[M]. 北京:华夏出版社,2013.

[14] 李爱国,厍向阳. 数据挖掘原理、算法及应用[M]. 西安:西安电子科技大学出版社,2012.

[15] 郭晓科. 大数据[M]. 北京:清华大学出版社,2013.

[16] BILL FRANKS. 驾驭大数据[M]. 黄海,车皓阳,王悦,等,译. 北京:人民邮电出版社,2013.

[17] 姚宏宇,田溯宁. 云计算:大数据时代的系统工程[M]. 北京:电子工业出版社,2013.

[18] 李涛,等. 数据挖掘的应用与实践:大数据时代的案例分析[M]. 厦门:厦门大学出版社,2013.

[19] 易向军. 大嘴巴漫谈数据挖掘[M]. 北京:电子工业出版社,2014.

[20] MICHAEL MINELLI, MICHELE CHAMBERS, AMBIGA DHIRAJ. 大数据分析:决胜互联网金融时代[M]. 阿里巴巴集团商家业务事业部,译. 北京:人民邮电出版社,2014.

[21] SCOTT MURRAY. 数据可视化实战[M]. 李松峰,译. 北京:人民邮电出版社,2013.

[22] 哈德利·威克姆. ggplot2:数据分析与图形艺术[M]. 统计之都,译. 西安:西安交通大学出版社,2013.

[23] PANG-NING. TANG, MICHAEL. STEINBACH. 数据挖掘导论[M]. 范明,范宏建,等,译. 北京:人民邮电出版社,2011.

[24] 邱南森. 数据之美[M]. 北京:中国人民大学出版社,2014.

[25] 王凯. 信息可视化设计:汉英对照[M]. 沈阳:辽宁科学技术出版社,2013.

[26] MANUELLIMA. 视觉繁美:信息可视化方法与案例解析[M]. 北京:机械工业出版社,2013.

[27] 陈高雅. 一图胜千言:信息可视化艺术设计指南[M]. 北京:机械工业出版社,2015.

[28] 孟祥旭,李学庆. 人机交互技术:原理与应用[M]. 北京:电子工业出版社,2004.

[29] ALAN COOPER,ROBERT REIMANN. About Face 3:交互设计精髓[M]. 刘松涛,等,译. 北京:电子工业出版社,2014.

[30] 搜狐新闻客户端 UED 团队. 设计之下[M]. 北京:电子工业出版社,2013.

[31] 杨焕. 智能手机移动互联网应用的界面设计研究[D]. 武汉:武汉理工大学,2013.

[32] 傅小贞,胡甲超,郑元拢. 移动设计[M]. 北京:电子工业出版社,2013.

[33] Nielsen. Usability Engineering. Boston:Aeademie Press,1993.

[34] RICHARD SPILLMAN. 经典密码学与现代密码学[M]. 北京:清华大学出版社,2005.

[35] 钮心忻. 信息隐藏与数字水印[M]. 北京:北京邮电大学出版社,2004.

[36] 彭飞,龙敏,刘玉玲. 数字内容安全原理与应用[M]. 北京:清华大学出版,2012.

[37] 许文丽,王命宇,马君. 数字水印技术及应用[M]. 北京:电子工业出版社,2013.

[38] 蔡皖东. 网络信息安全技术[M]. 北京:清华大学出版社,2015.

[39] 李冬. 网络存储技术及应用[M]. 北京:电子工业出版社,2015.

[40] G. Somasundaram,Alok Shrivastava. 罗英伟,尹冬生,译. 信息存储与管理:数字信息的存储、管理和保护[M]. 北京:人民邮电出版社,2010.

[41] 徐品,等. 媒体资产管理技术[M]. 北京:电子工业出版社,2010.

[42] 王意洁,等. 云计算环境下的分布存储关键技术[J]. 北京:软件学报,2012.